示范性职业教育“十四五”建设项目

# 工程制图及AutoCAD基础

（含实训）（智媒体版）

主　编　倪　伟
副主编　张棋宣

课程思政　新形态一体化教材　动画　校企合作

西南交通大学出版社
·成　都·

图书在版编目（CIP）数据

工程制图及 AutoCAD 基础：含实训. 工程制图及 AutoCAD 基础 / 倪伟主编. —成都：西南交通大学出版社，2021.8
ISBN 978-7-5643-8222-3

Ⅰ. ①工… Ⅱ. ①倪… Ⅲ. ①工程制图－AutoCAD 软件－高等职业教育－教材 Ⅳ. ①TB237

中国版本图书馆 CIP 数据核字（2021）第 175529 号

Gongcheng Zhitu ji AutoCAD Jichu
**工程制图及 AutoCAD 基础**
（含实训）

主编 倪 伟

责任编辑 李华宇
封面设计 吴 兵

出版发行 西南交通大学出版社
（四川省成都市金牛区二环路北一段 111 号
西南交通大学创新大厦 21 楼）
邮政编码 610031
发行部电话 028-87600564 028-87600533
网址 http://www.xnjdcbs.com
印刷 四川森林印务有限责任公司

成品尺寸 185 mm × 260 mm
总印张 18.75
总字数 466 千
版次 2021 年 8 月第 1 版
印次 2021 年 8 月第 1 次
套价 58.00 元
书号 ISBN 978-7-5643-8222-3

课件咨询电话：028-81435775

# 贵阳职业技术学院教材建设委员会

# 前言

高职高专教育作为我国高等教育的重要组成部分,承担着培养高素质技术技能人才服务经济建设的重任。近年来,随着产业结构的升级和社会岗位的更新变化,要求职业教育改革,要整合资源建设专业群对接产业链、人才链,更好服务经济社会的发展。“工程制图及 AutoCAD 基础”是轨道交通专业群(省级重点专业群)的专业平台课。为了适应轨道交通职业教育发展的需要,本教材结合轨道交通专业群各专业的人才培养方案,以培养技术型、技能型人才为目标,突出高等职业教育的特点。为更好地调动学生自主学习的积极性,落实教学效果,书中对工程图学的内容进行了筛选和整合,坚持突出能力,注重基础,融合轨道交通的职业特色,采用项目教学、任务驱动、延伸思考等教学方法,力求体现现代职业教育新理念,紧跟轨道交通行业发展。识读和绘制机械工程图样是每一个工程技术人员必备的技能,通过本课程的学习,重点培养学生在工程实践中如何进行识读和绘制机械图样的职业能力。

本教材由贵阳职业技术学院倪伟担任主编,贵阳职业技术学院张棋宣担任副主编,贵阳职业技术学院王慧担任主审。具体编写分工如下:项目一由贵阳职业技术学院赵鑫负责编写;项目二由贵阳职业技术学院倪伟负责编写;项目三和项目四由贵阳职业技术学院李慧负责编写;项目五由贵阳职业技术学院张棋宣负责编写。

由于编者水平有限,书中难免存在不足之处,恳请广大读者批评指正。

编 者

2021 年 7 月

# 前言

# 数字资源目录

# 目录

# 项目一 制图基础知识

## 项目导入

机械图样是设计和制造产品的重要技术文件，是设计与生产过程中交流的技术语言。为了设计与生产的一致性，国家制定了机械制图相关标准，包括图纸幅面和格式、标题栏、比例、字体、图线、尺寸标注等。除掌握国家标准外，还应该能正确使用绘图工具，掌握常见几何图形的作图方法和技能等。本项目主要介绍上述内容。

## 学习目标

1. 掌握机械制图相关国家标准的基本规定；
2. 掌握常用绘图工具的使用方法；
3. 掌握常见几何图形的画法；
4. 掌握徒手绘制草图的方法和技巧。

# 任务一　制图国家标准的基本规定

## 【图示引导】

图样（见图 1-1-1）是工程技术界的共同语言，是产品或工程设计结果的一种表达形式，是产品制造或工程施工的依据，是组织和管理生产的重要技术文件。为了便于技术信息交流，对图样必须作出统一的规定，这个统一的规定就是制图标准。

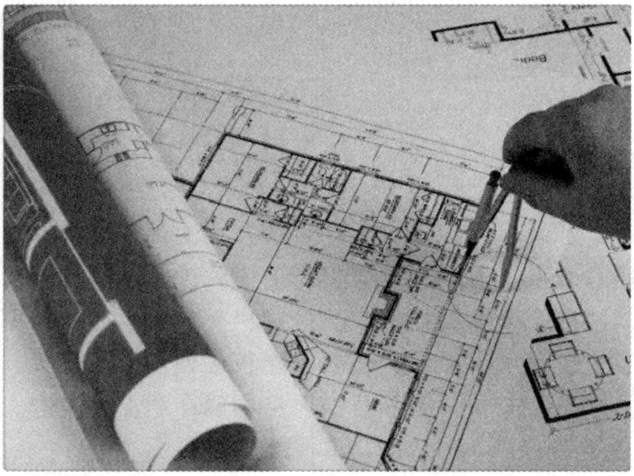

图 1-1-1　图样

由国家指定专门机关负责组织制定的全国范围内执行的标准，称为“国家标准”，简称“国标”，代号为“GB”。由“国际标准化组织”制定的世界范围内使用的国际标准，其代号为“ISO”。目前，在土木水利方面，国内执行的制图标准主要有《技术制图标准》《总图制图标准》《水利水电工程制图标准》《房屋建筑制图统一标准》《建筑制图标准》《建筑结构制图标准》《建筑给排水制图标准》《机械制图标准》等。

下面将分别就工程制图标准中规定的基本内容（包括图纸的幅面及格式、比例、字体、图线、尺寸标注等）作简要介绍。

## 【相关知识】

### 一、图纸幅面和格式（GB/T 14689—2008）

国家标准对机械图样的图纸幅面尺寸和格式有明确的规定，在绘图时，应估计零件的尺寸选择合适的幅面尺寸。

### （一）图纸幅面

图纸幅面指绘制工程图时所用图纸的大小，幅面代号和图框尺寸可查表 1-1-1。基本代号有 A0、A1、A2、A3、A4 五种，其尺寸大小对应关系为 1 × A0 = 2 × A1 = 4 × A2 = 8 × A3 = 16 × A4，如图 1-1-2 所示。必要时可以加长幅面，加长图纸幅面尺寸由基本幅面短边以整数倍增加而得。绘图时图纸可以横放或竖放。

表 1-1-1　幅面代号和图框尺寸　　单位：mm

| 幅面代号 | A0 | A1 | A2 | A3 | A4 |
| --- | --- | --- | --- | --- | --- |
| $B \times L$ | 841×1189 | 594×841 | 420×594 | 297×420 | 210×297 |
| $a$ | 20 | | | | |
| $c$ | 10 | | | 5 | |
| $e$ | 20 | | 10 | | |

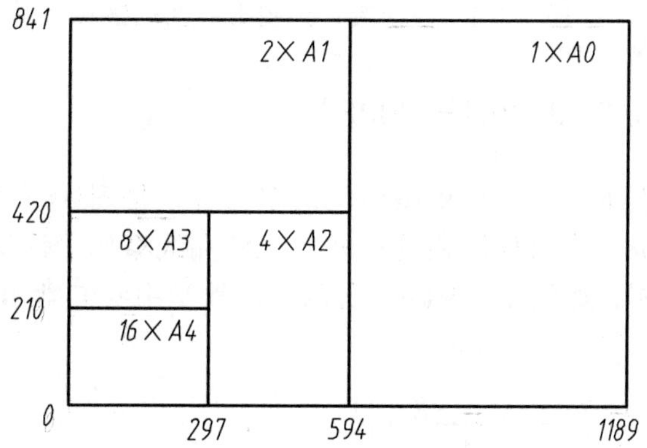


图 1-1-2　图纸大小及对应关系

### （二）图框格式

在绘图时我们把限定绘图区域的线框称为图框，用粗实线画出，其格式分为留装订边和不留装订边两种。图 1-1-3 所示为留装订边图纸的图框格式，$a$、$c$ 值可按表 1-1-1 规定选取。图 1-1-4 所示为不留装订边图纸的图框格式，$e$ 值可按表 1-1-1 规定选取。在同一产品的图样中只能选用其中一种格式。

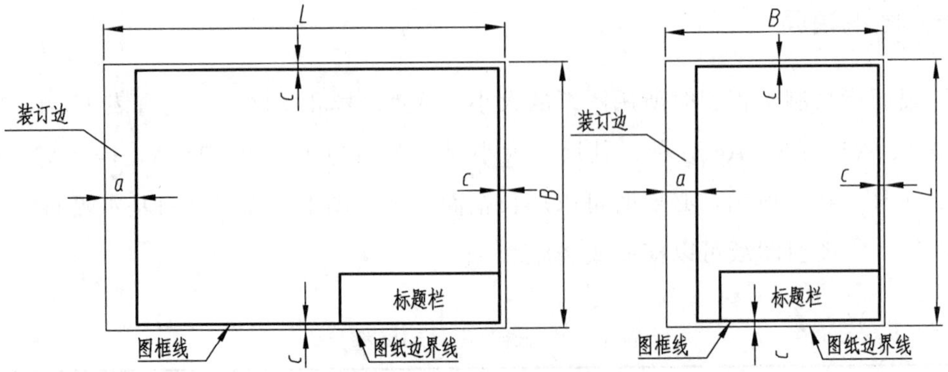


图 1-1-3　留装订边图纸的图框格式

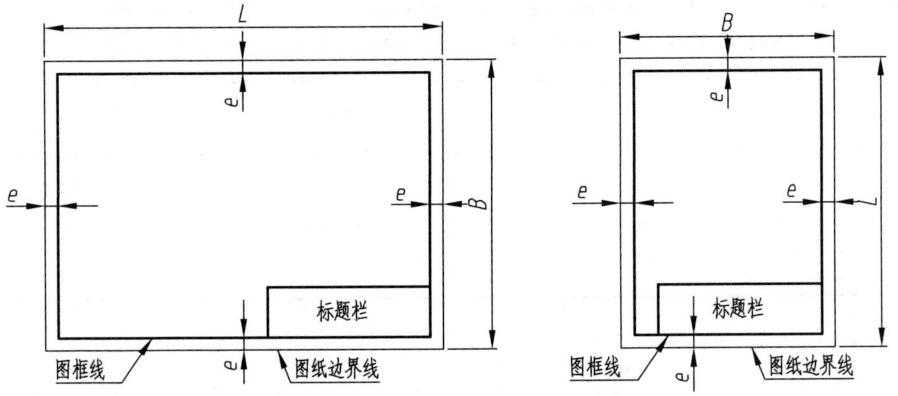


图 1-1-4　不留装订边图纸的图框格式

## 二、标题栏（GB/T 10609.1—2008）

标题栏位于图纸的右下角，它提供图样的诸多内容，是图样不可缺少的部分。在国家标准（GB/T 10609.1—2008）中对标题栏的格式、尺寸和线型作了详细规定，标题栏处框用粗实线、框内用细实线绘制，如图 1-1-5（a）所示。在教学中我们常用简化标题栏，如图 1-1-5（b）所示。

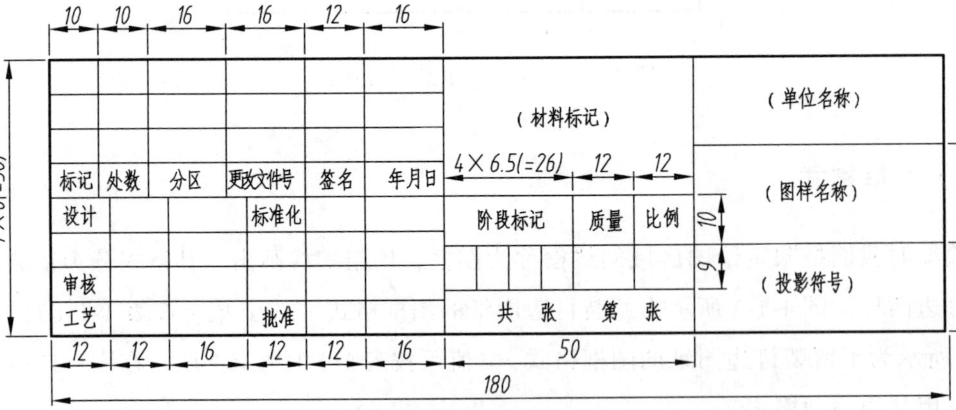


（a）国标规定格式

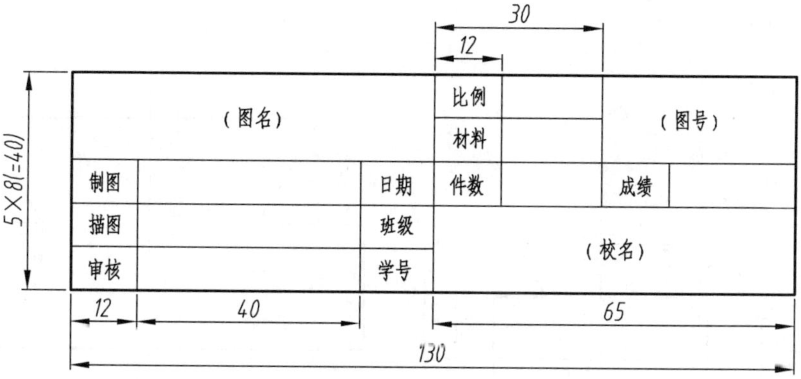


（b）简化学生用格式

图 1-1-5　标题栏

## 三、比例（GB/T 14690—1993）

图样中，图形要素与其所表达实物相应要素的线性尺寸之比称为比例，分为原值比例、放大比例和缩小比例。

原值比例：比值为 1 的比例，即图形与实物相同。

放大比例：比值大于 1 的比例，即图形大于实物。

缩小比例：比值小于 1 的比例，即图形小于实物。

绘制图样时，尽量按机件的实际大小画出，以方便读图。如机件太大或太小，按国标规定可从表 1-1-2 中选取合适的比例。在同一张图纸中，应尽量选用同一比例并在标题栏中标明。若某个视图需要其他比例时，可在视图名称下方或右侧标明即可。无论选用何种比例绘图时，尺寸标注的大小均按实物的实际尺寸大小标注，如图 1-1-6 所示。

表 1-1-2　绘图比例

| 比例类型 | 优先选用 | 允许选用 |
|---|---|---|
| 原值比例 | 1∶1 | |
| 放大比例 | 2∶1、5∶1、$1\times10^n$∶1、$2\times10^n$∶1、$5\times10^n$∶1 | 2.5∶1、4∶1、$2.5\times10^n$∶1、$4\times10^n$∶1 |
| 缩小比例 | 1∶2、1∶5、1∶$1\times10^n$、1∶$2\times10^n$、1∶$5\times10^n$ | 1∶1.5、1∶2.5、1∶3、1∶4、1∶6、1∶$1.5\times10^n$、1∶$2.5\times10^n$、1∶$3\times10^n$、1∶$4\times10^n$、1∶$6\times10^n$ |

## 四、字体（GB/T 14691—1993）

国标对图样中的汉字、字母和数字作了标准化的规定，在图样中书写汉字时必须做到：字体工整、笔画清楚、排列整齐、间隔均匀。字体的大小用字号表示，分为 20 mm、14 mm、10 mm、7 mm、5 mm、3.5 mm、2.5 mm、1.8 mm 八种。

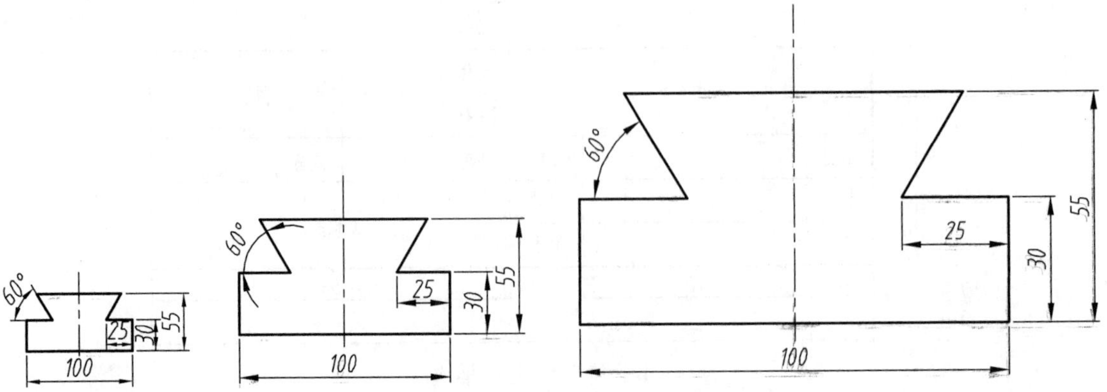


（a）1∶2　　（b）1∶1　　（c）2∶1

图 1-1-6　不同比例编制同一图形

### （一）汉　字

汉字应写成长仿宋体，并采用国家规定的简化汉字书写。长仿宋体的书写要点是：横平竖直、结构均匀、注意起落、填满方格。汉字的高度 $h$ 不小于 3.5 mm，其字宽一般为 $h/\sqrt{2}$，如图 1-1-7 所示。

字体工整　笔画清楚

排列整齐　间隔均匀

图 1-1-7　长仿宋体字书写示例

### （二）数字和字母

数字和字母分为 A、B 型。A 型字体的笔画宽度等于字高的 1/14；B 型字体的笔画宽度等于字高的 1/10。书写数字和字母时可采用直体或斜体，斜体字与水平基准线成 75°，如图 1-1-8 所示。

数字：A 型斜体　*0123456789*

B 型直体　**0123456789**

字母：A 型大写斜体　*ABCDEFGHIJKLMNOPQRSTUVWXYZ*

B 型大写直体　ABCDEFGHIJKLMNOPQRSTUVWXYZ

A 型小写斜体　*abcdefghijklmnopqrstuvwxyz*

B 型小写直体　abcdefghijklmnopqrstuvwxyz

图 1-1-8　数字和字母书写示例

## 五、图线（GB/T 4457.4—2002）

### （一）线型及应用

绘制图样时，应采用国家标准规定的线型来绘图，机械图样中常用的 9 种线型分别为：粗实线、细实线、细虚线、粗虚线、细点画线、粗点画线、双点画线、波浪线和双折线。线型及应用说明见表 1-1-3。图线应用示例如图 1-1-9 所示。

表 1-1-3　图线及用途

| 图线名称 | 线型 | 线宽 | 应用 |
| --- | --- | --- | --- |
| 粗实线 | ——————— | $d$ | 可见轮廓线 |
| 细实线 | ——————— | $d/2$ | 尺寸线、尺寸界线、剖面线、重合断面的轮廓线、过渡线、指引线等 |
| 粗虚线 | — — — — — | $d$ | 允许表面处理的表示线（长 $12d$，间隔长 $3d$） |
| 细虚线 | - - - - - - - - | $d/2$ | 不可见轮廓线（长 $12d$，间隔长 $3d$） |
| 粗点画线 | —·—·—·— | $d$ | 有特殊要求的线或表面的表示线（长 $24d$，间隔长 $3d$，点长 $0.5d$） |
| 细点画线 | —·—·—·— | $d/2$ | 轴线、对称中心线等（长 $24d$，间隔长 $3d$，点长 $0.5d$） |
| 细双点画线 | —··—··—··— | $d/2$ | 极限位置的轮廓线、相邻辅助零件的轮廓线等（长 $24d$，间隔长 $3d$，点长 $0.5d$） |
| 波浪线 | ～～～ | $d/2$ | 断裂处边界线、视图与剖视图的分界线 |
| 双折线 | —\/—\/— | $d/2$ | 断裂处边界线、视图与剖视图的分界线 |

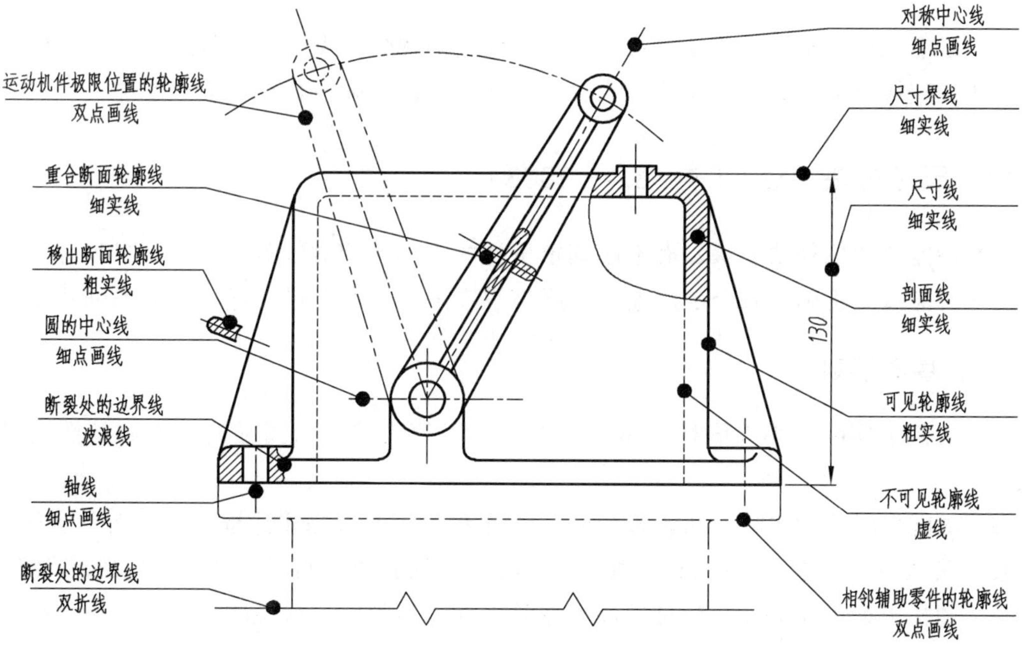


图 1-1-9　图线应用示例

### （二）图线宽度

图样中图线分为粗、细两种规格。粗线的宽度 $d$ 可根据图形大小和复杂程度来选用，在国家图线标准系列中选择，细线的宽度为 $d/2$。

国家图线标准系列为 0.13 mm、0.18 mm、0.25 mm、0.35 mm、0.5 mm、0.7 mm、1.4 mm、2.0 mm。粗线宽度一般选择 0.5 mm 或 0.7 mm。

### （三）注意事项

（1）同一图样中，同类型图线的宽度保持一致，虚线、点画线和双点画线的线段长度和点的长度各自大体相等。

（2）两条平行线、剖面线之间的距离不小于粗线的两倍宽度，即不小于 0.7 mm。

（3）虚线、点画线、双点画线与图线相交时，应在线段处相交。点画线和双点画线的首尾端应是线段并超出图形的轮廓线 3 ~ 5 mm。小图形尺寸较小时可用细实线代替点画线，如图 1-1-10 所示。

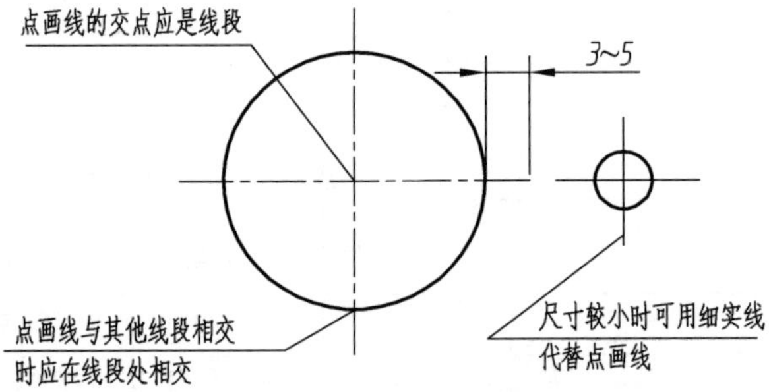


图 1-1-10　点画线的画法

（4）当虚线位于粗实线的延长线时，粗实线应画到分界点，而虚线应留有空隙。当虚线圆弧与虚线直线相切时，虚线圆弧的线段应画到切点，而虚线直线应留有空隙。

## 六、尺寸标注（GB/T 4458.4—2003）

图形只能表达机件的形状，而不能确定机件的大小和相对位置，只有通过尺寸来确定。标注尺寸时应做到正确、齐全、清晰，并严格遵守国家标准对尺寸标注的一系列规定。

### （一）基本规则

（1）机件上实际大小以图样上所标注的尺寸数值为准，与图样的比例和绘图的准确度无关。

（2）图样中的尺寸数字，以毫米（mm）为单位时，无须标注计量单位的名称或代号，即尺寸数字默认的单位是毫米（mm）。如采用其单位，则必须注明所用计量单位的名称或代号。

（3）图样上所标注的尺寸为最后加工完的尺寸，否则应另加说明。

（4）机件上每一尺寸一般只标注一次，并标注在反映该结构最清晰的视图上。

## （二）尺寸要素

一个完整的尺寸包括尺寸界线、尺寸线、尺寸数字和尺寸终端（箭头或斜线）四个要素组成，如图 1-1-11 所示。

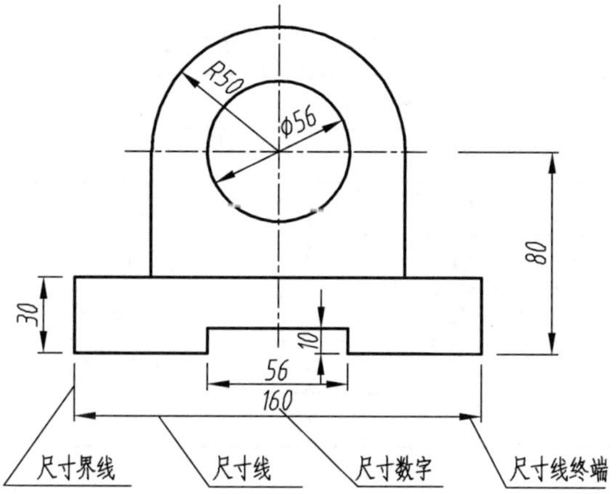


图 1-1-11　尺寸要素

1. 尺寸界线

尺寸界线用细实线绘制，并由图形的轮廓线、轴线或对称中心线处引出。也可利用轮廓线、轴线或对称中心线作为尺寸界线。尺寸界线一般与尺寸线垂直并超出尺寸线 2 mm 左右，特殊情况下可以倾斜。

2. 尺寸线

尺寸线用细实线绘制。尺寸线必须单独画出，不能与图形线重合或在其延长线上，尺寸线与所标注的线段平行。

3. 尺寸数字

按国标规定字体书写尺寸数字。在同一图样上，尺寸数字高度应保持一致；水平方向的尺寸，数字需标在尺寸线的上方、字头向上；垂直方向的尺寸，数字需标注在尺寸线的左侧、字头向左；当数字在图中遇到图线时需将图线断开。

4. 尺寸终端

一般有三种结构形式：箭头、45°细斜线和圆点，如图 1-1-12 所示。

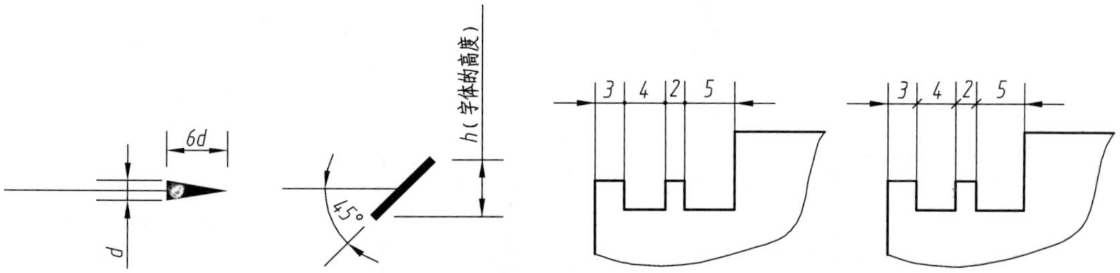


（a）箭头的画法　（b）45°细斜线的画法　（c）尺寸终端的应用

图 1-1-12　尺寸终端的画法与应用

## （三）尺寸的标注方法

### 1. 尺寸简化标注

标注尺寸时尽量采用标注符号和缩写词，如直径$\phi$、半径 $R$ 等，见表 1-1-4。

表 1-1-4 尺寸标注符号和缩写词

| 名称 | 符号或缩写词 | 名称 | 符号或缩写词 |
|---|---|---|---|
| 直径 | $\phi$ | 厚度 | $t$ |
| 半径 | $R$ | 45°倒角 | C |
| 球 | $S\phi$ | 深度 | ↧ |
| 均布 | EQS | 沉孔或锪平 | ⌴ |
| 斜度 | ∠ | 锥度 | ▷ |
| 正方形 | □ | 埋头孔 | ∨ |

### 2. 常用尺寸标注示例

常用尺寸标注示例见表 1-1-5。

表 1-1-5 常用尺寸标注示例

| 标注内容 | | 示例 | 说明 |
|---|---|---|---|
| 线性尺寸 | | 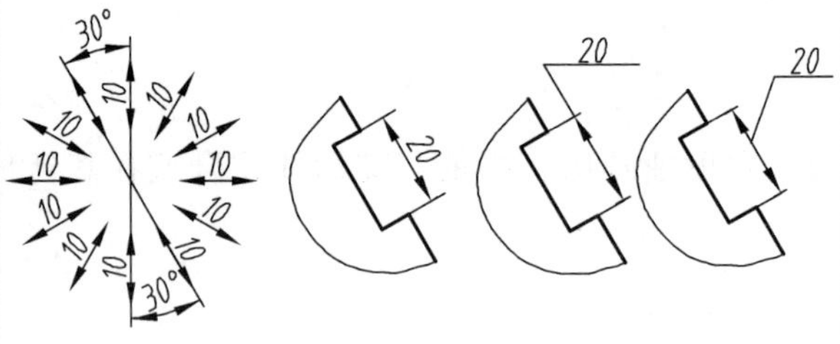  （a） （b） | 尺寸线必须与所标注的线段平行，尺寸数字一般标注在尺寸线的上方或左侧，也可标注在尺寸线的中断处，大尺寸要注在小尺寸外面，尺寸数字按图（a）中所示的方向标注，尽可能避免在图示 30°范围内标注尺寸，当无法避免时应采用图（b）形式标注 |
| 圆弧 | 直径 | 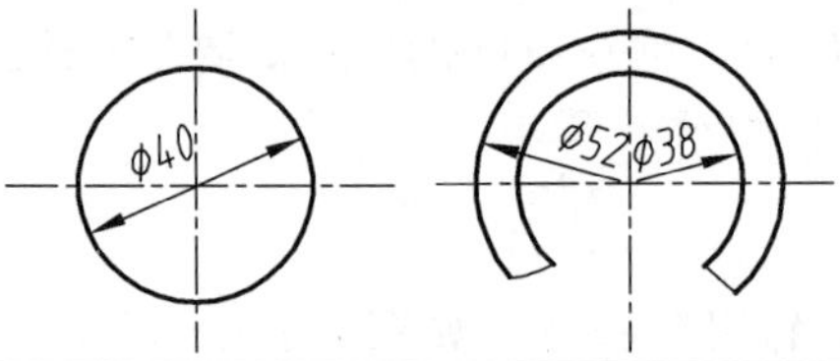  | 标注圆的直径时要在尺寸数字前加直径符号“$\phi$”，尺寸线通过圆心，以圆周为尺寸界线 |
| | 半径 | 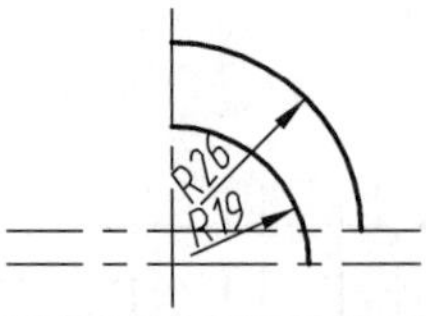  | 标注半径时，尺寸线通过圆心指向圆弧，只画一个箭头，尺寸数字前加半径符号“$R$” |
| 大圆弧 | | 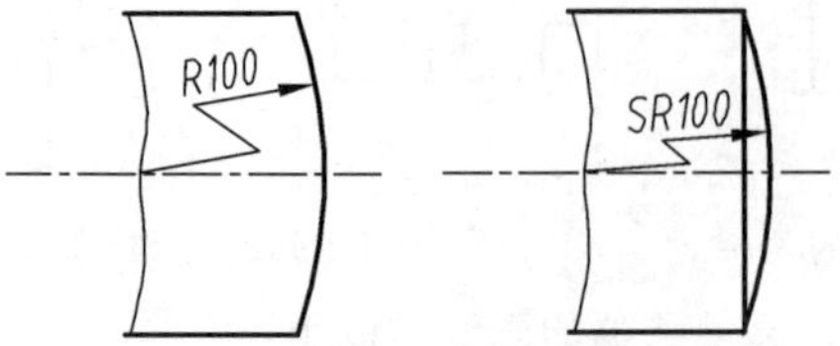  | 当圆弧或球的半径过大或图纸范围内无法标注其圆心时，可采用折线形式标注 |

续表

| 标注内容 | 示例 | 说明 |
|---|---|---|
| 小尺寸 | 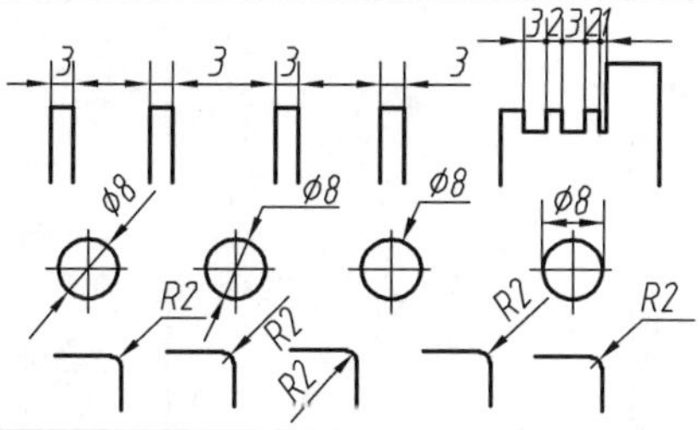 | 对于尺寸较小的图形，标注时没有足够的位置标注箭头和书写数字时，可采用外尺寸界线外或用小圆点代替箭头，尺寸数字也可采用旁注或引出标注 |
| 角度 | 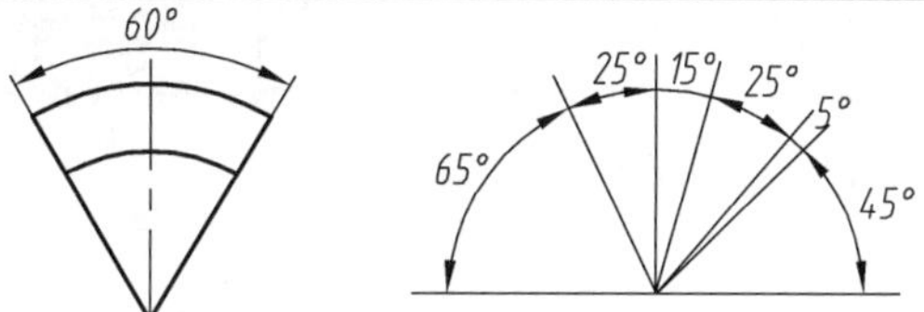 | 角度标注时尺寸数字应水平书写，尺寸界线沿角边径向引出，尺寸线画成圆弧，圆心指向角的顶点 |
| 球面 | 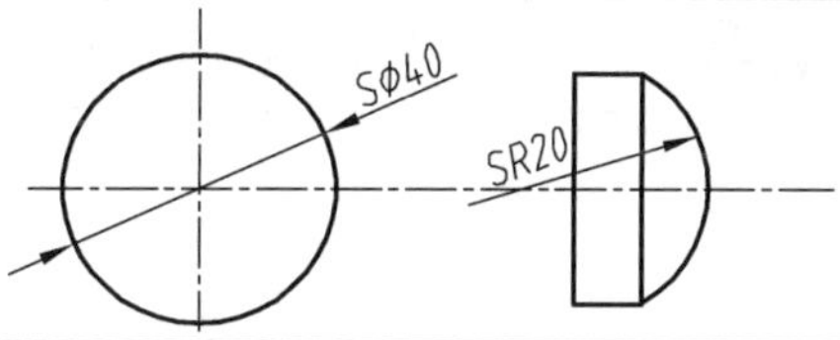 | 球面标注直径或半径时，应在尺寸数字前分别加注符号“*Sφ*”或“*SR*” |
| 弦长和弧长 | 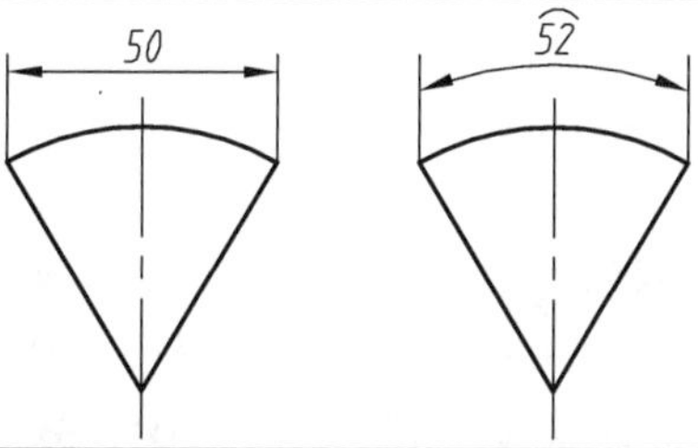 | 标注弦长时，尺寸线应垂直于弦的垂直线。标注弧长时尺寸线与圆弧为同心弧，并在尺寸数字上方加注符号“⌒” |

**思考延伸：**我国是一个具有丰富图学传统的国家，而工程图学是中国科学技术之荦荦大者。我国古代的图学家们创造了人类文明史上堪称凿空之举的奇迹，无论是图学思想、图学理论，或是制图技术，都取得了巨大的科学成就；这些思想和成就闪烁着中华文明的奇光异彩，为近现代工程图学打下了基础。特别是我国古代工程图学所具有的科学技术与艺术的完美结合，为当今科学技术和艺术的整体发展趋势提供了历史的借鉴。作为新时代的大学生更应该努力学好知识，储备能量，为祖国的发展复兴贡献自己的力量。

在河北省平山县1977年出土的战国时代中山王墓建筑规划平面图（约公元前308—309年）

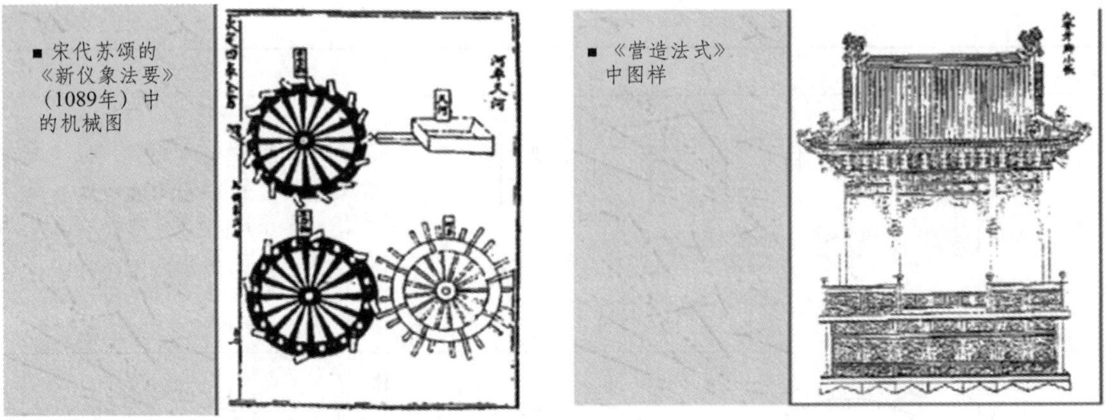


图 1-1-13　我国古代工程图样

## 任务二　常用绘图工具

### 【相关知识】

### 一、铅　笔

铅笔分为软、中、硬三种。用“B”表示软，用“H”表示硬，用数字表示软硬程度，“B”前面数字越大越软，如 B、2B、3B、4B、5B、6B，其中 6B 最软。“H”前面数字越大越硬，如 H、1H、2H、3H、4H、5H、6H，其中 6H 最硬。还有一种 HB，软硬适中。

绘制图形底稿时，建议采用 2H 或 3H 铅笔，笔尖削成尖锐的圆锥形；描黑底稿时，建设采用 B 或 2B 铅笔，笔尖削成扁平形；写字或尺寸标注时，建设采用 H 或 HB 的铅笔。

### 二、图板和丁字尺

作图时，要求图纸平整，需将图纸平铺在图板上并用胶带固定，所以要求图板表面光洁平整，四边平直。图板的左侧边称为导边，配合丁字尺使用，必须平直。常用图板规格有 A0、A1、A2 三种。

丁字尺主要用于画水平线，它由尺头和尺身组成。尺头内侧边与尺身上边必须垂直。使用时，尺头内侧紧贴图板左侧导边，用左手扶住尺头上下移动，即可画出不同位置的水平线，如图 1-2-1 所示。

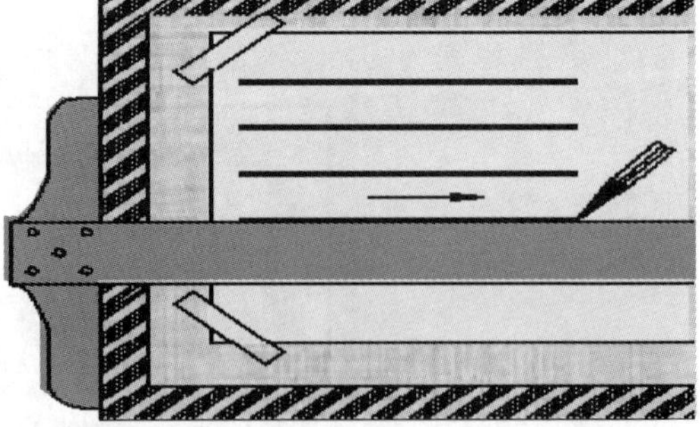

图 1-2-1　图板和丁字尺

## 三、三角板

三角板有 45°和 30°（或 60°）两种，与丁字尺配合使用可画出 15°、30°、45°、60°、75°、90°线段。两块三角板与丁字尺的使用方法如图 1-2-2 所示。

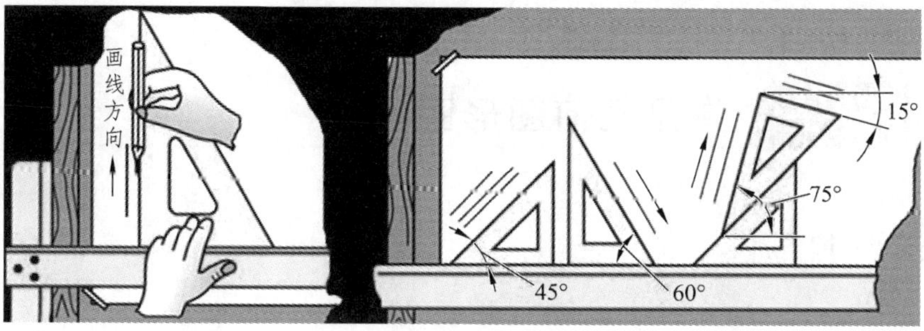


图 1-2-2　三角板

## 四、圆规和分规

圆规主要用于画圆或圆弧。画图时尽量使钢针和铅芯都垂直于纸面，圆规的钢针肩台与铅芯尖平齐。圆规的使用方法如图 1-2-3 所示。

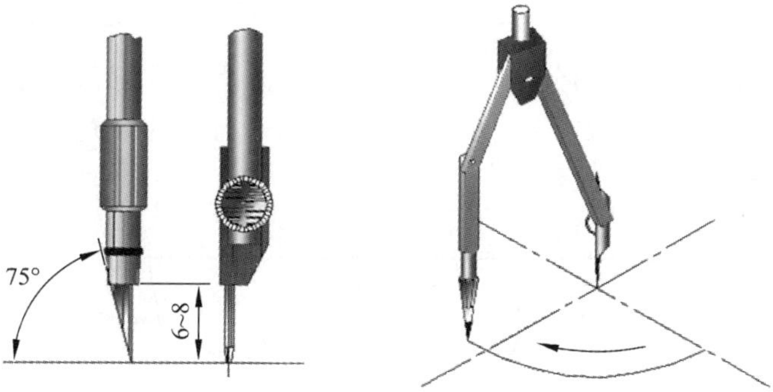


图 1-2-3　圆规和分规

## 五、曲线板

曲线板是用来绘制曲率半径不同的非圆曲线的工具。作图时，先用铅笔徒手把各点依次连成曲线；然后找出曲线板上与曲线相吻合的线段，每次至少要吻合四个点（三段线），画出前两段曲线；按同样的方法找出下一段，相邻曲线段之间应留一小段共同段作为过渡，即应有一小段与已画曲线段重合，以保证最后画成的曲线光滑、流畅，如图 1-2-4 所示。

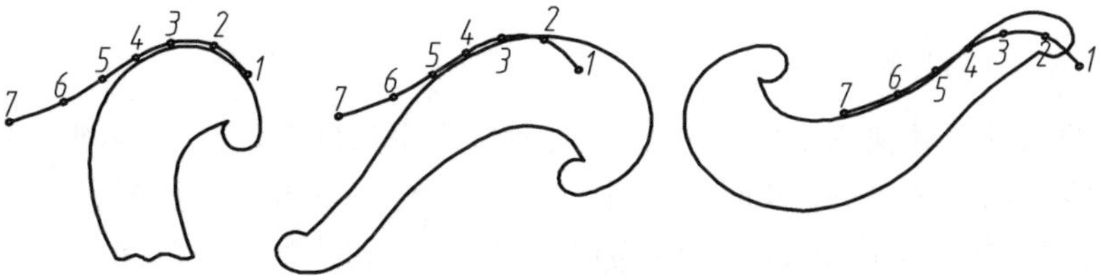

图 1-2-4　曲线板

**思考延伸**：每个绘图工具都有其使用的方法，我们都要按照其规定的方法作图，才能准确、高效地完成工作任务。请同学们想一想，做人处世是否也一样，不逾矩，认认真真做事，清清白白做人，对得起天地良心，于人于己问心无愧，才能一辈子活得坦然，活得轻松，活得自在。

# 任务三　常见几何图形画法

## 【相关知识】

## 一、等分线段

平行线法：首先过等分线段一端点画任意辅助直线，用分规在这条直线上截取任意等长的 $n$ 等份，然后连接等分的终点和已知线段的另一个端点，得一条线段，记为“$m$”。过辅助直线上各等分点分别作平行线与 $m$ 平行，各平行线也等分线段的交点即将线段 $n$ 等份。

如图 1-3-1 所示，将已知线段 $AB$ 五等分。

画法：

过端点 $A$ 作任一直线 $AC$，用分规以任意等长在 $AC$ 上量取五份，等分点分别记为 $D$、$E$、$F$、$G$、$H$，连接 $BH$，过等分点 $D$、$E$、$F$、$G$ 作 $BH$ 的平行线与 $AB$ 相交，交点记为 1、2、3、4，即为线段 $AB$ 的等分点。

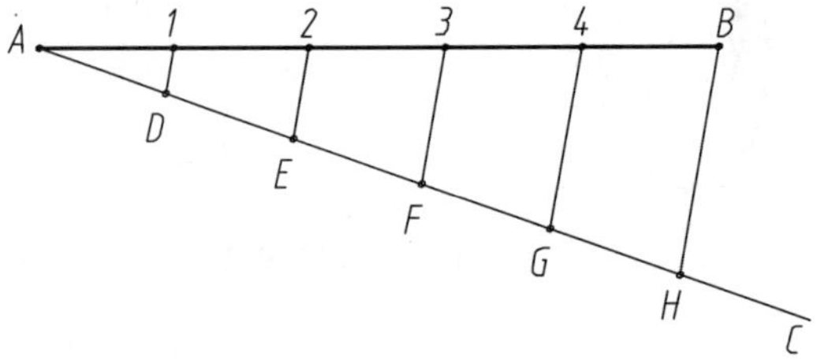


图 1-3-1　线段五等分

## 二、等分圆周和作正多边形

### （一）六等分圆周及画正六边形

六等分圆周有两种作图方法，即用三角板与丁字尺配合作图和用圆规作图。

1. 用三角板与丁字尺

作已知圆的六等分，使用 30°（60°）三角板与丁字尺配合作图，如图 1-3-2（a）所示。过圆心作水平线交已知圆于 $A$、$B$ 两点，过 $A$、$B$ 点用 60°三角板分别画出两条线段交已知圆于 1、2 点，用三角板直角边过 1、2 点分别作直线与已知圆相交于 3、4 点，点 $A$、1、2、$B$、4、3 分别为圆的六等分点，依次连接各等分点即得正六边形。

2. 用圆规

作已知圆的六等分，使用圆规作图，如图 1-3-2（b）所示。过圆心作水平线交已知圆于 *A*、*D* 两点，过 *A*、*D* 两点为圆心，以已知圆的半径为半径，画弧交已知圆于 *B*、*F*、*C*、*E*，则 *A*、*B*、*C*、*D*、*E*、*F* 即为已知圆的六等分点，依次连接各等分点即得正六边形。

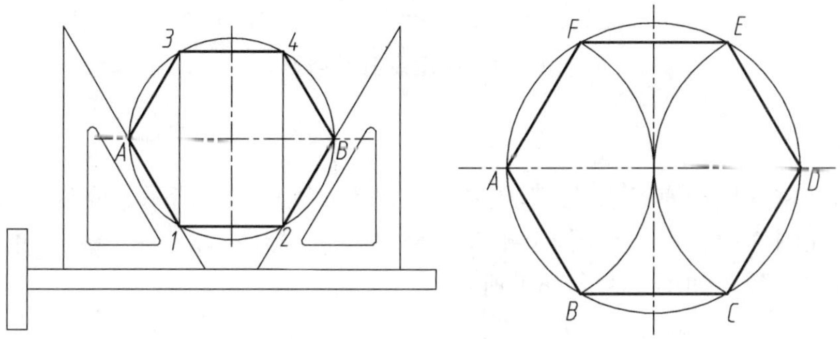


（a）用三角板与丁字尺　　（b）用圆规

图 1-3-2　正六边形画法

### （二）五等分圆周及画正五边形

已知外接圆直径，绘制正五边形的作图方法如图 1-3-3 所示。

（1）取外接圆半径 *OA* 的中点 *B*。

（2）以 *B* 点为圆心，*BC* 为半径画圆弧交水平轴线于 *D* 点，*CD* 即为正五边形的边长。

（3）以 *C* 点为圆心，*CD* 为半径画圆弧，交圆于 1、2 两点，分别以 1、2 两点为圆心，*CD* 长为半径画圆弧，交外接圆于 4、3 两点，1、*C*、2、3、4 即为外接圆的五个等分点，依次连接各等分点即得正五边形。

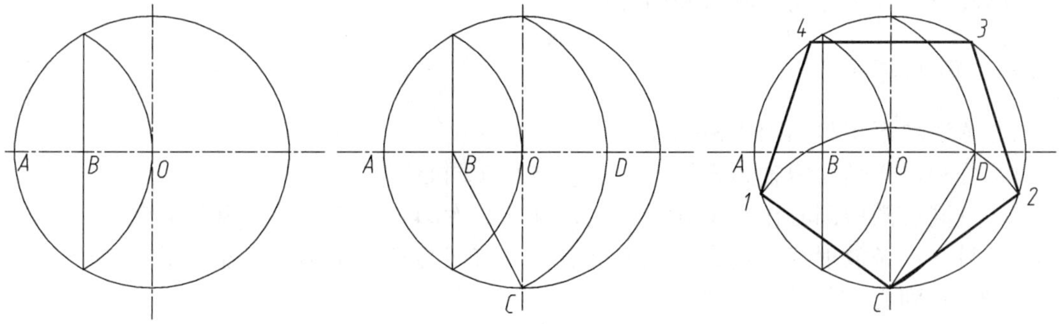


图 1-3-3　五等分圆周及正五边形画法

## 三、斜度和锥度

### （一）斜　度

斜度是指一直线或平面相对另一直线或平面的倾斜程度，其大小用它们之间夹角的正切值表示，即斜度 $\tan\alpha = H : L$。在图样中，用 1∶*n* 加上斜度符号“∠”标注，*n* 为正整数，斜度符号的斜线方向与斜度方向一致，如图 1-3-4 所示。

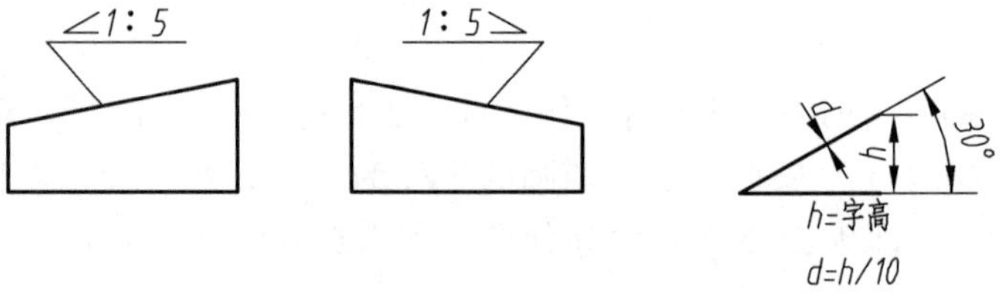


（a）斜度标注　　（b）斜度符号画法

图 1-3-4　斜度及其符号画法

（二）锥　度

锥度是指圆锥的底圆直径 $D$ 与高 $H$ 之比，如图 1-3-5（a）所示，锥度 = $2\tan\alpha = D : L = (D - d) : l$。在图样中，用 $1 : n$ 加上锥度符号“◁”标注，$n$ 为正整数，锥度符号的斜线方向与斜度方向一致，如图 1-3-5（b）所示。

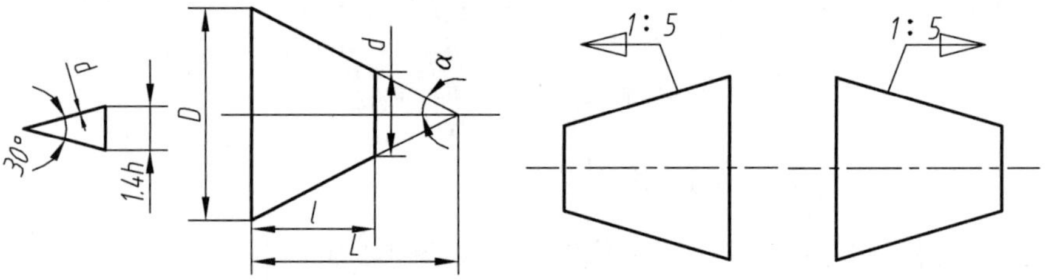


（a）锥度符号及定义　　（b）锥度标注示例

图 1-3-5　锥度及其标注

## 四、椭　圆

椭圆的作图方法有同心圆法和四心法。

（一）同心圆法

同心圆法作图步骤如图 1-3-6（a）所示。

（1）分别以长轴、短轴为直径，中点为圆心作同心圆；

（2）过同心圆的圆心作一系列放射线，分别与大圆和小圆相交，得若干点；

（3）对同一条放射线，过大圆上的交点作竖直线与对应小圆交点作水平线相交于一点，如此可得一系列交点；

（4）用光滑的曲线过 $A$、$B$、$C$、$D$ 点及步骤（3）中所得各交点连接起来即得椭圆。

（二）四心法

四心法作图步骤如图 1-3-6（b）所示。

（1）连接长轴 $AB$ 和短轴 $CD$ 的端点 $AC$，以 $O$ 点为圆心，$OA$ 为半径画圆弧交 $DC$ 延长线于 $E$ 点，再以 $C$ 点为圆心，$CE$ 为半径画圆弧交 $AC$ 于 $F$ 点；

（2）作 $AF$ 的中垂线，分别交长轴和短轴于 $O_1$ 和 $O_2$ 点，再作 $O_1$、$O_2$ 的对称点 $O_3$、$O_4$，即得各圆弧的圆心；

（3）分别以 $O_1$、$O_3$ 和 $O_2$、$O_4$ 为圆心，以 $O_1A$、$O_3B$ 和 $O_2C$、$O_4D$ 为半径画圆弧，使四段圆弧相切于 $K$、$H$、$M$、$N$ 点，即得椭圆。

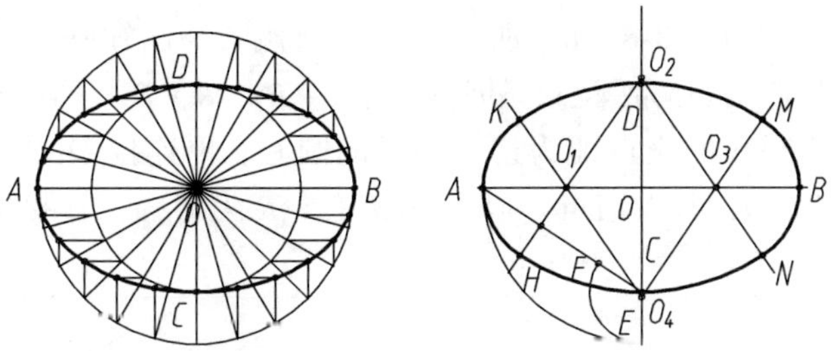


（a）同心圆法　　（b）四心法

图 1-3-6　椭圆的近似画法

## 五、线段圆弧连接

用圆弧光滑连接两已知线段（直线段或圆弧）称为圆弧连接。圆弧连接的关键在于准确找出线段圆弧连接的圆心和切点。

### （一）两相交直线连接

两相交直线圆弧连接的作图步骤如图 1-3-7（a）所示，已经直线 $A$、$B$，要求用半径为 $R$ 的圆弧连接。分别作两已知直线 $A$、$B$ 的平行线 $M$、$N$，$M$、$N$ 分别到已知直线 $A$、$B$ 的距离为 $R$，$M$、$N$ 的交点 $O$ 即为连接圆弧的圆心；过 $O$ 点分别作 $A$、$B$ 的垂线，垂足为 $K_1$、$K_2$，$K_1$、$K_2$ 即为连接圆弧与直线 $A$、$B$ 的切点；以 $O$ 为圆心，$R$ 为半径，连接 $K_1$，$K_2$ 即为所求圆弧。

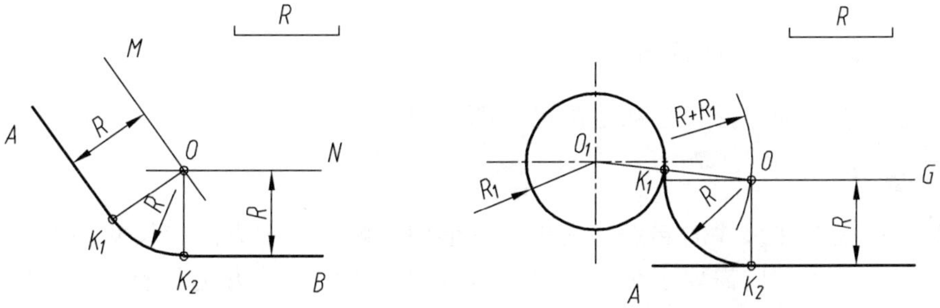


（a）两相交直线圆弧连接　　（b）直线与圆的圆弧连接

图 1-3-7　直线与直线、直线与圆的圆弧连接

### （二）直线与圆弧的连接

直线与圆弧连接可分为连接圆弧与已知圆弧外切和内切两种情况。连接圆弧与已知圆弧外切连接作图步骤如图 1-3-7（b）所示。以 $O_1$ 为圆心，$R+R_1$ 为半径画圆弧与相距直线 $A$ 距离为 $R$ 的平行线 $G$ 相交于点 $O$，即为所求连接圆弧的圆心，连接为 $O$ 和 $O_1$ 相交于点 $K_1$，过 $O$ 点作直线 $A$ 的垂线垂足为 $K_2$，$K_1$、$K_2$ 即为切点。以 $O$ 为圆心，$R$ 为半径，连接 $K_1$，$K_2$ 即为所求圆弧。连接圆弧与已知圆弧内切连接的作图方法原理相同。

### （三）两圆弧的连接

已知圆弧连接有三种情况：连接圆弧与两已知圆弧外切，如图 1-3-8（a）所示；连接圆弧与两已知圆弧内切，如图 1-3-8（b）所示；连接圆弧与一已知圆弧外切与另一已知圆弧外切。作图步骤：分别以 $O_1$、$O_2$ 为圆心，外切时以 $R+R_1$、$R+R_2$ 为半径，内切时以 $R-R_1$、$R-R_2$ 为半径画圆弧，两圆弧的交点即为连接圆弧的圆心；再连接 $O_1O$ 和 $O_2O$，与已经圆弧相交点分别是 $K_1$、$K_2$，$K_1$、$K_2$ 即为切点。以 $O$ 为圆心，$R$ 为半径，连接 $K_1$，$K_2$ 即为所求圆弧。

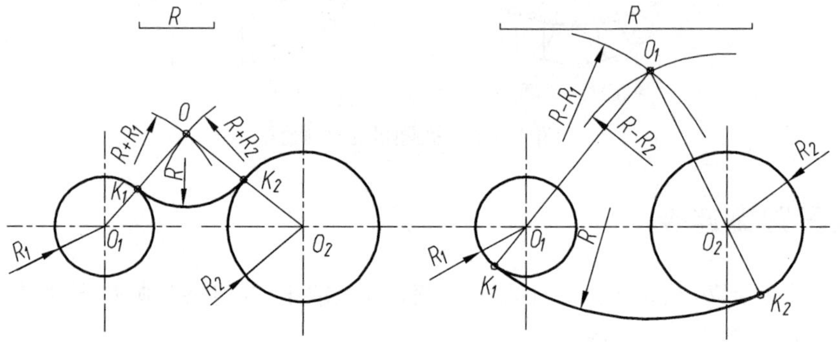


（a）两圆弧外切连接　　（b）两圆弧内切连接

图 1-3-8　两圆弧连接

## 六、绘制平面图形

平面图形是由若干线段（包括直线、曲线、圆弧等）连接而成。这些线段之间的连接和相对位置关系用给定的尺寸来确定，一个平面图形能否正确绘制出来，取决于图中所给定的尺寸是否正确和齐全，所以在平面图形绘制前，应先进行尺寸和线段分析，以明确作图步骤。

### （一）平面图形的尺寸分析

图形尺寸可以分为定形尺寸和定位尺寸两大类。

1. 尺寸基准

尺寸基准就是标注尺寸的起点。在平面图形中一般有水平方向的尺寸基准和竖直方向的尺寸基准。当在某个方向需要多个基准时，其中起主要作用的为主基准，其余为辅助基准。常用点基准有圆心、球心、多边形中心点、角点等；线基准有对称图形的对称轴线、圆的对称中心线和较长的直线，如图 1-3-9 所示。

2. 定形尺寸

确定平面图形中各种线段形状和大小的尺寸称为定形尺寸，如线段的长度，圆弧的半径、直径等，如图 1-3-9 所示的 $\phi20$、$\phi5$、$R15$、$R12$、$R50$、$R10$ 等。

3. 定位尺寸

确定平面图形中各要素之间相对位置的尺寸。它一般与尺寸基准相联系，以确定其他图形要素的位置，如图 1-3-9 所示的 8、45、75 等。

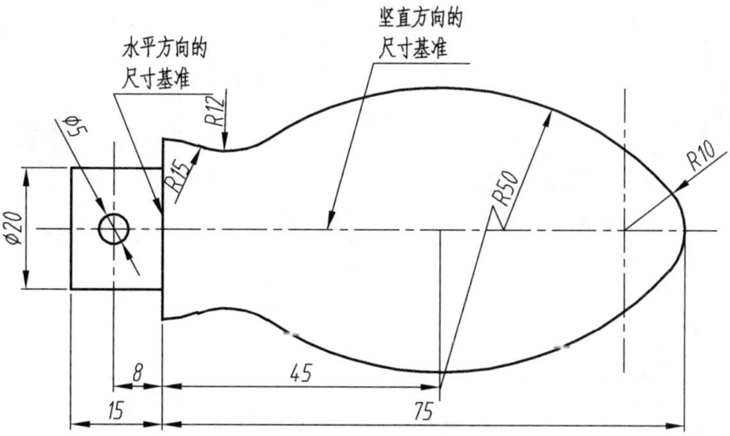


图 1-3-9　手柄

## （二）绘制方法和步骤

### 1. 绘图前的工作准备

（1）准备好所有的绘图仪器和工具，如图板、图纸、丁字尺、圆规、三角板、铅笔、橡皮等。

（2）根据图样大小，选择合适的图纸。

### 2. 线段分析

根据所提供的图形尺寸情况，可将图形中的线段分为已知线段、中间线段和连接线段。

（1）已知线段：有齐全的定形尺寸和定位尺寸，作图时可直接按所给尺寸画出的尺寸叫作已知线段，如图 1-3-9 所示的尺寸$\phi20$、$\phi5$、$R10$ 等。

（2）中间线段：有定形尺寸，缺少一个定位尺寸，必须依靠线段的两端与另外线段相切才能画出的线段叫作中间线段，如图 1-3-9 所示的半径为 $R50$ 的圆弧。

（3）连接线段：有定形尺寸、无定位尺寸的线段叫作连接线段，必须依靠线段的两端与另外线段相切才能画出的线段叫作连接线段，如图 1-3-9 所示的半径为 $R12$ 的圆弧。

由此可见，在画圆弧连接部分的线段时，应先画已知线段，再画中间线段，最后画连接线段。

### 3. 画底稿

用较硬的铅笔，如 H 或 2H，在图纸上用细线轻轻画出图样底稿。现以图 1-3-9 所示的手柄图形为例，一般步骤如下：

（1）画图框线和标题栏：按国家标准中规定的格式和尺寸，在图纸上画好图框线和标题栏。学生可以采用简化标题栏。

（2）图形布局：根据图形的大小，选择绘图比例，并在图纸的适当位置画出图形的基准线，即完成布图。

（3）画图：根据前面对图形的分析，先画出已知线段，然后画中间线段，最后再画连接线段。可保留作图痕迹，最后再擦除，如图 1-3-10 所示。要求方法正确，作图准确，最后再加深。

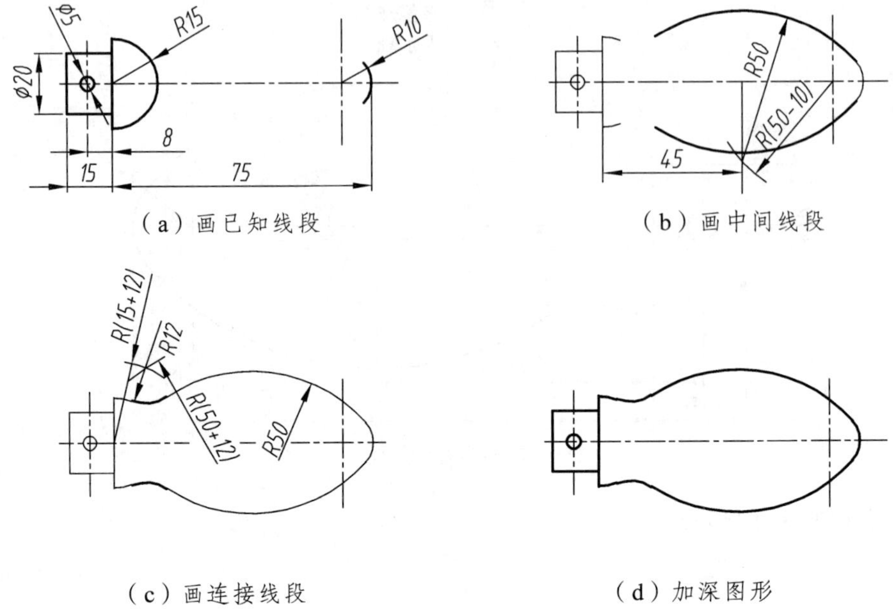


（a）画已知线段　（b）画中间线段

（c）画连接线段　（d）加深图形

图 1-3-10　手柄的作图步骤

4. 标注尺寸

标注尺寸要完整、清晰，遵守国家标准的规定。

5. 检　查

对整个图形线段和尺寸标注进行检查，修改错误，擦除多余的辅助线。

## 七、徒手绘制草图的方法

在实际工作中，由于现场条件或时间的限制，常常会遇到徒手画图的情况，我们把这种不用绘图工具和绘图仪器作图的方法称为绘制草图的方法，所得到的图形称为草图。

# 项目二 投　影

## 项目导入

正投影法能准确地表达出物体的形状结构，而且度量性好，因而在工程上广泛应用。但它的缺点是立体感差，一般要用两个或两个以上的图形才能把物体的形状表达清楚。机械图形主要是用正投影法绘制的，所以正投影法是本课程学习的主要内容。在以后的课程中，除有特别说明外，我们提到的投影均指正投影三视图的画图步骤图样。

## 学习目标

1. 掌握投影的概念，熟悉正投影的特性，三视图的形成原理和投影规律；
2. 掌握点、线、面的投影规律及其特点，掌握常见几何图形的画法；
3. 掌握基本体的投影特性和画法，基本体表面取点方法和基本体的尺寸标注；
4. 了解绘制轴测图的基本知识，掌握正等轴测图和斜二轴测图的画法；
5. 掌握组合体的组合形式和画法，形体分析法。

# 任务一 投影与视图

## 【图示引导】

日常生活中，人们看到太阳光或灯光照射物体时，在地面或墙壁上出现物体的影子，这就是一种投影现象。我们把光线称为投射线（或叫投影线），地面或墙壁称为投影面，影子称为物体在投影面上的投影。本项目将为大家介绍投影的相关内容。

图 2-1-1　投影

## 【相关知识】

### 一、投影的基本知识

#### （一）投影的形成

物体在光线的照射下会形成影子，物体与影子之间存在相互对应的关系，利用这种关系在平面上绘制出物体的图像，以表达物体的形状和大小，这种方法称为投影法。如图 2-1-2 所示，设平面 $P$ 为投影面，$S$ 为投射中心，投射线均由投射中心发出。在投射中心与投影面之间的空间上有两点 $A$、$B$，投影线过空间点 $A$ 与投影面交于点 $a$，过空间点 $B$ 与投影面 $P$ 交于点 $b$，我们就把点 $a$、$b$ 称为空间点 $A$、$B$ 在投影面 $P$ 上的投影。

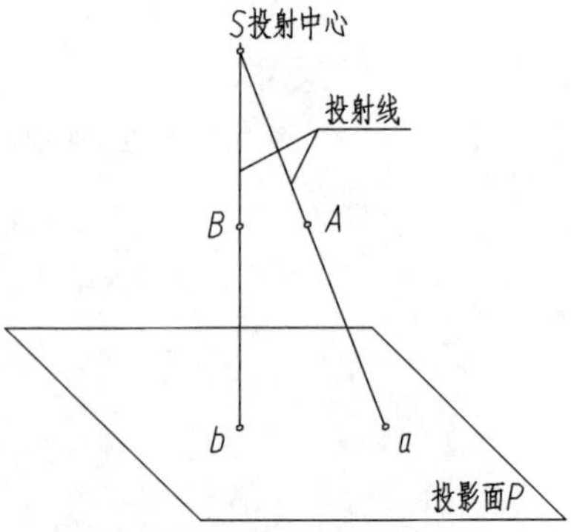


图 2-1-2　投影法

#### （二）投影法的分类

投影法可分为中心投影法和平行投影法。

1. 中心投影法

如图 2-1-3 所示，投射线自投射中心 $S$ 发出，将空间的 $\triangle ABC$ 投射到投影面 $P$ 上，得 $\triangle abc$ 即为 $\triangle ABC$ 在投影面 $P$ 内的投影。这种投射线自投射中心发出的投影法称为中心投影法，所得的投影称为中心投影。

中心投影法主要用于绘制建筑物和产品的立体图，也称透视图。

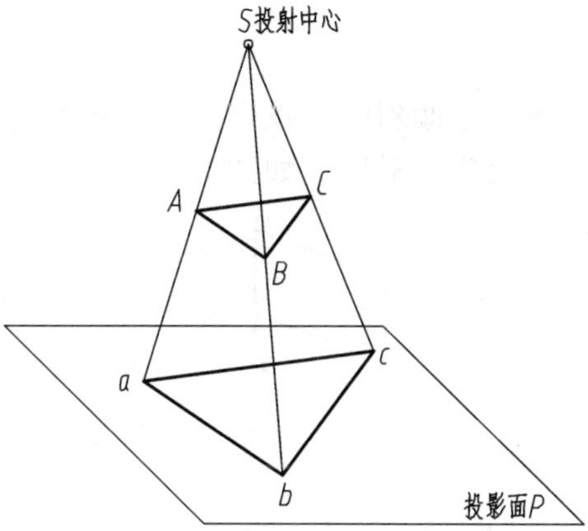


图 2-1-3　中心投影法

2. 平行投影法

若将投射中心 $S$ 移到距投影面 $P$ 无穷远处，如太阳光照射到地面，这时可将投射线看作是相互平行，这种投影法称为平行投影法。根据投射线与投影面是否垂直，平行投影法又分为正投影法和斜投影法。

正投影法：投射线与投影面垂直的平行投影法，所得到的投影称为正投影，如图 2-1-4（a）所示。正投影能真实表达空间物体的形状和大小，作图简便。主要用于绘制工程图样，如无特别说明，本教材采用的投影均为正投影法。

斜投影法：投射线与投影面不垂直的平行投影法，所得到的投影称为斜投影，如图 2-1-4（b）所示。

斜投影法主要用于绘制有立体感的图形，如斜轴测图。

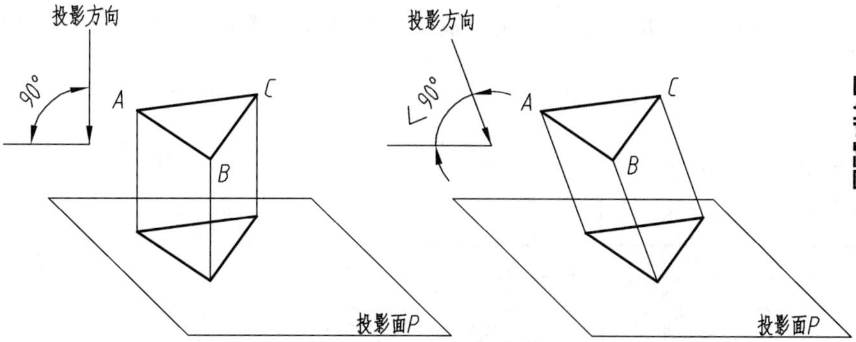


（a）正投影法　　（b）斜投影法

图 2-1-4　平行投影法

### （三）正投影的基本特性

1. 实形性

当平面图形或直线线段与投影面平行时，投影反映其实形，如图 2-1-5（a）所示。

2. 积聚性

当平面图形或直线线段与投影面垂直时，投影积聚为直线或点，如图 2-1-5（b）所示。

3. 类似性

当平面图形或直线线段与投影面倾斜时，投影为原图形的类似形，即 *n* 边形的投影为 *n* 边形，直线的投影为直线，圆的投影为椭圆，如图 2-1-5（c）所示。

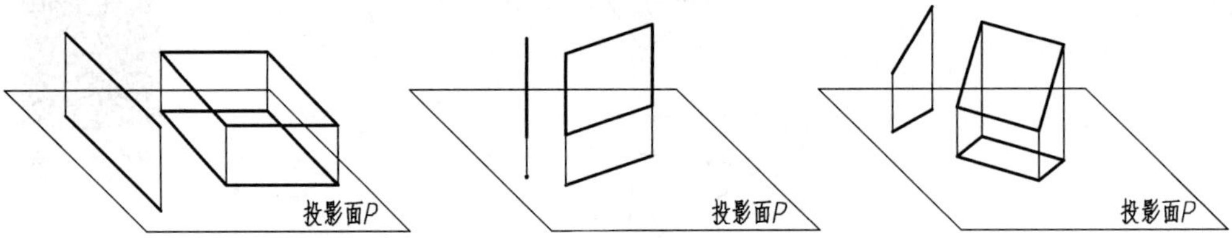


（a）实形性　　（b）积聚性　　（c）类似性

图 2-1-5　正投影的基本特性

## 二、三视图的形成及性质

### （一）三面投影体系

通常情况，只用一个投影面是不能完整、准确地表达物体的全部形状和结构。如图 2-1-6 所示，三个不同形状和结构的物体在同一个方向的投影完全相同，因此一个投影面是不能完全表达物体的形状和结构。为了准确表达物体的形状和结构，必须采用多面投影体系，通常把物体放在三个互相垂直的平面所组成投影面体系中，从三个不同方向向三个投影面进行投射。由这样三个互相垂直的平面所组成的投影面体系称为三面投影体系，如图 2-1-7 所示。在这个投影体系中，把正立的投影面称为正投影面，用 *V* 表示；把水平的投影面称为水平投影面，用 *H* 表示；把与正投影面和水平投影面同时垂直的投影面称为侧立投影面，用 *W* 表示。正立投影面 *V* 与水平投影面 *H* 的交线为 *OX* 轴；侧立投影面 *W* 与水平投影面 *H* 的交线为 *OY* 轴；正立投影面 *V* 和侧立投影面 *W* 的交线为 *OZ* 轴；三个轴互相垂直，它们的交点 *O* 称为原点。

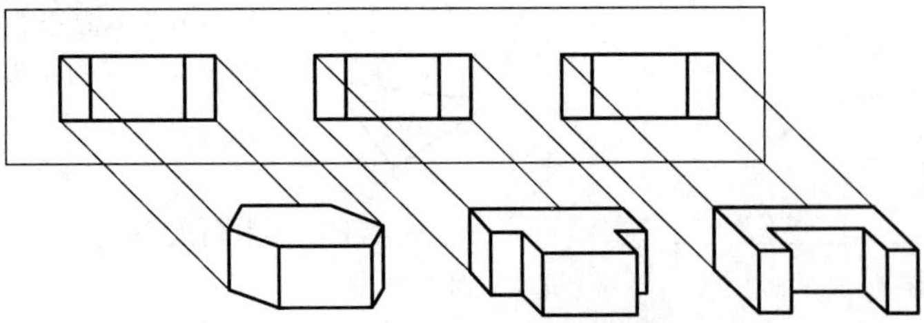

图 2-1-6　不同物体的单面投影

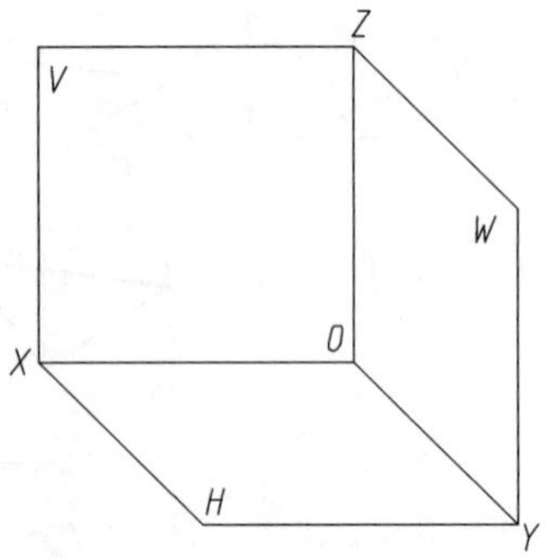


图 2-1-7　三面投影体系

## （二）三视图的形成

将物体置于三面投影体系中，按正投影法从前往后投影得到正面投影，称为主视图；从上往下投影得水平投影，称为俯视图；从左往右投影得到侧面投影，称为左视图，如图 2-1-8 所示。

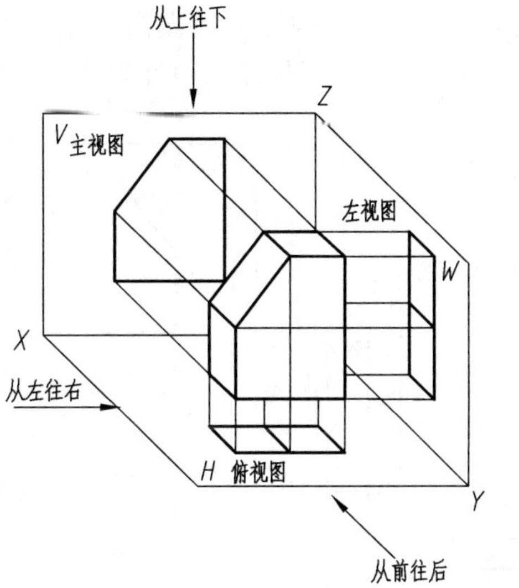


三视图的形成

图 2-1-8　物体的三面投影

为了方便画图，需要将三个投影面展开在同一个平面上，具体规定：*V* 面不动，将 *H* 面绕 *OX* 轴向下旋转 90°，将 *W* 面绕 *OZ* 轴向下旋转 90°，使 *V* 面、*H* 面和 *W* 面展开到一个平面内，如图 2-1-9（a）所示。

最终三面投影展开后重合到一个平面内，如图 2-1-9（b）所示。

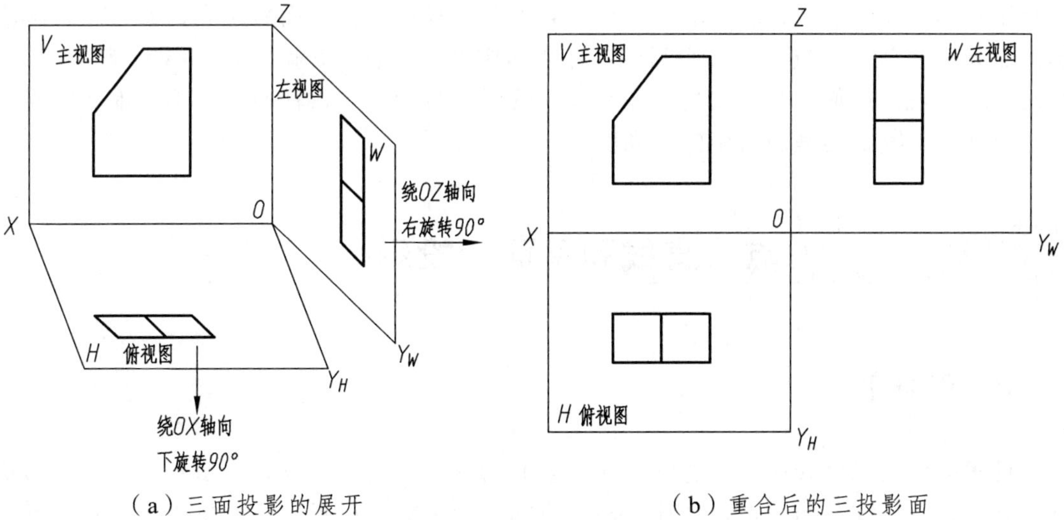


（a）三面投影的展开　　　　（b）重合后的三投影面

图 2-1-9　三视图的形成过程

（三）三视图的性质

三视图的性质

通过物体的方位关系，从正立投影面观察物体，通常把物体的左右方向的尺寸称为长，前后方向的尺寸称为宽，上下方向的尺寸称为高，如图 2-1-10 所示。主视图反映物体的长和高，俯视图反映物体的长和宽，左视图反映物体的宽和高，并且各视图间存在一定的对应关系。通过观察图 2-1-10，可以得到如下投影规律：主、俯视图长对正（等长），主、左视图高平齐（等高），俯、左视图宽相等（等宽）。在绘制三视图时一定要遵守这一投影规律（简称为“三等规律”）。

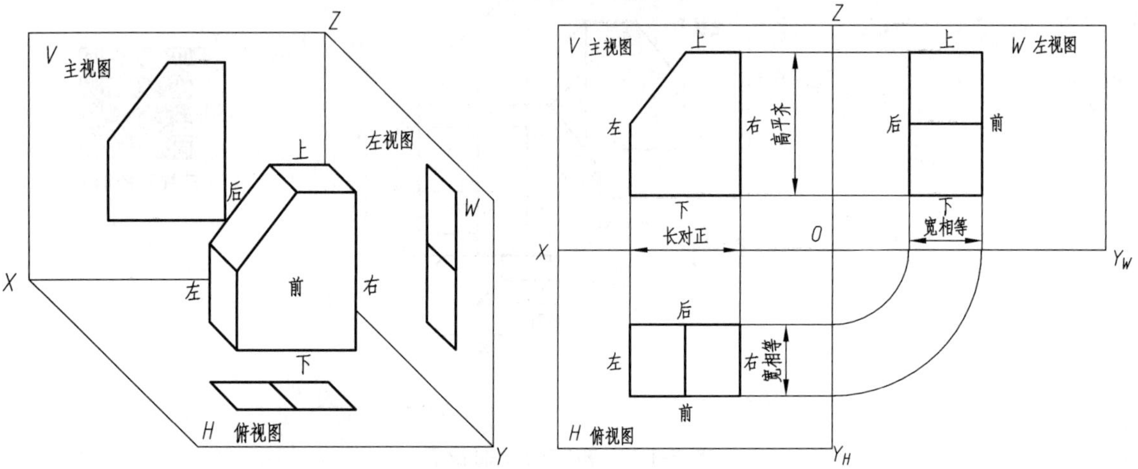


图 2-1-10　三视图的投影规律

**思考延伸：**要想绘制出物体的实际形状和大小，需要“行得正、做得直”。“人生的道路虽然漫长，但紧要处常常只有几步。”每个人的人生之路有上坡也有下坡、有平地也有高山、有缓流也有激流。但无论如何高低曲直、环境多变，都要守住自律、自省、自重的底线。揆诸现实，举凡在人生道路上出现重大问题的人，大多缺乏行“正”致远的意识和定力。“物格而后知至，知至而后意诚，意诚而后心正，心正而后身修，身修而后家齐，家齐而后国治，国治而后天下平”。希望同学们在今后的工作生活中做人正直、做事正派。树立正确的权力观、地位观、利益观，任何时候都要稳得住心神、管得住行为、守得住清白，不为虚名所累，不为利益所动，不断抵达理想人生的新高度。

## 任务二　点、直线和平面的投影

### 【图示引导】

机件根据使用场合和使用功能的不同，它们的形状有简单有复杂，但不管机件的形状有多复杂，都是由空间几何元素点、线、面组成的，为了能顺利画出各种机件（尤其是复杂机件）的视图，首先应研究组成机件的几何元素，即点、直线、平面的投影。

图 2-2-1 所示为电力机车转向架，它就是一个复杂机件，但它也是由点、线、面所组成的。转向架通常有两轴及三轴之分，两轴转向架由于轴距短，有利于通过小半径曲线。现代电力传动内燃机车及电力机车都采用牵引电动机单独驱动，即每一轮对设置一台电动机，轮对通过轴箱安装于转向架构架内。机车牵引力由轮对经构架传至车体车架，再经车钩牵引后面的车辆。

图 2-2-1　电力机车转向架

## 【相关知识】

## 一、点的投影

物体的表面由无数条直线组成，而直线又由无数个点组成，因此，要准确画出物体的三视图，就必须先掌握点的投影规律。

### （一）点的三面投影

点的三面投影

1. 点的标记及投影

空间点用大写字母 $A$、$B$、$C$…表示；点在水平投影面上的投影用小写字母 $a$、$b$、$c$…表示；点在正立投影面上的投影用小写字母 $a'$、$b'$、$c'$…表示；点在侧立投影面上的投影用小写字母 $a''$、$b''$、$c''$…表示，如图 2-2-2（a）所示。将三面投影展开后即得到空间点 $A$ 在 $V$、$H$、$W$ 三投影面上的三面投影，如图 2-2-2（b）所示。

2. 点的三面投影规律

（1）点的投影连线垂直投影轴。点的正面投影与水平投影连线垂直于 $OX$ 轴，即 $aa' \perp OX$；点的正面投影与侧面投影连线垂直于 $OZ$ 轴，即 $a'a'' \perp OZ$；点的水平投影与侧面投影连线分别垂直于 $OY_H$ 轴和 $OY_W$ 轴，即 $aa_{yh} \perp OY_H$，$a_{yw}a'' \perp OY_W$。

（2）点的投影到投影轴的距离等于空间点到投影面的距离，即：空间点 $A$ 到 $V$ 面的距离 $= aa_x = a''a_z$；

空间点 $A$ 到 $H$ 面的距离 $= a'a_x = a''a_y$；空间点 $A$ 到 $W$ 面的距离 $= aa_y = a'a_z$；

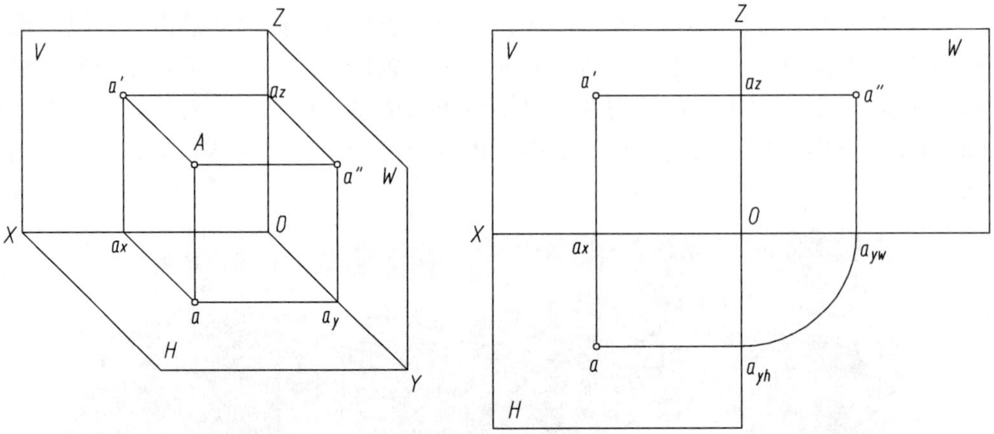


（a）点在投影面中的标记　　　　（b）点的三面投影

图 2-2-2　点的投影

【例 2-2-1】 已经点 $A$ 的水平投影 $a$ 和正面投影 $a'$，点 $B$ 的正面投影 $b'$和侧面投影 $b''$，如图 2-2-3（a）所示，分别求点 $A$、点 $B$ 的第三面投影。

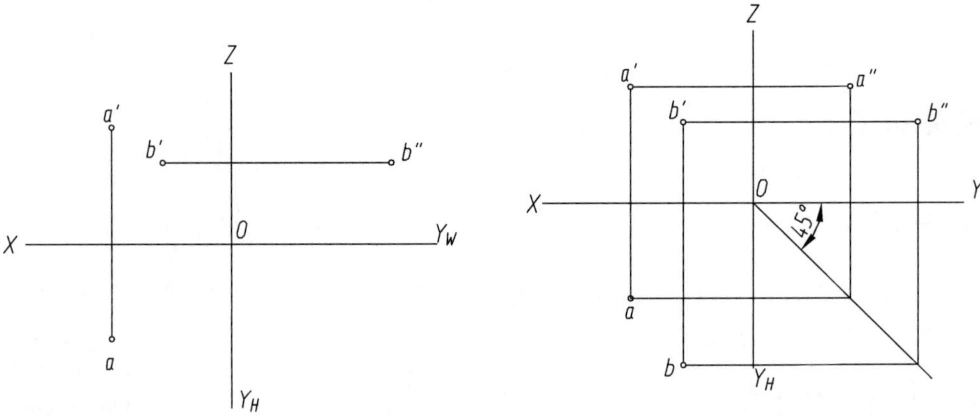


（a）　　　　（b）

图 2-2-3　已知点的两面投影求第三面投影

解法：如图 2-2-3（b）所示，过点 $a$ 作 $OY_H$ 的垂线与 45°辅助线相交一点，过交点作平行于 $OZ$ 轴的直线与过 $a'$点作 $OZ$ 轴的垂直线相交于一点，即为点 $A$ 的侧面投影 $a''$。同理，可作出点 $B$ 的水平投影 $b$。

### （二）点的投影与直角坐标系

如果把三面投影体系看成直角坐标系，那么投影面就是坐标面，投影轴就是坐标轴，$O$ 点则为坐标原点，如图 2-2-3（a）所示。规定在 $OX$ 轴上，原点为 $O$，向左为正值，向右为负值；规定在 $OY$ 轴上，原点为 $O$，向前为正值，向后为负值；规定在 $OZ$ 轴上，原点为 $O$，向上为正值，向下为负值。空间点 $A$ 的坐标（$x_A$，$y_A$，$z_A$）与投影体系有如下关系：

$$x_A = Oa_x = a'a_z = aa_Y；\ y_A = Oa_Y = aa_X = a''a_Z；\ z_A = Oa_Z = a'a_X = a''a_Y$$

因此，若已知点的空间坐标（$x_A$，$y_A$，$z_A$），就可以画出点的投影图。

**【例 2-2-2】** 已知点 $A$ 的坐标（12，5，10），点 $B$ 的坐标（0，8，6），分别画出点 $A$、$B$ 的三面投影图。

作图方法如图 2-2-4 所示。

求点 $A$ 的投影：在 $OX$ 轴、$OY_H$ 轴和 $OZ$ 轴上分别量 $Oa_X = x_A = 12$，$Oa_{YH} = y_A = 5$，$Oa_Z = z_A = 10$，过 $a_X$、$a_Z$ 作 $X$ 轴、$Z$ 轴的垂线交于 $a'$ 点；过 $a_X$、$a_{YH}$ 作 $X$ 轴、$Y_H$ 轴的垂线交于 $a$ 点；最后由 $a$ 和 $a'$ 求出 $a''$。

求点 $B$ 的投影：在 $OY_H$ 轴和 $OZ$ 轴上分别量 $Ob_{YH} = y_B = 8$，$Ob_Z = z_B = 6$，过 $b_{YH}$ 作 $Y_H$ 轴垂线交辅助线，过交点作 $Z$ 轴的平行线与过 $b_Z$ 作 $Z$ 轴的垂线交于 $b''$；由于 $x_B = 0$，所以 $B$ 点在侧面投影上，水平投影在 $OY_H$ 轴上，正面投影在 $OZ$ 轴上。

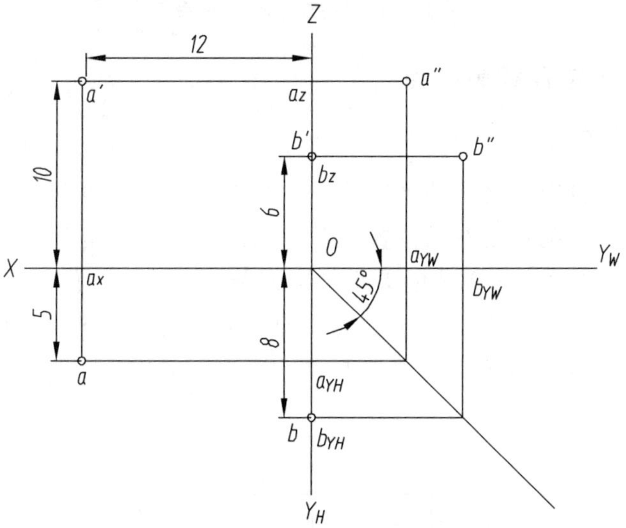


图 2-2-4　根据点的坐标作点的投影

## （三）特殊点的投影

什么样的点是特殊点，在投影面上或在投影轴上的点就是特殊点。

### 1. 在投影面的点

在投影面上的点，其坐标值中有一个为零，在它所在的投影面上的投影与其重合，在另外两个投影面上的投影在投影轴上。如图 2-2-5 所示，当点 $A$ 在 $V$ 面时，点 $A$ 的正面投影 $a'$ 与空间点 $A$ 重合，水平投影 $a$ 在 $OX$ 轴上，侧面投影 $a''$在 $OZ$ 轴上，其坐标值为（$x_A$，0，$z_A$）。

### 2. 在投影轴上的点

在投影轴上的点，其坐标值中有两个为零，在它所在的投影轴上的投影与其重合，在另外一个投影面上的投影在原点上。如图 2-2-5 所示，当点 $B$ 在 $OY$ 面时，点 $B$ 的水平投影 $b$ 与空间点 $B$ 重合，侧面投影 $b''$与空间点 $B$ 重合，水平投影 $b'$在原点上，其坐标值为（0，$y_B$，0）。

### 3. 在原点上的点

其三个坐标值都为零，即（0，0，0）。

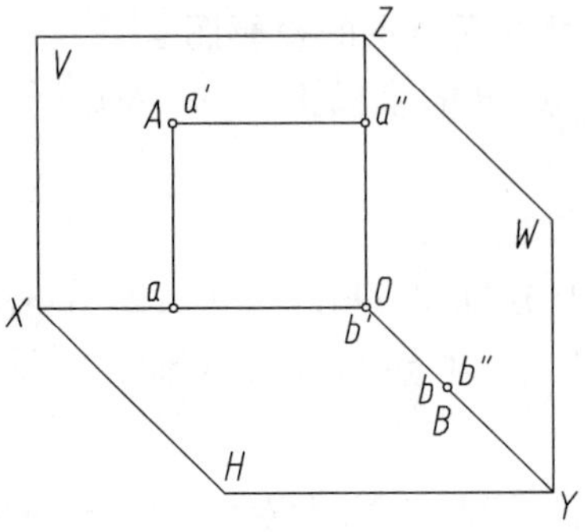


（a）特殊位置的点

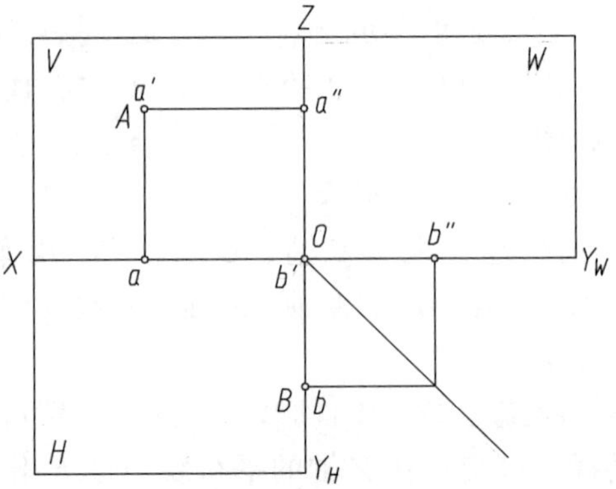


（b）特殊点的投影

图 2-2-5　特殊位置点的投影

## （四）两点的相对位置和重影点

### 1. 两点的相对位置

通过两点在同一个投影面之间的坐标关系，可以判断空间两点的相对位置。根据 *OX* 轴上坐标值的大小可以判断两点的左右位置关系；根据 *OY* 轴上坐标值的大小可以判断两点的前后位置关系；根据 *OZ* 轴上坐标值的大小可以判断两点的上下位置关系；如图 2-2-6 所示，点 *A* 的 *X* 轴坐标值大于点 *B*，所以点 *A* 在点 *B* 的左边，点 *A* 的 *Y* 轴坐标值小于点 *B*，所以点 *A* 在点 *B* 的后边，点 *A* 的 *Z* 轴坐标值大于点 *B*，所以点 *A* 在点 *B* 的上边。

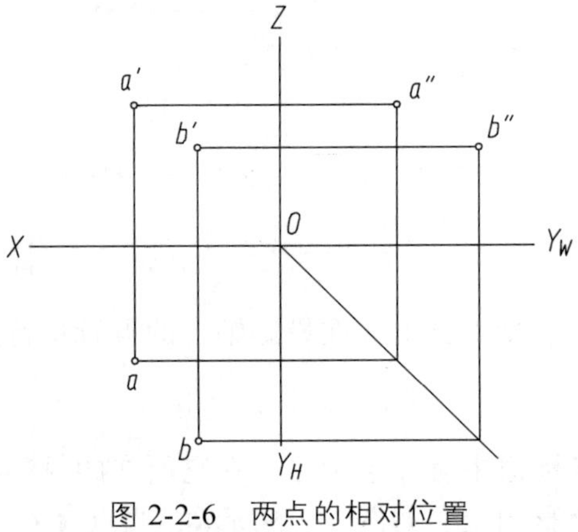


图 2-2-6　两点的相对位置

### 2. 重影点

若 *A*、*B* 两点有两个坐标值相等，此时 *A*、*B* 两点的位置关系只有左右、上下或前后之间的关系。如图 2-2-7 所示，点 *A* 和点 *B* 在 *X* 轴和 *Y* 轴的坐标值相等，而在 *Z* 轴上点 *A* 的坐标值大于点 *B* 的坐标值，我们就说点 *A* 在点 *B* 的正上方，此时 *A*、*B* 两点在水平投影面上的投影重合，即点 *A* 和点 *B* 称为对水平投影面的重影点。重影点需判别可见性，根据正投影的特性，可见性分为前遮后、上遮下、左遮右。在图 2-2-7 中点 *A* 在上，点 *B* 在下，点 *A* 的投影遮挡 *B* 点的投影，*B* 点在水平投影面的投影不可见，规定不可见的投影点加括号表示。

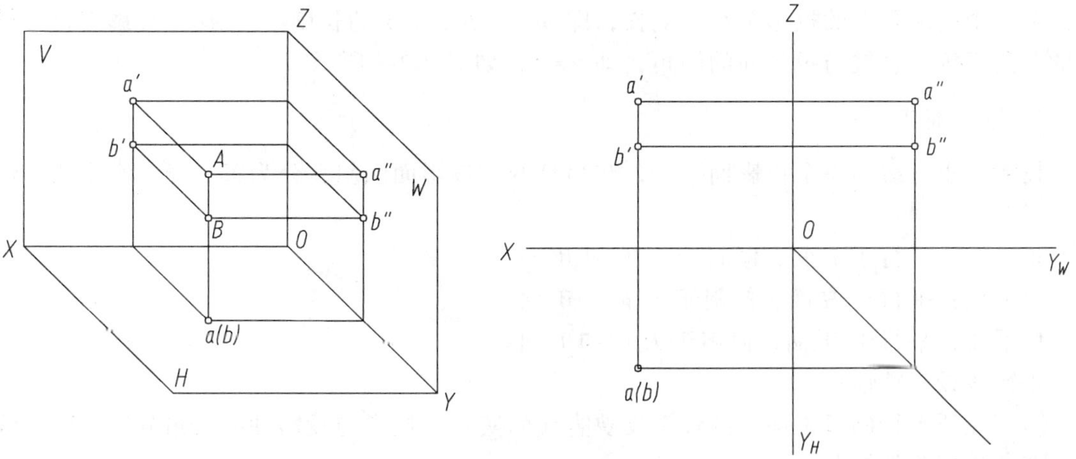


图 2-2-7　重影点

## 二、直线的投影

直线的投影

### （一）直线投影图的画法

一般情况下，根据投影类似性特点，直线的投影仍为直线。根据两点确定一条直线，求直线在三投影面内的投影时，只需作出直线上两点在三投影面上的投影，再用粗实线连接同一投影面上点的投影，即得到直线在三投影面内的投影。如图 2-2-8 所示，已知空间直线 $AB$，求其在投影面的投影。取直线上两点 $A$、$B$，分别作点 $A$ 和点 $B$ 在三投影面的投影点 $a$、$a'$、$a''$和 $b$、$b'$、$b''$，用粗实线连接 $ab$、$a'b'$、$a''b''$，即得空间直线 $AB$ 在三投影面内的投影。在直线投影图中，一般规定直线与 $H$、$V$、$W$ 面的倾角分别用$\alpha$、$\beta$、$\gamma$表示。

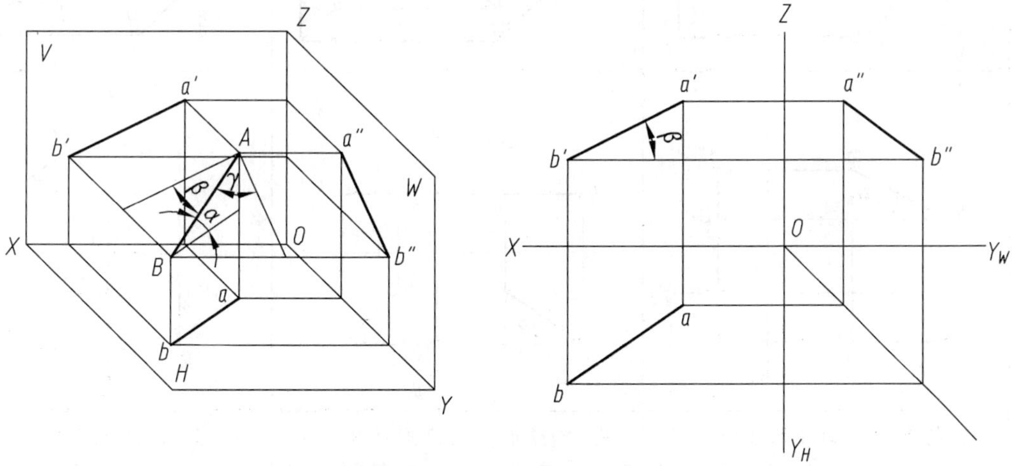


图 2-2-8　直线的投影

### （二）各种位置直线的投影特性

1. 一般位置的直线

在投影面体系中，与三个投影面都倾斜的直线称为一般位置的直线。一般位置直线的特性：在三个投影面上的投影都小于实长，即 $ab$、$a'b'$、$a''b''$的长度小于 $AB$；投影与投影轴之间的夹角不等于直线与投影面的倾角，即$\alpha \neq \theta$，如图 2-2-8 所示。

2. 投影面平行线

投影面平行线与一个投影面平行，与另外两个投影面倾斜，分为正平线、水平线、侧平线。

正平线：平行于 *V* 面，倾斜于 *H* 面和 *W* 面。

水平线：平行于 *H* 面，倾斜于 *V* 面和 *W* 面。

侧平线：平行于 *W* 面，倾斜于 *H* 面和 *V* 面。

平行线投影特性：

（1）在所平行的投影面上的投影反映直线的实长，投影与投影轴的夹角分别反映直线对另外两个投影面的倾角。

（2）在另外两个投影面上的投影，分别平行于相应的投影轴，且长度小于实长。

投影面平行线的投影特性见表 2-2-1。

表 2-2-1　投影面平行线的投影特性

| 名称 | 正平线（$AB /\!/ V$ 面） | 水平线（$AB /\!/ H$ 面） | 侧平线（$AB /\!/ W$ 面） |
|---|---|---|---|
| 立体图 | 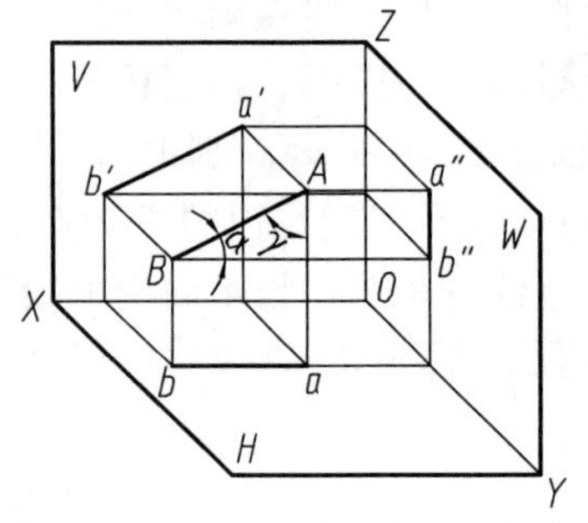 | 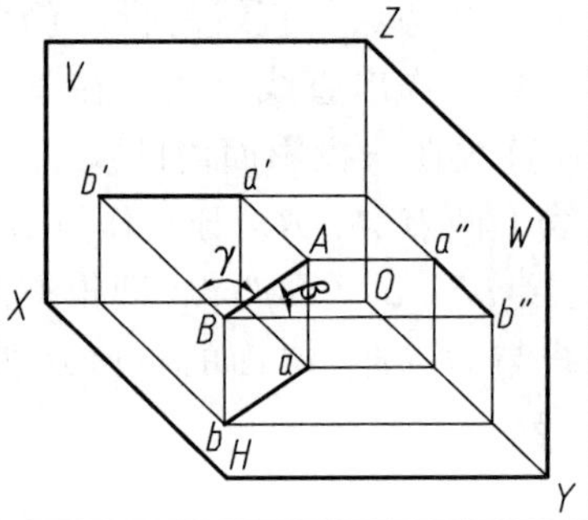 | 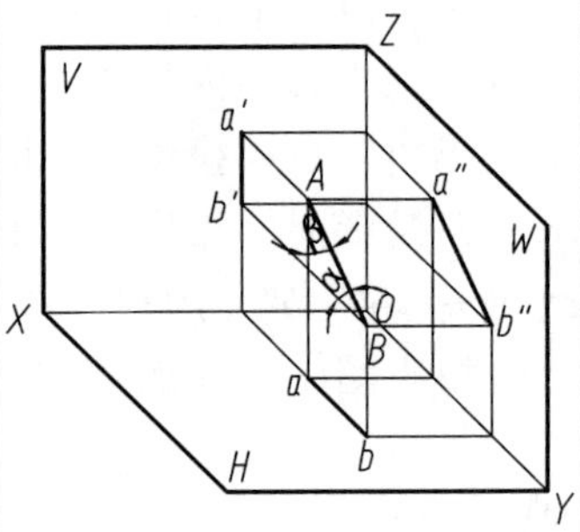 |
| 投影图 | 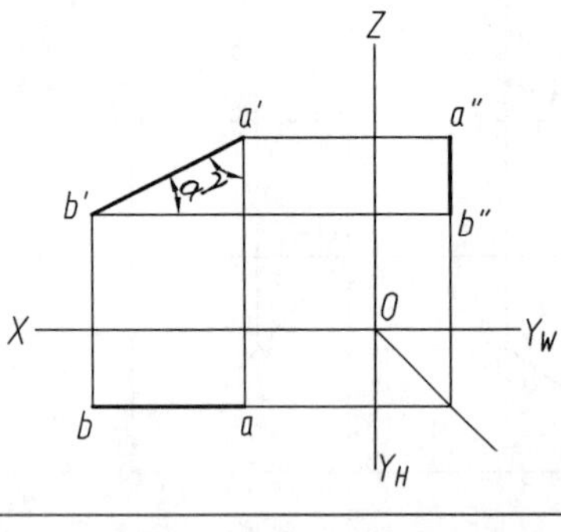 | 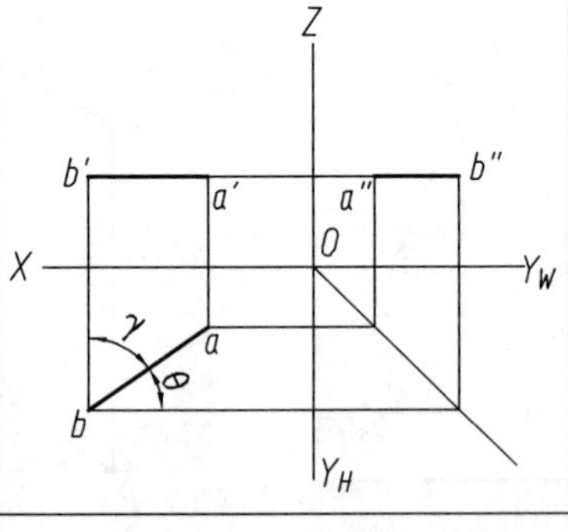 | 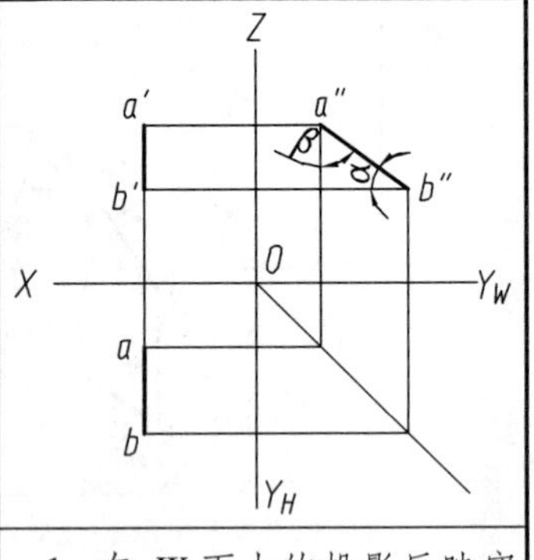 |
| 投影特性 | 1. 在 *V* 面上的投影反映实长，$\alpha$、$\gamma$ 角表示直线与 *H* 面和 *W* 面的倾角；<br>2. $ab /\!/ OX$ 轴，$a''b'' /\!/ OZ$ 轴 | 1. 在 *H* 面上的投影反映实长，$\beta$、$\gamma$ 角表示直线与 *V* 面和 *W* 面的倾角；<br>2. $a'b' /\!/ OX$ 轴，$a''b'' /\!/ OY$ 轴 | 1. 在 *W* 面上的投影反映实长，$\alpha$、$\beta$角表示直线与 *H* 面和 *V* 面的倾角；<br>2. $ab /\!/ OY$ 轴，$a'b' /\!/ OZ$ 轴 |

3. 投影面垂直线

投影面垂直线与一个投影面垂直，与另外两个投影面平行，分为正垂线、铅垂线、侧垂线。

正垂线：垂直于 $V$ 面，平行于 $H$ 面和 $W$ 面。

铅垂线：垂直于 $H$ 面，平行于 $V$ 面和 $W$ 面。

侧垂线：垂直于 $W$ 面，平行于 $H$ 面和 $V$ 面。

垂直线投影特性：

（1）在所垂直的投影面上的投影积聚为一个点。

（2）在另外两个投影面上的投影分别平行于相应的投影轴，且长度等于实长。

投影面垂直线的投影特性见表 2-2-2。

表 2-2-2　投影面平行线的投影特性

| 名称 | 正垂线（$AB \perp V$ 面） | 铅垂线（$AB \perp H$ 面） | 侧垂线（$AB \perp W$ 面） |
| --- | --- | --- | --- |
| 立体图 | 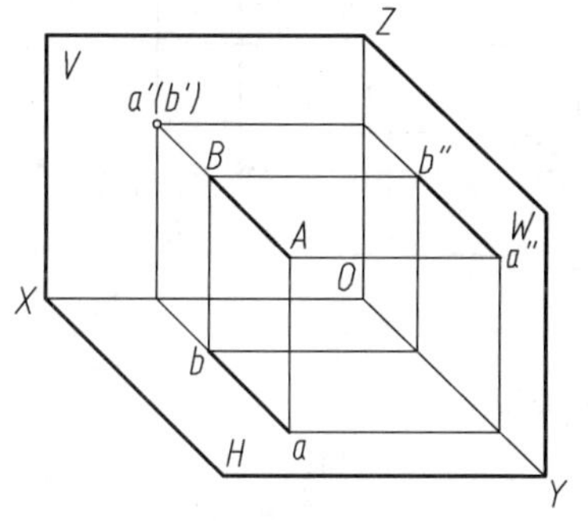 | 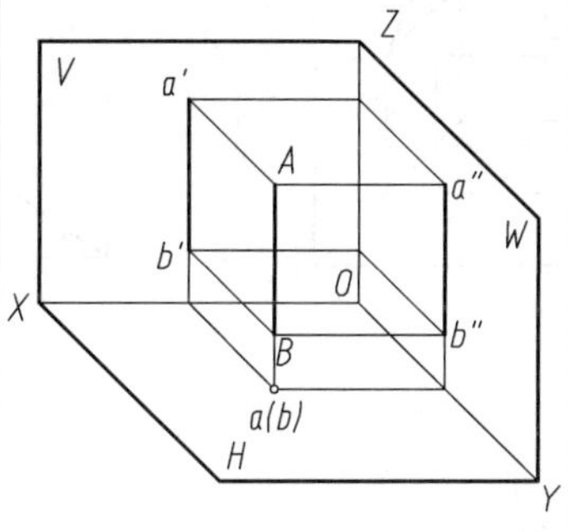 | 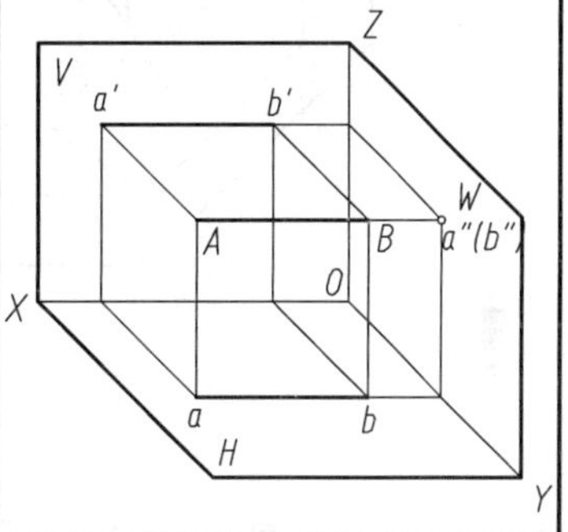 |
| 投影图 | 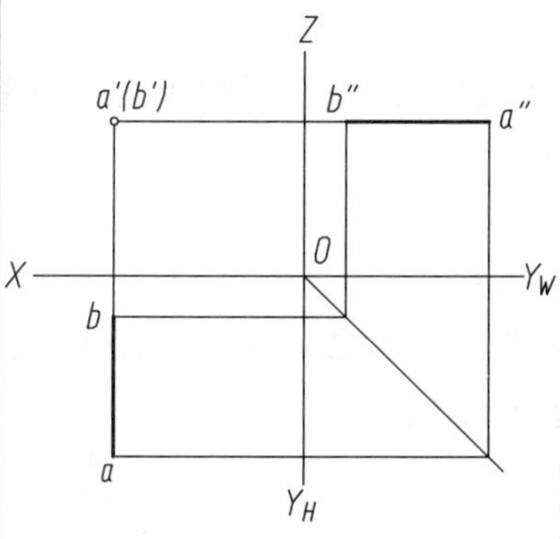 | 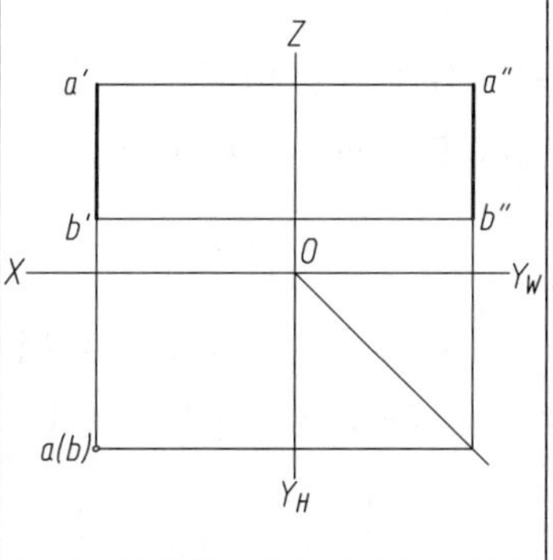 | 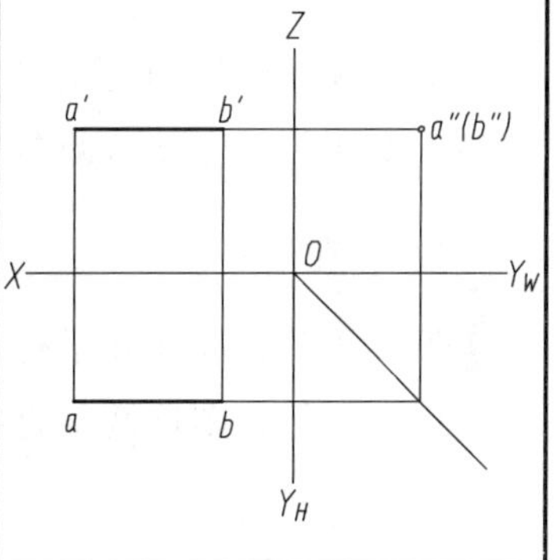 |
| 投影特性 | 1. 在 $V$ 面上的投影积聚为一点；<br>2. $ab$ // $OY$ 轴，$a''b''$ // $OY$ 轴并反映实长 | 1. 在 $H$ 面上的投影积聚为一点；<br>2. $a'b'$ // $OZ$ 轴，$a''b''$ // $OZ$ 轴并反映实长 | 1. 在 $W$ 面上的投影积聚为一点；<br>2. $ab$ // $OX$ 轴，$a'b'$ // $OX$ 轴并反映实长 |

## （三）直线上点的投影特性

### 1. 从属性

若点在直线上，其投影必定在该直线的同面投影上。如图 2-2-9 所示，直线 $AB$ 上的点 $M$ 的投影 $m$、$m'$、$m''$分别在 $ab$、$a'b'$、$a''b''$上。反之，若点的投影分别在直线的三个投影上，且满足点的投影规律，那么该点必定在这条直线上，即点 $M$ 的投影 $m$、$m'$、$m''$分别在 $ab$、$a'b'$、$a''b''$上，且满足点的投影规律，那 $M$ 点必定在直线 $AB$ 上。

2. 定比性

位于直线上的点，其分割直线段长度之比在投影后保持不变。如图 2-2-9 所示，得比例关系：

$$AM/MB = am/mb = a'm'/m'b' = a''m''/m''b''$$

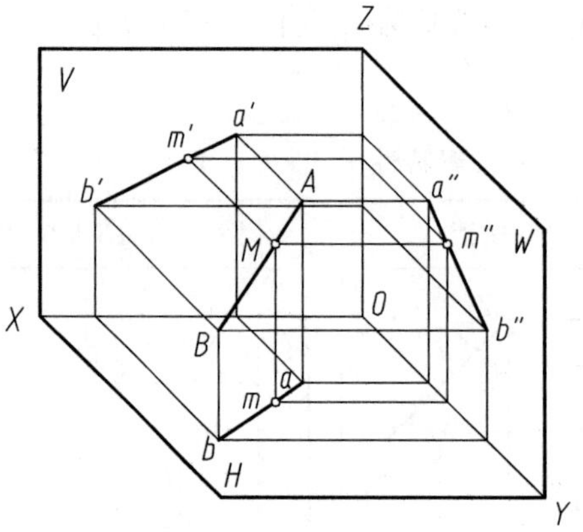


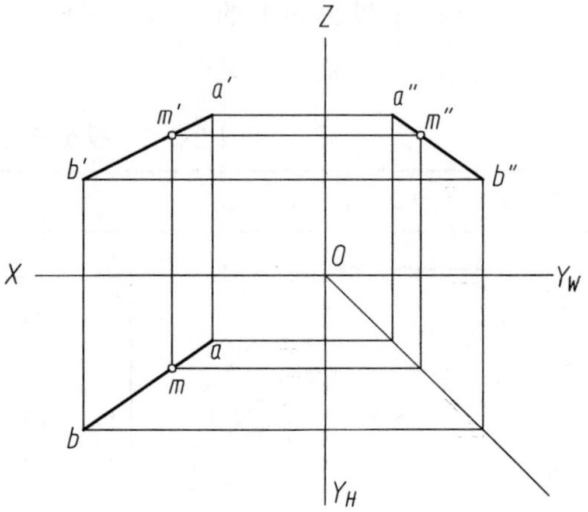


图 2-2-9　直线上点的投影特性

## （四）两直线的相对位置

空间两直线的相对位置关系有平行、相交、交叉三种情况。其中平行和相交的两条直线在同一平面上，交叉的两条直线不在同一平面上。

1. 两直线平行

若空间两直线相互平行，则它们的同面投影必然相互平行。反之，如果两直线的各同面投影相互平行，则这两条直线在空间也相互平行，如图 2-2-10 所示。

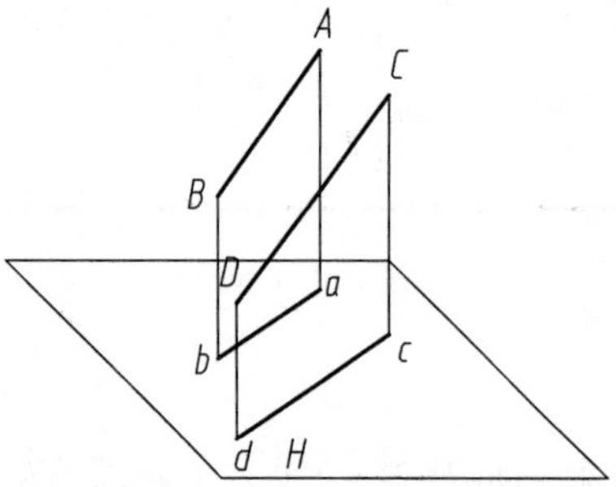


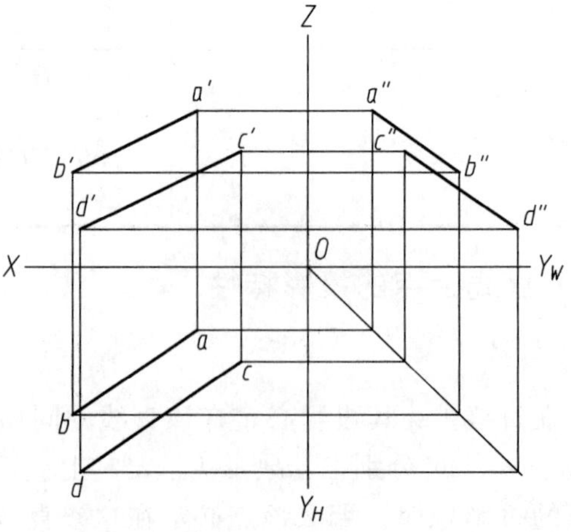


图 2-2-10　两直线平行

2. 两直线相交

若空间两直线相交，则它们的同面投影必然相交，且各面投影的交点符合点的投影规律。反之，则两直线相交，如图 2-2-11 所示。

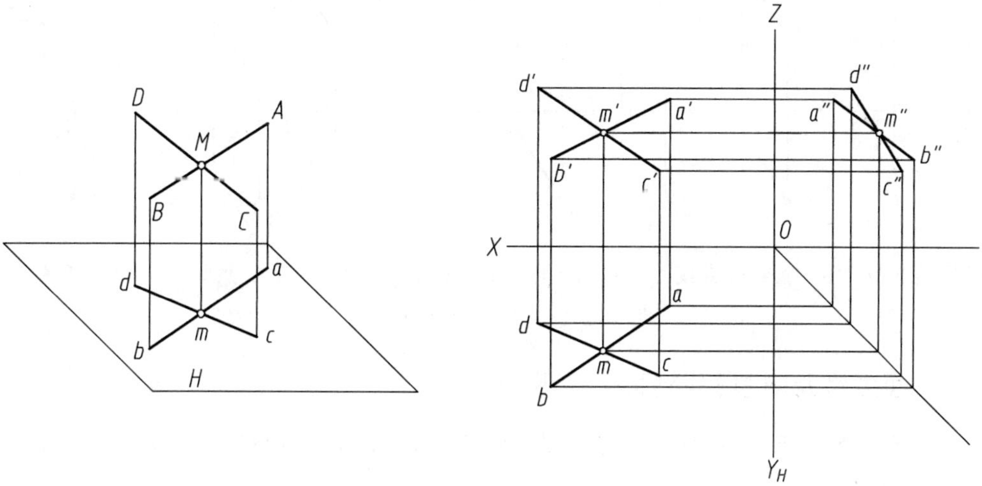


图 2-2-11　两直线相交

3. 两直线交叉

若空间两直线既不平行，也不相交，则称这两直线交叉。交叉直线在空间上不相交，但在某一投影面内它们的投影可能出现平行或相交的情况，这是交叉直线在该投影面的重影点，画图时应注意重影点的可见性，如图 2-2-12 所示。

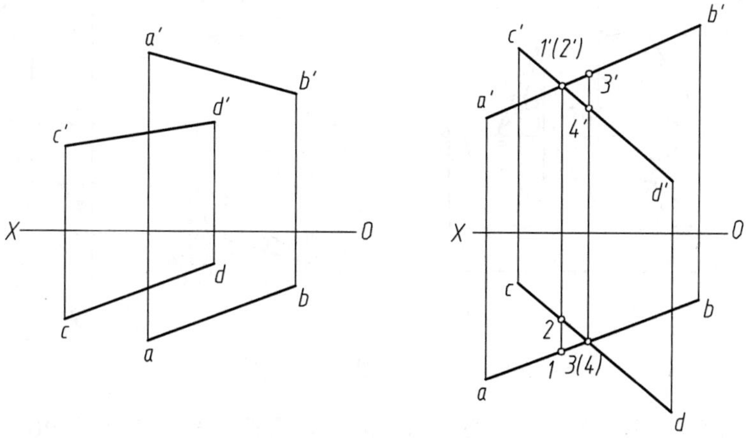


图 2-2-12　两直线交叉

## 三、平面的投影

### （一）平面的表示方法

由初等几何学可知，不同线的三个点、直线与直线外一点、两平行直线和两相交直线可确定一个平面，如图 2-2-13 所示。本节所讨论的平面是有边界的平面，如三角形、矩形、正多边形等平面。

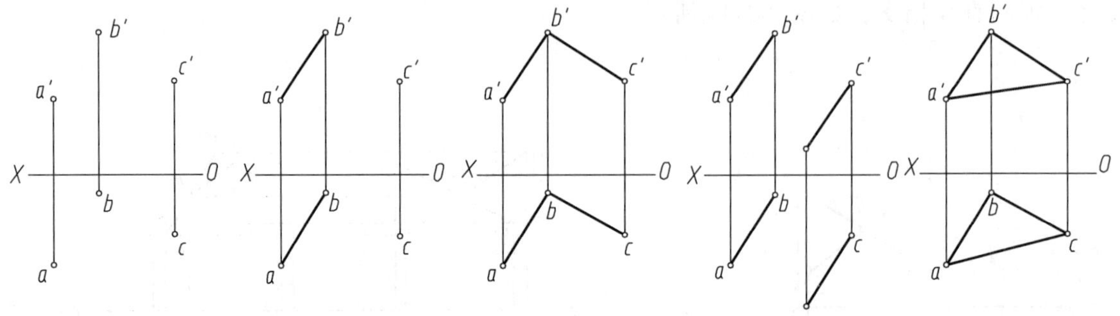

（a）不同线的三点（b）直线与直线外一点（c）两相交直线　（d）两平行直线　（e）任意平面

图 2-2-13　平面表示方法

## （二）平面类型及其投影特性

根据平面在投影体系中的相对位置关系，可将平面分为三种类型：一般位置平面、投影面垂直面和投影面平行面。

### 1. 一般位置平面

与三个投影面都倾斜的平面称为一般位置的平面，如图 2-2-14 所示。

一般位置平面

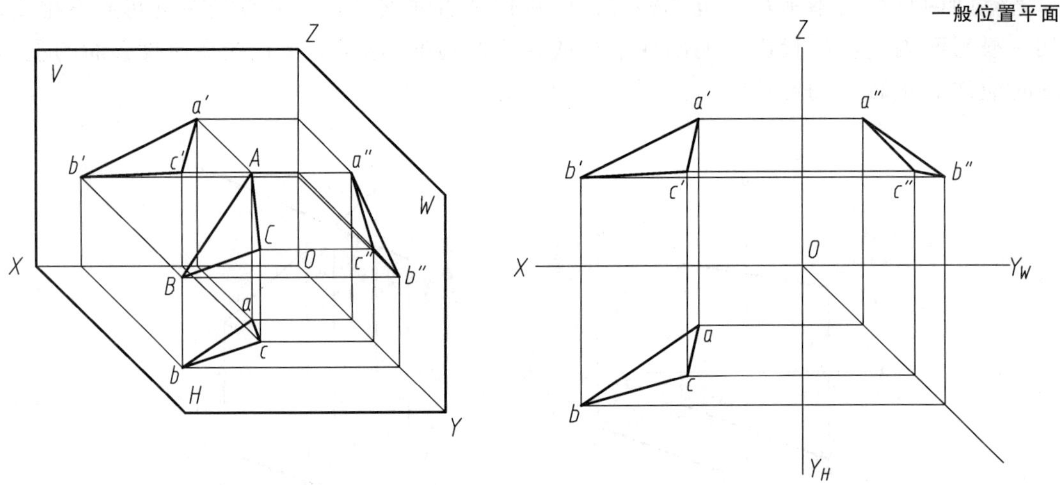

图 2-2-14　一般位置的平面

由图 2-2-14 可得一般位置平面的投影特性：三投影面上投影图的面积小于原图面积且与原图形状类似，三面投影都不反映该平面与投影面的夹角。

### 2. 投影面垂直面

垂直于一个投影面而与另外两个投影面倾斜的平面称为投影面垂直面。根据垂直的投影面不同可分为：正垂面、铅垂面和侧垂面。

正垂面：垂直于 *V* 面，倾斜于 *H* 面和 *W* 面。

铅垂面：垂直于 $H$ 面，倾斜于 $V$ 面和 $W$ 面。

侧垂面：垂直于 $W$ 面，倾斜于 $H$ 面和 $V$ 面。

垂直面投影特性：

（1）在所垂直的投影面上的投影积聚为一条直线；直线与投影轴的夹角分别反映平面与另外两个投影面的倾角。

（2）在另外两个投影面上的投影是类似的缩小平面图形。

投影面垂直面的投影特性见表 2-2-3。

表 2-2-3　投影面垂直面的投影特性

| 名称 | 正垂面（$P\perp V$ 面） | 铅垂面（$P\perp H$ 面） | 侧垂面（$P\perp W$ 面） |
|---|---|---|---|
| 立体图 | 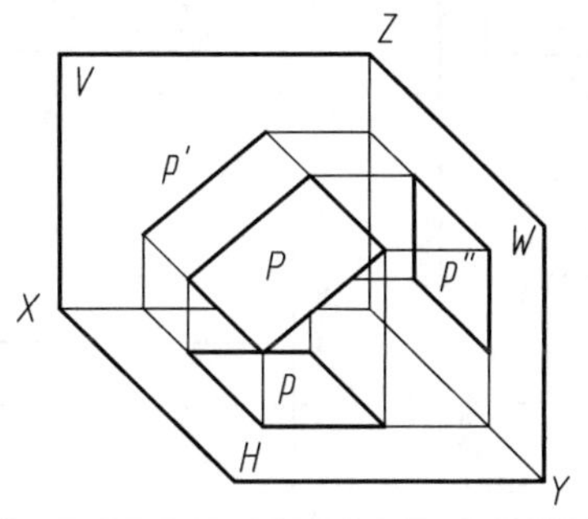 | 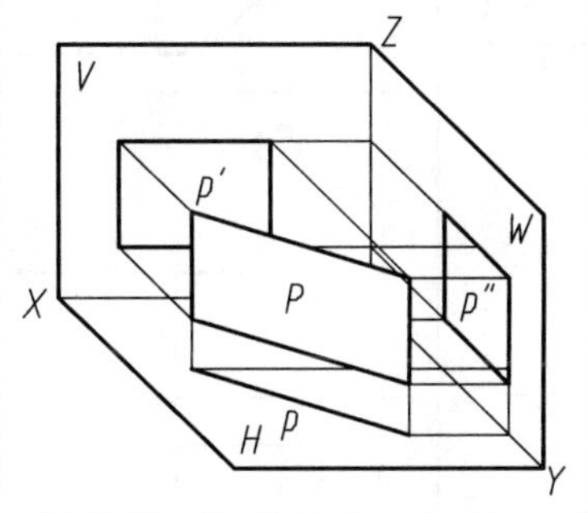 | 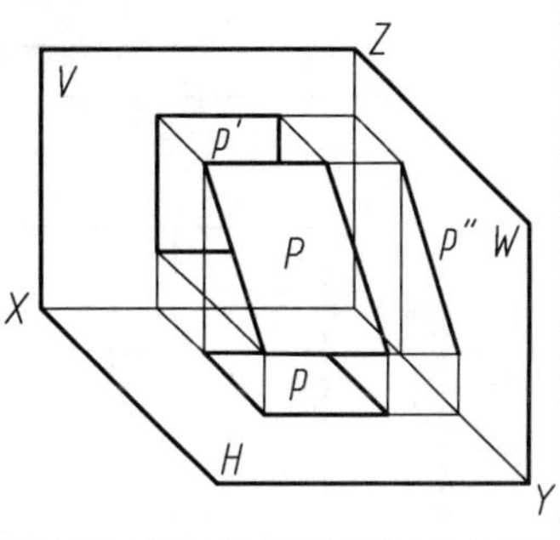 |
| 投影图 | 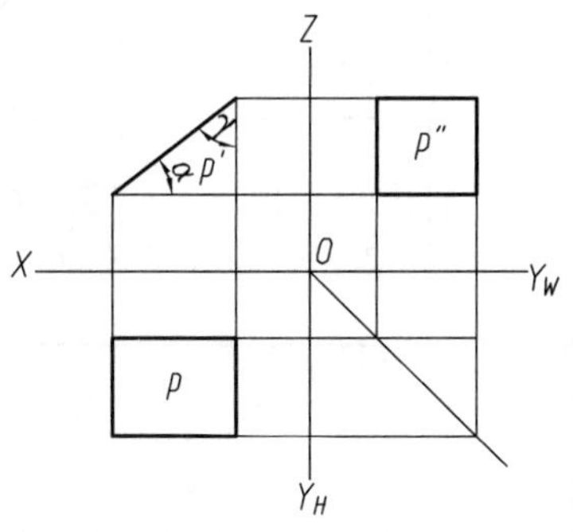 | 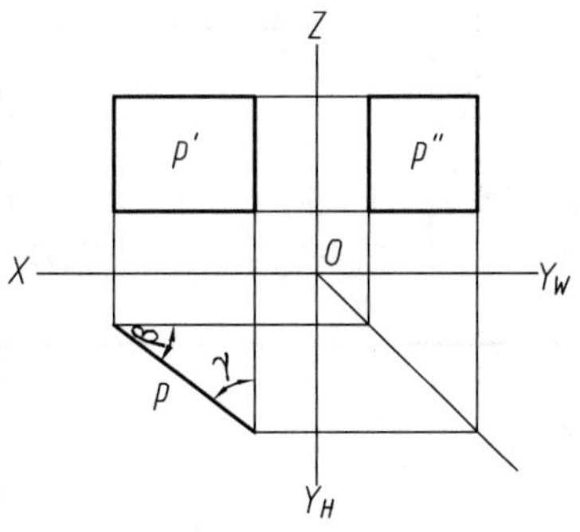 | 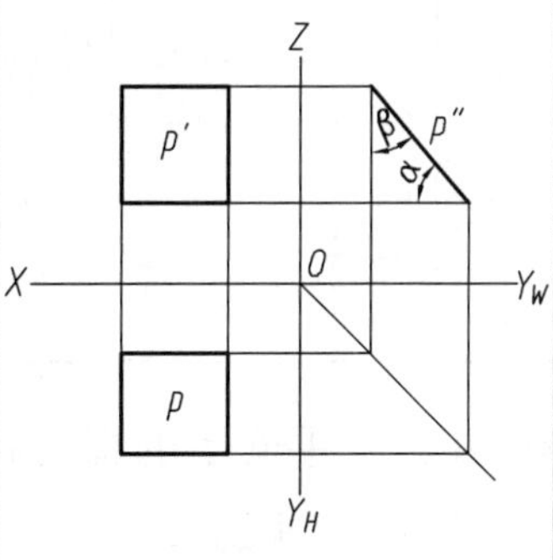 |
| 投影特性 | 在 $V$ 面上的投影积聚为一条直线，$\alpha$、$\gamma$ 角表示直线与 $H$ 面和 $W$ 面的倾角 | 在 $H$ 面上的投影积聚为一条直线，$\beta$、$\gamma$ 角表示直线与 $V$ 面和 $W$ 面的倾角 | 在 $W$ 面上的投影积聚为一条直线，$\alpha$、$\beta$ 角表示直线与 $H$ 面和 $V$ 面的倾角 |

3. 投影面平行面

平行于一个投影面而与另外两个投影面平行的平面称为投影面平行面。根据平行的投影面不同可分为：正平面、水平面和侧平面。

正平面：平行于 $V$ 面，垂直于 $H$ 面和 $W$ 面。

水平面：平行于 $H$ 面，垂直于 $V$ 面和 $W$ 面。

侧平面：平行于 $W$ 面，垂直于 $H$ 面和 $V$ 面。

平行面投影特性：

（1）在所平行的投影面上的投影反映实形；

（2）在另外两个投影面上的投影积聚为一条直线，且平行相应投影轴线。

投影面平行面的投影特性见表 2-2-4。

表 2-2-4　投影面平行面的投影特性

| 名称 | 正平面（$P /\!/ V$ 面） | 水平面（$P /\!/ H$ 面） | 侧平面（$P /\!/ W$ 面） |
|---|---|---|---|
| 立体图 | 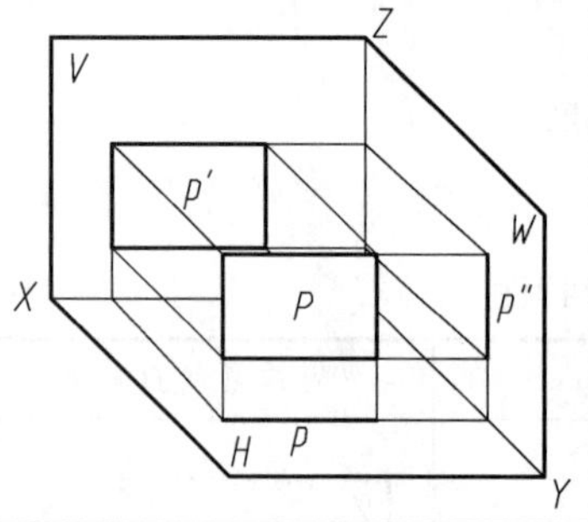 | 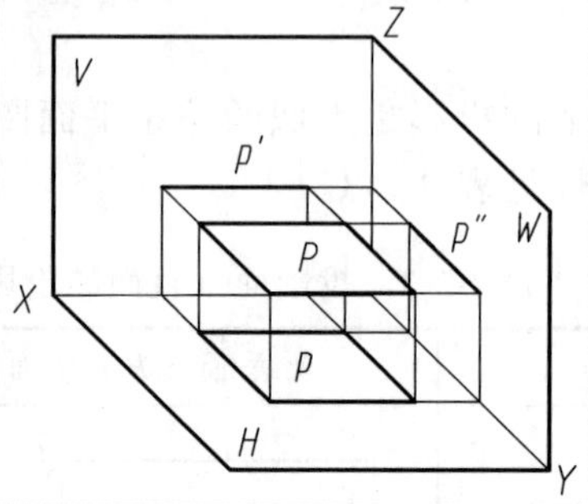 | 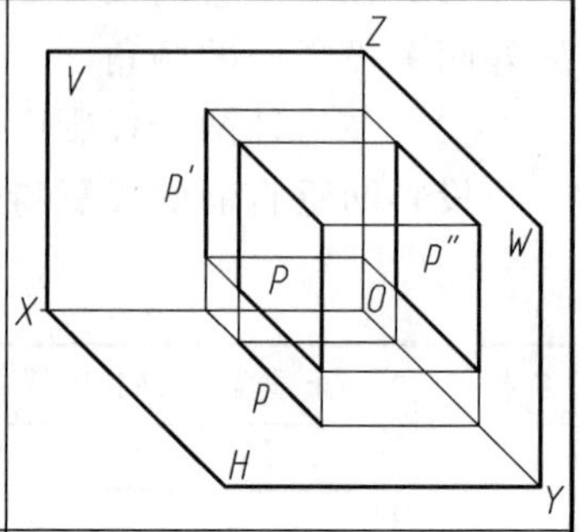 |
| 投影图 | 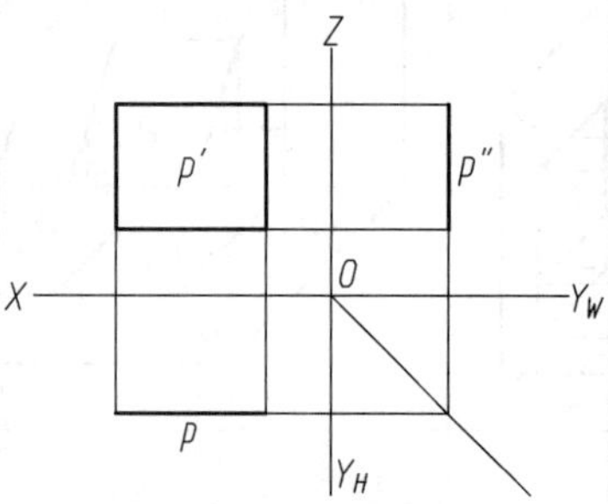 | 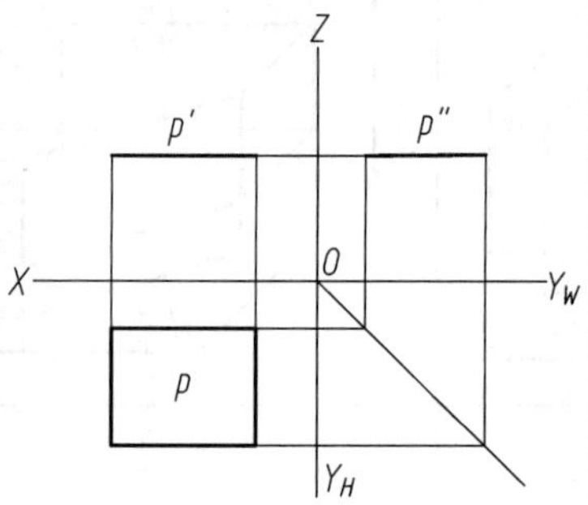 | 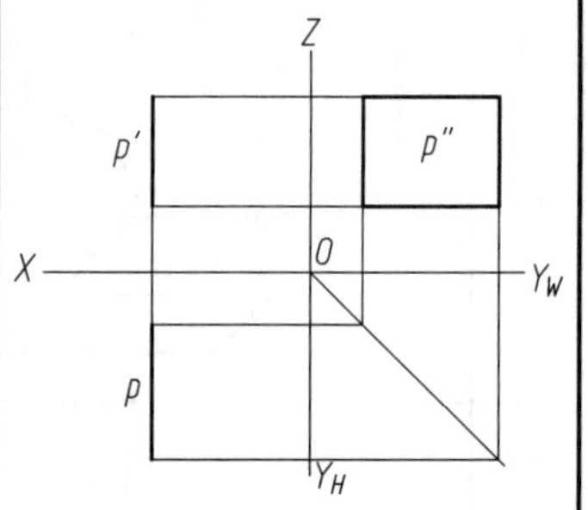 |
| 投影特性 | 1. 在 $V$ 面上的投影反映实形；<br>2. $p /\!/ OX$，$P'' /\!/ OZ$ | 1. 在 $H$ 面上的投影反映实形；<br>2. $P' /\!/ OX$，$P'' /\!/ OY$ | 1. 在 $W$ 面上的投影反映实形；<br>2. $p /\!/ OY$，$P' /\!/ OZ$ |

## （三）平面上的直线和点

### 1. 平面上的点

如果一点在平面上任一直线上，则该点一定在平面内。如图 2-2-15（a）所示，如果点 $M$ 在直线 $AB$ 上，那么点 $M$ 也在平面 $ABC$ 上。

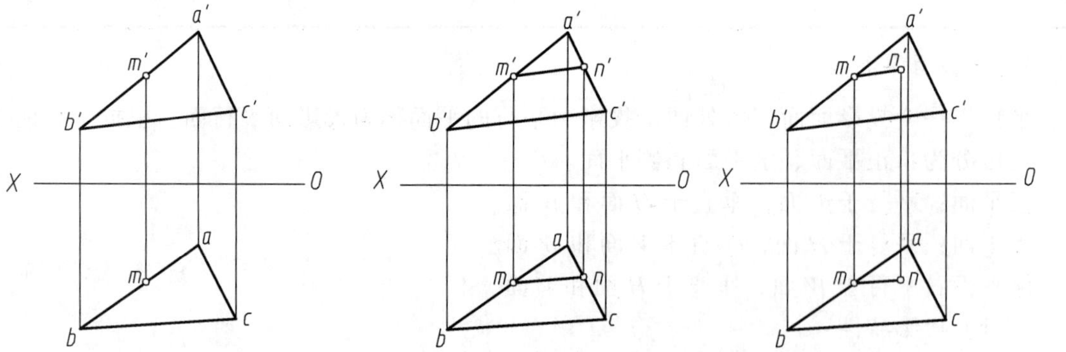


（a）点在平面内　（b）过平面内两点　（c）过平面内一点与平面另一直线平行

图 2-2-15　平面上的点和直线

2. 平面上的直线

如果一条直线过平面内的两点，则该直线一定在已知平面上。如图 2-2-15（b）所示，点 *M*、*N* 分别在直线 *AB* 和 *AC* 点，连接 *MN*，则直线 *MN* 一定在平面 *ABC* 上。如果一直线过平面上一点且与平面上的另一条直线平行，则该直线在已知平面上。如图 2-2-15（c）所示，*M* 点在直线 *AB* 上，过 *M* 点作直线 *BC* 的平行线 *MN*，则直线 *MN* 一定在平面 *ABC* 上。

**【例 2-2-3】** 已知点 *M* 在平面 *ABC* 内，求点 *M* 的正面投影和侧面投影，如图 2-2-16（a）所示。

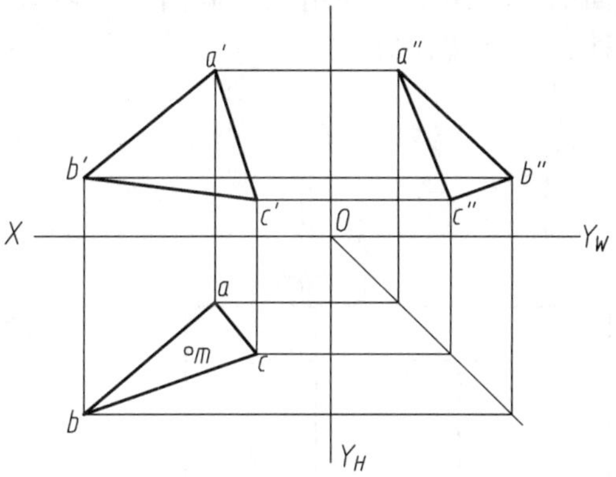

（a）已知条件

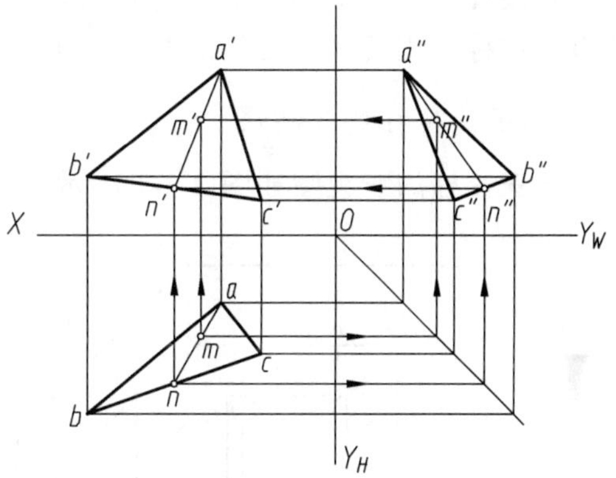

（b）作图方法

图 2-2-16　求 *M* 点在平面内的投影

求解方法如图 2-2-16（b）所示。

（1）在水平投影中，连接 *am* 并延长交 *bc* 于 *n* 点。

（2）根据点 *N* 在直线 *BC* 上，求出点 *N* 在正面投影 *n'* 和侧面投影 *n''*。

（3）连接 *a'n'* 和 *a''n''*，由点 *M* 在直线 *AN* 上，根据点的投影规律可求行点 *M* 的正面投影 *m'* 和侧面投影 *m''*。

## 任务三　基本体的投影及其表面交线

### 【相关知识】

任何复杂形状的物体都是由一些简单的立体经过叠加、切割或相交等形式组合而成的。我们把这些简单的立体称为基本几何体，简称基本体。

按表面性质不同可将立体分为平面立体和曲面立体。表面都是平面组成的立体称为平面立体，简称平面体，如棱柱、棱锥。表面都是曲面或曲面与平面组成的立体称为曲面立体，简称为曲面体，如圆柱、圆锥和球。

## 一、平面立体的投影

平面立体的表面是由平面组成，因此在画立体的三视图时，可转化为画组成立体的各平面的三视图，由于平面由直线段组成，直线段又由其端点确定，因此画平面立体的三视图时，可先画组成立体的各直线段的端点的投影，再连接各点的投影即可得到直线段的投影，最终得到立体的三视图。作图时注意不可见的线用虚线表示。

### （一）棱　柱

直棱柱由上、下相互平行的底面和与垂直于底面的若干矩形侧面组成。底面为正多边形的直棱柱称为正棱柱，常见的有正三棱柱、正五棱柱、正六棱柱等。

1. 正三棱柱的三视图

正三棱柱的三视图如图 2-3-1 所示。

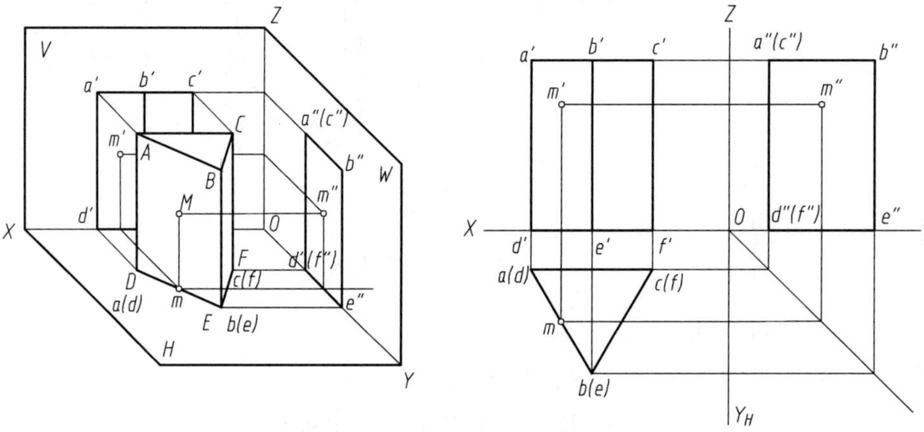


图 2-3-1　正三棱柱的三视图及表面点的求法

分析：正三棱柱由上、下两个正△*ABC*、△*DEF*，三个矩形 *ABED*、*ACFD*、*BCFE* 组成，这些平面可由直线段 *AB*、*BC*、*AC*、*DE*、*DF*、*EF*、*AD*、*BE*、*CF* 表示，而直线段可由它们的端点连线表示，所示画正三棱柱的三视图时，只需画出 *A*、*B*、*C*、*D*、*E*、*F* 六点的三面投影，根据三棱柱的形状，连接各点的投影即可得到它的三视图。注意不可见点的标注方法，如在水平投影中，*D*、*E*、*F* 点不可见，标注时要加括号。

2. 棱柱表面的点

当点在棱柱的某个表面时，点的投影也在该平面的相应投影上。如图 2-3-1 所示，已知三棱柱表面点 *M* 的正面投影 $m'$，求水平投影 *m* 和侧面投影 $m''$。由于点 *M* 在平面 *ABED* 上，而该平面在水平投影积聚为一条直线，所以点 *M* 的水平投影也在该直线上，即可求出点 *M* 的水平投影 *m*，根据点的投影规律，即可求出水平投影 *m* 和侧面投影 $m''$。

### （二）棱　锥

棱锥的底面为多边形，各侧面为具有公共顶点的三角形。当棱锥的底面是正多边形时，各侧面都是全等的等腰三角形，称为正棱锥，常见的正棱锥有正三棱锥、正四棱锥、正六棱锥等。

1. 正三棱锥的三视图

正三棱锥的三视图如图 2-3-2 所示。

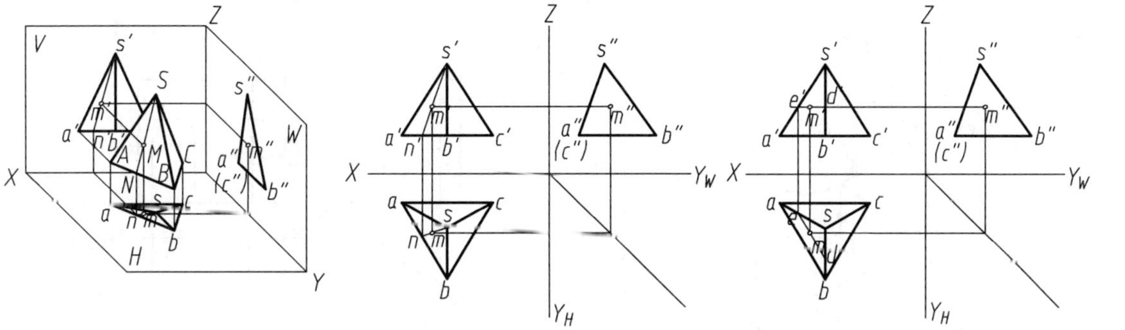


（a）立体图　（b）方法一　（c）方法二

图 2-3-2　正三棱锥的三视图及表面点的求法

分析：正三棱锥由底面△*ABC* 和三个棱锥面△*SAB*、△*SBC*、△*SAC* 组成。这些平面可由直线段 *AB*、*BC*、*BC*、*AC*、*SA*、*SB*、*SC* 表示，而直线段可由它们的端点连线表示，所示画正三棱柱的三视图时，只需画出 *A*、*B*、*C*、*S* 四点的三面投影，根据三棱柱的形状，连接各点的投影即可得到它的三视图。注意不可见点的标注方法，如在侧面投影中，*C* 点不可见，标注时要加括号。

2. 棱锥表面的点

当点在棱柱的某个表面时，点的投影也在该平面的相应投影上。如图 2-3-2 所示，已知三棱锥表面点 *M* 的水平投影 *m*，求正面投影 *m′*和侧面投影 *m″*。

方法一：如图 2-3-2（b）所示，由于点 *M* 在平面△*SAB* 上，连接 *SM* 点并延长交 *AB* 于点 *N*，由于 *N* 点在直线 *AB* 上，得到点 *N* 的水平投影 *n*，根据长对正，得到 *N* 点的正面投影 *n′*，连接 *s′n′*，由于 *M* 点在 *SN* 上，可得点 *M* 的正面投影 *m′*。由 *m*、*m′*得 *m″*。

方法二：如图 2-3-2（c）所示，由于点 *M* 在平面△*SAB* 上，过 *M* 点作 *AB* 的平行线 *DE*，得 *D*、*E* 的水平投影 *d*、*e*。由于 *D* 点在 *SA* 上，*E* 点在 *SB* 上，可得点 *D*、*E* 的正面投影 *d′*、*e′*。连接 *d′e′*，由于点 *M* 在 *DE* 上，根据长对正可得 *m′*，由 *m*、*m′*求得 *m″*。

## 二、曲面立体的投影

曲面立体通常都是回转体，所谓回转体，就是由一条母线（直线或曲线）绕一条轴线旋转而成。常见的回转体有圆柱、圆锥、球和圆环等。

### （一）圆　柱

1. 圆柱的三视图

圆柱表面由一个圆柱面和上、下两个底面圆组成。以图 2-3-3 为例，圆柱的上、下两个底面圆是水平面，在 *H* 面的投影是圆并反映实形，在 *V* 面和 *W* 面的投影积聚为一条直线。圆柱面在 *H* 面的投影积聚为一个圆，轮廓线在 *V* 面和 *W* 面的投影是一条直线。得圆柱的三

视图在 $H$ 面为一个圆，在 $V$ 面和 $W$ 面为大小相等的矩形，作图时先画出形状为圆的视图，再画其他两个视图。

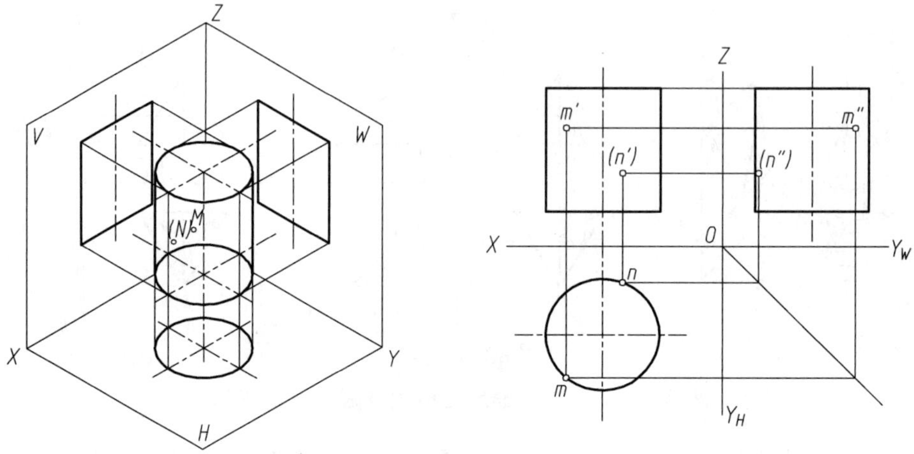

图 2-3-3　圆柱的投影及其表面点的投影

2. 圆柱表面上的点

首先记住点是在圆柱表面，在确定点的投影时，可先确定三视图中点的圆上的投影。如图 2-3-3 所示，已知点 $M$、$N$ 在圆柱表面，根据其正面投影，求它们的水平投影和侧面投影。作图方法：根据点 $M$、$N$ 的正面投影 $m'$、$n'$，由于点在圆柱表面，可求得点 $M$、$N$ 在水平投影 $m$、$n$，再根据点的投影特性求得它们的侧面投影 $m''$、$n''$。在确定点的投影时，要注意点的可见性，当点不可见时，点的投影要加括号表示。

## （二）圆　锥

1. 圆锥的三视图

圆柱表面由圆锥面和底面圆组成。以图 2-3-4 为例，圆锥的底面圆是水平面，在 $H$ 面的投影是圆并反映实形，在 $V$ 面和 $W$ 面的投影积聚为一条直线。圆柱面的轮廓线在 $V$ 面和 $W$ 面的投影是一等腰三角形。得圆柱的三视图在 $H$ 面为一个圆，在 $V$ 面和 $W$ 面为大小相等的等腰三角形，作图时先画出形状为圆的视图，再画其他两个视图。

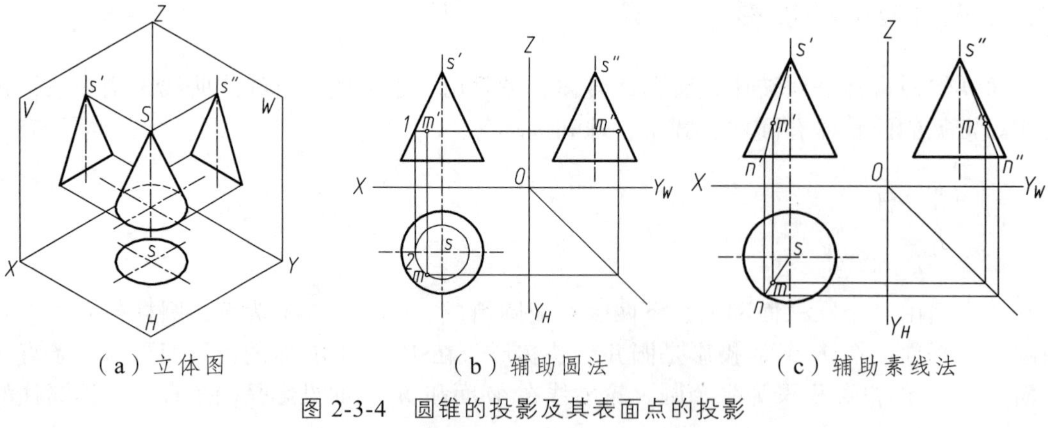

（a）立体图　　　　（b）辅助圆法　　　　（c）辅助素线法

图 2-3-4　圆锥的投影及其表面点的投影

2. 圆锥表面上的点

（1）底面上的点，可根据水平面的积聚性和投影特性求出点的投影。

（2）圆锥面上的点可用辅助圆法和辅助素线法确定点的投影，如图 2-3-4（b）、（c）所示。

## （三）球

### 1. 球的三视图

球是由球面围成的，其三面投影都是与其直径相等的圆，如图 2-3-5 所示。*H* 面中的圆表示水平方向上球的最大轮廓线的投影；*V* 面中的圆表示正面方向上球的最大轮廓线的投影；*W* 面中的圆表示侧面方向上球的最大轮廓线的投影。

画球的三视图时，应先在各投影上用相互垂直的细点画线画出各圆的对称中心线，对称中心线的交点就是圆心，再以球的直径为直径在各视图中画圆，即得到球的三视图。

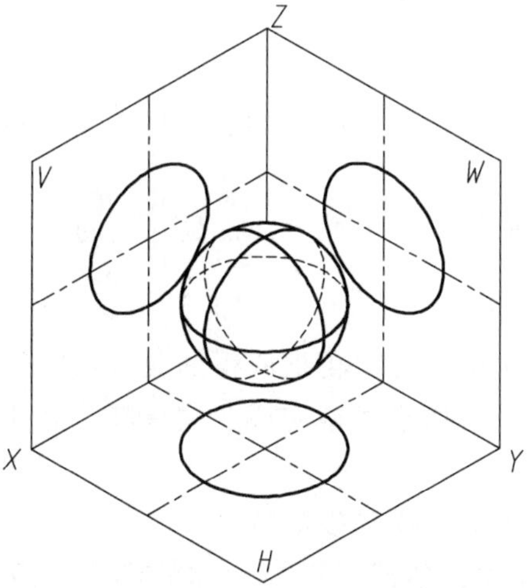

（a）立体图

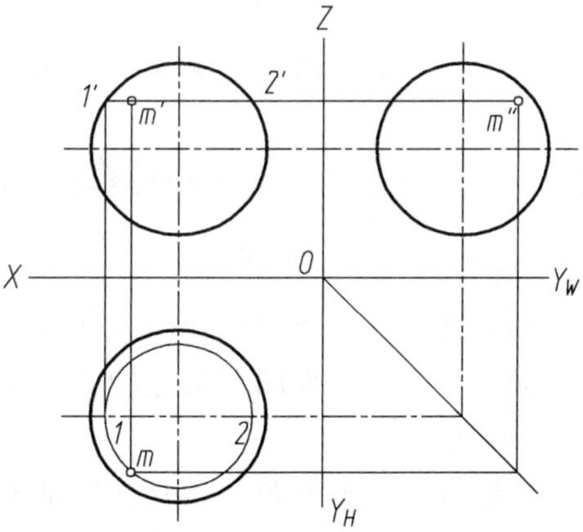

（b）表面点的投影

图 2-3-5　球的投影及其表面点的投影

### 2. 球表面上的点

求球面上点的投影时由于球的投影中没有积聚的直线，可利用纬圆法。

**【例 2-3-1】** 已知球面上点 *M* 的正面投影 $m'$，求点 *M* 的水平投影 *m* 和侧面投影 $m''$。

作图方法如图 2-3-5（b）所示，利用过球面上点 *M* 的水平圆，根据水平面的投影的积聚性，其正面投影中积聚为一条直线，作图方法如下：

（1）在正面投影中，过 $m'$ 作一条平行于 *OX* 轴的直线交圆于 1′、2′两点；

（2）在水平投影中，以 1、2 两点为直径，水平投影对称中心为圆心画同心圆，则点 *M* 的水平投影在该同心圆上，根据投影特性可得水平投影 *m* 和侧面投影 $m''$。

还可以过 *M* 点作正平面圆和侧平面圆，原理相同。

## 三、立体的截交线

### （一）截交线的基本性质

当立体被一个平面截成两部分时，用来截切立体的平面称为截平面，截平面与立体表面的交线称为截交线，如图 2-3-6 所示。

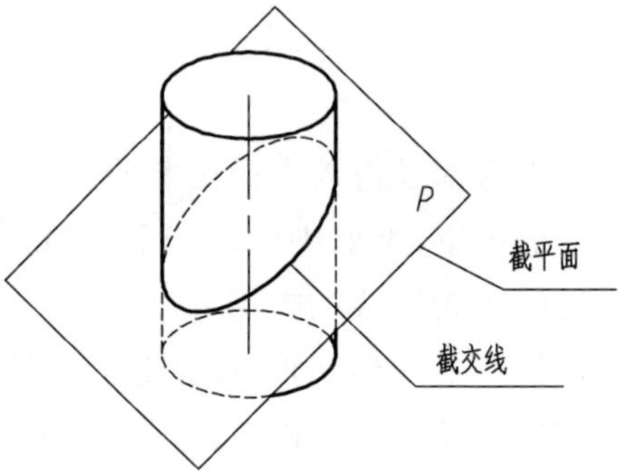


图 2-3-6　截交线的基本性质

1. 截交线的两个基本性质

（1）共有性：截交线是截平面和立体表面的共有线，截交线上的点也是截平面和立体表面的共有点；

（2）封闭性：截交线可能是直线段，也可能是曲线段，但截交线都是封闭的平面图形。

2. 求截交线的方法和步骤

要求截交线，先求出截平面与立体相关棱线或边的交点，再把所得的交点依次连接形成封闭的平面图形，该平面图形的边即为所求的截交线，所求的截交线要注意其可见性。具体的方法和步骤如下：

（1）立体分析：分析被截切立体的基本类型、表面性质和投影特性。

（2）截平面分析：分析截平面的个数、截切方式，各截平面与立体的哪些表面或棱线相交。

（3）求截交线：求出截平面与立体表面或棱线相交时的交点，并连接形成封闭的平面图形。若有多个截平面截切同一立体，还应求出相邻两截平面之间的交线。

（4）判断可见性，并补全截切体各棱线的投影。注意，如果去掉立体被截平面截切的部分，则应重新判断截交线的可见性。

### （二）平面立体的截交线

平面立体被一个或多个截平面截切时，截交线既有平面立体的形状特征，又有截平面的平面特征。因此在作图时，一般应先从反映平面立体特征的视图着手，然后再根据截平面与立体截切的特殊点，找出这些点的投影，再根据投影的类似性，画出截交线。

**【例 2-3-2】** 如图 2-3-7（a）所示，正三棱锥被一平面切割，已知正三棱锥的正面投影，试画出其被截切后的水平投影和侧面投影。

分析：由于正三棱锥被截平面切割时，截平面与正三棱锥的三条棱线相交，所以截交线也是一个三角形，三角形的顶点为各棱线与截平面的交点。利用正三棱锥的正面投影，求出水平投影和侧面投影。

画图步骤如图 2-3-7（b）所示。

（1）在正面投影中标出截平面与棱线的交点记为 1′、2′、3′；

（2）由 1′、2′、3′点按投影特性画出水平投影 1、2、3 和侧面投影 1″、2″、3″；

（3）在各投影面中连接各点，即得所求正三棱锥的水平投影和侧面投影。

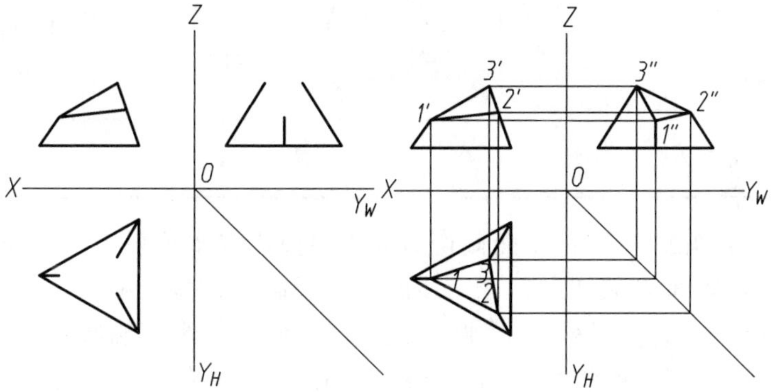


（a）已知　　　　（b）作图过程

图 2-3-7　求三棱锥的截交线

## （三）曲面立体的截交线

曲面立体的截交线通常也是一条封闭的平面曲线。作图时，应先求出多个特殊共有点的投影，再用光滑的曲线依次将它们连接起来，即得截交线。

### 1. 圆柱的截交线

根据截平面与圆柱轴线的相对位置，截交线有三种不同的形状，见表 2-3-1。

圆柱的截交线

表 2-3-1　圆柱的截交线

| 截平面位置 | 倾斜于轴线 | 垂直于轴线 | 平行于轴线 |
|---|---|---|---|
| 立体图 | 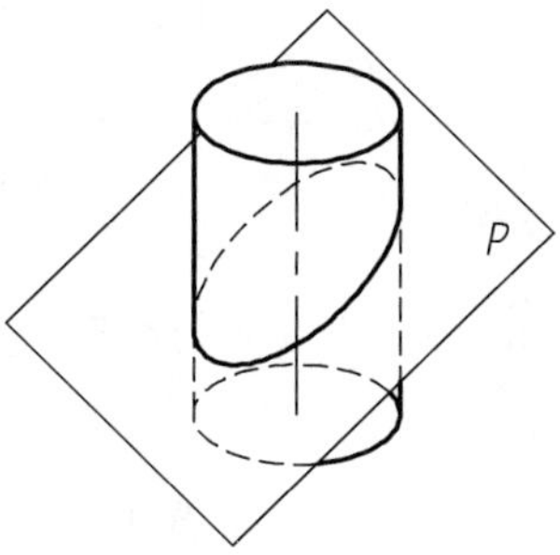  | 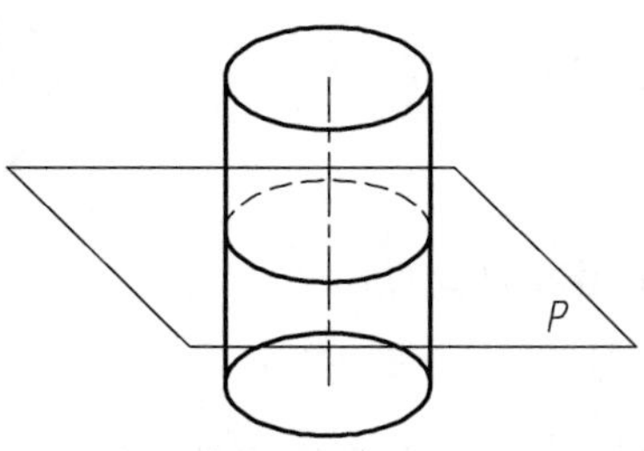  | 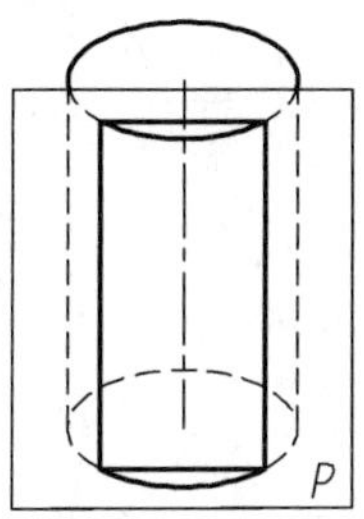  |

续表

| 截平面位置 | 倾斜于轴线 | 垂直于轴线 | 平行于轴线 |
| --- | --- | --- | --- |
| 投影图 | 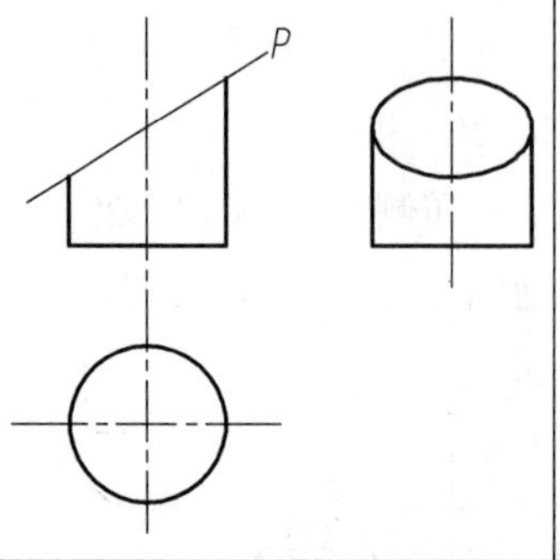 | 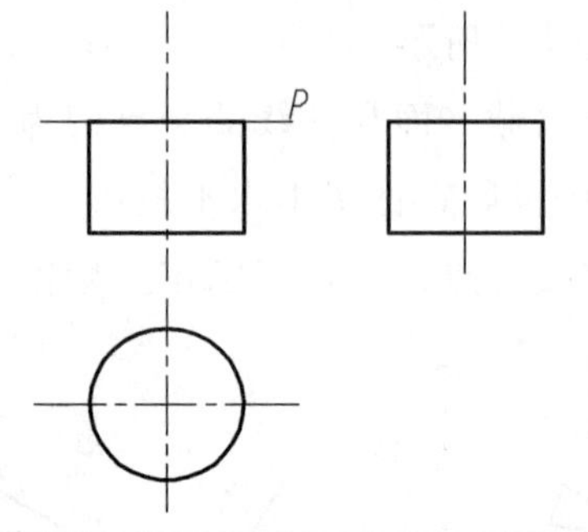 | 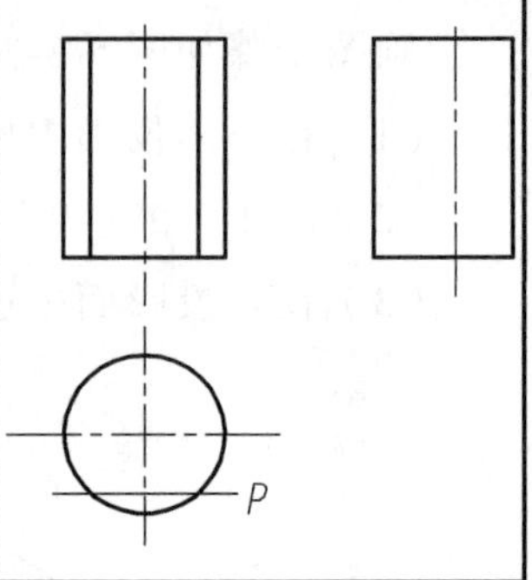 |
| 截交线形状 | 椭圆或椭圆弧加直线 | 圆 | 矩形 |

**【例 2-3-3】** 已知圆柱被正垂面截切后的正面投影和水平投影，求作侧面投影。

分析：圆柱被正垂面 $P$ 截切后，截交线的正面投影与正垂面相同，为一条直线；截交线的水平投影与圆柱面相同，积聚为一个圆；截交线的侧面投影是椭圆。作图时，可利用截交线的两个已知投影，根据投影特性求出截交线在侧面投影上的一系列点，然后依次用光滑的曲线连接即得到侧面投影。

作图：

（1）求特殊点的投影。特殊点是指具有特殊位置的点，如最前、最后、最左、最右、最上、最下点，椭圆长短轴端点、抛物线和双曲线的顶点等。在本例中，圆柱的最前、最后、最左、最右点都是特殊位置点，根据投影特性，可求出这些特殊位置点的侧面投影。最前、最后两点的侧面投影是椭圆的长轴，最左、最右两点的侧面投影是椭圆的短轴，如图 2-3-8（a）所示。

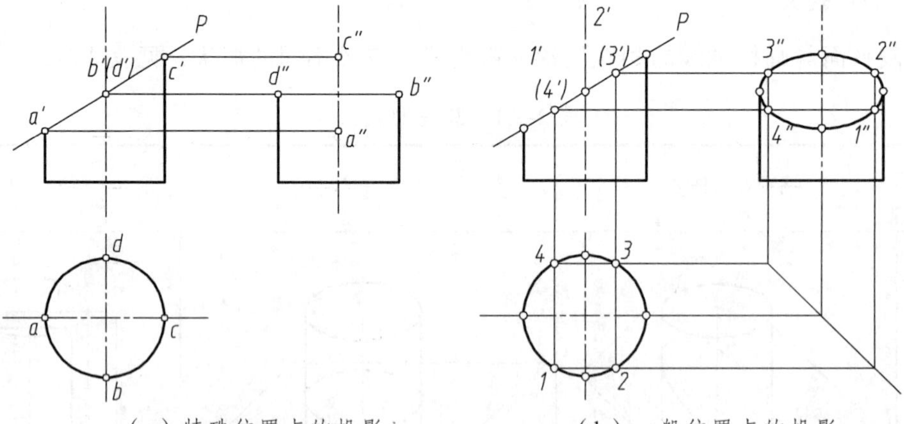


（a）特殊位置点的投影　　（b）一般位置点的投影

图 2-3-8　圆柱的截交线

（2）一般位置点的投影。为了准确作出曲线的投影，应增加一般位置点的投影，根据截交线的共有性，可在曲面立体上取点的方法求出一般位置点的投影，如图 2-3-8（b）所示，1、2、3、4 就是一般位置的点。

（3）判断可见性并连线。将 *a*″1″*b*″2″*c*″3″*d*″4″光滑连线即得到截交线的侧面投影，它是可见的，画成粗实线。

2. 圆锥的截交线

截平面与圆锥的相对位置不同，截交线形状也不同，可分为五种，见表 2-3-2。

圆锥的截交线

表 2-3-2　圆锥的截交线

| 截平面位置 | 平行于轴线 | 垂直于轴线 | 倾斜于轴线 | 过圆锥顶点 | 平行于一条素线 |
|---|---|---|---|---|---|
| 立体图 | 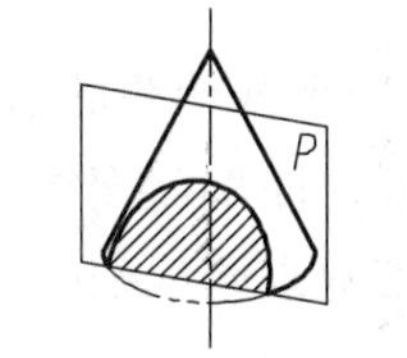 | 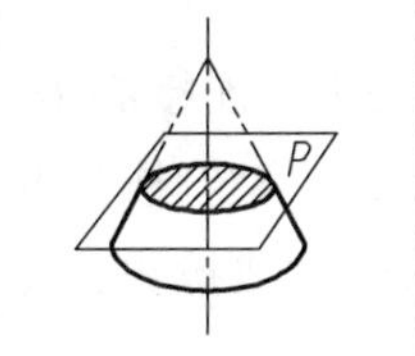 | 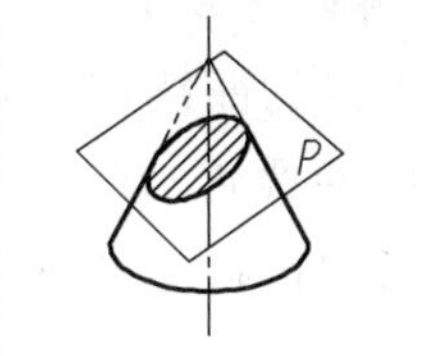 | 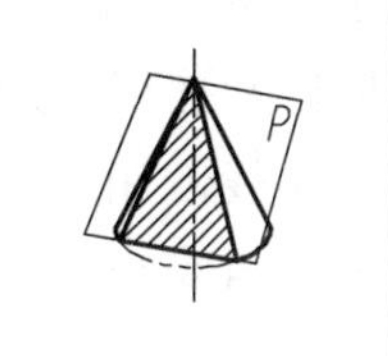 | 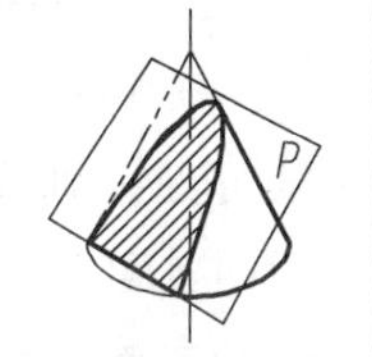 |
| 投影图 | 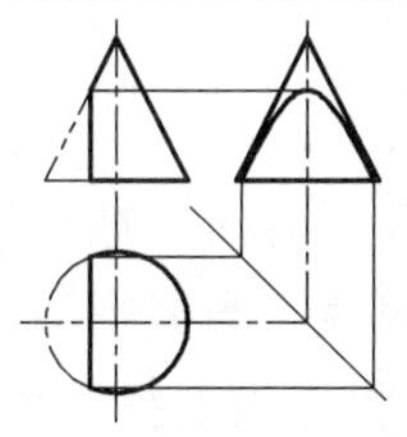 | 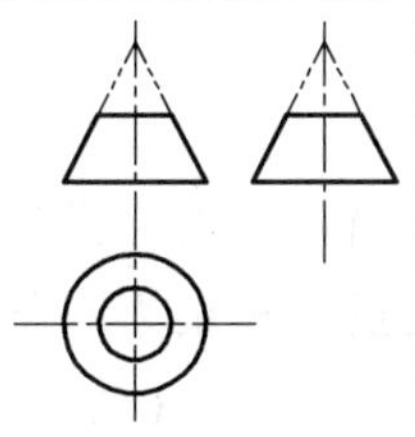 | 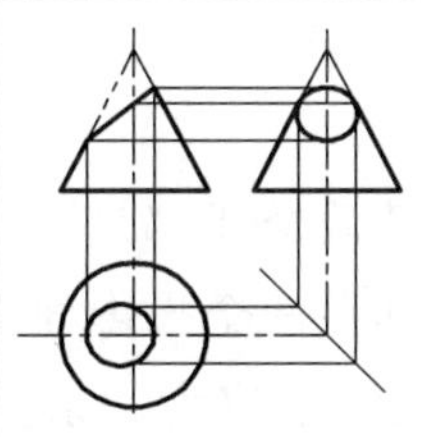 | 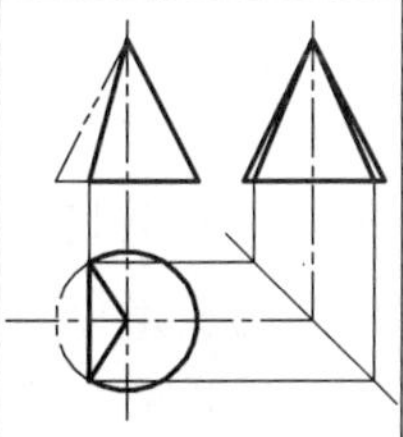 | 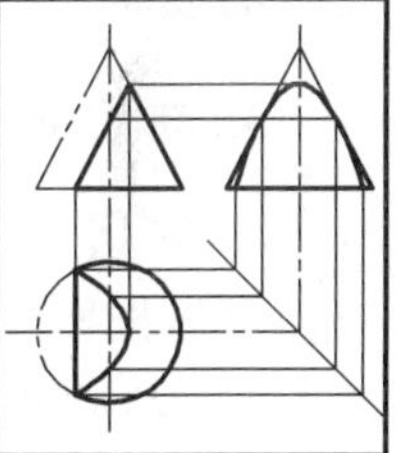 |
| 截交线 | 双曲线加直线 | 圆 | 椭圆或椭圆弧加直线 | 等腰三角形 | 抛物线加直线 |

**【例 2-3-4】**　如图 2-3-9（a）所示，圆锥被正垂面 *P* 截切，求截交线的三面投影。

分析：截平面 *P* 为正垂面，截交线在正面投影中积聚为一条直线，在其他两个视图中均为椭圆。

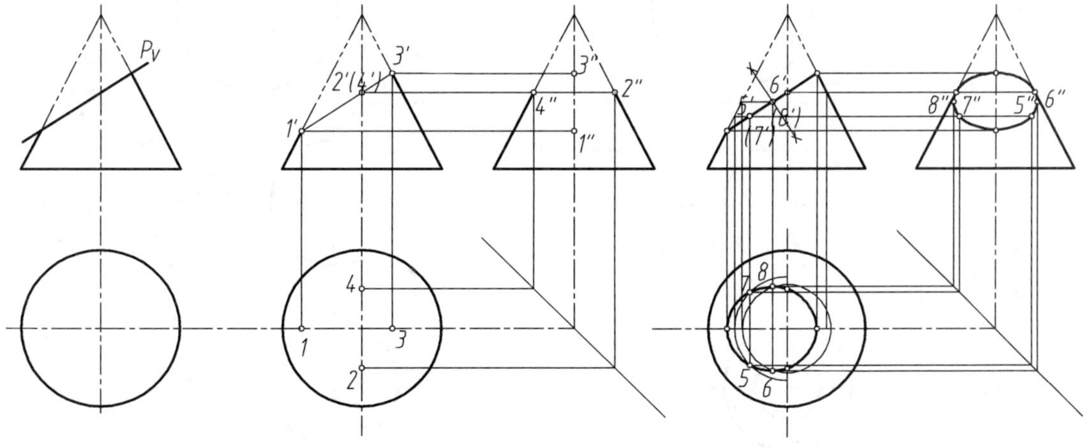


（a）　　（b）特殊点的投影　　（c）一般点的投影

图 2-3-9　圆锥体的截交线

作图：

（1）补画圆锥的侧面投影。

（2）求特殊点的投影。如图 2-3-9（b）所示，最左点 1、最右点 3、最前点 2 和最后点 4 都是特殊位置的点，根据点的特殊位置和投影特性，可在水平投影和侧面投影求得 1、2、3、4 和 1″、2″、3″、4″。

（3）求一般位置点的投影。如图 2-3-9（c）所示，在正面投影中截交线积聚为一条直线，以该条直线的中点作辅助点，在水平投影上作水平纬圆，利用纬圆法求出中点对应的水平投影记为 6、8，即为椭圆的短轴端点。根据投影特性可求得侧面投影 6″、8″。在正面投影的截交线上任意位置作辅助点，在水平投影上作水平纬圆，利用纬圆法求出中点对应的水平投影记为 5、7，根据投影特性可求得侧面投影 5″、7″。

（4）判断可见性并连线。用光滑的曲线将 15623487 连接起来，即得截交线的水平投影，因其可见，画成粗实线。用光滑的曲线将 1″5″6″2″3″4″8″7″连接起来，即得截交线的侧平投影，因其可见，画成粗实线。最后将被截去部分的轮廓线擦去或用细双点画线表示，即得截交线的三面投影。

3. 球的截交线

球被任意方向的平面截切，其截交线都是圆。当截平面与投影面平行时，截交线在该投影面上的投影反映圆的实形，在其余两个投影面上投影积聚为一条直线。当截平面与投影面垂直时，截交线在该投影面上的投影积聚为一条直线，而在其余两个投影面上投影均为椭圆，见表 2-3-3。

表 2-3-3　球的截交线

| 截平面位置 | 平行于轴线 | 垂直于轴线 |
| --- | --- | --- |
| 立体图 | 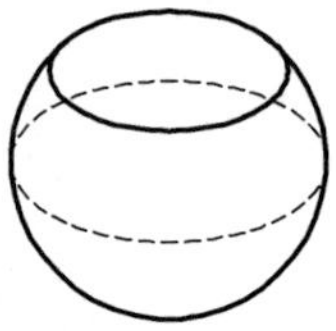 | 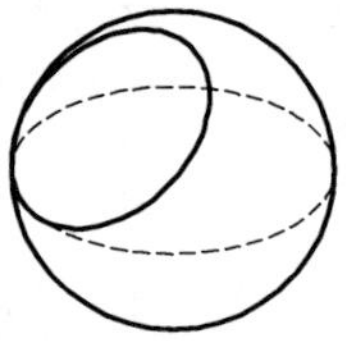 |
| 投影图 | 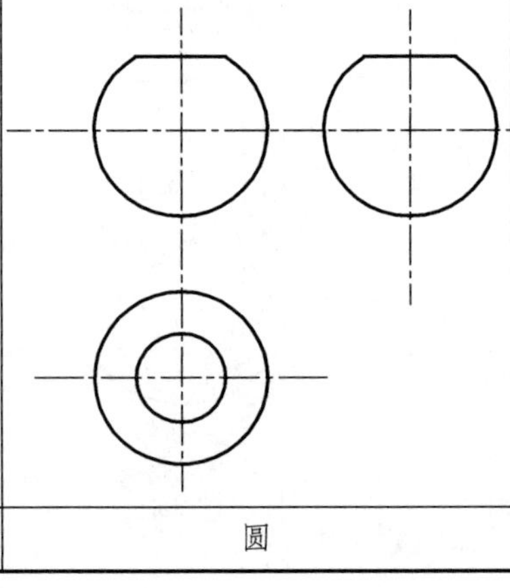 | 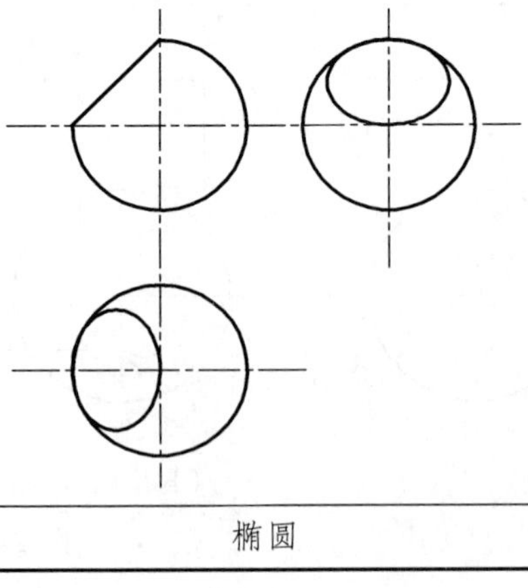 |
| 截交线 | 圆 | 椭圆 |

【例 2-3-5】 如图 2-3-10（a）所示，圆球被正垂面 $P$ 截切，求截交线的三面投影。

分析：截平面 $P$ 为正垂面，截交线在正面投影中积聚为一条直线，在其他两个视图中均为椭圆。

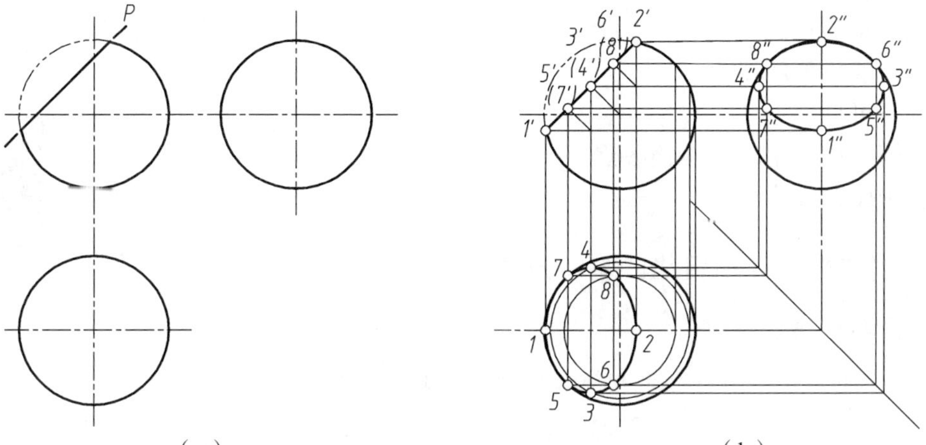


图 2-3-10 圆球的截交线

作图：

（1）求特殊点的投影。如图 2-3-10（b）所示，最左点 1、最右点 2、最前点 3 和最后点 4 都是特殊位置的点，根据点的特殊位置和投影特性，可在水平投影和侧面投影求得 1、2、3、4 和 1″、2″、3″、4″。

（2）求一般位置点的投影。如图 2-3-10（b）所示，在正面投影中截交线积聚为一条直线，以该条直线上任意点作辅助点，在水平投影上作水平纬圆，利用纬圆法求出中点对应的水平投影记为 6、8，根据投影特性可求得侧面投影 6″、8″。在正面投影的截交线上任意位置作辅助点，在水平投影上作水平纬圆，利用纬圆法求出中点对应的水平投影记为 5、7，根据投影特性可求得侧面投影 5″、7″。

（3）判断可见性并连线。用光滑的曲线将 15623487 连接起来，即得截交线的水平投影，因其可见，画成粗实线。用光滑的曲线将 1″5″6″2″3″4″8″7″连接起来，即得截交线的侧平投影，因其可见，画成粗实线。最后将被截去部分的轮廓线擦去或用细双点画线表示，即得截交线的三面投影。

## 四、立体的相贯线

相交的两立体称为相贯体，两立体相交的表面交线称为相贯线，如图 2-3-11 所示。

### （一）相贯线的基本性质

（1）共有性：相贯线是两相交立体表面的共有线，相贯线上的所有点都是两相交立体表面的共有点。

（2）封闭性：相贯线一般情况下为封闭的空间曲线，特殊情况下是直线或曲线。

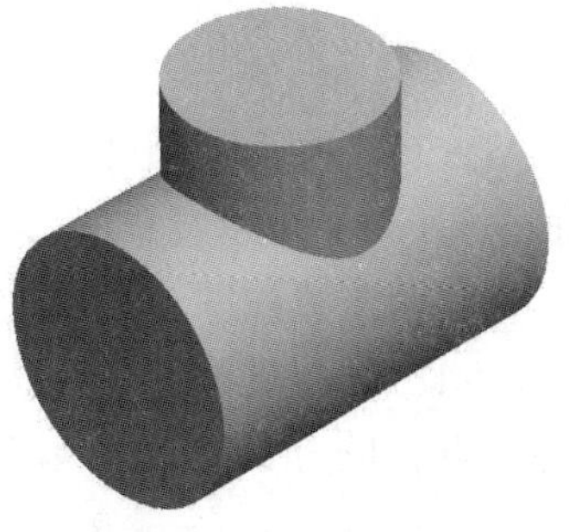

图 2-3-11 相贯体

## （二）求相贯线的方法和步骤

（1）根据共有性，求相贯线的常用方法有表面取点法和辅助平面法。

（2）作图步骤：

① 找一系列特殊点；

② 找一般位置的点；

③ 判断可见性；

④ 在同面投影中依次连接各点；

⑤ 整理轮廓线。

表面取点法求曲面立体相贯线

## （三）求曲面立体相贯线的基本方法

1. 表面取点法

当两相交曲面立体中有一个立体表面的投影具有积聚性时，可用在曲面立体表面取点的方法画出这些点的投影。具体作图时，先在曲面立体具有积聚性投影面上的相贯线上取点（包括特殊位置点和一般位置点），根据相贯线的共有性，这些点也是另一曲面立体上的点，求出它们的其他投影。最后把这些点的同面投影用光滑的曲线连接起来并判断可见性，即得相贯线的投影。

**【例 2-3-6】** 求作正交的两圆柱相贯线的投影，如图 2-3-12（a）所示。

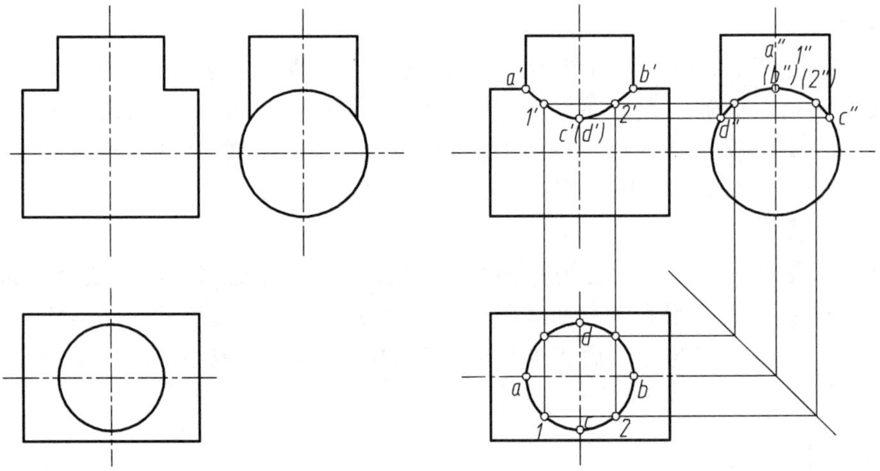


（a）　　　　　　　　　　　　（b）

图 2-3-12　求正交两圆柱的相贯线

分析：两正交圆柱在水平投影和侧面投影中都具有积聚性投影，可利用表面取点法求正面投影的共有点。

解题步骤如图 2-3-12（b）所示。

（1）求相贯线上特殊位置点。在水平投影和侧面投影中取最前、最后、最左、最右四个特殊点，记为 $a$、$b$、$c$、$d$ 和 $a''$、$b''$、$c''$、$d''$，根据投影特性在正面投影中求出对应的相贯线上特殊点 $a'$、$b'$、$c'$、$d'$。

（2）求出一般位置点。在水平投影和侧面投影中取点分别记为 1、2 和 1″、2″。根据投影特性在正面投影中求出对应的相贯线上特殊点 1′、2′。

（3）在正面投影中用光滑的曲线连接各点，画出相贯线，并判别可见性。

（4）整理轮廓线。

辅助平面法求曲面立体相贯线

2. 辅助平面法

辅助平面法是利用三面共点的原理，用一个位置恰当的辅助平面，同时截切相贯的两个立体，在两个立体上同时产生截交线，截交线上的点就是相贯线上的点。一般选特殊位置的平面作为辅助平面，如图 2-3-13 所示。先求出各特殊点和一般位置点，再依次用光滑的线连接。

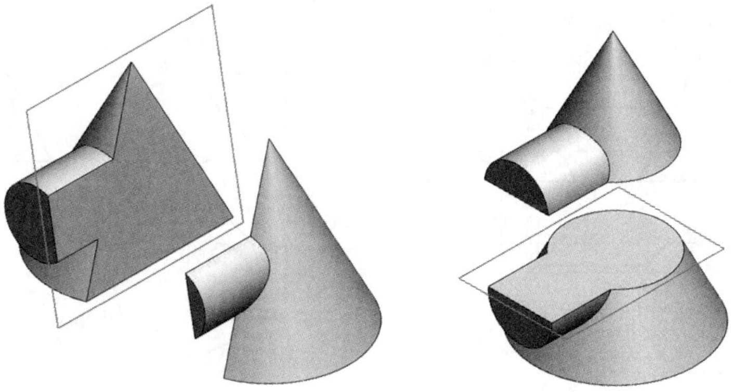

（a）　　　　（b）

图 2-3-13　辅助平面法

**【例 2–3–7】**　求轴线垂直相交的圆柱和圆锥相贯线的投影，如图 2-3-14（a）所示。

分析：如图 2-3-14（b）所示，圆柱轴线垂直于侧平面，在其投影积聚为一个圆，圆锥的侧面投影为一个等腰三角形，圆柱的侧面投影完全在圆锥的侧面投影范围内，因此它们的相贯线的侧面投影与圆柱的侧面投影都积聚为同一个圆，只需求相贯线的水平投影和正面投影。根据圆柱与圆锥相交的关系，可先找出特殊位置点的三面投影，再用辅助平面法找同一般位置点的三面投影，最后在同一投影面内用光滑的曲线将这些点连接起来，即可得到相贯线的投影。

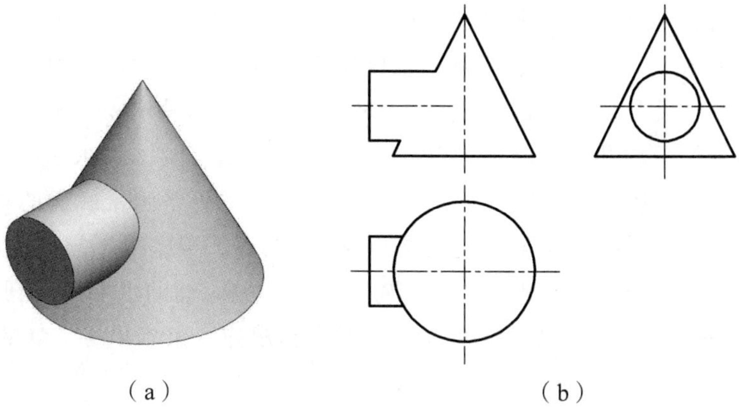

（a）　　　　（b）

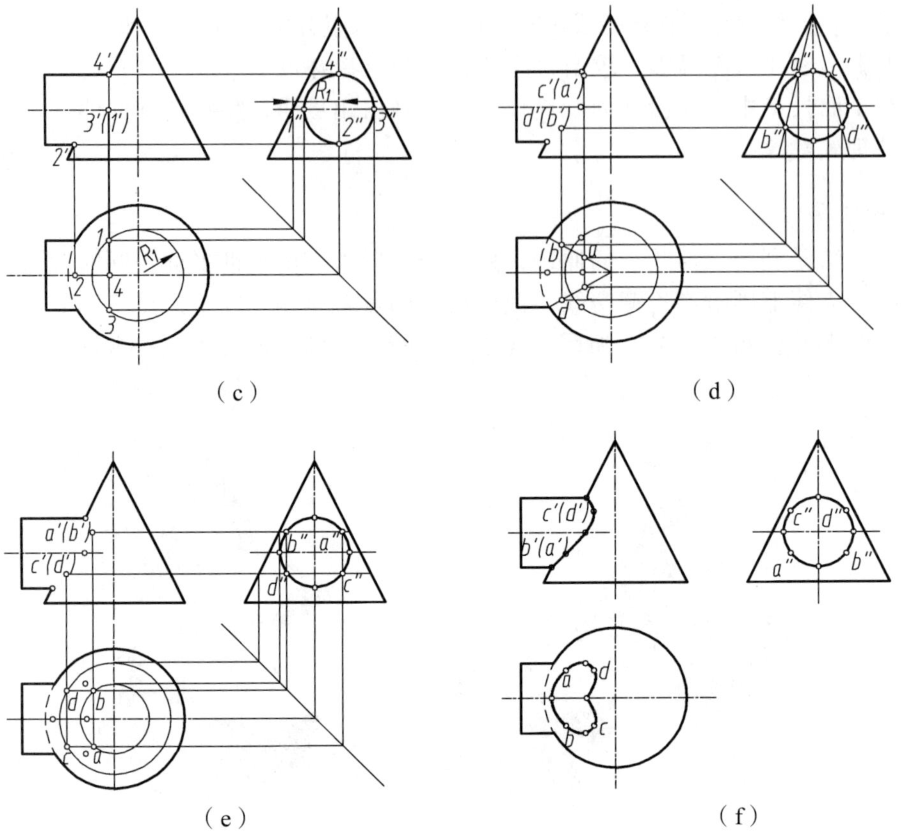


图 2-3-14　轴线垂直相交的圆柱与圆锥的相贯线

作图方法与步骤：

（1）求出特殊位置点的投影。

由于圆柱与圆锥的轴线垂直相交，过圆柱中心作辅助水平面，可求出它们相交时相贯线的最上点、最下点、最前点、最后点的三面投影，如图 2-3-14（c）所示，图中的 1 点为最后点，3 点为最前点，2 点为最下点，4 点为最上点，根据投影规律，找出这些特殊点的水平投影 1、2、3、4 和正面投影 1′、2′、3′、4′。

（2）求一般位置点的投影。

求一般位置点的投影，有两种辅助平面法。方法一：如图 2-3-14（d）所示，过圆锥顶点作辅助平面与圆柱相交，得圆柱、圆锥与辅助平面共同的交点 *A*、*B* 两点，根据投影规律，可求出 *A*、*B* 的三面投影 *a*、*b*，*a*′、*b*′，*a*″、*b*″。再过圆锥顶点作另一辅助平面与圆柱相交，得圆柱、圆锥与辅助平面共同的交点 *C*、*D* 两点，根据投影规律，可求出 *C*、*D* 的三面投影 *c*、*d*，*c*′、*d*′，*c*″、*d*″。方法二：如图 2-3-14（e）所示，作平行于圆锥底面的辅助水平面与圆柱相交，得圆柱、圆锥与辅助水平面共同的交点 *A*、*B* 两点，根据投影规律，可求出 *A*、*B* 的三面投影 *a*、*b*，*a*′、*b*′，*a*″、*b*″。再作平行于圆锥底面的另一辅助水平面与圆柱相交，得圆柱、圆锥与辅助水平面共同的交点 *C*、*D* 两点，根据投影规律，可求出 *C*、*D* 的三面投影 *c*、*d*，*c*′、*d*′，*c*″、*d*″。

（3）完成投影图。

在水平投影和正面投影上，将各点用光滑的曲线依次连接起来，判别线段的可见性，完成作图。

## 任务四 轴测投影

### 【相关知识】

物体的三视图虽然能准确表达其形状和大小，但在每一个视图中不能同时反映长、宽、高的形状和尺寸，缺少立体感。轴测投影同时能反映物体的长、宽、高三个方向的形状，立体感很强，在设计和生产中，人们常用轴测投影作辅助图样，帮助人们看视图。本节主要介绍轴测图的基本知识、正等轴测图和斜二轴测图的画法。

### 一、轴测图的基本知识

#### （一）轴测图的形成

将物体及其直角坐标系一同沿不平行于任一坐标平面的方向，用平行投影法将其投射在单一投影面（轴测投影面）上所得到的图形称为轴测图。当投射方向与轴测投影面垂直时得到的轴测图称为正轴测图，如图 2-4-1（a）所示。投射方向与轴测投影面倾斜时得到的轴测图称为斜轴测图，如图 2-4-1（b）所示。

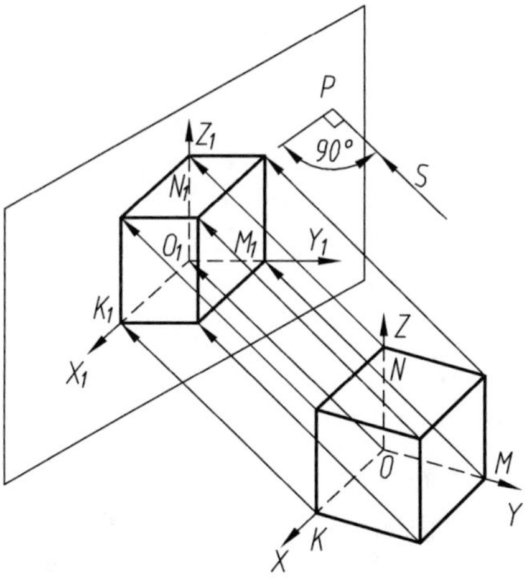

（a）正轴测图

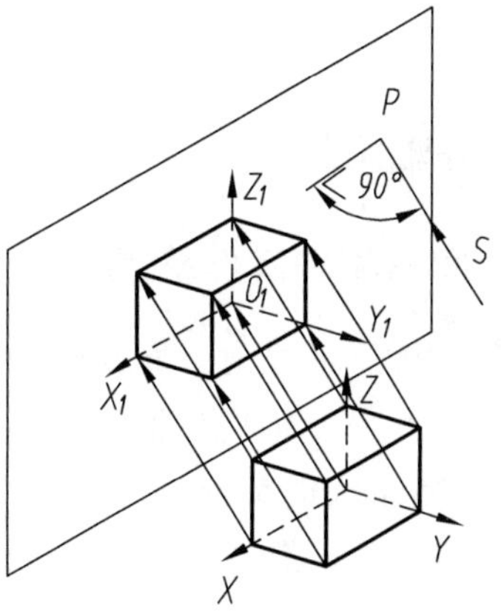

（b）斜轴测图

图 2-4-1　轴测图的形成

（1）$P$ 为轴测投影面。

（2）$S$ 为投影方向。

（3）轴测轴：在轴测投影面内 $O_1X_1$、$O_1Y_1$、$O_1Z_1$ 称为轴测轴。

（4）轴间角：$\angle X_1O_1Y_1$、$\angle Y_1O_1Z_1$、$\angle X_1O_1Z_1$ 称为轴间角。

（5）伸缩系数：轴测轴上的单位长度与对应空间坐标轴上的单位长度之比，称为轴向伸缩系数。用 $p$、$q$、$r$ 分别表示 $X$、$Y$、$Z$ 轴的轴向伸缩系数，则：

$X$ 轴的轴向伸缩系数：$p = O_1K_1/OK$

$Y$ 轴的轴向伸缩系数：$q = O_1M_1/OM$

$Z$ 轴的轴向伸缩系数：$r = O_1N_1/ON$

（6）轴测图的两个投影特性：

① 空间平行的两直线在轴测投影中保持平行；

② 轴测投影中线段在某轴向的长度等于对应空间线段长度乘以该轴向伸缩系数。

因此，若已知轴间角和各轴的轴向伸缩系数，根据轴测图的两个投影特性便可画出物体的轴测图。

### （二）轴测图的分类

按投影方向与轴测投影面是否垂直可分为两类：

（1）正轴测图：投影方向垂直于轴测投影面 $P$。

（2）斜轴测图：投影方向倾斜于轴测投影面 $P$。

按其轴向伸缩系数的不同，正轴测图或斜轴测图又可分为三种：

（1）当轴向伸缩系数 $p = q = r$ 时，称为正等轴测图或斜等轴测图。

（2）当轴向伸缩系数 $p = q \neq r$ 或 $p \neq q = r$ 或 $p = r \neq q$ 时，称为正二轴测图或斜二轴测图。

（3）当轴向伸缩系数 $p \neq q \neq r$ 时，称为正三轴测图或斜三轴测图。

通常推荐采用正等轴测投影和斜二轴测投影绘制物体的轴测图，分别简称为正等轴测图和斜二轴测图。

## 二、正等轴测图

### （一）轴间角和轴向伸缩系数

（1）正等轴测图的投射方向与轴测投影面垂直。

（2）空间三个坐标轴均与轴测投影面倾斜 35°16′。

（3）三个轴测轴向伸缩系数也相等，即 $p = q = r = \cos 35°16' \approx 0.82$。为使绘图方便，轴向伸缩系数 $p = q = r = 1$，这样画出的轴测图放大了 1/0.82 = 1.22 倍，但对物体的形状表达没有影响，今后可按该系数画图。

（4）三轴间角相等：即 $\angle X_1O_1Y_1 = \angle Y_1O_1Z_1 = \angle X_1O_1Z_1 = 120°$。

图 2-4-2 所示为正等轴测图的轴间角和轴向伸缩系数。

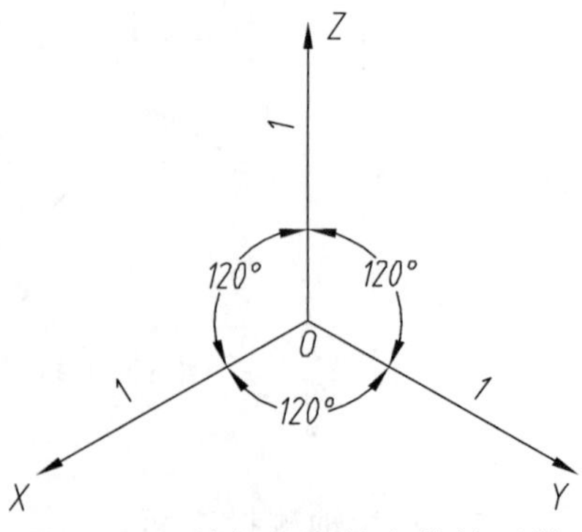

图 2-4-2　轴间角和轴向伸缩系数

## （二）平面立体的正等轴测图画法

平面立体的
正等轴测图画法

### 1. 坐标法

根据物体表面上各顶点的空间坐标，建立合适的坐标轴，然后按坐标法画出物体上各顶点的轴测投影，再依次连接各点形成表面的轮廓线，即得该物体的轴测图，这种方法是画轴测图的基本方法。

画图步骤如下：

（1）建立合适的坐标系；

（2）确定底面各点的轴测投影；

（3）根据平面立体的高度确定其他点的轴测投影；

（4）依次连接各轴测投影点，整理轮廓线完成作图。

**【例 2-4-1】** 已知正六棱柱的两个视图，如图 2-4-3（a）所示，画出它的正等轴测图。

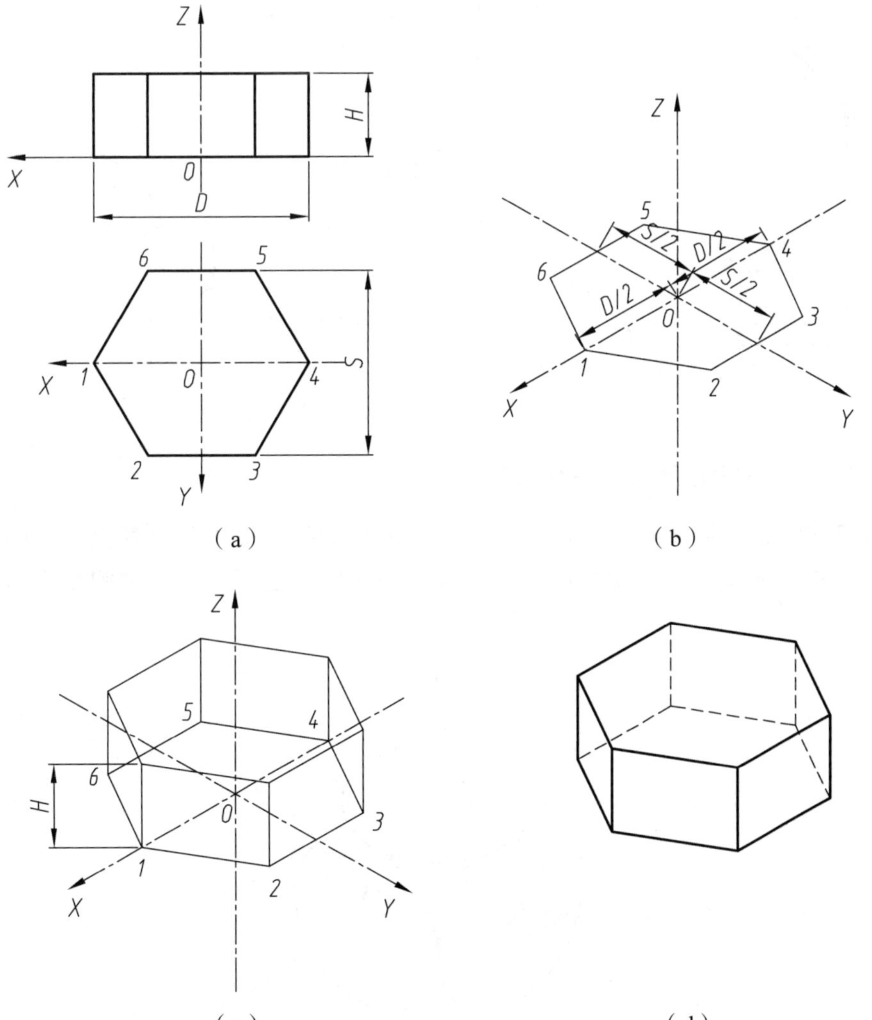


（a） （b）

（c） （d）

图 2-4-3 用坐标法作正等轴测图

作图步骤如图 2-4-3 所示。

（1）建立投影坐标系。因正六棱柱具有对称性，可选下底面中心点为坐标原点 $O$，$OX$ 轴、$OY$ 轴、$OZ$ 轴三轴间角均为 120°，$OZ$ 轴竖直向上。

（2）确定正六棱柱各顶点的轴测投影。底平面 1、4 点在 $OX$ 轴向上，取 $O_1 = O_4 = D/2$，线段 23 和 56 的中点边 $OY$ 轴且与 $OX$ 轴平行，取 2、6 和 3、5 点的距离等于 $S$，即得底平面 1、2、3、4、5、6 点的轴测投影。

（3）根据正六棱柱的高度 $H$，确定上平面各顶点的轴测投影。

（4）依次连接各轴测投影点，判断轮廓线的可见性，整理轮廓线即得正六棱柱的正等轴测图。

2. 切割法

切割法是以坐标法为基础，先画出形体的轴测投影图，再把多余的部分切去，从而得到所需的轴测图的方法，如图 2-4-4 所示。

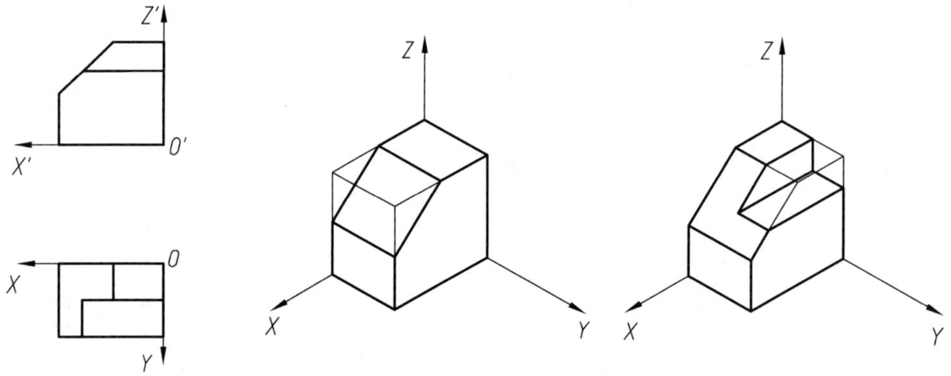


图 2-4-4　用切割法作正等轴测图

## （三）曲面立体的正等轴测图画法

在平行投影中，当圆平行于投影面时，在其平行的投影面内其投影仍然是圆，而在轴测投影中，三个投影面都不平行于相应的轴测投影面，因此它们的正等轴测投影为椭圆，如图 2-4-5 所示。

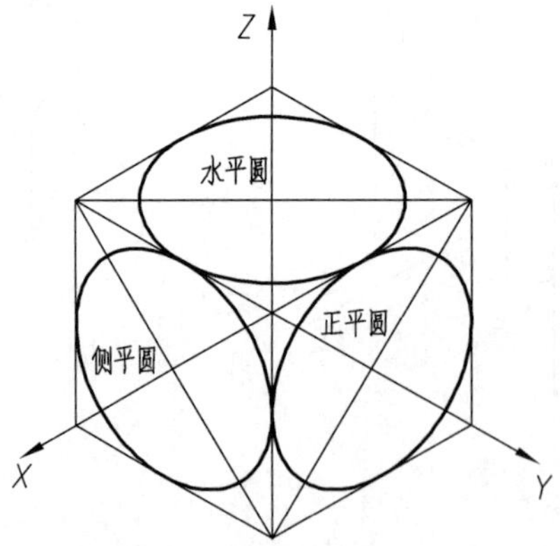


图 2-4-5　圆的正等轴测图

在三个轴测投影面内，平行于轴测投影面的三个圆的投影是大小相等的椭圆，只是长短轴的方向不同，作图时，可用外切四边形法作图。

下面以圆柱为例，说明外切四边形法的画图步骤，如图 2-4-6 所示。

（1）以圆柱的顶面圆心为原点建立空间正等轴测坐标系，并在水平轴测投影面内绘制圆的外切四边形，该四边形以原点为对称中心点，圆的直径 $D$ 为边长，如图 2-4-6（b）所示。

（2）连接 $aO_2$ 和 $bO_2$ 分别交外切四边形长对角线于 $O_3$ 和 $O_4$，以 $O_1$ 为圆心，$cO_1$ 为半径画圆弧 $\overset{\frown}{cd}$，以 $O_2$ 为圆心，$aO_2$ 为半径画圆弧 $\overset{\frown}{ab}$，以 $O_3$ 为圆心，$aO_3$ 为半径画圆弧 $\overset{\frown}{ad}$，以 $O_4$ 为圆心，$cO_4$ 为半径画圆弧 $\overset{\frown}{bc}$，如图 2-4-6（c）所示。

（3）沿 $OZ$ 轴向下将椭圆平移 $H$ 的距离，最后整理轮廓线，完成圆柱正等轴测图的绘制，如图 2-4-6（d）所示。

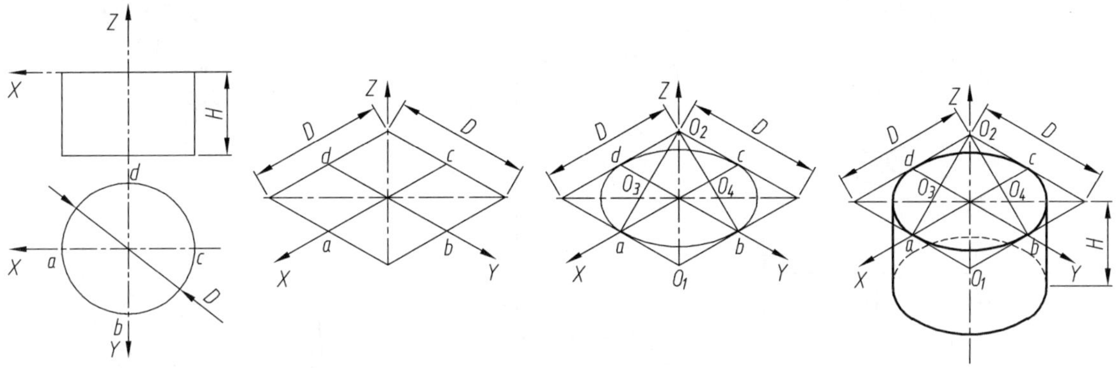

（a）（b）（c）（d）

图 2-4-6　圆柱的正等轴测图的画法

## 三、斜二等轴测图

### （一）斜二等轴测图的形成

斜二等轴测图的轴间角和轴向伸缩系数：当立体上平行于轴测投影面的面是 $xOy$ 平面，则 $X$ 轴和 $Y$ 轴的轴间角为 90°，轴向伸缩系数为 1。$Z$ 轴的伸缩系数为 0.5，与 $X$ 轴和 $Y$ 轴的轴间角均为 135°，如图 2-4-7 所示。

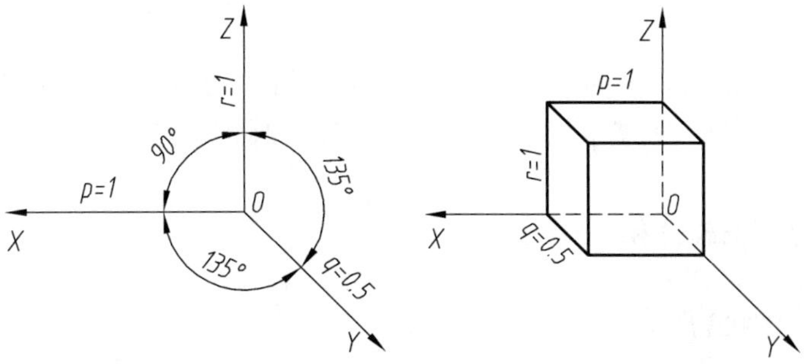


图 2-4-7　斜二等轴测图的轴间角和轴向伸缩系数

斜二等轴测图一般用于绘制单方向有圆弧或曲线的物体。

### （二）斜二等轴测图的画法

下面以如图 2-4-8 所示的立体为例，说明斜二等轴测图的绘图方法。

（1）建立坐标系。取底面圆心为原点，建立坐标系。再沿 $OY$ 轴方向分别距原点 $H_1/2$、$H_2/2$ 的地方建立 $O_1$ 和 $O_2$ 坐标系。

（2）按原尺寸在各坐标系中绘制立体形状。

（3）擦去多余和被遮挡的线，最后描深即得立体的斜二等轴测图。

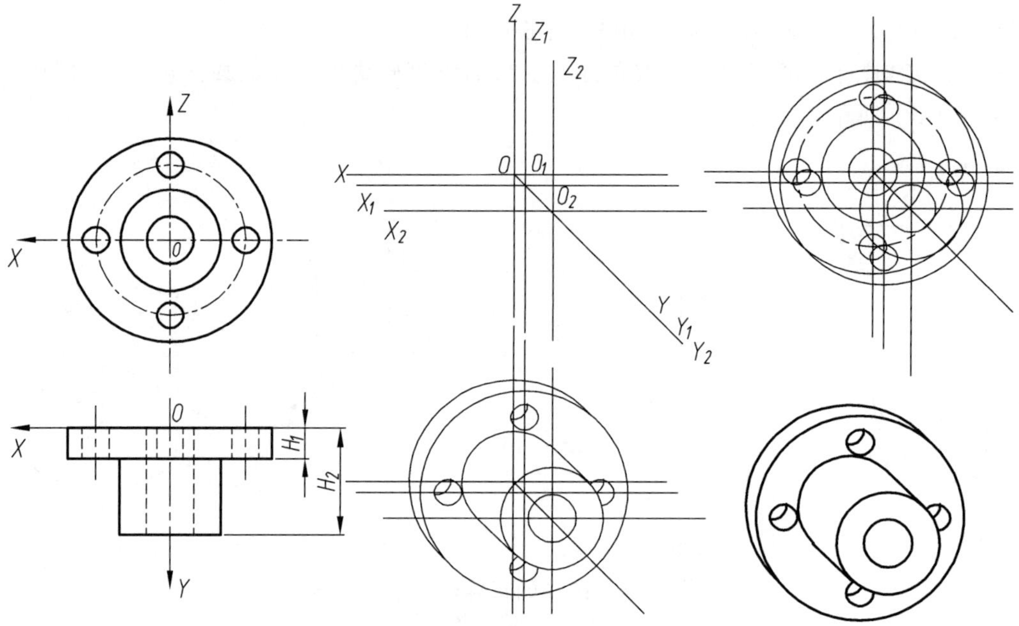


图 2-4-8　斜二等轴测图的绘图方法

# 任务五　组合体

## 【相关知识】

任何复杂的形体，都可以看成是由若干个基本几何体通过叠加、切割等方式组合而成。由两个或两个以上的基本几何体（棱柱、棱锥、圆柱、圆锥、球等）组成的物体称为组合体。

## 一、组合体的形体分析

### （一）组合体的组合形式

根据组合体的定义可知，按形体材料的增加或减少和组合体的组合方式可划分为叠加、切割和综合三种组合形式。

1. 叠　加

由几种基本几何体叠加在一起形成组合体称为叠加。如图 2-5-1（b）所示的组合体由一个正六棱柱和一个圆柱组合而成。

2. 切　割

在基本几何体上进行切割、钻孔、挖槽等方式形成组合体称为切割。如图 2-5-1（c）所示的组合体是在一个正六棱柱中心钻一个圆柱孔而成的。

（a）基本几何体　（b）叠加　（c）切割

图 2-5-1　组合体的组合形式

3. 综　合

形成组合体的过程中，既有叠加又有切割的组合体称为综合式组合体。常见的组合体都是综合式组合体，如图 2-5-2 所示。

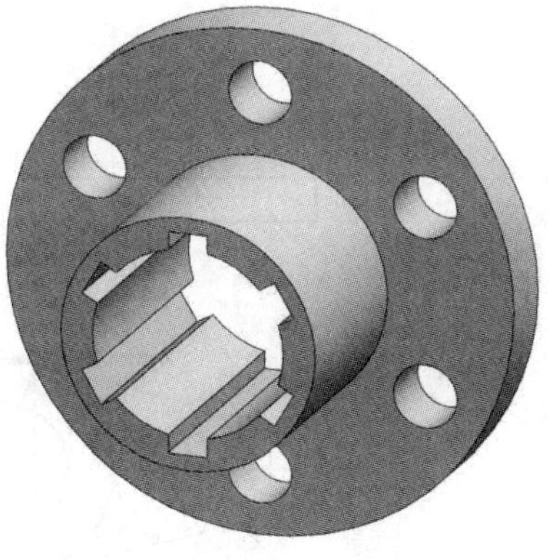

图 2-5-2　综合

## （二）组合体各形体之间的过渡方式

组合体表面的过渡方式有三种：共面、相交和相切。

1. 共　面

当两个基本形体的表面在同一个平面（曲面）上时称为共面，在其表面结合处没有分界线，不应画线，如图 2-5-3 所示。

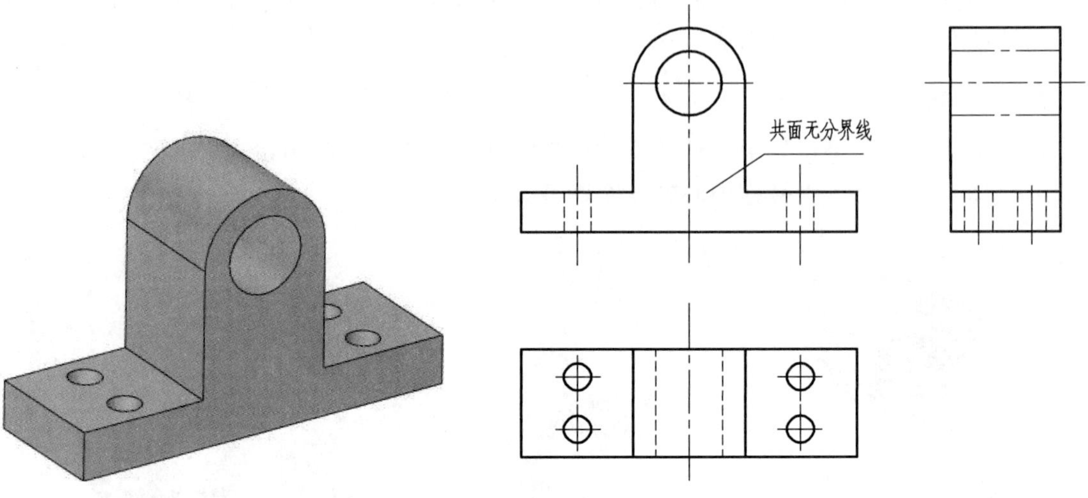


（a）立体图　　　　（b）三面投影

图 2-5-3　表面共面

2. 相　切

当两个基本形体的表面（平面与曲面、曲面与曲面）相切时，由于相切处是光滑过渡，规定切线的投影不画，如图 2-5-4 所示。

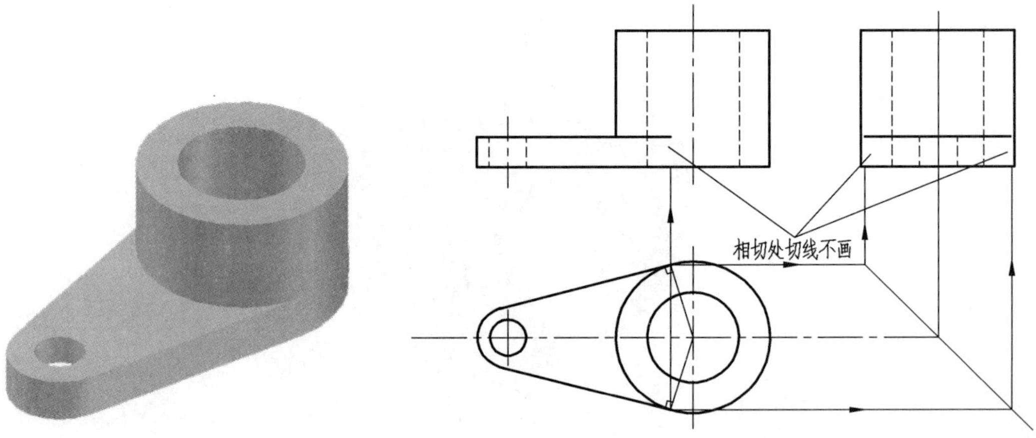


（a）立体图　　　　（b）三面投影

图 2-5-4　表面相切

3. 相　交

当两个基本形体的表面相交时，在其表面交界处产生交线，应画出交线，如图 2-5-5 所示。

（a）立体图

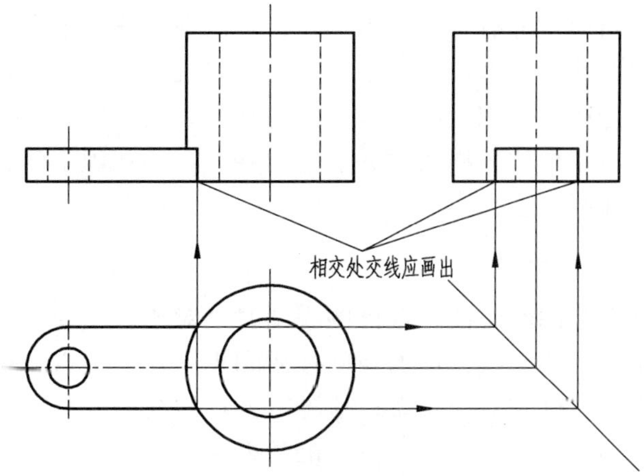


（b）三面投影

图 2-5-5　表面相交

## （三）组合体的分析方法

组合体的分析方法

在绘制和阅读组合体视图时，常用的两个方法是：形体分析法和线面分析法。

1. 形体分析法

把组合体假想为由若干个简单形体组成，并分析这些形体的形状、相对位置和组合方法，最后得出组合体完整形状的方法称为形体分析法。

如图 2-5-6（a）所示的组合体，它可以假想为由 1、2、3、4、5 五个简单形体组合而成，如图 2-5-6（b）所示。

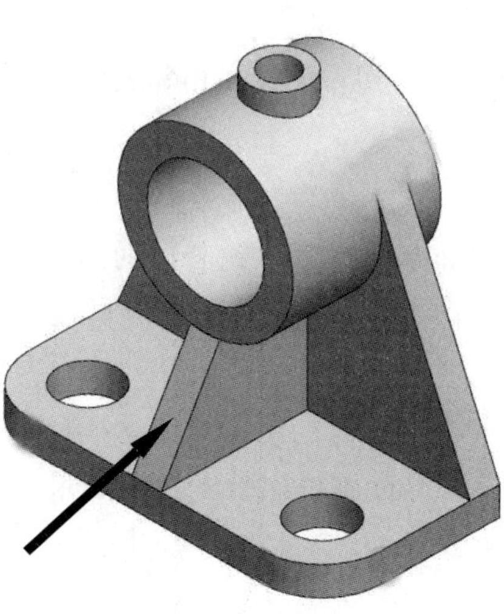

（a）

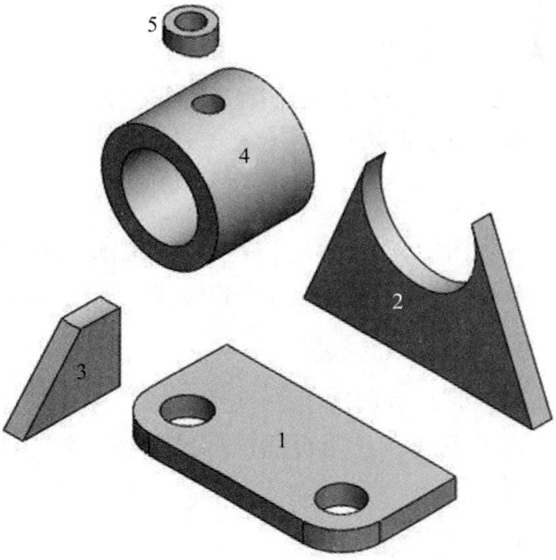


（b）

图 2-5-6　叠加式组合体的形体分析

用形体分析法分解组合体，可以把复杂的组合体简化为多个比较简单的形体，如果能在理解的基础上多记一些常见形体的三视图，就能比较轻松地画图和看图。形体分析法是学习画组合体视图或看组合体视图的基本方法。

运用形体分析法的分解过程并非唯一和固定的，有些组合体可以看成叠加式，也可以看成是切割式。

2. 线面分析法

在绘图和阅读组合体的视图时，对比较复杂的组合体上不易表达或难读懂的局部时，还应结合形体上线、面的空间性质和投影规律，再分析形体的表面间的交线或表面与图线或视图中的线框的对应关系，这种方法称为线面分析法。

形体分析法是从“体”的角度来分析组合体，线面分析法是从“线”和“面”的角度来分析形体的表面交线或表面。在分析形体中的某条线或某个面的投影时，要注意特殊位置的线（正垂线、铅垂线和侧垂线）和面（正平面、水平面和侧平面）投影的真实性、积聚性和类似性。

在绘图和读图时，一般先采用形体分析法分解形体，再用线面分析法分析形体中的特殊位置的线和面的投影。

## 二、画组合体的三视图

画组合体的三视图时，先用形体分析法把组合体分解为若干个基本体，再确定它们的组合形式（叠加、切割）和相对位置（共面、相切、相交）关系，最后逐个画出基本体的三视图。对于复杂的组合体，可用线面分析法进行分析和验证所画的三视图。

### （一）叠加式组合体的画法

下面以图 2-5-6（a）所示的组合体为例，说明画叠加式组合体三视图的画法和步骤。

1. 形体分析

把组合体分解为若干个基本体，并确定它们的组合形式、相对位置和相邻表面关系，如图 2-5-6（b）所示。

2. 确定主视图

三视图中，主视图是最主要的视图。主视图一般选择能较多地反映组合体的形体特征，并能减少俯视图和左视图中的虚线。如图 2-5-6（a）箭头所示为主视图及投射方向。

3. 定比例和图幅

画图时，尽量选用 1∶1 的比例。按选定的比例，根据组合体的长、宽、高估计三个视图应占的范围，选用合适的标准图幅。注意在图纸中应留出标题栏、技术要求和尺寸标注的位置。

4. 布图、画基准线

将图纸固定后，根据各视图的大小和位置，画出基准线。基准线是指画图时确定视图位置的直线，一般选用对称中心线、轴线或较大底面的投影作为基准线，如图 2-5-7（a）所示。

5. 逐个画出各形体的三视图

根据投影规律，逐个画出各形体的三视图。画形体的顺序：先大（大形体）后小（小形体）；先实（实形体）后空（挖去的形体）；先主要轮廓，后画细节。画每个形体时，应从反映体形特征的视图画起，再按投影规律画出其他两个视图，如图 2-5-7（b）~（e）所示。

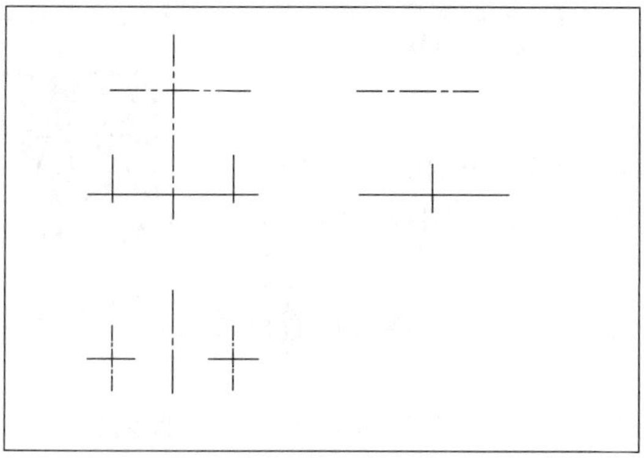

（a）

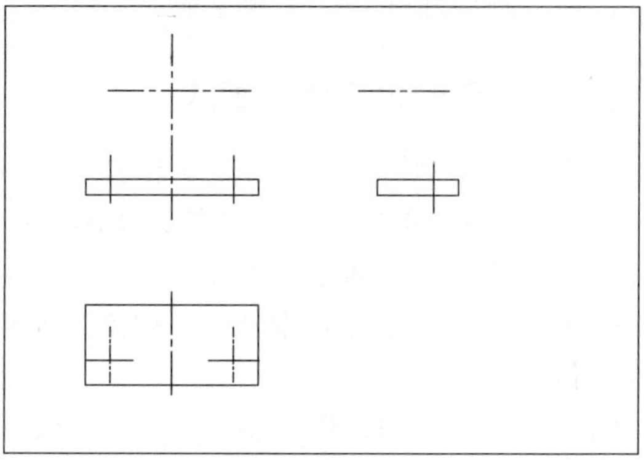

（b）

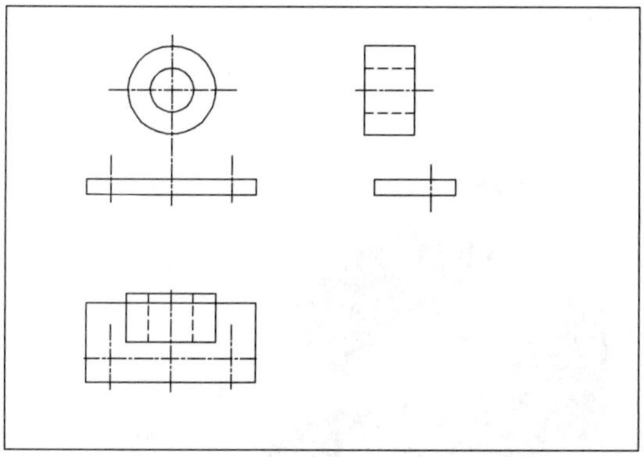

（c）

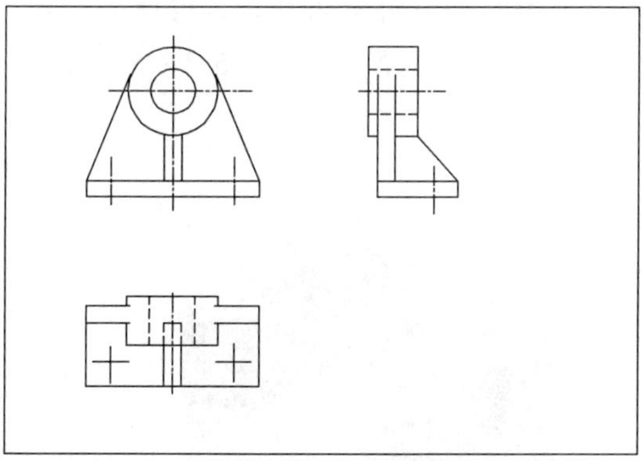

（d）

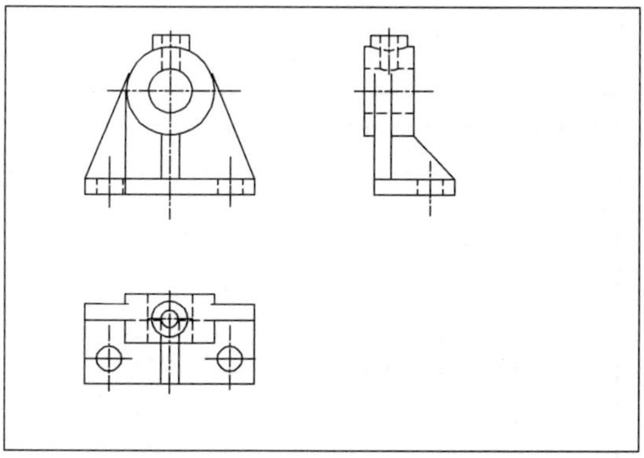

（e）

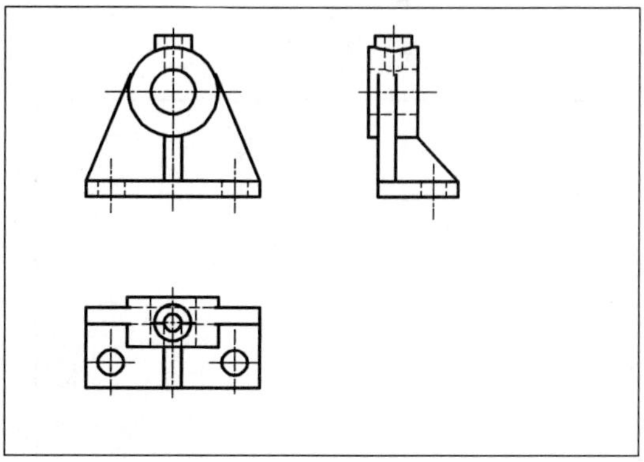

（f）

图 2-5-7　叠加式组合体三视图的画法与步骤

6. 检查、描深

底稿画完后，用线面分析法认真检查各形体中线、面的投影，纠正错误和补充遗漏。最后按标准图线描深，可见轮廓用粗实线画出，不可见轮廓用虚线画出。当组合体对称时，在其对称的图形上要画出对称线。对图形中的半圆或大于半圆的圆弧要画出中心线，回转体要画出轴线。对称线、中心线和轴线应用细点画线画出。当几种图线重合时，一般按粗实线、虚线、细点画线和细实线的顺序取舍，描深后，再一次全面检查。擦去多余的线，完成作图。

### （二）切割式组合体的画法

切割式组合体的画法

对复杂的切割体，一般先用形体分析法分析结构特征，再用线面分析法分析局部的线或面的投影，从而完成切割体的三视图。下面以图 2-5-8（a）所示的切割体为例说明作图步骤。

（1）对切割体进行形体分析，如图 2-5-8（b）所示的切割体可以看成是由正方体经过切去基本体 1、2、3 而成。

（2）确定主视图，选择图 2-5-8（a）所示的箭头的指示方向作为主视图的投射方向。

（3）选用比例，确定图幅。按 1∶1 的比例绘图，根据形体尺寸，确定图幅大小。

（4）画基准线，如图 2-5-8（c）所示。

（5）逐一画出每次切割后各形体的三视图，如图 2-5-8（d）～（f）。

（6）检查，描深，如图 2-5-8（g）所示。

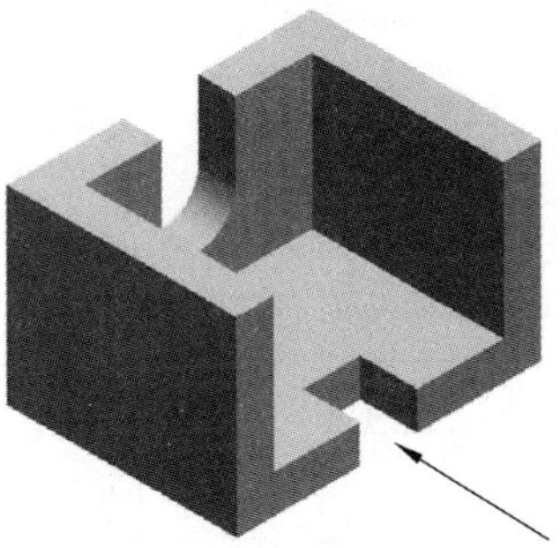

（a）轴测图

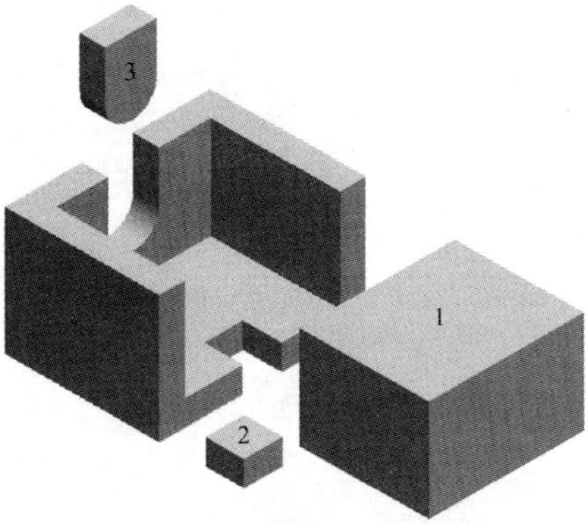


（b）形体分析

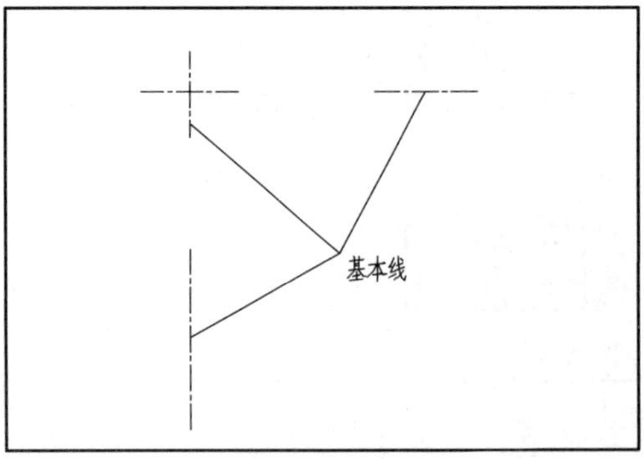


（c）画基本线

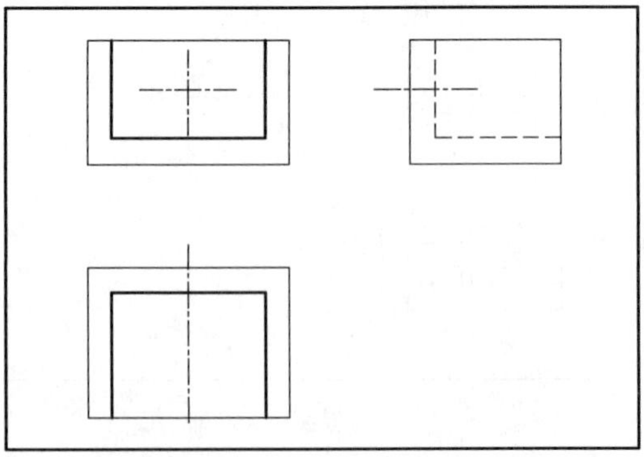

（d）切去基本体 1

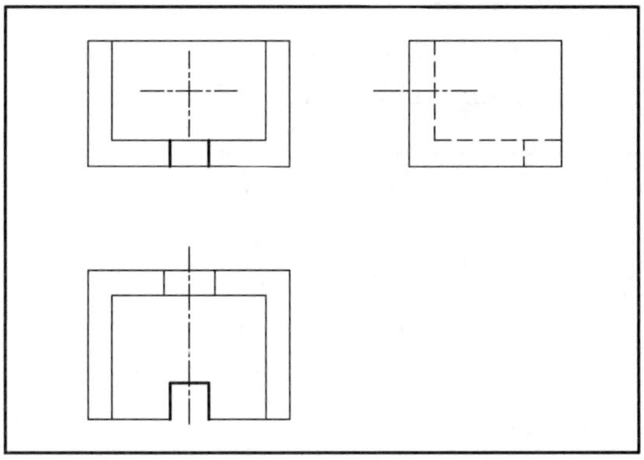

（e）切去基本体 2

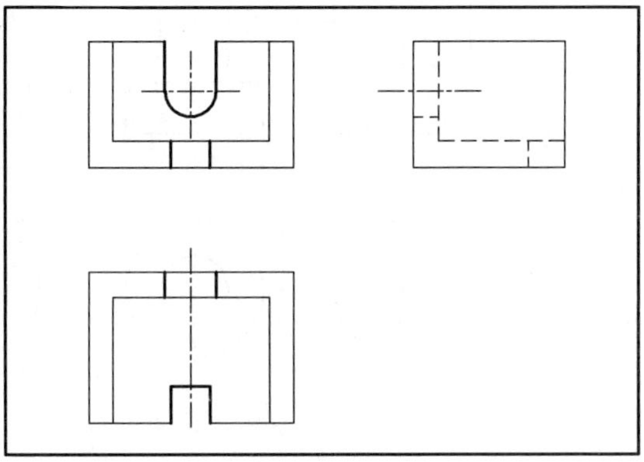

（f）切去基本体 3

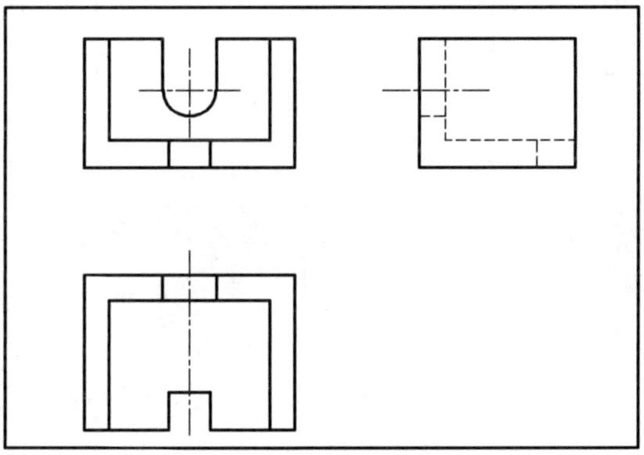

（g）检查，描深

图 2-5-8　切割式组合体三视图的画法与步骤

读组合体的三视图

## 三、读组合体的三视图

读图与绘图刚好相反，绘图是把三维空间的立体图形用正投影法表示在二维的平面上，而读图则是通过二维平面上的三视图，根据投影规律分析和想象出三维空间的立体图形。画图是基础，读图能提高空间想象能力和投影分析能力。

### （一）读组合体视图的基本要领

1. 几个视图联系起来看

通常，一个视图往往不能唯一确定组合体的形状，如图 2-5-9 所示。有时两个视图也不能确定组合体的形状，如图 2-5-10 所示。因此，要将几个视图联系起来看，才能准确读懂几个视图所要表达的组合体的形状和大小位置关系。

2. 从最能反映形状的特征视图入手

通常把最能反映形状的视图作为主视图，因此在看图时，以主视图入手，结合俯视图和左视图来分析组合体的形状。

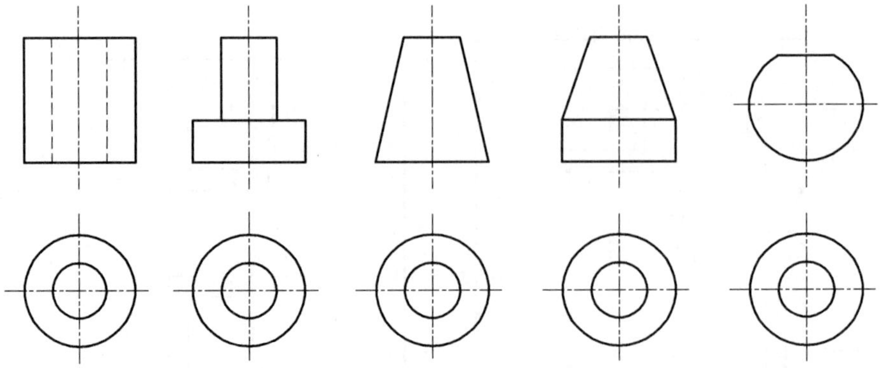

图 2-5-9　一个视图相同而形状不同

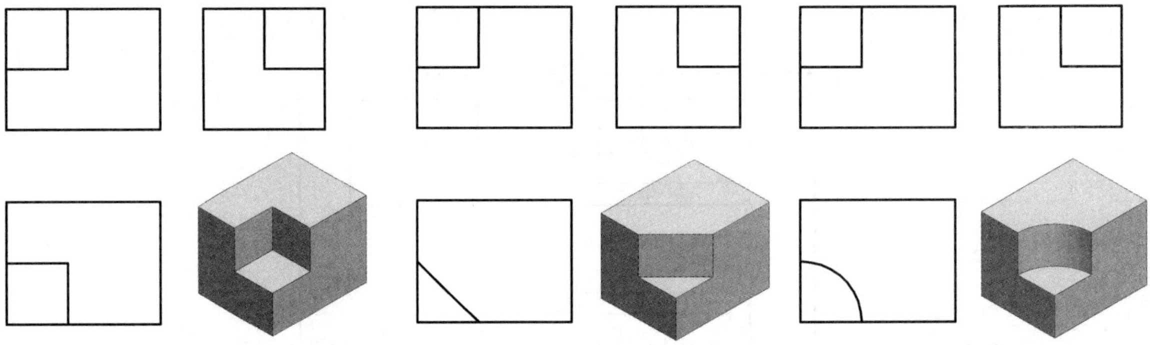

（a）　　（b）　　（c）

图 2-5-10　两个视图相同而形状不同

3. 用线面分析法认真分析视图中的线或线框在形体表面的位置关系

每一个视图都是由若干条线和封闭的线框组成的，对视图中的每一条线和每一个封闭的线框逐一进行投影分析，分析它们在形体上的对应位置关系，想象出组合体的形状。

（1）视图中的一条线可能是平面或曲线的积聚性投影、回转体转向轮廓线的投影或组合体两表面交线的投影（如截交线、相贯线等），如图 2-5-11 所示。

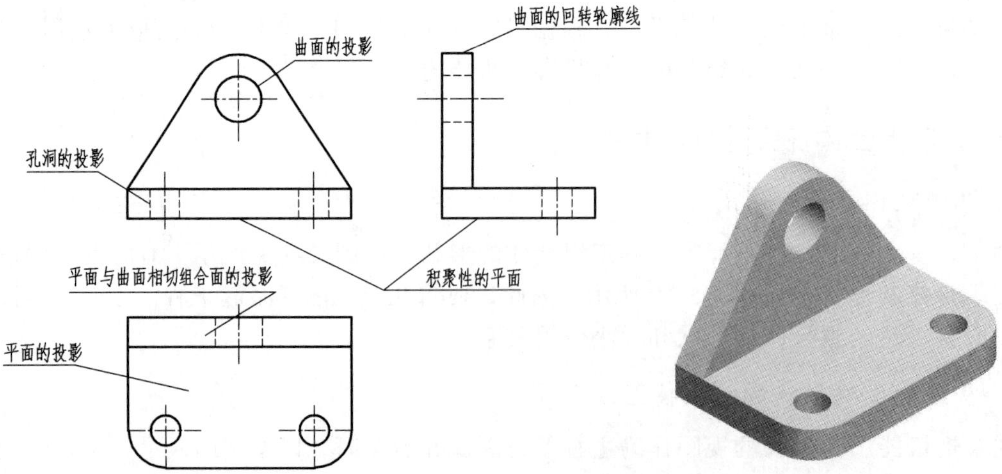


图 2-5-11　视图中线、线框的含义

（2）视图中的一个封闭线框可能是平面的投影、曲面的投影、孔洞的投影或平面与曲面相切得到的组合面的投影，如图 2-5-11 所示。

4. 把想象的组合体反复对照给定视图

读图的过程就是把想象中的组合体反复对照给定视图。根据给定视图想象出组合体的形状，再验证想象的组合体的视图与给定视图是否一致，当二者不一致时，再把握给定视图重新修正想象的组合体，直到想象的组合体的各视图完全与给定视图相符为止，此时想象的组合体即为所示。

## （二）读组合体视图的基本方法

1. 形体分析法

形体分析法是读组合体视图的基本方法，通常从最能反映组合体形状特征的视图入手，把该视图分解为几个封闭的线框，然后根据投影规律逐一找出每个线框在其他视图中的对应部分，想象出每一个线框表代表的形状、相对位置及其组合方式，最终想象出该组合体的整体形状。归纳为：分线框、对投影，识形体、定位置，综合起来想整体。

下面以图 2-5-12（a）为例，想象出组合体的形状，说明读图的具体步骤。

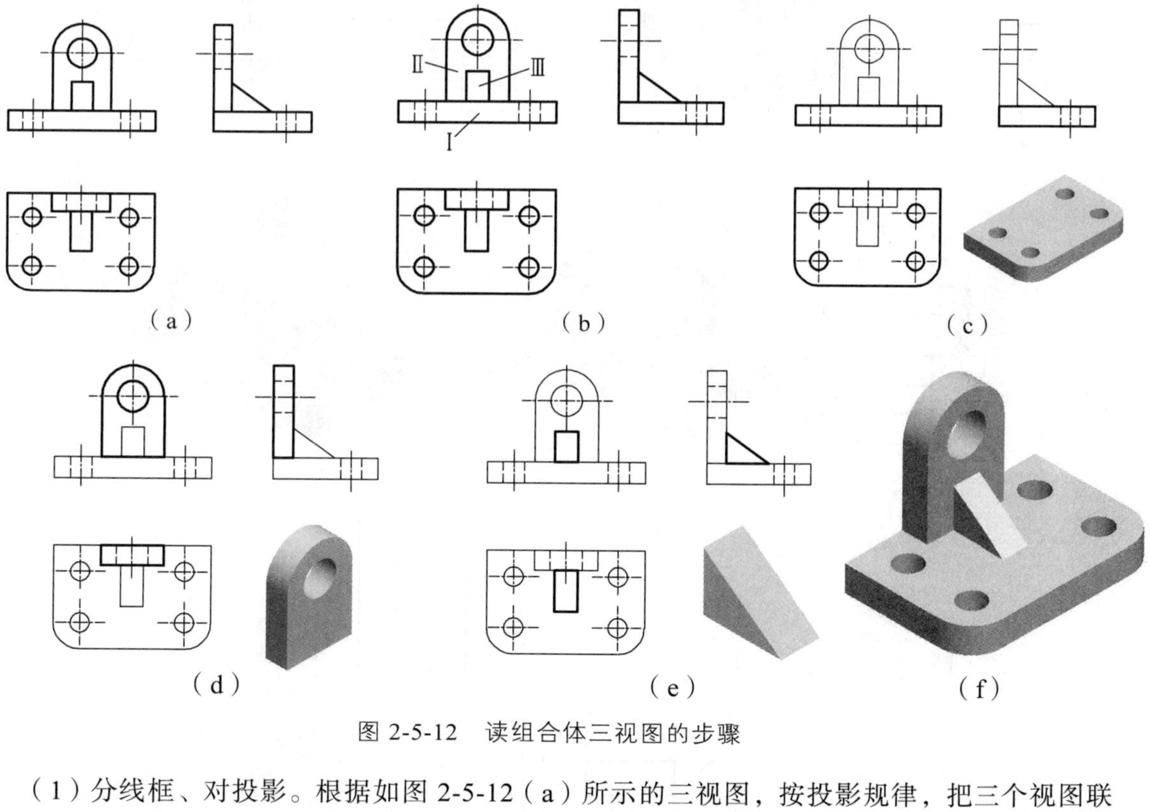


图 2-5-12　读组合体三视图的步骤

（1）分线框、对投影。根据如图 2-5-12（a）所示的三视图，按投影规律，把三个视图联系起来看，可以看出该组合体主要由Ⅰ、Ⅱ、Ⅲ三个基本形体组合，如图 2-5-12（b）所示。

（2）识形体、定位置。根据每一部分的视图想象出形体的形状，确定它们的相对位置和可见性，如图 2-5-12（c）～（e）所示。

（3）综合起来想整体。把各基本形体及其相对位置综合起来，即可得出组合体的形状，如图 2-5-12（f）所示。最后把想象出来的组合体形状与给定的三视图逐一对照检查一遍。

**【例 2-5-1】** 如图 2-5-13（a）所示，根据已知的组合体三视图想象组合体的形状并补画左视图。

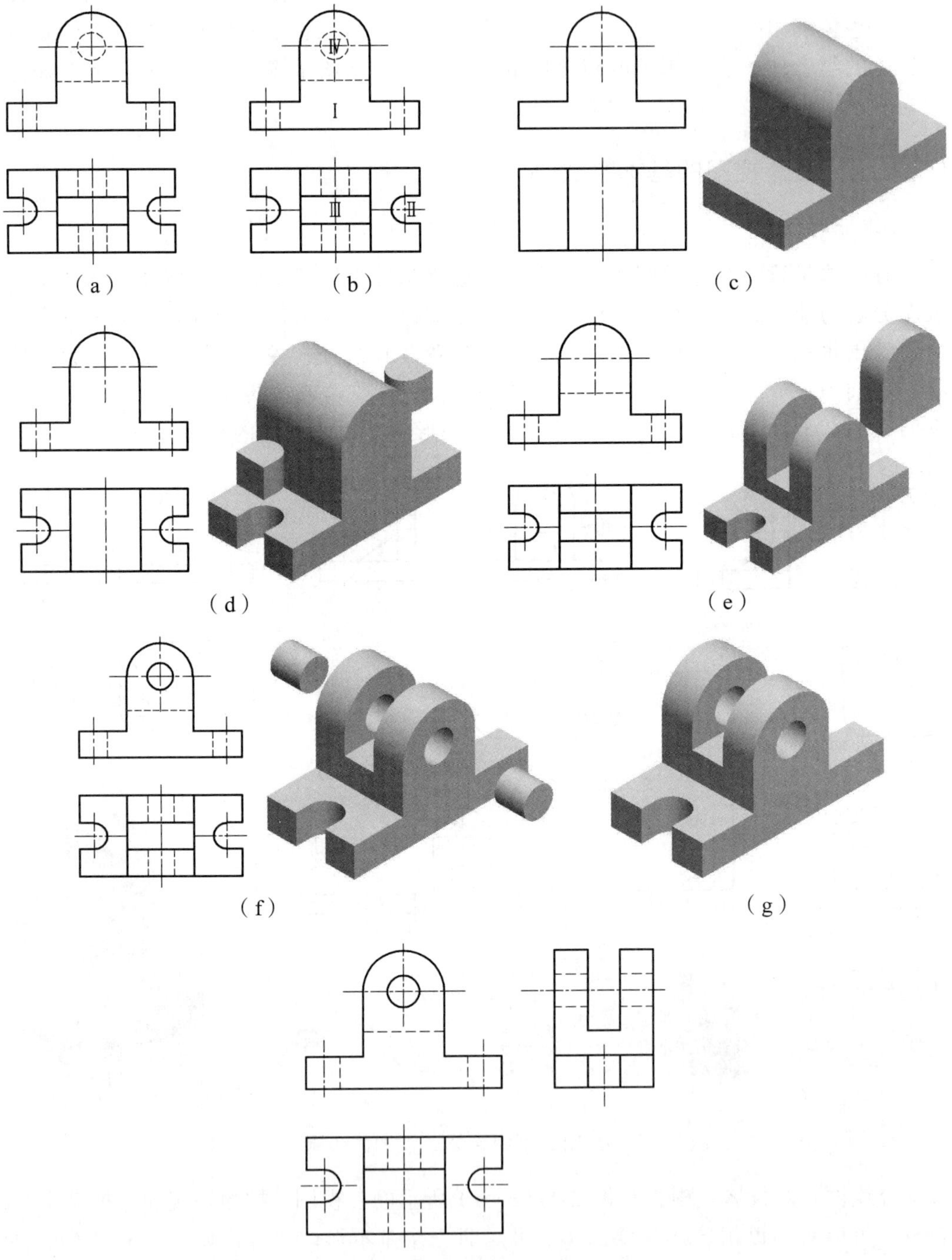


（h）

图 2-5-13 读组合体两视图，补画第三个视图

（1）分线框、对投影。将组合体中的线框分成如图 2-5-13（b）所示的四个部分。

（2）识形体、定位置。组合体由形体Ⅰ经过Ⅱ、Ⅲ、Ⅳ三次切割而成，根据每次切去部分想象被切割后的形状，如图 2-5-13（d）~（e）所示。最终想象出组合体的形状如图 2-5-13（g）所示。

（3）补画左视图。根据想象出来的组合体的形状，按投影规律在基本体Ⅰ的基础上每次切割左视图，最后得到组合体的左视图，如图 2-5-13（h）所示。

2. 线面分析法

在读比较复杂组合体的视图时，通常先用形体分析法，对不易看懂的局部，还要结合线面的投影进行分析，如分析立体的表面形状、表面交线、面与面之间的相对位置关系等，以便想象出这些局部的形状，这种方法叫作线面分析法。

## 四、读组合体的尺寸标注

组合体的形状用视图来表达，组合体各形体的真实大小及其相对位置必须通过标注尺寸才能确定。组合体尺寸标注的基本要求为：

（1）正确：严格遵守国家标准中对尺寸标注的相关规定。

（2）完整：所标注的尺寸必须能全部确定物体的形状和大小，做到不遗漏，不重复。

（3）清晰：尺寸应清楚地标注在图中适当位置，便于看图。

### （一）组合体的尺寸基准和种类

1. 组合体的尺寸基准

确定组合体各组成部分之间的相互位置，需要有标注尺寸的基准，即尺寸基准。立体要从长、宽、高三个方向确定各基本体的相对位置，因此在长、宽、高三个方向上都应选取尺寸基准。一般选用组合体的对称平面、主要的轴线和较大的平面（底面或端面）作为尺寸基准。如图 2-5-14 所示，支架的长度方向和宽度方向具有对称性，选左右对称平面为长度方向的基准，前后对称平面作为宽度方向尺寸基准，底面作为高度方向的尺寸基准。

2. 组合体尺寸的种类

（1）定形尺寸。

确定形体形状大小的尺寸称为定形尺寸。如图 2-5-14 所示，底板的长为 114、宽为 72、高为 24，底板下面的槽为 $80\times4$，圆孔为 $\phi16$、$\phi30$，圆的半径为 $R30$，它们都是确定形体形状大小的定形尺寸。

（2）定位尺寸。

确定形体间相对位置的尺寸称为定位尺寸。如图 2-5-14 所示，底板上四个圆孔之间的尺寸 114、44，圆孔 $\phi30$ 到底平面的尺寸 68 是确定圆孔之间或圆孔与底平面之间的定位尺寸。

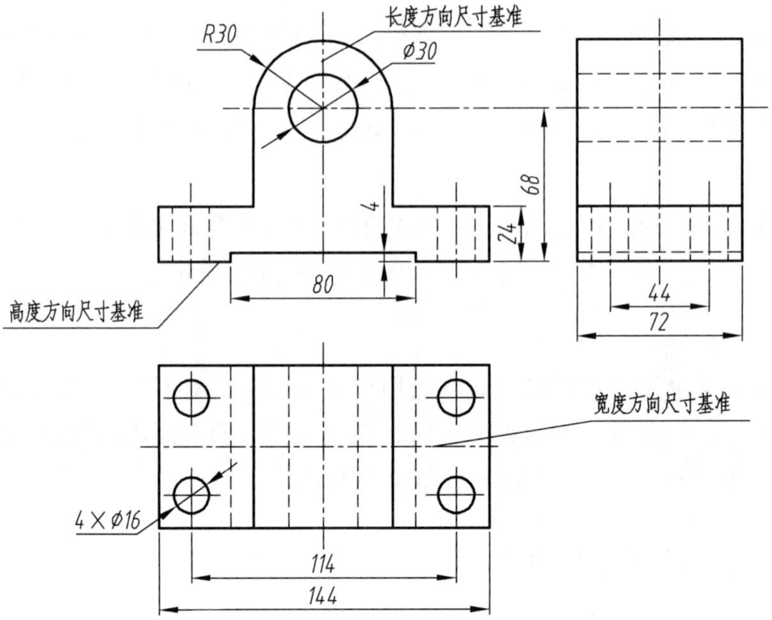


图 2-5-14　组合体的尺寸基准

（3）总体尺寸。

确定形体的总长、总宽、总高的尺寸称为总体尺寸。总体尺寸有时在标注定形尺寸或定位尺寸时已经标注，此时就不要再重复标注。如图 2-5-14 所示，该组合体的总长尺寸就是底板的长度 114，总宽尺寸就是底板的宽度 72，总高尺寸可由圆孔 $\phi$30 的定位尺寸 68 与半圆弧的半径 *R*30 间接得到。

## （二）组合体尺寸标注的原则

标注组合体的尺寸时不但要求正确、完整，还要做到清晰，便于看图。在标注时应注意以下原则：

（1）尺寸应标注在形体特征明显的视图上，圆弧的半径应标注在投影为圆弧的投影上。

（2）同一基本体的尺寸应尽量集中标注。

（3）交线上不应直接标注尺寸。在形体叠加（或切割）时所产生的相贯线（或截交线）上不应直接标注尺寸，可由相交的形体的尺寸确定。

（4）尺寸排列整齐、清楚。尺寸应尽量标注在投影外部，配置在两投影之间。同一方向上连续标注的几个尺寸应尽量配置在少数几条线上。尺寸应根据大小依次排列，避免尺寸线、尺寸界线、轮廓线之间相交。同心圆柱应标注在非圆的投影上。按圆周均匀分布的孔的数量和尺寸应标注在反映其数量和位置的视图上。

## （三）尺寸标注基础

1. 常见基本体的尺寸标注

在标注基本体尺寸时，一般只标长、宽、高三个方向的尺寸。图 2-5-15 是常见基本体的尺寸标注方法。

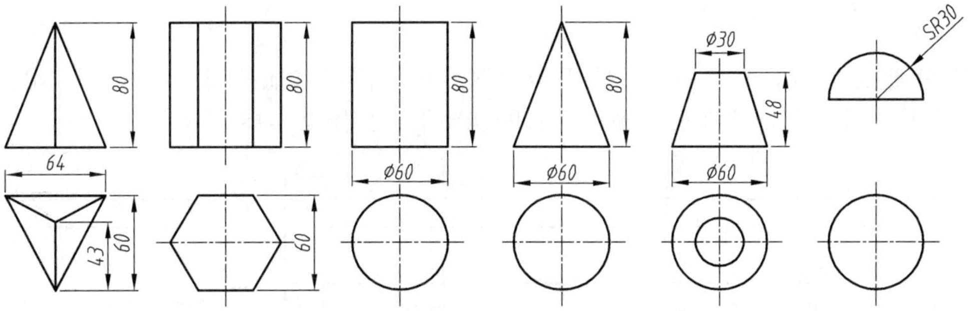


图 2 5 15 常见基本体的尺寸标注

2. 基本体被切割后的尺寸标注

基本体被切割后的尺寸标注，除应标注基本体的定形尺寸外，还要标出截平面位置的定位尺寸。截平面的位置确定后，截交线是唯一的，因此不再对截交线标注尺寸。图 2-5-16 所示为几种基本体被切割后的尺寸标注方法。

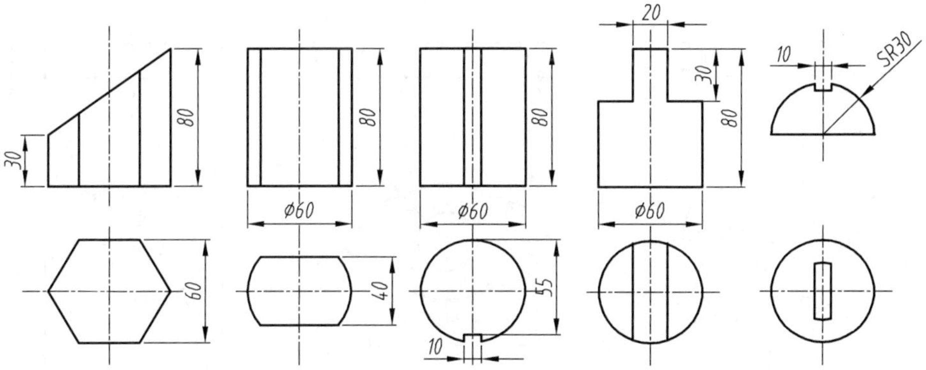


图 2-5-16 基本体被切割后的尺寸标注

3. 基本体相交后的尺寸标注

基本体相交后的尺寸标注，除应标注基本体的定形尺寸外，还要标出两相交基本体位置的定位尺寸。在标注时先标基本体的定形尺寸，再标注每个基本体在三个方向的定位尺寸。图 2-5-17 所示为几种基本体相交后的尺寸标注方法。

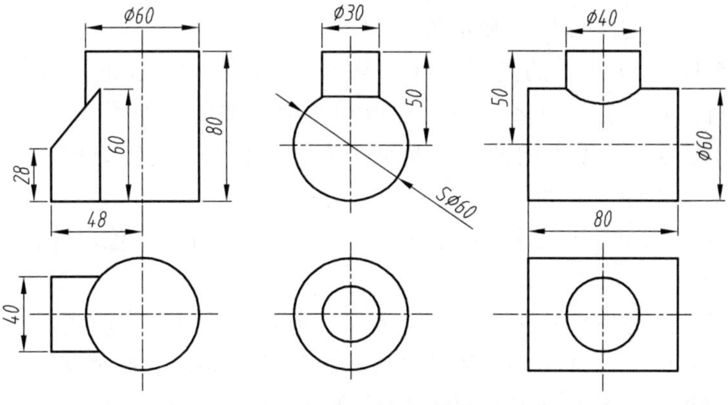


图 2-5-17 基本体相交的尺寸标注

4. 底板的尺寸标注

对于平板类形体的尺寸标注，除平板的厚度尺寸需在其他视图上标注外，其余的尺寸（定形和定位尺寸）都标注在反映平板形状的视图上，如图 2-5-18 所示。

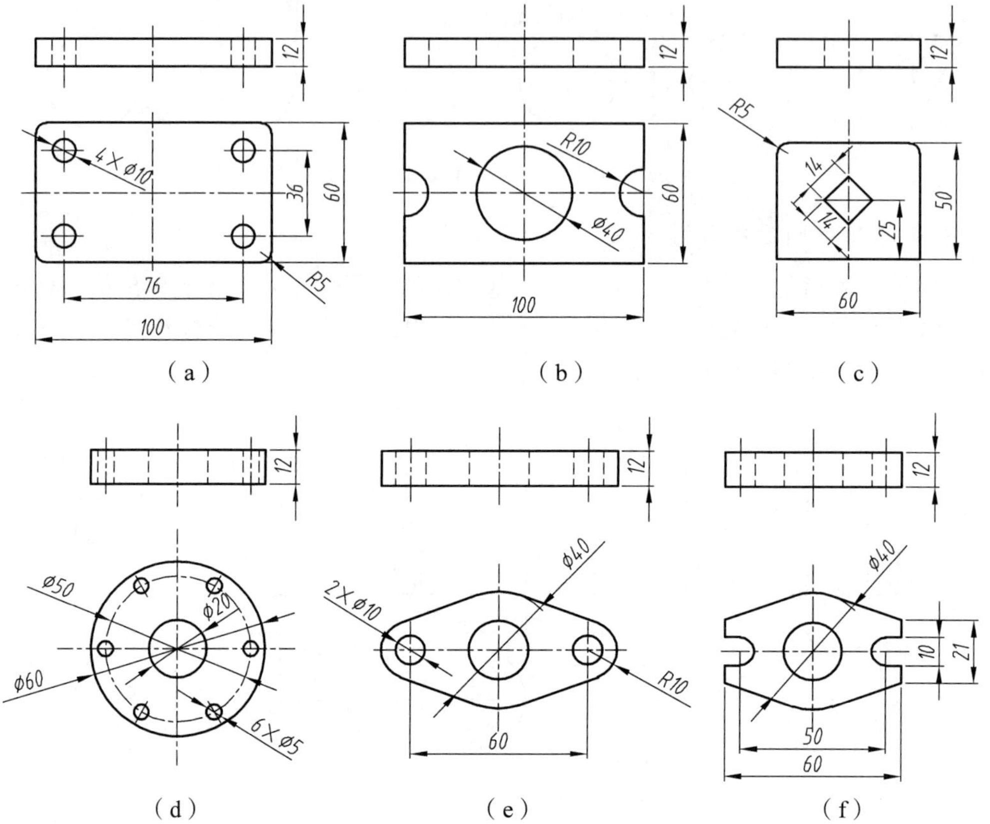


图 2-5-18　平板类形体的尺寸标注

## （四）组合体尺寸标注方法与步骤

在标注尺寸时，一般先对组合体进行形体分析，然后再确定三个方向的尺寸基准，标注各形体的定形尺寸和定位尺寸，最后调整总体尺寸，检查尺寸的正确性和完整性。

应逐个标出各形体的定形尺寸和定位尺寸。

下面以图 2-5-19（a）所示的支架为例，说明组合体尺寸标注的方法与步骤。

（1）形体分析。将组合体分成底板、立板和肋板三部分，如图 2-5-19（b）所示。

（2）确定尺寸基准。长度方向的尺寸基准为左右对称面，宽度方向的尺寸基准为后端面，高度方向的尺寸基准为底面，如图 2-5-19（c）所示。

（3）在组合体的三视图中分别标注各组成部分的定形尺寸和定位尺寸，如图 2-5-19（d）~（f）所示。

（4）标总体尺寸。总体尺寸与形体的定形尺寸或定位尺寸重合时可不用再标注总体尺寸，本例中总长就是底板的长度 150，总宽就是底板的宽度 100，总高就是立板孔的定位尺寸 80 加半径 $R30$ 间接得到。最后检查尺寸的正确性和完整性，完成组合体的尺寸标注。

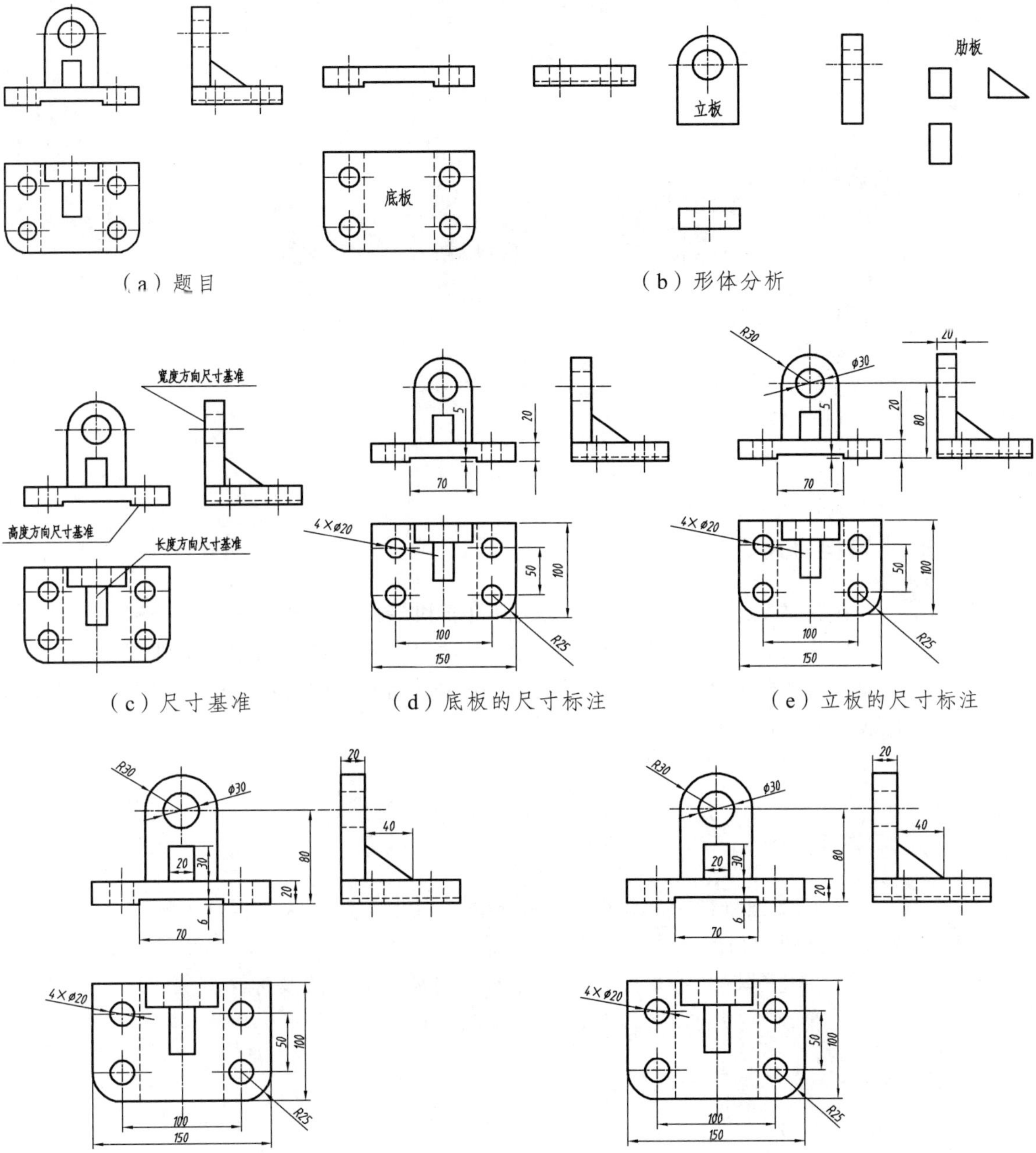


（a）题目 （b）形体分析

（c）尺寸基准 （d）底板的尺寸标注 （e）立板的尺寸标注

（f）肋板的尺寸标注 （g）总体尺寸及组合体的尺寸标注

图 2-5-19 支架

# 项目三

# 图样表达方法

## 项目导入

在轨道交通专业，各个专业拥有许多机器部件，各个机件的结构是多样化的，为了方便工作人员或学生学习视图，在绘制相关机件图时应考虑机件各个部件的结构特点，采用适当的制图方法完整、清晰地表达机件内外结构。

## 学习目标

1. 正确理解视图、剖视图、断面图、其他图样画法的概念、标注方法及读图和画图方法；

2. 熟练掌握基本视图、局部视图、斜视图的画法及标注方法；

3. 熟练掌握剖视图、断面图的画法及标注方法。

# 任务一　视　图

## 【图示引导】

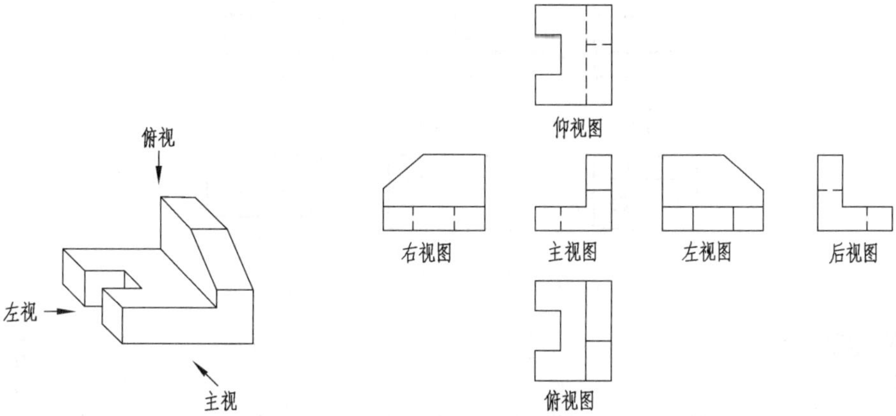


图 3-1-1　基本视图的配置

## 【相关知识】

视图就是将机件根据有关标准和规定，用正投影法绘制的图形。它主要用来表达机件的外部结构形状，对于物体中不可见的结构形状在必要时用虚线画出。常见的视图有基本视图、向视图、局部视图和斜视图。

### 一、基本视图

基本视图

表达一个机件可以有六个基本投射方向，构成了一个空间六面体，机件分别向这六个面投影所得的视图称为基本视图，这六个面称为基本投影面，即机件在基本投影面上的投影称为基本视图。这六个视图分别是主视图（从前向后投影）、俯视图（水平面投影）、左视图（从左向右投影）、右视图（从右向左投影）、仰视图（从下向上投影）、后视图（从后向前投影），见图 3-1-1。

在同一张图纸内按图 3-1-1 配置基本视图时，可以不标注视图的名称。

基本视图投影规律：长对正、高平齐、宽相等的投影规律。在这六个基本视图中主视图、俯视图和仰视图的长对正；主视图、左视图、右视图和后视图的高平齐；左视图、右视图、俯视图和仰视图的宽相等。

在实际应用过程中，基本视图的六个视图不需要全部画出，将会根据机件表达的需要，适当选择基本视图。

## 二、向视图

由基本视图自由组合配置的视图称为向视图。

在绘图时，向视图需要在图形上方中间位置处标注视图名称“×”（“×”为大写拉丁字母，并按 *A*、*B*、*C*…顺序使用）；由于向视图是未按投影关系配置的视图，所以在其各个视图附近要用箭头注明投射方向，并注明相同的字母，如图 3-1-2 所示。

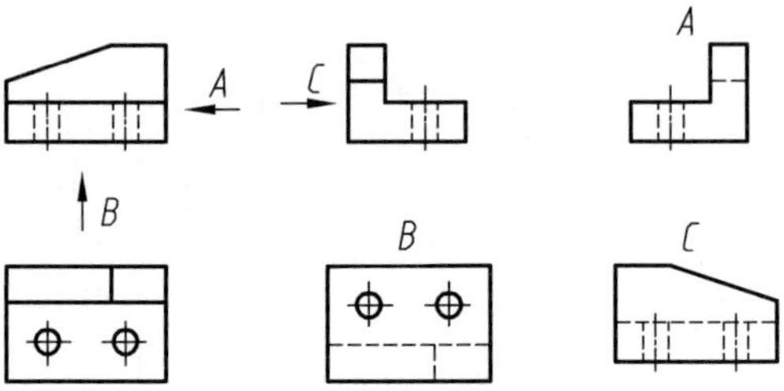


图 3-1-2　向视图

机件的局部表示

## 三、局部视图

将机件的某一部分向基本投影面投射所得到的视图称为局部视图。

在绘制机件图时，采用一定数量的基本视图后，仍然无法表达清晰机件的某些部件，但又没有必要再画出其他完整的基本视图时，可单独将这一部分的结构形状向基本投影面投射，如图 3-1-3 所示。图 3-1-3（a）所示轴测图在画出主、俯两个基本视图后，仍有两侧的凸台和凹陷形状没有表达清楚，因此需要画出表达该部分的局部视图 *A* 和局部视图 *B*，如图 3-1-3（b）所示。

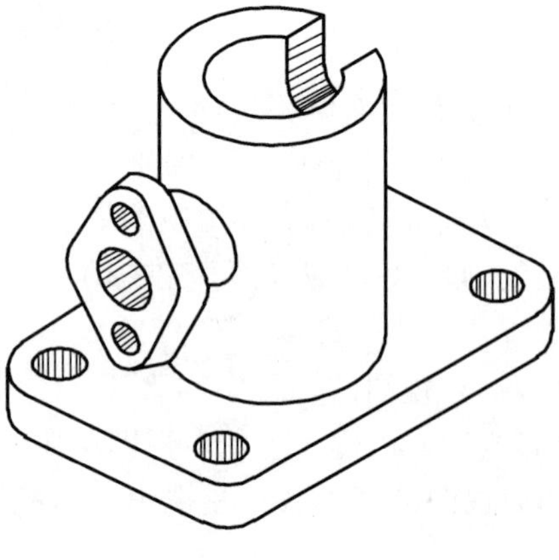

（a）轴测图

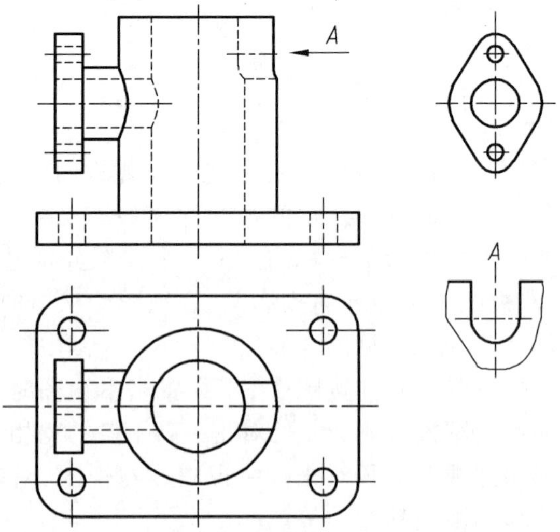


（b）局部视图

图 3-1-3　轴的局部表示

局部视图的配置、画法、标注：

（1）局部视图可按视图的配置形式配置。

（2）断裂边界应以波浪线或双折线表示，当所表示的局部结构是完整的且外轮廓又封闭时，断裂边界可省略不画。

（3）对称结构的机件：其视图只画出一半或四分之一，可将其视为是以细点画线作为断裂边界的局部视图的特殊画法，此时应在细点画线的两端画出两条与其垂直的细实线。

（4）局部视图的标注：通常在其上方标出视图的名称“×”（“×”为大写拉丁字母）并在相应的视图附近用箭头指明投射方向，并注上同样的大写拉丁字母。

## 四、斜视图

斜视图

对于机件上的倾斜部分由于不平行基本投影面，那么无法通过投影的方式在基本投影面反映实际机件。因此，我们假设的方式设置有一个平行与倾斜部件的辅助投影面，将倾斜部分投射在辅助投影面上，像这样将机件向不平行于基本投影面的平面所得的视图称之为斜视图，如图 3-1-4 所示。

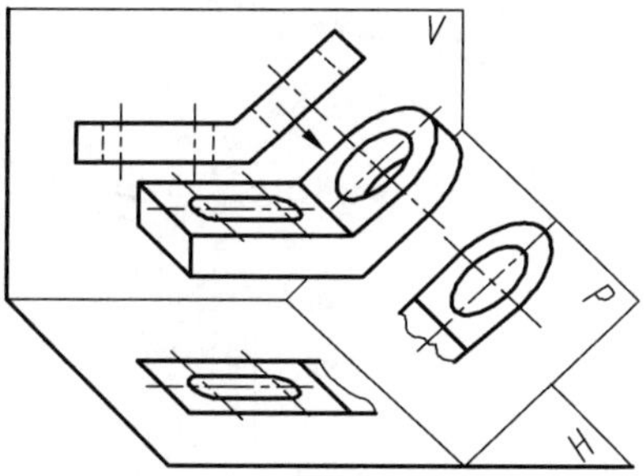


（a）

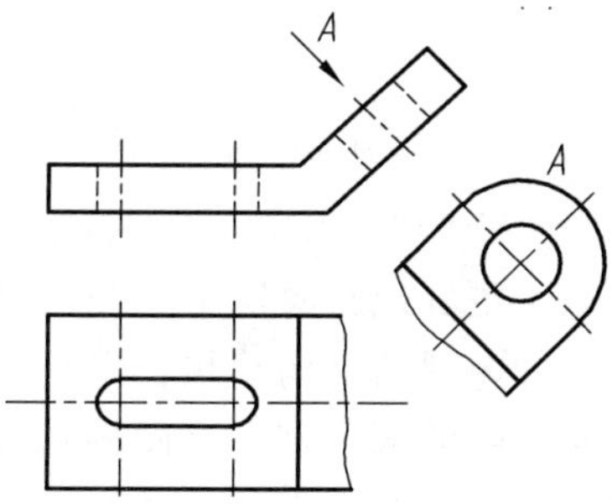


（b）

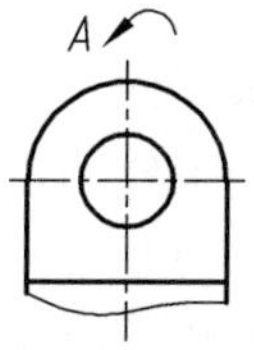


（c）

图 3-1-4　斜视图

斜视图通常按向视图的配置形式配置并标注进行配置，一般应在斜视图上方水平标注视图的名称“×”（“×”为大写拉丁字母），并在相应的视图附近用箭头指明投影方向，并标注相同的字母。必要时，允许将斜视图旋转配置，但是需加注旋转符号，表示该视图名称的大写拉丁字母应靠近旋转符号的箭头端。如需标注图形旋转角度时，可将旋转角度标注在字母之后。

# 任务二 剖视图

## 【图示引导】

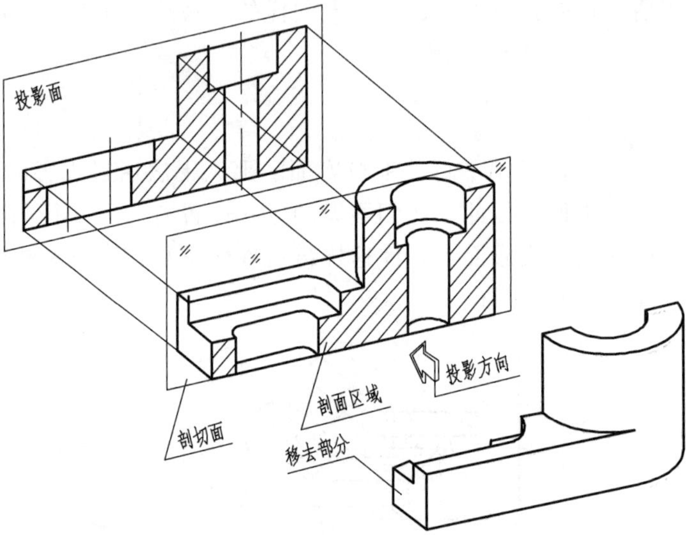


图 3-2-1 剖视图

## 【相关知识】

### 一、剖视图的形成

当机件的内部形状比较复杂时，基本视图上将出现很多的虚线，将会影响图形的清晰度，这将会给看图和标注带来不便。因此，为了更好地解决这个问题，清晰表达机件内部形状，通常采用剖视图。剖视图主要用于表达机件内部的结构形状，它是假想用一剖切面（平面或曲面）剖开机件，将处在观察者和剖切面之间的部分移去，而将其余部分向投影面上投射，这样得到的图形称为剖视图，简称剖视，见图 3-2-1。

采用剖视图后，机件上原来不可见的内部轮廓成为可见，层次分明，清晰易懂。在剖面区域通常用粗实线画出，而且与剖面或断面外面轮廓成对称或相适应的角度（参考角 45°）。

### 二、剖视图的画法

#### （一）剖切位置

剖视图可以按基本视图的规定配置或投影关系配置，使剖切后所得的剖视图能反映出需要表达部分的真实形状。根据机件的特点，剖切面可以是曲面、平面。

### （二）剖视图的绘制

在绘制剖视图时，应按投影关系画出机件被剖切后的断面轮廓和剖切平面后机件的可见轮廓。其方法与步骤如下：

（1）确定剖切面的位置；

（2）画出剖切后的剖面区域，剖面区域是剖切平面与机件相交所得的交线围成的图形。

（3）画出剖切面后面的可见轮廓线：轮廓线分为内部轮廓线和外部轮廓线，用粗实线绘制；在剖面区域绘制剖面线时用细实线。

（4）在剖面区域内应画上剖面符号，表示物体的材料，并完成其他视图。

（5）剖视图的标注：一般应在剖视图上方标注出相应的剖视图的名称“×—×”（×为大写拉丁字母）。在相应的视图上用剖切符号（粗短画线）表示剖切位置，用箭头指示投射方向，并注上同样的字母。剖切符号尽可能不与图形轮廓线相交。当剖视图按投影关系配置，中间没有其他视图隔开，可省略箭头。当剖切面通过物体的对称面或基本对称面，且剖视图按投影关系配置，中间又没有其他图形隔开时，可以省略标注。

## 三、剖视图的种类

### （一）分　类

根据剖切大小的不同，剖视图可分为全剖视图、半剖视图和局部剖视图。

1. 全剖视图

用一个剖切面完全剖开物体后所得到的剖视图称为全剖视图，如图 3-2-2 所示。全剖视图主要用于表达外形简单、内部结构较复杂的机件。主视图是从物体前后对称的平面进行全剖视的，剖视图配置在基本视图的位置，并且中间没有其他图形隔开，不加标注。

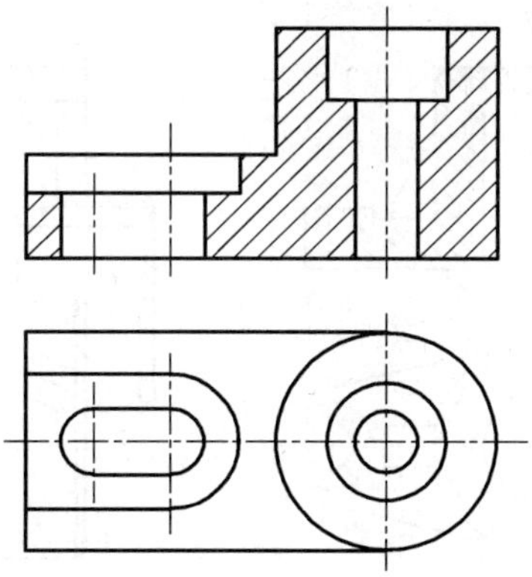

图 3-2-2　全剖视图

当剖切面在同一位置，而投射方向不同时，要分别画出投射方向和名称，标注方法如图 3-2-3 所示。

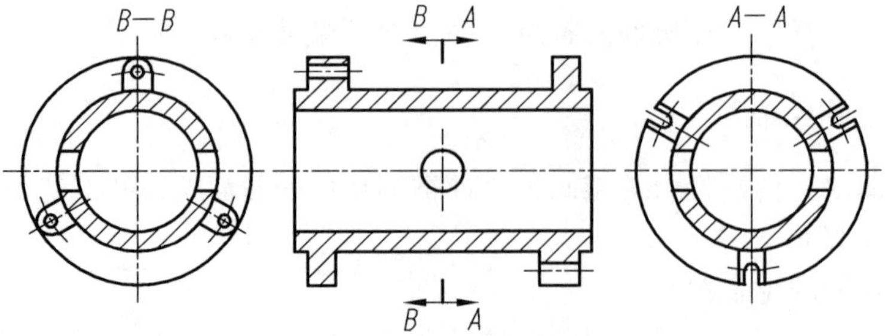


图 3-2-3　剖切面位置相同的剖视画法与标注

2. 半剖视图

当物体具有对称平面时，向垂直于对称平面的投影面投射所得的图形，可以以对称中心线为界，一半画成剖视图，另一半画成视图，这样得到视图称为半剖视图。

对于内外形状需在同一图上兼顾表达的对称机件，可以采用半剖视图；当机件形状接近对称，且不对称部分已另有视图表达清楚时，也可以绘制成半剖视图。如图 3-2-4 所示，主视图通过左右对称面，把右半部分作剖视；俯视图通过 *A*—*A* 剖切面，把前半部分作剖视。

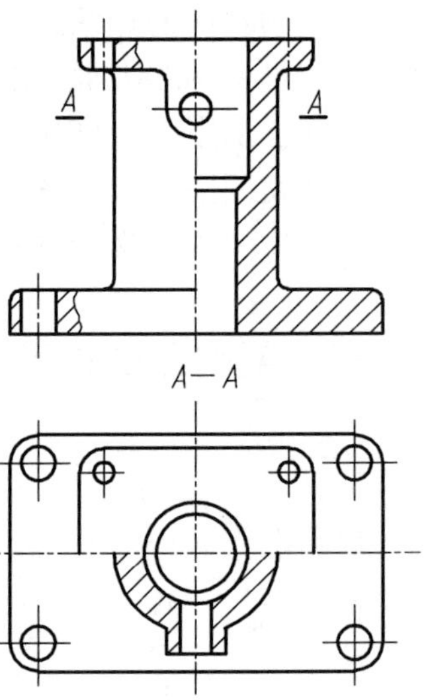


图 3-2-4　物体的半剖视

半剖视图的标注方式及省略的原则与全剖视图相同。剖切面若通过对称平面，不必标注，见主、俯视图的剖视。剖切面若不通过对称平面（如俯视图的剖切面 *A*—*A* 通过水平小孔），则需注明剖切符号、投射方向和大写字母“*A*、*A*”，并在剖视图上方注上相同的字母“*A*—*A*”。

基本对称的物体的半剖视：当物体形状接近于对称，且其不对称部分已另有视图表达清楚时，也允许画成半剖视，如图 3-2-5 所示。

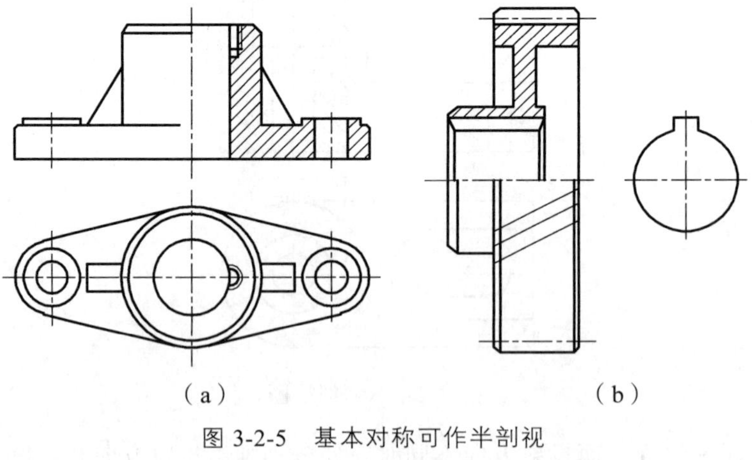

（a）　（b）

图 3-2-5　基本对称可作半剖视

画半剖视图时应注意以下几点：

（1）剖视图与视图应以对称中心线作为分界，分界线应用细点画线，切不可用粗实线作分界线；

（2）半剖视图中，内部形状已表达清楚的，虚线可以省略；

（3）可将投射方向一致的几个对称图形各取一半（或四分之一）合并成一个图形。此时应在剖视图附近用大写字母标出相应的剖视图名称，如“*A*—*A*”“*B*—*B*”等，如图 3-2-6 所示。

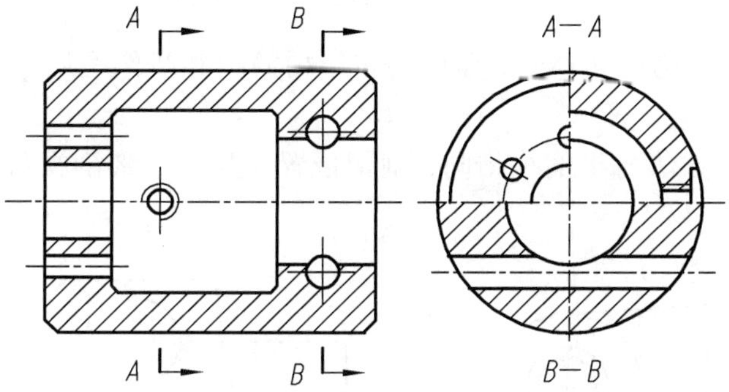


图 3-2-6　物体的半剖视图

3. 局部剖视图

用剖切面局部地剖开物体，所得的剖视图叫作局部剖视图。如图 3-2-7 所示，主视图剖开一部分，以表达内部结构；保留局部外形，以表达凸缘形状及其位置。俯视图局部剖开，以表达凸缘内孔结构。

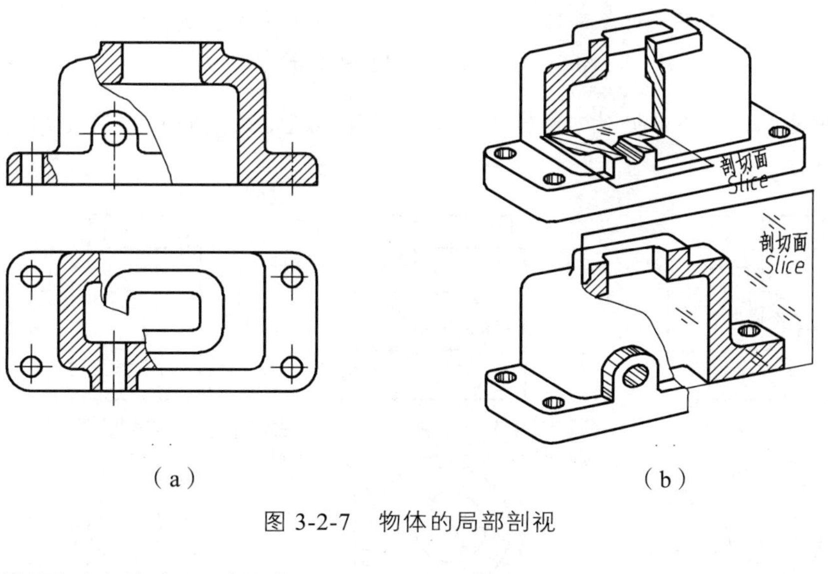


图 3-2-7　物体的局部剖视

画局部剖视图时应注意以下几点：

（1）局部剖视图与视图应以波浪线作为分界，波浪线不能与图样上其他图线重合，也不能以轮廓线为分界，如图 3-2-8 所示；

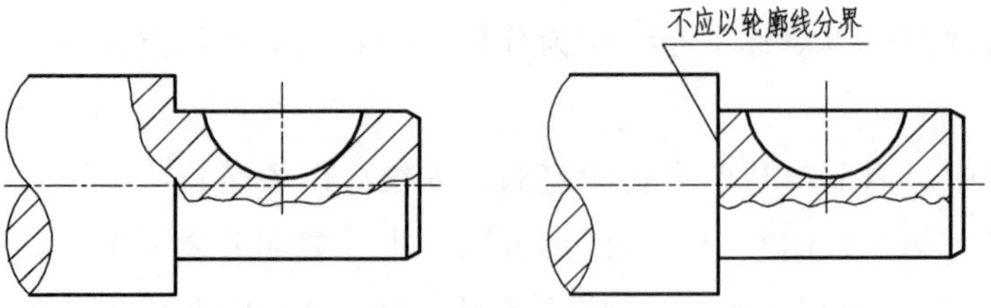


（a）正确　　（b）错误

图 3-2-8　局部剖视图的分界线一

（2）当被剖切的结构为回转体时，允许将该结构的中心线作为局部剖视与视图的分界线，如图 3-2-9（a）所示；

（3）局部剖视标注方法与半剖视相同，剖切位置明显的局部剖视可以不标注，如图 3-2-9（b）所示；

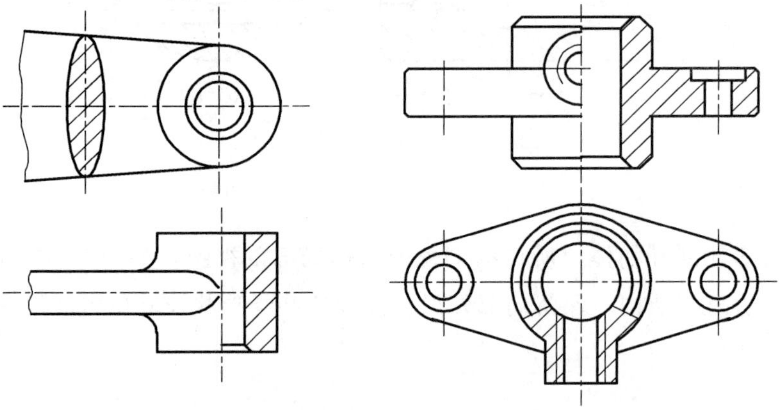

（a）回转体的局部剖视图　　（b）位置明显可不标注

图 3-2-9　局部剖视图的分界线二

（4）波浪线不应画在可见孔、通槽内或画在轮廓线外，因为这些地方不可能有断裂痕迹，如图 3-2-10 所示。

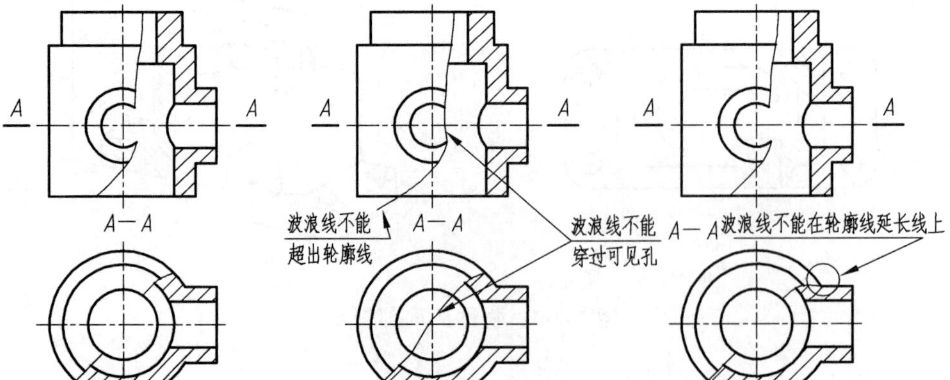


（a）正确　　（b）错误　　（c）错误

图 3-2-10　局部视图中波浪线的画法

## （二）剖切面与剖切方法

根据物体的不同形状结构，可以采用下列各种剖切面作出适当的剖视。

### 1. 单一剖切面剖切

一般用一个平行于基本投影面的平面（也可用柱面，见 GB/T 4458.1—2002）剖切物体，这样的剖视称为单一剖。全剖视、半剖视和局部剖视用的都是单一剖。

### 2. 不平行于任何基本投影面的平面剖切

用不平行于任何基本投影面的剖切面剖开物体，这样的剖视法称为斜剖，所得到的剖视图称为斜剖视图，如图 3-2-11 所示。

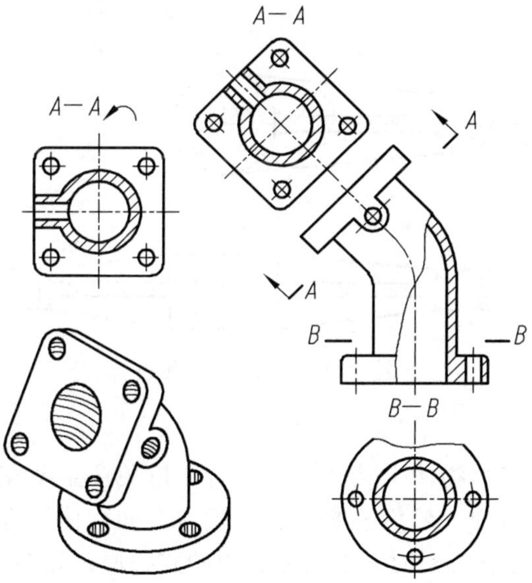


图 3-2-11　物体的斜剖视图

斜剖视的画法与标注：

（1）画斜剖视图时，其画法和图样的配置位置与斜视图相同，一般按投影关系配置。

（2）在剖切位置标注剖切符号、指示投影方向的箭头及用大写字母表示的名称，如“*A*”，并在剖视图上方注明相同的大写字母“*A—A*”等。

（3）在不致引起误解时，允许将斜剖视图旋转，让主要轮廓或轴线摆正画出，此时在剖视图上方要注明相同的大写字母“*A—A*”，同时标注旋转方向。

### 3. 两相交平面的剖切

用两相交且其交线垂直于某基本投影面的剖切面剖切物体，这样的剖视方法称为旋转剖，如图 3-2-12 所示。

作旋转剖时，应在剖切面转折和起讫处画上剖切符号、投影方向的箭头及大写字母 *A*，在剖视图上方注明相同的大写字母“*A—A*”，如图 3-2-13 所示。

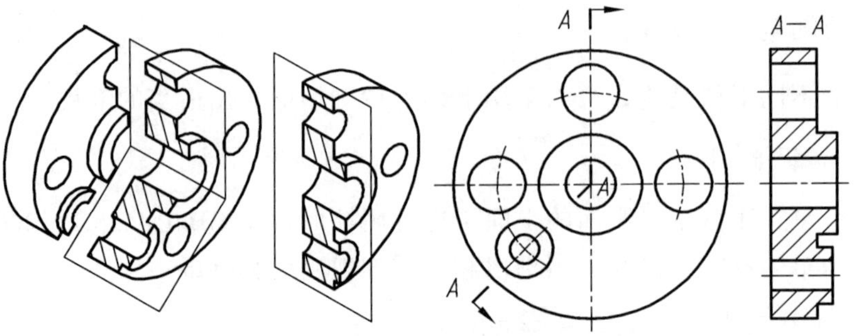


图 3-2-12　旋转剖视图

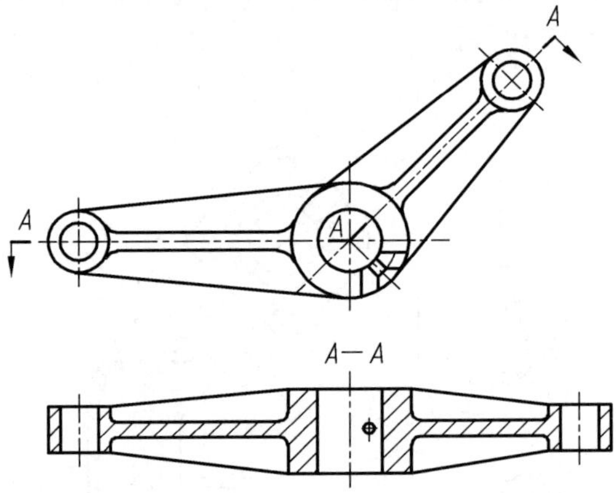


图 3-2-13　旋转剖视图

**注意：**

（1）两剖切面的交线应与物体上某孔轴线重合，以免产生不完整要素；

（2）剖切面后的其他结构一般仍按原来位置投射，如物体下方的小孔；

（3）当剖切后产生不完整要素时，如物体右边的实心块，此部分按不剖绘制，如图 3-2-14 所示。

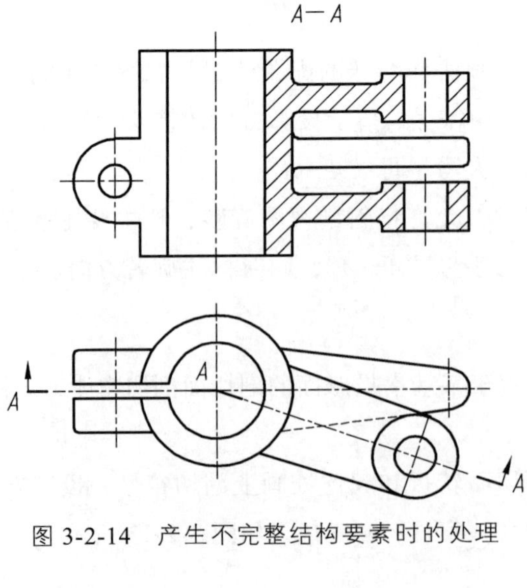


图 3-2-14　产生不完整结构要素时的处理

4. 几个平行平面的剖切

用几个平行的剖切平面剖开物体的方法称为阶梯剖（见图 3-2-15）。剖视图中剖切面转折处不画任何图线。剖切面不得相互重叠，以免剖视图形紊乱。

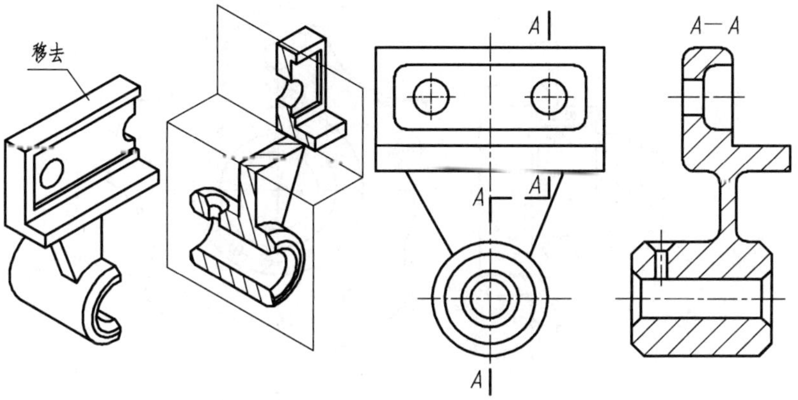


图 3-2-15　阶梯剖视图

阶梯剖视图内（如孔、槽、凸台、筋板等结构）不应出现不完整要素。

当两个要素具有公共对称中心线或轴线时，可以各画一半，并以中心线分界，沿分界线两边的剖面线位置要错开。

剖切面转折和起讫处要画剖切符号并加注相同字母，剖视图上方注明相同的大写字母“*A*—*A*”，必要时要用箭头表明投射方向。当转折处位置有限，又不会引起误解时，允许省略标注字母，如图 3-2-16 的小圆孔处。

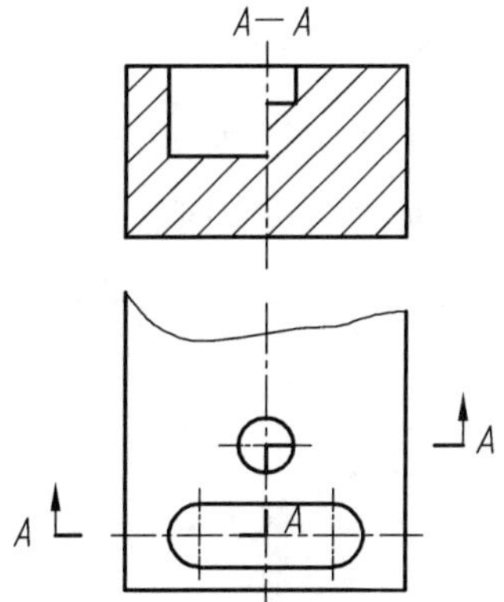


图 3-2-16　阶梯剖视图的画法与标注

5. 组合的平面剖切

除旋转、阶梯剖以外，用组合的剖切平面剖开机件的方法称为复合剖，如图 3-2-17 所示。

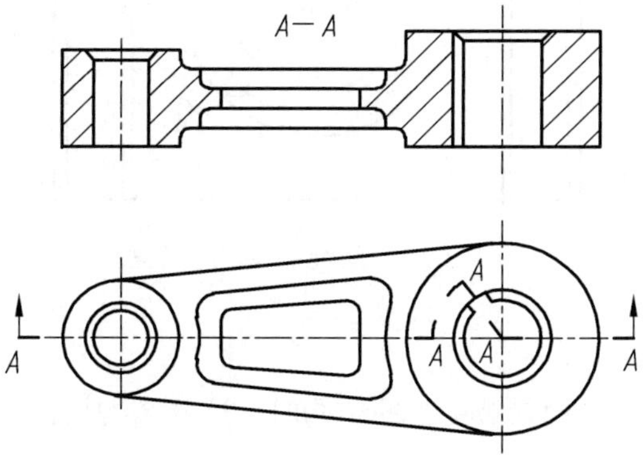


图 3-2-17　复合剖视图

展开绘制的剖面图

采用复合剖视绘制的剖视图，也必须按规定标注。如图 3-2-18 所示，将几个旋转剖结合起来并展开，画出剖视图，并标注“A—A”展开。

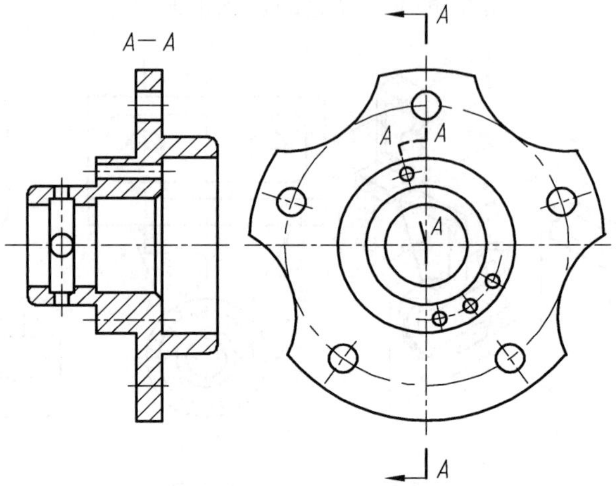


图 3-2-18　复合剖视图

6. 其他剖视

在剖视图中，可再作一次局部剖视，如图 3-2-19 所示。采用这种表达方法时，两个剖面的剖面线应同方向、同间隔，但位置要互相错开，并用引出线以大写字母标注其名称。当剖切位置明显时，也可省略标注。

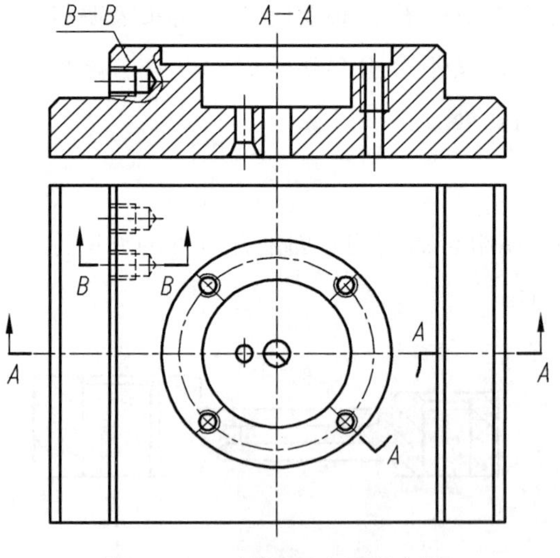


图 3-2-19　剖视图中再作剖视

7. 注意问题

（1）在需要表示位于剖切面前被剖去的结构时，这些结构按假想轮廓线绘制，如图 3-2-20 所示。

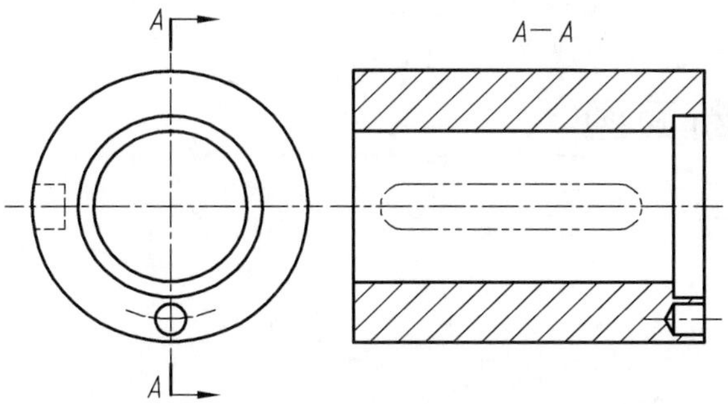


图 3-2-20　用长画双短画线表示剖切平面前的结构

（2）对于物体的肋、轮辐及薄壁等，如按纵向剖切，这些结构都不画剖面线，而要用粗实线将它与其邻接部分分开，如图 3-2-21 所示。

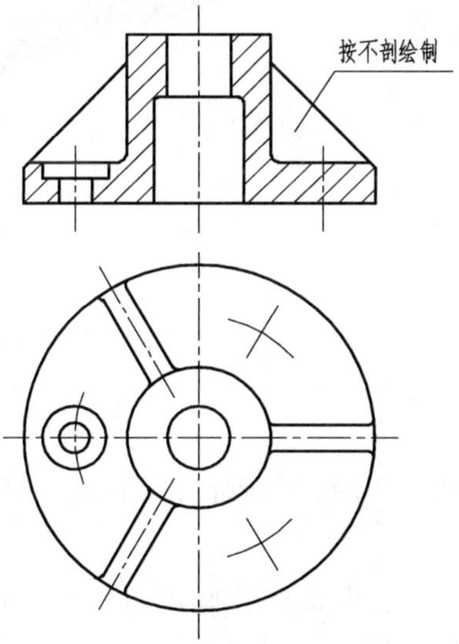


图 3-2-21　纵向剖开肋板，不画剖面线

（3）当回转体上均匀分布的肋、轮辐、孔等结构不处于剖切面上时，可将这些结构旋转到剖切面上画出，如图 3-2-22 所示。

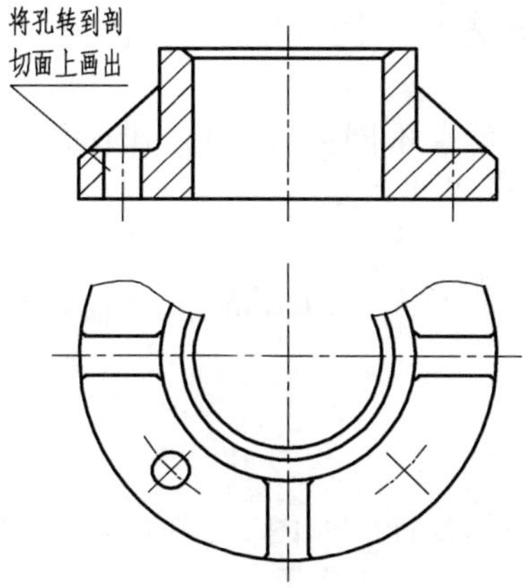


图 3-2-22　带均匀分布孔的剖视

# 任务三　断面图

## 【图示引导】

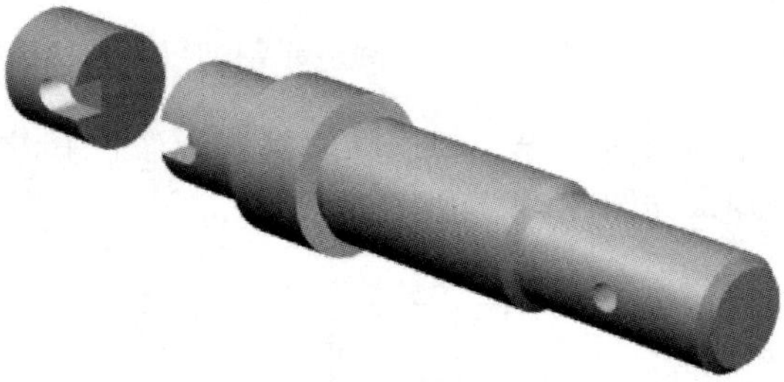

图 3-3-1　轴

## 【相关知识】

### 一、断面图的形成

假想用剖切平面把机件的某处切断，仅画出剖切面与机件接触部分的图形，该图形为断面图。

断面图与剖视图主要区别在于：断面图仅画出机件与剖切平面接触部分的图形；而剖视图则除需要画出剖切平面与机件接触部分的图形外，还要画出其后的所有可见部分的图形。断面图主要用于表达机件某一部位的断面的形状，如机件上的肋板、轮辐、键槽及型材的断面等。

### 二、断面图的分类和画法

断面图根据绘制图形的配置位置不同可分为移出断面和重合断面。

1. 移出断面

移出断面是指画在视图之外的断面，如图 3-3-2 所示。移出断面由于画在视图之外，不影响图形清晰。

2. 重合断面

重合断面是指画在视图之内的断面，如图 3-3-3 所示。重合断面一般用于断面形状简单、不影响图形清晰的情况下。

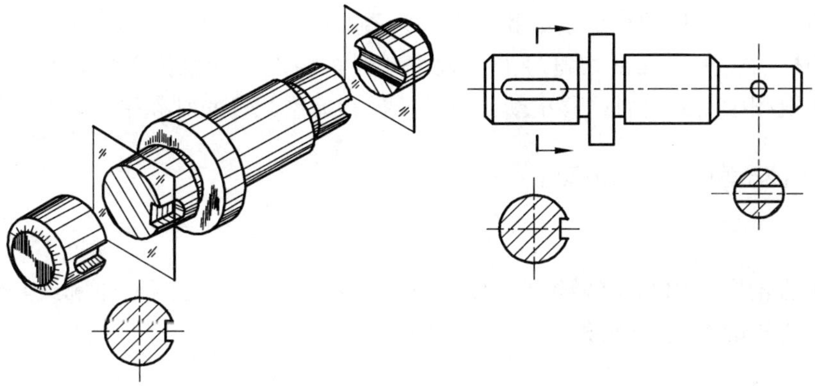

轴的断面图

图 3-3-2　移出断面的配置标注

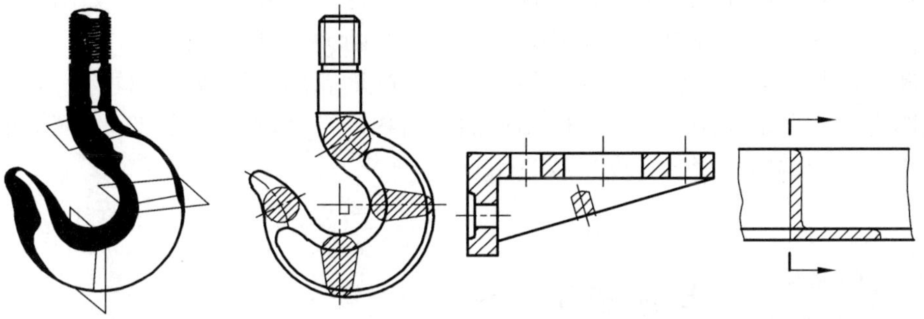

（a）　（b）　（c）　（d）

图 3-3-3　重合断面标注

## 二、断面的画法和标注

### （一）移出断面的画法和标注

1. 移出断面的画法

（1）移出断面的轮廓线用粗实线绘制，并在断面上画上剖面符号。

（2）移出断面应尽量配置在剖切符号（有时也用剖切线）的延长线上。

（3）剖切平面应与被剖切部位的主要轮廓线垂直。

（4）当剖切平面通过由回转面组成的孔或凹坑的轴线时，则这些结构按剖视绘制。

2. 移出断面的标注

移出断面的标注与剖视基本相同，一般也用剖切符号中的粗短画表示剖切平面剖切位置，箭头表示剖切后的投射方向，在其外侧注上大写拉丁字母，并在相应的断面上放正中位置用同样字母标注出名称“×—×”、→“×—×”和“×—×”←。

具体标注方法及其省略标注的情况：

（1）完全标注：不配置在剖切符号的延长线上的不对称移出断面或不按投影关系配置的不对称移出断面，必须按上述标注方法完全标注。

（2）省略字母：配置在剖切符号的延长线上的移出断面，可省略字母。

（3）省略箭头：对称的移出断面和按投影关系配置的断面，可省略表示投射方向的箭头。

（4）不必标注：配置在剖切符号的位置（此时可由剖切线画出）的延长线上的对称移出断面和配置在视图中断处的对称移出断面以及按投影关系配置的对称移出断面，均不必标注。

### （二）重合断面的画法和标注

1. 重合断面的画法

重合断面的轮廓线用细实线绘制，如图 3-3-3 所示。当重合断面轮廓线与视图中轮廓线重叠时，视图的轮廓线仍应连续画出，不可间断。

2. 重合断面的标注

重合断面是直接画在视图内剖切位置上，因此，标注时可省略字母，如图 3-3-3 所示。不对称的重合断面，仍要画出剖切符号。对称的重合断面，可不必标注。

移出断面图与重合断面图的主要区别是位置和断面轮廓线线型的不同。重合断面图是重叠画在视图上，使图形紧凑，为不影响图形的清晰程度，多用于断面图形较简单的情况。移出断面图因其不影响图形清晰程度，故应用较广。

## 任务四 其他表示方法

【图示引导】

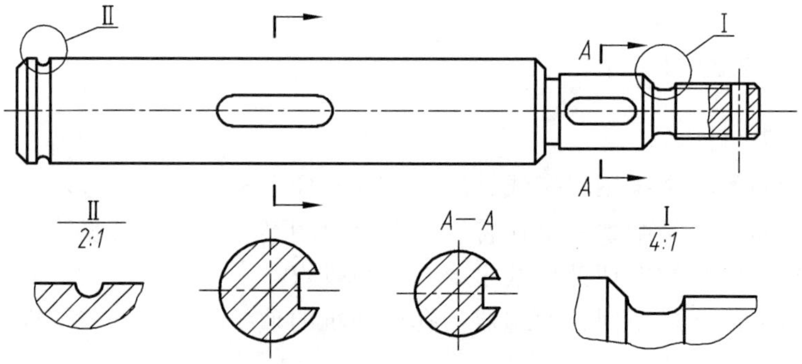


图 3-4-1 局部放大图

【相关知识】

### 一、局部放大图

当机件的某些局部结构较小，按照基本视图绘制时，表达不清晰或者不方便标注，那么可以用一定的比例将局部位置结构放大，通过此方法绘制所得的图形称为局部放大图。

### （一）局部放大图的画法

局部放大图可以绘制视图、剖视图、断面图，它与被放大部分的表达方式无关。局部放大图尽量放置在被放大部位的附近。

### （二）局部放大图的标注

（1）一般采用细实线在原图上圈出被放大部位。如果在同一个机件上有几个被放大的部分时，应该用罗马数字在各部分按顺序依次编号加以区分，并在局部放大图的上方标注出对应的罗马数字和采取的放大比例。在罗马数字和比例数字之间用一条水平的细实线分开。

（2）当机件上只有一部分需要用局部放大图表示时，在局部放大图的上方只需要标注局部放大图采用的比例。

## 二、简化画法

在不影响机件的形状和结构完整、清晰表达的前提下，在对机件进行绘制的过程中可以对机件某些结构的采用简化画法。简化画法应用比较广泛，下面将介绍一些常用简化画法。

### （一）肋板、轮辐等结构的简化画法

对于机件的肋板、轮辐等结构按纵向剖切，都不画出剖面的符号，用粗实线与其相邻接的部分分开画。

### （二）重复性结构的简化画法

（1）当机件具有若干相同结构并按一定规律分布时，可以只需画出几个完整的结构，其余用细实线连接，但必须注明该结构的总数。

（2）当这些相同结构是直径相同的孔时，可以只画出一个或几个，其余只需用点画线标出其中心位置，但在零件图中，应注明孔的总数。

### （三）对称物体的简化画法

对称图形可画略大于一半，也可以只画一半或 1/4，并在对称线两端画出对称符号。

### （四）均匀结构的简化画法

机件回转体上均匀分布的孔、肋、轮辐等不在剖切平面上时，可将这些结构旋转到剖切平面上画出。

### （五）相同结构的简化画法

机件有相同孔、齿、槽等结构，并规律分布时，只画几个完整结构，其余用细实线连接，或用中心线表示孔的位置。

（六）滚花的简化画法

机件上的滚花部分或网状物，可在轮廓线附近用细实线局部示意画出，如图 3-4-2 所示。

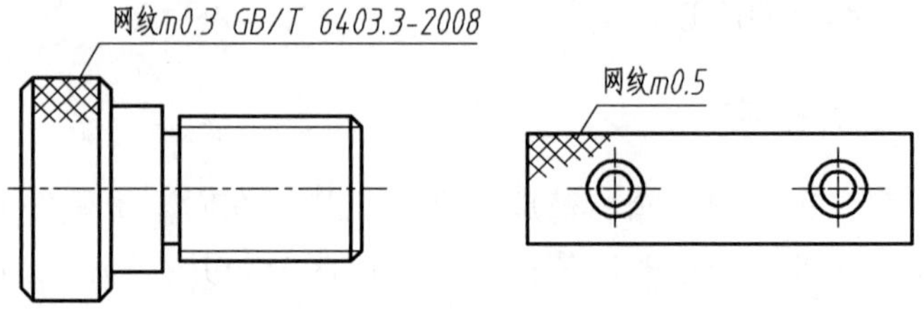


图 3-4-2　滚花简化画法

（七）省略剖面图符号

不引起误解时，移出断面图允许省略剖面符号。

（八）交线的简化画法

机件上某些较小结构的形状已在一个视图中表达清楚，则在其他视图中可简化。

**思考延伸：**通过本次课的学习，我们了解到要想完整地表达一个零件需要使用许多不同的表达方法，每个表达方法都有各自的优点和缺点，只有充分发挥出各自的优点才能使得图样表达方案完整和清晰。再反思我们自己，每一个人都不相同，都各具特色。每一个人都有自己的特长、优势，要学会欣赏自己、珍爱自己，为自己骄傲。没有必要因别人的出色而看轻自己。也许，你在羡慕他人的同时，自己也正被他人羡慕着呢。对于任何一名学生来说，要想成为优秀而智慧的人，就应该善于发现自我优势，能够自觉地做到腾出时间和精力来把自己的强项磨砺得更加锋利，取长补短，才能真正实现自己的人生梦想！

# 项目四 制图应用

## 项目导入

机械制图在各个领域应用比较广泛，任何机件设备都是由很多个零件组合而成的，各零件之间的配合情况需要在设计过程中考虑，这些零件的结构、尺寸有统一标准，本模块通过制图的方式绘制各个零部件的尺寸、结构，方便以后学习机件设备的装配、更换等知识。

## 学习目标

1. 熟悉螺纹的标记、规定画法及螺纹紧固件的连接画法；

2. 掌握标准件的标记、画法及在装配图中的画法，并能查阅相关技术资料；

3. 掌握齿轮在零件图及装配图中的画法；

4. 熟悉零件图的作用和内容，并掌握零件图的画法及零件图的尺寸标注和技术要求的书写；

5. 掌握正确识读零件图的方法及零件图的绘制；

6. 了解装配图的作用和内容并掌握装配图的表达方法和尺寸标注要求；

7. 掌握装配图的读图方法。

# 任务一 螺 纹

## 【图示引导】

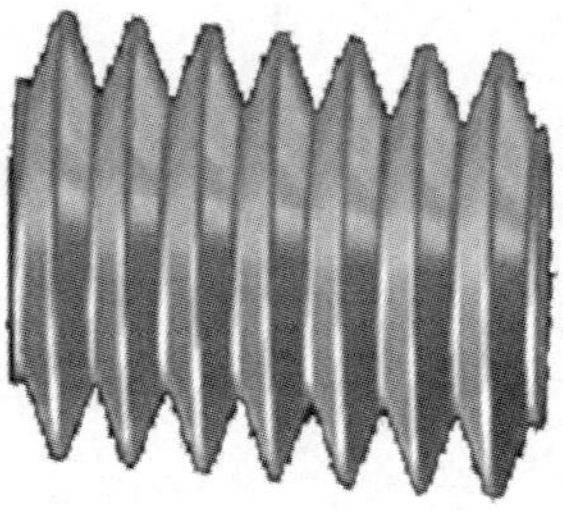

（a）外螺纹

（b）内螺纹

图 4-1-1 螺纹

## 【相关知识】

标准件和常用件在各行各业应用比较广泛，它们的结构形式、尺寸大小、表面质量都有统一的标准和规定的表示方法。

### 一、螺纹的形成

螺纹是在圆柱、圆锥等回转面上沿着螺旋线所形成的、具有相同轴向断面的连续凸起或沟槽。根据螺纹在零件上所在位置的不同可分为外螺纹和内螺纹，外螺纹是指在零件外表面上加工而成的螺纹，内螺纹是指在零件内表面上加工而成的螺纹，见图 4-1-1。螺纹末端的形状有倒角、平顶、圆顶等，如图 4-1-2 所示。

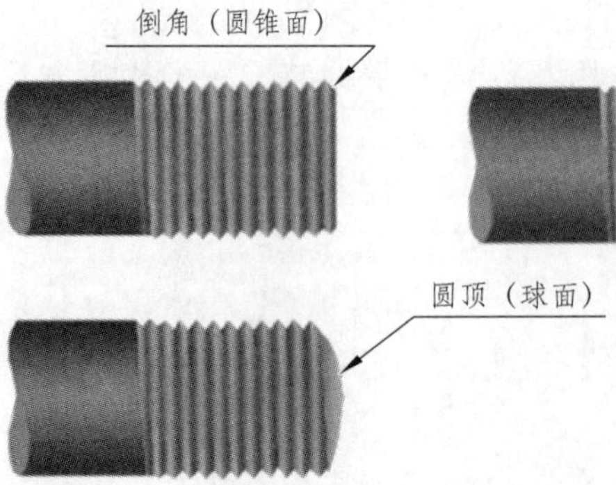


图 4-1-2 螺纹末端形状

## 二、螺纹的基本要素

螺纹由牙型、公称直径、螺距与导程、线数和旋向五个基本要素组成。

### （一）螺纹牙型

在通过螺纹轴线的剖面上，螺纹的轮廓形状称为螺纹的牙型，凸起的顶端为牙顶，沟槽的底部为牙底。根据螺纹使用场合的不同，螺纹具有不同的牙型，如三角形、梯形、锯齿形、矩形等，如图 4-1-3 所示。

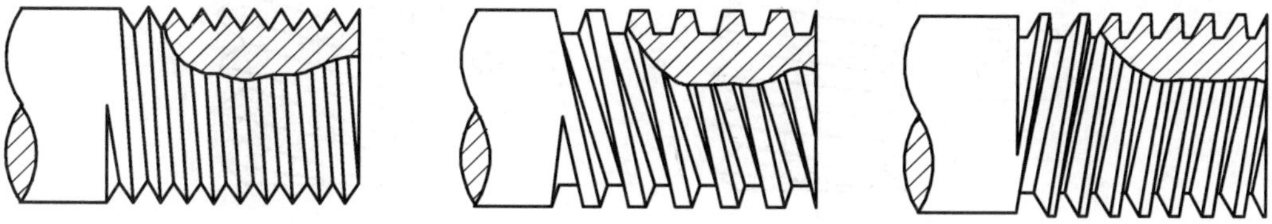

（a）三角形　　（b）梯形　　（c）锯齿形

图 4-1-3　螺纹牙型

### （二）公称直径

公称直径就是代表螺纹尺寸的直径，即在表示螺纹时采用的是公称直径。螺纹有大径（$d$，$D$）、小径（$d_1$，$D_1$）、中径（$d_2$，$D_2$），公称直径一般是指螺纹的大径。

当螺纹为外螺纹时：螺纹大径是指与螺纹牙顶相切的假想圆柱的直径；螺纹小径是指与螺纹牙底相切的假想圆柱的直径；螺纹中径是指母线通过牙型上凸起和沟槽的宽度相等处的假想圆柱的直径。

如图 4-1-4 所示，当螺纹为内螺纹时：螺纹大径是指与螺纹牙底相切的假想圆柱的直径；螺纹小径是指与螺纹牙顶相切的假想圆柱的直径；螺纹中径是指母线通过牙型上凸起和沟槽的宽度相等处的假想圆柱的直径。

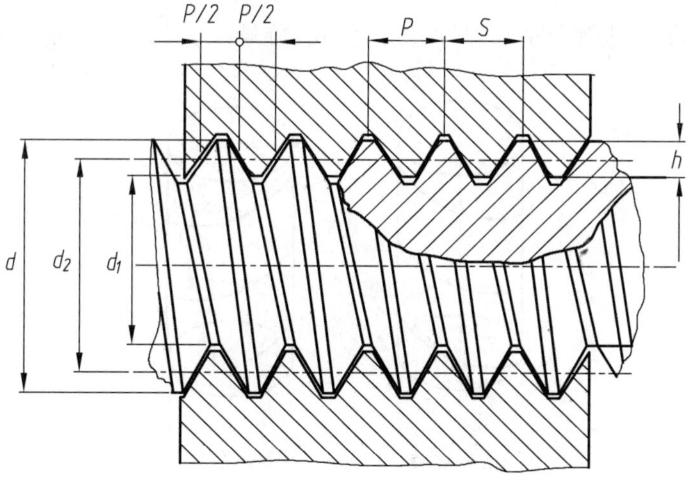


图 4-1-4　螺纹直径

### （三）线　数

如图 4-1-5 所示，沿一条螺旋线形成的螺纹称为单线螺纹；沿轴向等距分布的两条或两条以上的螺旋线形成的螺纹称为双线螺纹或多线螺纹。因此，一个零件的螺纹可以由多条螺旋线形成，形成螺纹的螺旋线条数称为线数，用 $n$ 表示。

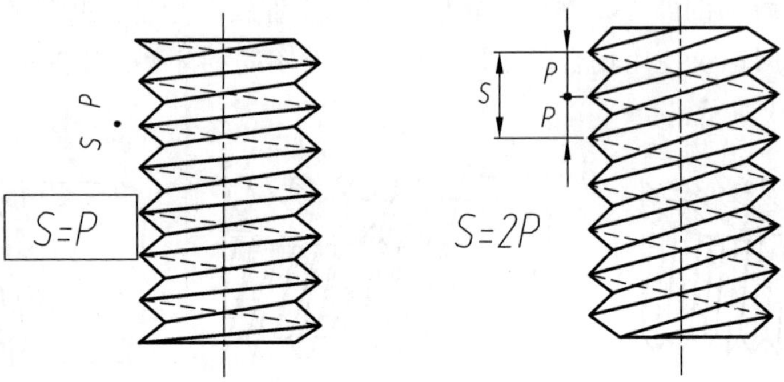


图 4-1-5　螺纹的线数

### （四）螺距与导程

螺纹相邻两牙在中径上对应两点间的轴向距离称为螺距，用 $P$ 表示。同一条螺旋线上相邻两牙在中径上对应两点间的轴向距离称为导程，用 $S$ 表示。螺距、导程、线数三者关系可以用下列式子表示：

$$S = nP$$

所以，当 $n = 1$ 时，单线螺纹的螺距与导程相同；当 $n \neq 1$ 时，多线螺纹的导程等于螺距与线数的乘积。

### （五）旋　向

螺纹在进行旋合时的旋转方向称为旋向，可分为左旋螺纹和右旋螺纹两种。螺纹旋入的旋转方向为逆时针旋转时称为左旋螺纹，反之为右旋螺纹，如图 4-1-6 所示。

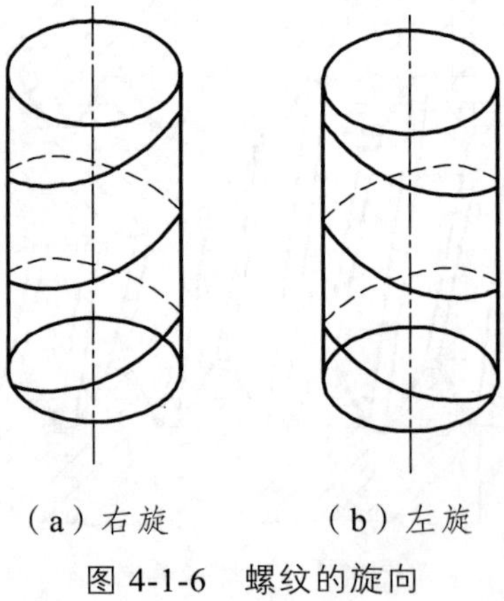

（a）右旋　　（b）左旋

图 4-1-6　螺纹的旋向

在螺纹的五个要素中，牙型、直径和螺距是决定螺纹的最基本要素，通常称为“螺纹三要素”。国家标准规定，凡螺纹三要素符合标准的螺纹称为标准螺纹。

## 三、螺纹的规定画法

结构比较复杂，为了简化作图，国家标准 GB/T 4459.1—1995 对螺纹画法作了规定：

（1）螺纹牙顶圆的投影用粗实线表示，牙底圆的投影用细实线表示，螺杆的倒角或倒圆部分也应画出。在垂直于螺纹轴线的投影面的视图中，表示牙底圆的细实线只画 3/4 圈，此时螺杆或螺孔上的倒角投影不画。

（2）有效螺纹的终止界线用粗实线表示。

（3）螺尾部分一般不必画出，当需要表示螺尾时，该部分用与轴线成 30°的细实线画出。

（4）不可见螺纹的所有图线用虚线绘制。

（5）无论是外螺纹或内螺纹，在剖视图中的剖面线都应画到粗实线。

（6）绘制不穿通的螺孔时，一般应将钻孔深度与螺纹部分的深度分别画出。

（7）以剖视图表示内外螺纹的连接时，其旋合部分应按螺纹的画法绘制，其余部分仍按各自的画法表示。

## 四、螺纹的种类和标记

### （一）螺纹的种类

螺纹种类繁多，按其用途可分为两大类，即连接螺纹和传动螺纹。

1. 连接螺纹

常用的连接螺纹有粗牙普通螺纹、细牙普通螺纹和管螺纹，如图 4-1-7 所示。连接螺纹的牙型皆为三角形。普通螺纹的牙型为等边三角形。细牙和粗牙的区别是在大径相同的条件下，细牙螺纹比粗牙螺纹的螺距小。普通螺纹用途很广，螺纹紧固件上的螺纹一般均为普通螺纹。

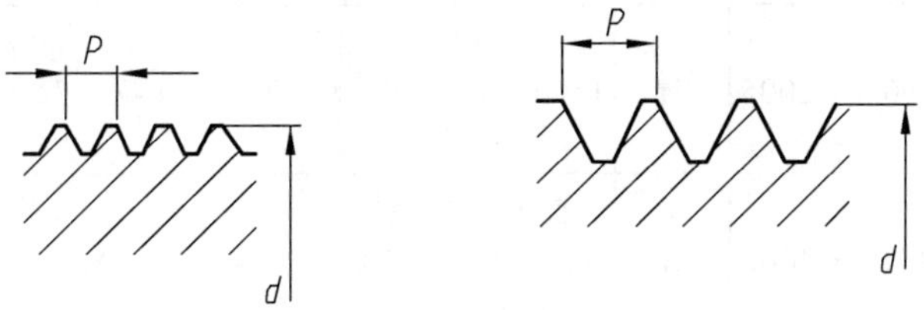

（a）细牙　　（b）粗牙

图 4-1-7　常用螺纹

管螺纹的牙型为等腰三角形，螺纹名称以英寸为单位，并以 25.4 mm 螺纹长度中的螺纹牙数表示螺纹的螺距。管螺纹多用于管件和薄壁零件的连接，其螺距与牙型均较小。

2. 传动螺纹

传动螺纹是用来传递动力或运动的螺纹，常用的有梯形螺纹和锯齿形螺纹。

（1）梯形螺纹：梯形螺纹牙型为等腰梯形，牙型角为 30°，它是最常用的传动螺纹，如图 4-1-8 所示。

（2）锯齿形螺纹：锯齿形螺纹是一种受单向力的传动螺纹，牙型为不等腰梯形，一边与铅垂线的夹角为 30°，另一边为 3°，形成 33°的牙型角，如图 4-1-9 所示。

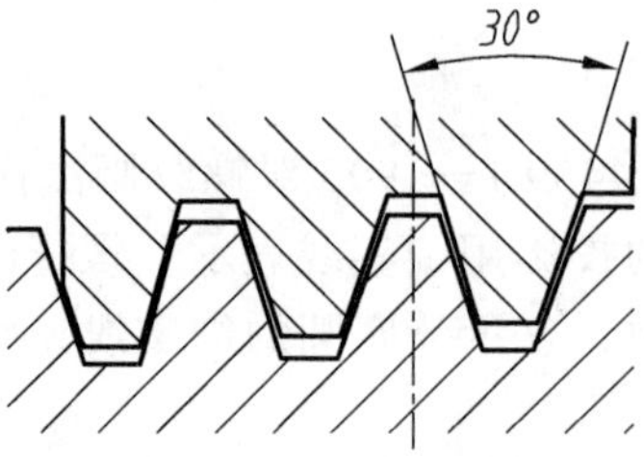


图 4-1-8　梯形螺纹

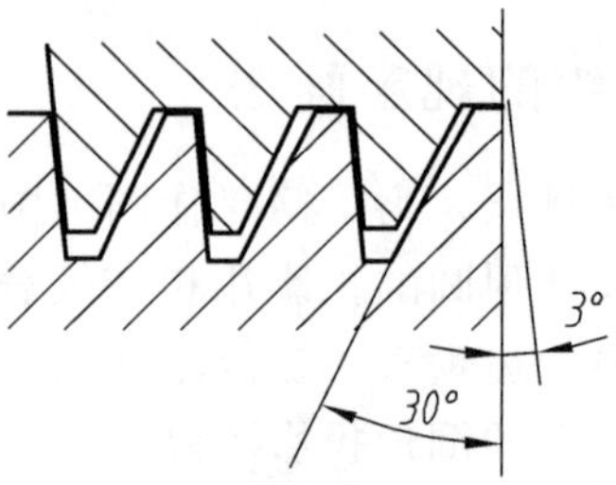


图 4-1-9　锯齿形螺纹

牙型、大径和螺距都符合国家标准的螺纹，称为标准螺纹。若仅螺纹牙型符合标准，大径或螺距不符合标准者，称为特殊螺纹。牙型不符合标准的，称为非标准螺纹。

## （二）螺纹的标注

在绘制图形时，螺纹的绘制不能表示牙型、螺距、线数和旋向等结构要素，所以在绘制螺纹时，须按国家标准规定的标记进行标注，如表 4-1-1 所示。

表 4-1-1　标准螺纹的标记

| 螺纹类别 | | 标注编号 | 特征代号 | 标记示例 | 螺纹副标记示例 | 附注 |
|---|---|---|---|---|---|---|
| 普通螺纹 | | GB/T 197—2018 | M | M10-5g6g-S<br>M20×2LH-6H | M20×2LH-6H/6g | 普通螺纹粗牙不注螺距；中等旋合长度不标 N（以下同） |
| 小螺纹 | | GB/T 15054.4—94 | S | S0.8 4H5<br>S1.2 LH5h3 | S0.94H5/5h3 | 内螺纹中径公差带为 4H，顶径公差等级为 5 级；外螺纹中径公差带为 5h，顶径公差等级为 3 级 |
| 梯形螺纹 | | GB/T 5796.4—2005 | Tr | Tr40×7-7H<br>Tr40×14（P7）LH-7e | Tr36×6-7H/7e | 多线螺纹螺距和导程都可参照此格式标注 |
| 锯齿形螺纹 | | GB/T 13576—2008 | B | B40×7-7A<br>B40×14（P7）LH-8c-L | B40×7-7A/7c | |
| 非螺纹密封的管螺纹 | | GB/T 7307—2001 | G | G1½A<br>G½-LH | G1½　G1½A | 外螺纹公差等级分 A 级和 B 级两种；内螺纹公差等级只有一种 |
| 用螺纹密封的管螺纹 | 圆锥外螺纹 | GB/T 7306—2016 | R | R½-LH | Rc1½　R1½ | 内外螺纹均只有一种公差带 |
| | 圆锥内螺纹 | | Rc | Rc1½ | Rc1½　R1½-LH | |
| | 圆柱内螺纹 | | Rp | Rp½ | Rp1½　R1½ | |

1. 普通螺纹的标记

普通螺纹的标记如下：

螺纹特征代号-公称直径×导程（螺距）旋向代号-公差带代号-旋合长度代号

公差带代号：由表示其大小的公差等级数字和基本偏差代号所组成，内螺纹和外螺纹的区别在于字母的大小写，大写表示内螺纹，小写表示外螺纹，如 7H、6g。如果螺纹的中径公差带与顶（大）径公差带不同，则分别注出；如果中径与顶（大）径公差带代号相同，则只注一个代号。

旋合长度代号：螺纹的旋合长度规定有短、中、长三种，分别用代号 S、N、L 表示，中等旋合长度可省略不注。一般情况下，螺纹旋合长度的数值可以省略不标注。

旋向代号：螺纹的左旋螺纹旋向代号，用 LH 表示；右旋螺纹旋向代号不标注。

例如：普通外螺纹，大径为 10 mm，右旋，中径公差带为 5g，顶径公差带为 6g，短旋合长度，其标记为

M10-5g6g-S

2. 管螺纹的标记

管螺纹的标记是用指引线的方法标注在图形上，指引到螺纹的大径上。

管螺纹的标记：螺纹特征代号 尺寸代号 公差等级代号 旋向代号。

例如：某左旋圆锥外螺纹，尺寸代号为 1/2，其标记为

R1/2-LH

注意：非密封管螺纹的内螺纹和密封管螺纹的内、外螺纹只有一种公差等级，该公差代号不标注；非密封管螺纹的外螺纹有两种公差等级，A、B 两种；左螺旋旋向用 LH 标注，右螺纹旋向不标注。

## 任务二 常用螺纹紧固件及其连接

### 【图示引导】

弹簧垫圈　　六角螺母　　螺钉　　螺栓

图 4-2-1　常用的螺纹紧固件

## 【相关知识】

任何一台机件设备或部件都是由不同的零件组合而成，这些零部件之间的紧固最常用的标准件是螺纹紧固件，各零件之间的连接紧固方式最常用的是螺纹连接形式。螺纹紧固件应用比较广泛，其结构及尺寸均已标准化。在机件设备上，常用的螺纹紧固件有螺栓、双头螺柱、螺钉、螺母和垫圈等，见图 4-2-1。

### 一、常用螺纹紧固件的种类及标记

由于螺纹应用比较广泛，国家标准 GB/T 1237—2000 对其作了规定，并用不同的标记表示，其完整标记如图 4-2-2 所示。

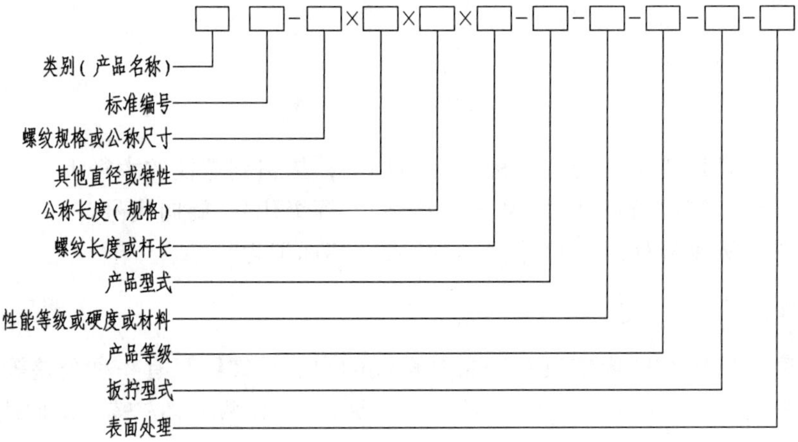


图 4-2-2　紧固件产品的完整标记

其中，紧固件名称、标记编号、型式与尺寸的标记方法按相应紧固件产品国家标准的规定；紧固件性能等级或材料、热处理、产品等级和扳拧型式的标记方法按有关基础标准的规定；紧固件表面处理的标记方法按 GB/T 13911—2008 的规定。

国家标准对紧固件产品的标记进行了简化，其简化原则如下：

（1）类别（名称）、标准年代号及其前面的“-”，允许全部或部分省略。省略年代号的标准应以现行标准为准。

（2）标记中的“-”允许全部或部分省略，标记中“其他直径或特性”前面的“×”允许省略。但省略后不应导致对标记的误解，一般以空格代替。

（3）当产品标准中只规定一种产品型式、性能等级或硬度或材料、产品等级、扳拧型式及表面处理时，允许全部或部分省略。

（4）当产品标准中规定两种及其以上的产品型式、性能等级或硬度或材料、产品等级、扳拧型式及表面处理时，应规定可以省略其中的一种。

螺纹紧固件的图例及标记见表 4-2-1。

表 4-2-1　螺纹紧固件的图例及标记

| 名称 | 简化画法 | 标记示例 |
|---|---|---|
| 螺栓 | 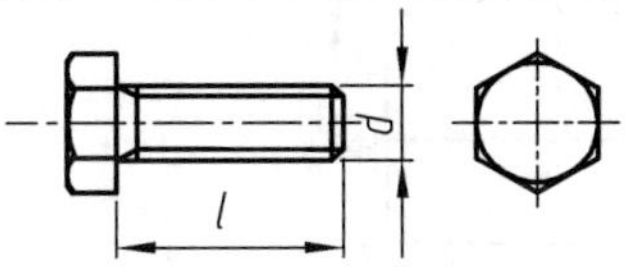 | 螺纹规格 $d$=M12，公称长度 $l$=80 mm，性能等级为 8.8 级，表面氧化，产品等级为 A 级的六角头螺栓。<br>完整标记：螺栓 GB/T 5782-2000-M12×80-8.8-A-O<br>简化标记：螺栓 GB/T 5782 M12×80 |
| 螺柱 | 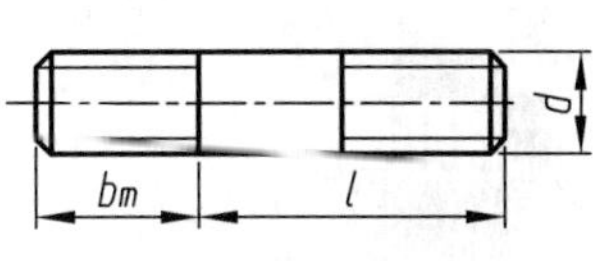 | 螺纹规格 $d$=M12，公称长度 $l$=60 mm，性能等级为 4.8 级，不经表面处理，$b_m$=1.5d，两端均为粗牙普通螺纹的 B 型双头螺柱。<br>完整标记：螺柱 GB/T 898—1988 M12×60-B-4.8<br>简化标记：螺柱 GB/T 898 M12×60 |
| 螺钉 | 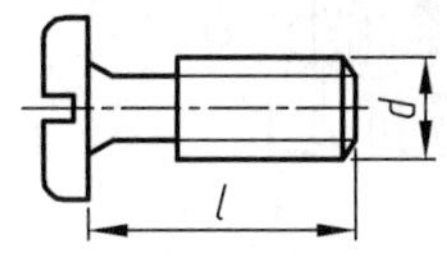 | 螺纹规格 $d$=M6，公称尺寸 $l$=6 mm，长度 z=4 mm，性能等级为 33H 级，表面氧化的开槽圆柱头螺钉。<br>完整标记：螺钉 GB/T 65-2000-M6×6×4-33H-O<br>简化标记：螺钉 GB/T 65 M6×6×4 |
| 螺母 | 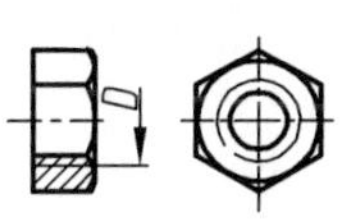 | 螺纹规格 $D$=M12，性能等级为 10，表面氧化，产品等级为 A 级的 I 型六角螺母。<br>完整标记：螺母 GB/T 6170-2000-M12-10-A-O<br>简化标记：螺母 GB/T 6170 M12 |
| 垫圈 | 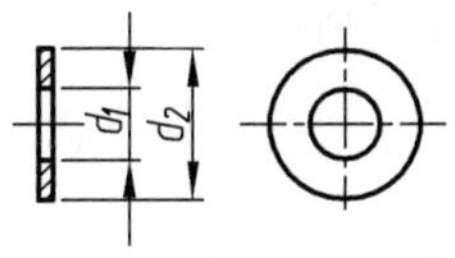 | 标准系列，规格为 8 mm，性能等级为 300HV，表面氧化，产品等级为 A 级的平垫圈。<br>完整标记：垫圈 GB/T 97.1-1985-8-300HV-A-0<br>简化标记：垫圈 GB/T 97.1 8 |

## 二、常用螺纹紧固件及其连接的画法

螺纹紧固件连接是一种可拆卸的连接，常用的连接形式有螺钉连接、螺栓连接、螺柱连接等。为了方便，一般不会按照紧固件的实际尺寸画图，作图时常用比例画法，将螺纹紧固件各部分的尺寸都与规格 $d$（或 $D$）建立一定的比例关系。

绘制螺纹紧固件的连接时，要遵守三条基本规定画法：

（1）两零件接触面处画一条粗实线。

（2）当剖切平面沿实心零件或标准件的轴线剖切时，这些零件均按不剖绘制，即仍画其外形。

（3）在剖视图中，相互接触的两零件的剖面线方向应相反或间隔不同，而同一个零件在各剖视图中，剖面线的方向和间隔应相同。

### （一）螺栓连接的画法

螺栓连接

螺栓一般适用于连接允许钻成通孔的不太厚零件，如图 4-2-3 所示。

用比例画法画螺纹紧固件的步骤如下：

（1）定出基准线。

（2）画出螺栓的两个视图，螺纹小径可暂不画。

（3）画出被连接两板。

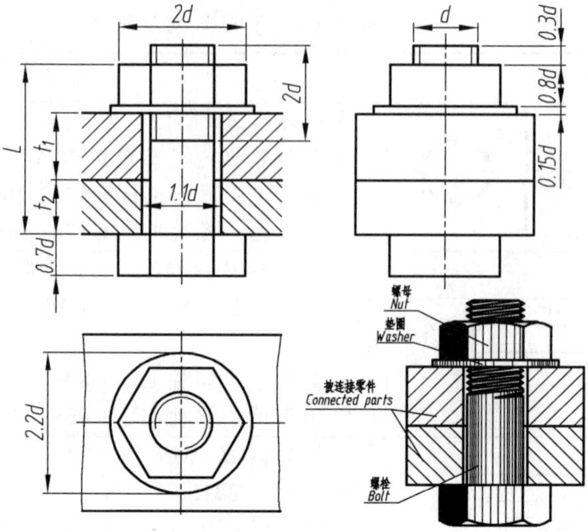


图 4-2-3　螺栓连接

（4）画出垫圈的三视图。

（5）画出螺母的三视图，在俯视图中，应画螺栓。

（6）画出剖开处的剖面线，补全相贯线，全面检查。

注意事项：两被连接件的剖面线应反向；螺栓与孔之间应画出间隙。

## （二）螺柱连接的画法

当两个被连接件中有一个比较厚的连接件，较厚的连接件加工成通孔比较困难，不适宜用螺栓连接，一般采用螺柱连接。用螺柱连接时，应根据螺孔件的材料选择螺柱的标准号。

注意事项：弹簧垫圈开口方向应向左斜；螺柱旋入端螺纹终止线与两被连接接触面轮廓线平齐表示已拧紧；紧固端螺纹终止线不应漏画；螺纹孔底部的画法应符合加工实际，如图 4-2-4 所示。

双头螺柱连接的画法如图 4-2-5 所示。

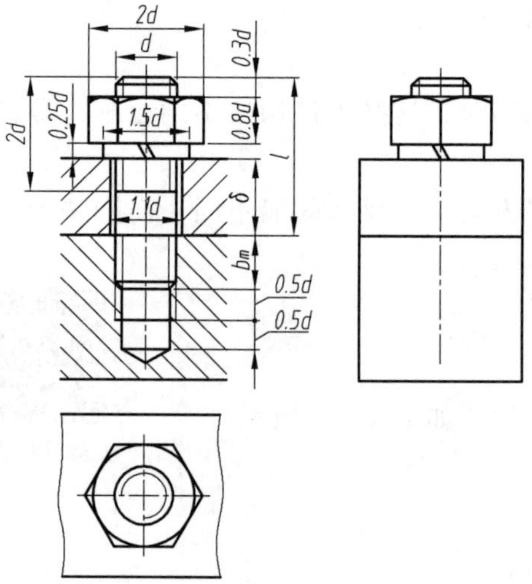


图 4-2-4　螺柱连接

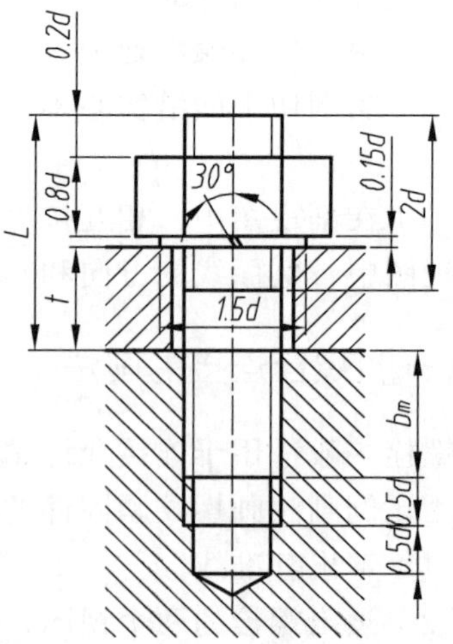


图 4-2-5　双头螺柱连接

### （三）螺钉连接的画法

对于不经常拆卸、受力较小的零件，可以采用螺钉连接。采用螺钉连接时，螺钉与孔之间应画出间歇，螺纹孔深度应长于螺钉旋入的深度，螺钉头槽沟在俯视图中规定画成倾斜 45°角，如图 4-2-6 所示。

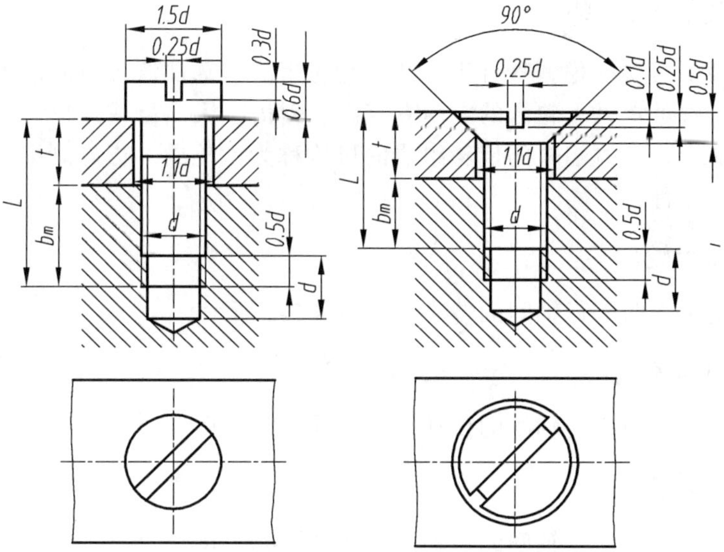


图 4-2-6　螺钉连接的比例画法

## 任务三　齿　轮

### 【图示引导】

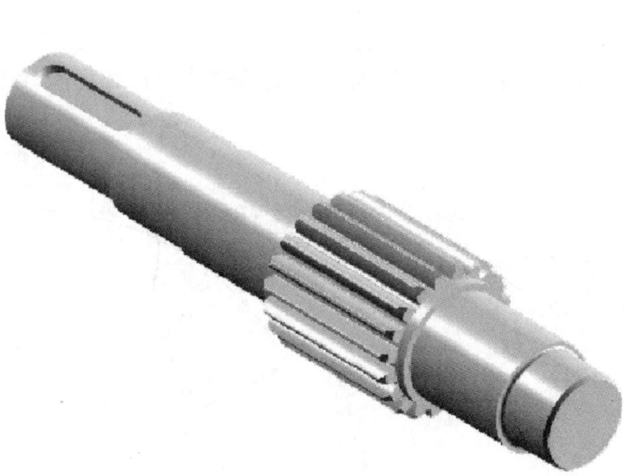

图 4-3-1　齿轮

## 【相关知识】

齿轮在机器中是传递动力和运动的零件，是常用件。齿轮的参数已经标准化，对齿轮进行绘制，必须具备齿轮的基本参数与齿轮各部分的尺寸关系及齿轮规定画法。齿轮在机械传动上应用比较广泛，具有传动稳定可靠、效率高、结构紧凑等特点。

### 一、齿轮的基本知识

在传动中，为了运动平稳、啮合正确，齿轮轮齿的齿廓曲线可以制成渐开线、摆线或圆弧，其中渐开线齿廓最常见。轮齿的方向有直齿、斜齿、人字齿或弧形齿。

齿轮是通过啮合，一对啮合的齿轮组成的机构称为齿轮副。齿轮副根据其两轴的相对位置不同，可以分成三种：

#### （一）平行轴齿轮副

平行轴齿轮副用于两平行轴间的传动，如图 4-3-2 所示。

#### （二）相交轴齿轮副

相交轴齿轮副用于两相交轴间的传动，如图 4-3-3 所示。

#### （三）交错轴齿轮副

交错轴齿轮副用于两交错轴间的传动，如图 4-3-4 所示。

图 4-3-2　平行轴齿轮副

图 4-3-3　相交轴齿轮副

图 4-3-4　交错轴齿轮副

### 二、圆柱齿轮

圆柱齿轮有三种：直齿、斜齿、人字齿。本任务主要介绍直齿（见图 4-3-5）。

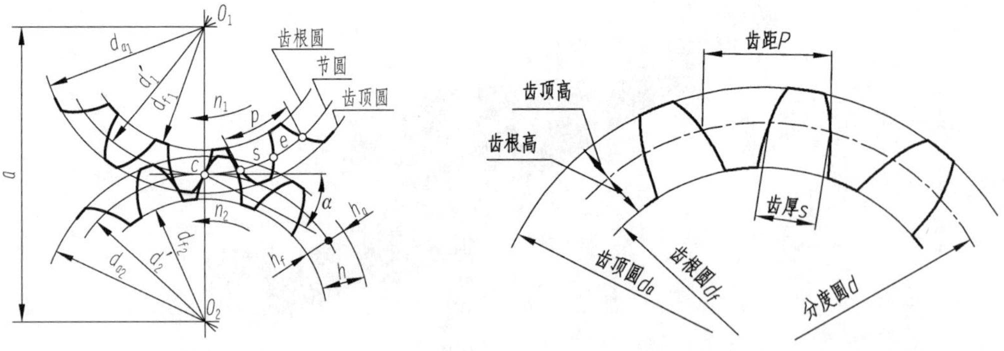


（a）　　（b）

图 4-3-5　直齿轮各部分的名称

## （一）齿轮的名词术语

1. 齿顶圆直径 $d_a$

轮齿顶部所在的圆称齿顶圆，其直径用 $d_a$ 表示。

2. 齿根圆直径 $d_f$

齿槽根部所在的圆称齿根圆，其直径用 $d_f$ 表示。

3. 齿距 $p$、齿厚 $s$、槽宽 $e$

在节圆或分度圆上，两个相邻的同侧齿面间的弧长称为齿距，用 $p$ 表示；一个轮齿齿廓间的弧长称为齿厚，用 $s$ 表示；一个齿槽齿廓间的弧长称为槽宽，用 $e$ 表示。在标准齿轮中，$s = e$，$p = s + e$。

4. 齿高 $h$、齿顶高 $h_a$、齿根高 $h_f$

齿顶圆与齿根圆的径向距离称为齿高，用 $h$ 表示；齿顶圆与分度圆的径向距离称为齿顶高，用 $h_a$ 表示；分度圆与齿根圆的径向距离称为齿根高，用 $h_f$ 表示。齿高 $h$、齿顶高 $h_a$、齿根高 $h_f$ 的关系为：$h = h_a + h_f$。

5. 啮合角、压力角、齿形角

两相啮合轮齿齿廓在点 $C$ 的公法线与两节圆的公切线所夹的锐角称为啮合角，也称为压力角；加工齿轮的原始基本齿条的法向压力角称为齿形角，用 $a$ 表示。啮合角 = 压力角 = 齿形角 = $a$。

6. 传动比 $i$

设 $n_1$、$z_1$ 分别代表主动齿轮每分钟的转数及齿数，$n_2$、$z_2$ 分别代表从动齿轮每分钟的转数及齿数，下角的 1 和 2，分别代表第 1 个齿轮和第 2 个齿轮。$i$ 代表两齿轮的传动比，则

$$i = \frac{n_1}{n_2} = \frac{z_2}{z_1}$$

按 $O_2C / O_1C = n_1 / n_2$ 的比例关系，在两齿轮连心线 $O_1O_2$ 上取一点 C，然后分别以 $O_1$ 及 $O_2$ 为轴线，作通过点 $C$ 的两个圆柱，在齿轮啮合传动时，相当于一对假想的圆柱相互滑动地滚动，故

$$\frac{d_1}{d_2} = \frac{2O_1C}{2O_2C} = \frac{n_2}{n_1}$$

7. 模数 $m$

由图可知，若以 $z$ 表示齿数，则齿轮分度圆圆周长为 $\pi d = zp$，因此，分度圆直径 $d = \frac{p}{\pi} z$，式中 $\frac{p}{\pi}$ 称为齿轮的模数，以 $m$ 表示，即 $m = \frac{p}{\pi}$。因此 $d = mz$，而 $m = \frac{d}{z}$。

由 $m=\dfrac{d}{z}$ 可知，模数越大，轮齿就越大；模数越小，轮齿就越小。相互啮合的两齿轮，其齿距 $p$ 应相等，因此它们的模数 $m$ 也应相等。为了减少加工齿轮刀具的数量，国家标准对齿轮的模数作了统一的规定，见表 4-3-1。

表 4-3-1　标准模数（GB/T 1357—2008）

| | |
|---|---|
| 第一系列 | 1，1.25，1.5，2，2.5，3，4，5，6，8，10，12，16，20，25，32，40，50 |
| 第二系列 | 1.125，1.375，1.75，2.25，2.75，3.5，4.5，5.5，（6.5），7，9，11，14，18，22，28，36，45 |

注：在选用模数时，应优先采用第一系列，括号内的模数尽可能不用。

## （二）直齿圆柱齿轮尺寸的计算

齿轮的模数 $m$ 及齿数 $z$ 确定后，可计算出标准直齿圆柱齿轮各部分的基本尺寸。

齿顶高：

$$h_a = m$$

齿根高：

$$h_f = 1.25m$$

齿高：

$$h = 2.25m$$

根据上述关系可决定齿轮的齿顶圆直径和齿根圆直径。

齿顶圆直径：

$$d_a = d + 2h_a = mz + 2m = m(z+2)$$

齿根圆直径：

$$d_f = d - 2h_f = mz - 2.5m = m(z-2.5)$$

中心距：

$$a = \frac{d_1 + d_2}{2} = \frac{mz_1 + mz_2}{2} = \frac{m(z_1 + z_2)}{2}$$

## （三）圆柱齿轮的规定画法

### 1. 单个圆柱齿轮的画法

国家标准规定齿轮画法如图 4-3-6 所示，齿顶圆（线）用粗实线表示，分度圆（线）用细点画线表示，齿根圆（线）用细实线表示，其中齿根圆和齿根线可省略。在剖视图中，当剖切平面通过齿轮的轴线时，轮齿一律按不剖处理，并将齿根线用粗实线绘制。当轮齿有倒角时，在端面视图上倒角圆规定不画。如齿轮为斜齿或人字齿，则齿轮的径向视图可画成半剖视图或局部剖视图，并用三条细实线表示轮齿的方向。

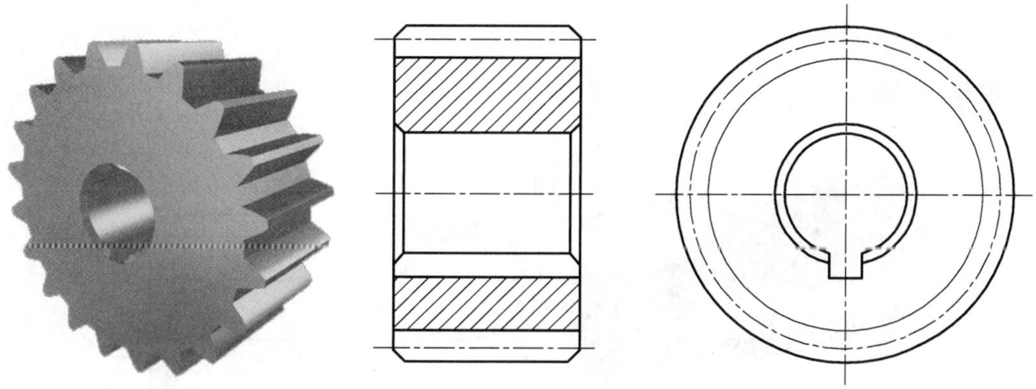

图 4-3-6　圆柱齿轮的画法

在齿轮零件图中，除具有一般零件图的内容外，齿顶圆直径、分度圆直径及有关齿轮的基本尺寸必须直接在图形中注出，齿根圆直径规定不注；并在图样右上角的参数表中，注写模数、齿数等基本参数。

2. 圆柱齿轮的啮合画法

两个相互啮合的圆柱齿轮，在端面视图中，啮合区内的齿顶圆均用粗实线绘制。有时也可省略，用细点画线画出相切的两节圆。两齿根圆用细实线画出，也可以省略。

在径向视图中，若取剖视，如图 4-3-7 所示，其中有一顶线画成虚线。但这条虚线也可省略。若画外形图时，啮合区的齿顶线不画，节线用粗实线绘制，其他处的节线仍用细点画线绘制。

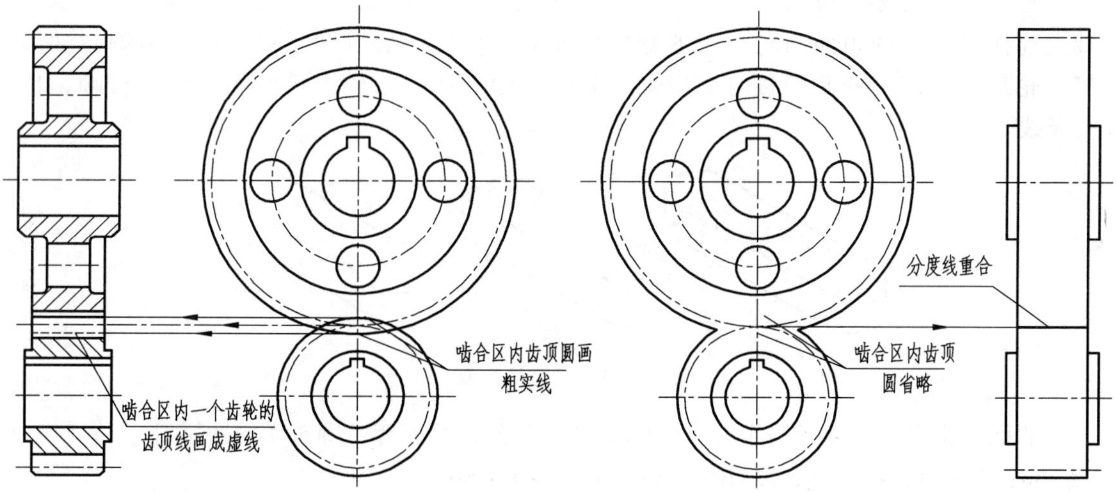


图 4-3-7　齿轮的啮合

# 任务四 键连接和销连接

【图示引导】

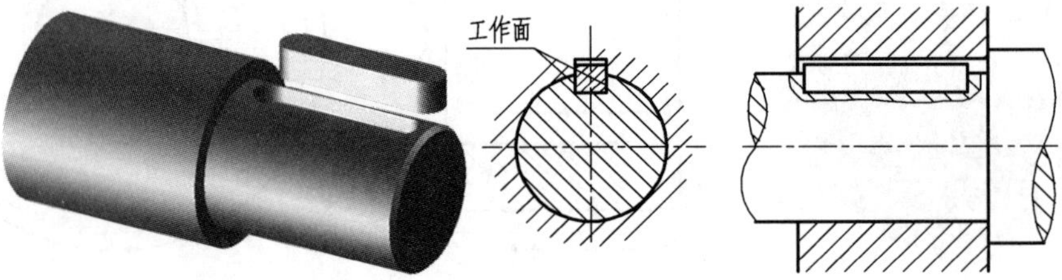


图 4-4-1　键

【相关知识】

键连接

## 一、键

为使轮（带轮、齿轮等）与轴连接在一起转动，常在轴和孔的连接处（孔所在的部位称为轮毂）开一键槽，将键嵌入，见图 4-4-1。

常用的键有普通平键、半圆键和钩头楔键。

键的大小由被连接的轴和孔的尺寸大小决定。

### （一）普通平键

普通平键有 A 型（圆头）、B 型（方头）和 C 型（单圆头）三种，如图 4-4-2 所示。用于轴孔连接时，键的顶面与轮毂中的键槽底面应有间隙，要画两条线；键的两侧与轴上的键槽、轮毂上的键槽两侧均接触，应画一条线；键的底面与轴上键槽的底面也接触，也应画一条线。

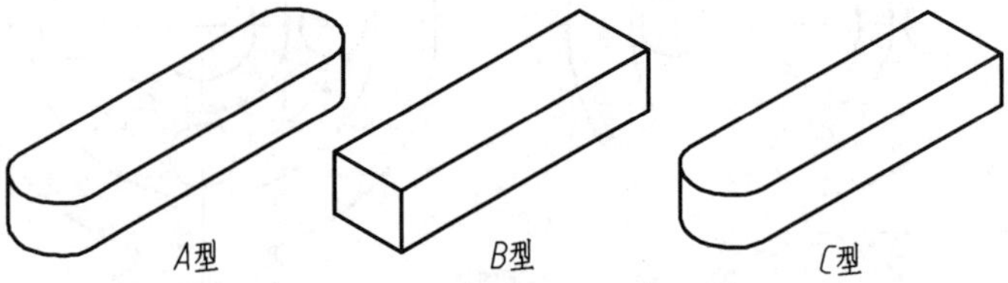


图 4-4-2　普通平键

键的标记由名称、型号与尺寸、标准编号三部分，如 A 型（圆头）普通平键，$b = 12$ mm，$h = 8$ mm，$L = 50$ mm，标记为 GB/T 1096 键 $12 \times 8 \times 50$。

标记中 A 型键的“A”字省略不注，而 B 型和 C 型要标注“B”和“C”。

### （二）半圆键

半圆键常用在载荷不大的传动轴上，连接情况、画图要求与普通平键类似，键的两侧和键底应与轴和轮的键槽表面接触，顶面应有间隙。如图 4-4-3 所示，键呈半圆形，其侧面为工作面，键能在轴上的键槽中绕其圆心摆动，以适应轮毂上键槽的斜度，安装方便。半圆键常用于锥形轴端的轮毂的连接。

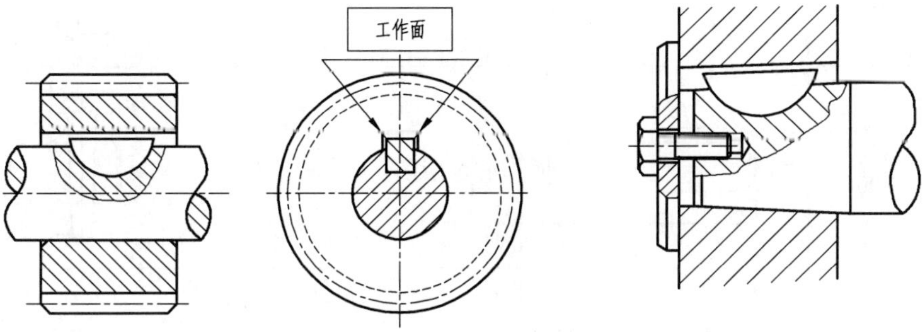


图 4-4-3　半圆键连接

半圆键的标记，如半圆键 $b = 6$ mm，$h = 10$ mm，$d = 25$ mm，$L = 24.5$ mm，标记为 GB/T 1099.1 键 $6 \times 10 \times 25$。

## 二、销

销连接（见图 4-4-4）主要用于确定零件之间的相互位置，并可传递不大的载荷，也可用于轴和轮毂或其他零件的连接。

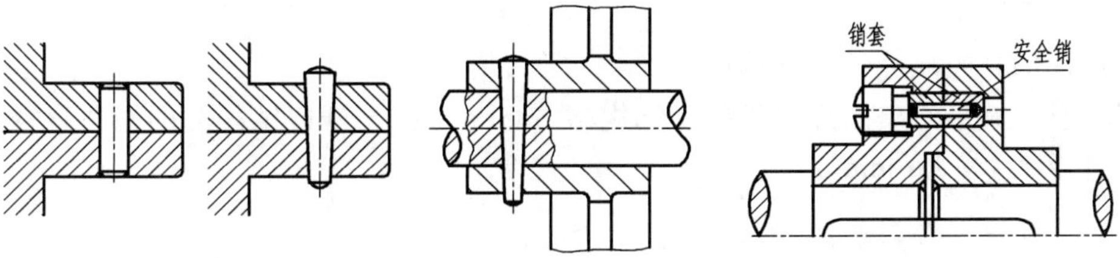


（a）定位销　（b）连接销　（c）安全销

图 4-4-4　销的连接

常用的销有圆柱销、圆锥销和开口销等。

圆柱销和圆锥销可起定位和连接作用，开口销长与六角开槽螺母配合使用，它穿过螺母上的槽和螺杆上的孔，以防螺母松动或限定其他零件在装配体中的位置。

## 三、销的画法和标记

### （一）圆柱销

常用的圆柱销分为不淬硬钢圆柱销和淬硬钢圆柱两种。不淬硬钢圆柱销直径公差有 m6 和 h8 两种，淬硬钢圆柱销直径公差只有 m6 一种。淬硬钢圆柱销因淬火方式不同可分为 A 型（普通淬火）和 B 型（表面淬火）两种。

圆柱销各部分的尺寸见表 4-4-1。

表 4-4-1　销的种类、标记及画法

| 名称及标准编号 | 形状及主要尺寸 | 标记 | 连接画法 |
| --- | --- | --- | --- |
| 圆柱销<br>GB/T 119.1—2000 | 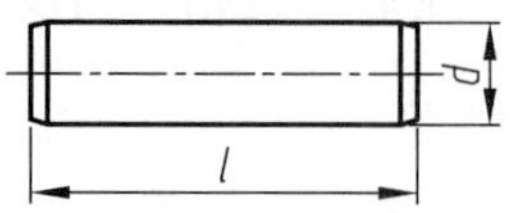 | 销　GB/T 119.1 $d \times l$ | 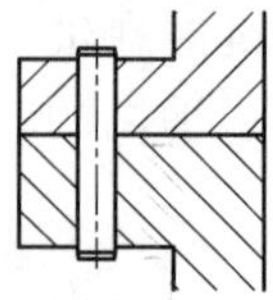 |
| 圆锥销<br>GB/T 117—2000 | 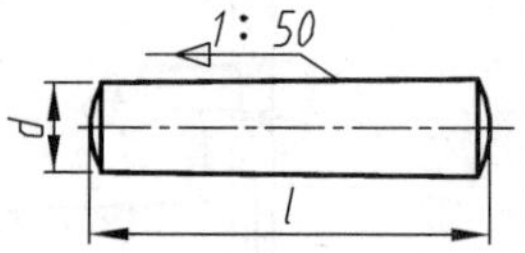 | 销　GB/T 117 $d \times l$ | 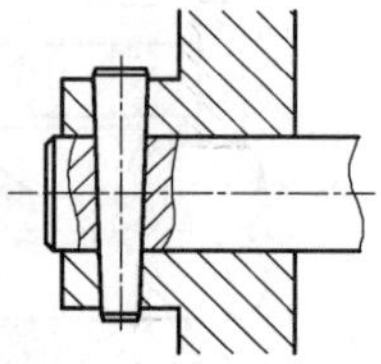 |
| 开口销<br>GB/T 91—2000 | 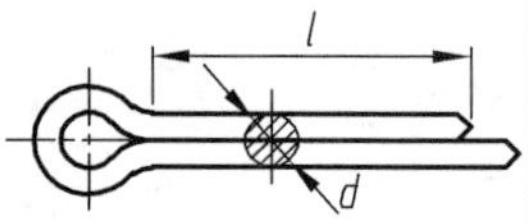 | 销　GB/T 91 $d \times l$ | 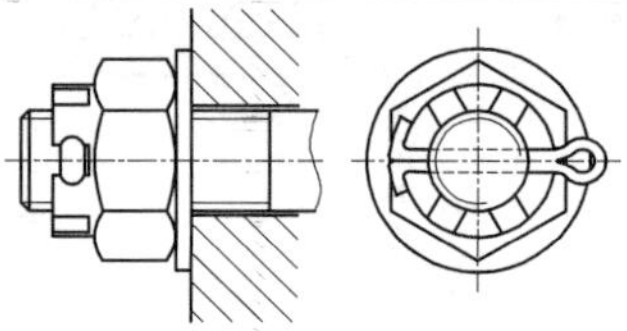 |

## （二）圆锥销

常用的圆锥销分为 A 型（磨削）和 B 型（切削或冷镦）两种，其公称直径是小头的直径。圆锥销各部分的尺寸见表 4-4-1。

## （三）开口销

开口销各部分的尺寸见表 4-4-1。

应当注意，表中给出的开口销的公称规格 5 mm 是指与开口销相配的销孔直径，而开口销的实际直径 $d_{max} = 4.6$ mm。

# 任务五　常用滚动轴承和圆柱螺旋压缩弹簧

## 【图示引导】

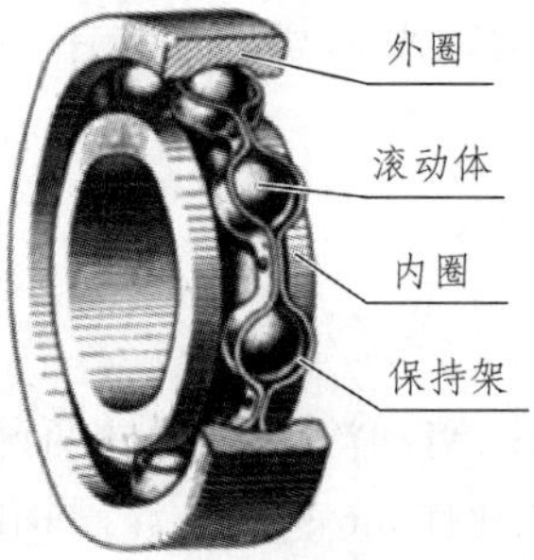


图 4-5-1　滚动轴承

## 【相关知识】

## 一、滚动轴承

滚动轴承是用来支撑轴的组合件，具有摩擦阻力小、经济性好的特点，因此在机器中得到广泛使用。

### （一）滚动轴承的结构及其画法

滚动轴承的类型很多，一般由外圈、内圈、滚动体和保持架等组成，下面简介常见的深沟球轴承、圆锥滚子轴承和推力球轴承的画法和标记。

1. 特征画法和规定画法

滚动轴承的特征画法和规定画法见表 4-5-1。

表 4-5-1　滚动轴承的特征画法和规定画法

| 名称 | 深沟球轴承 | 圆锥滚子轴承 | 推力球轴承 |
|---|---|---|---|
| 特征画法 | 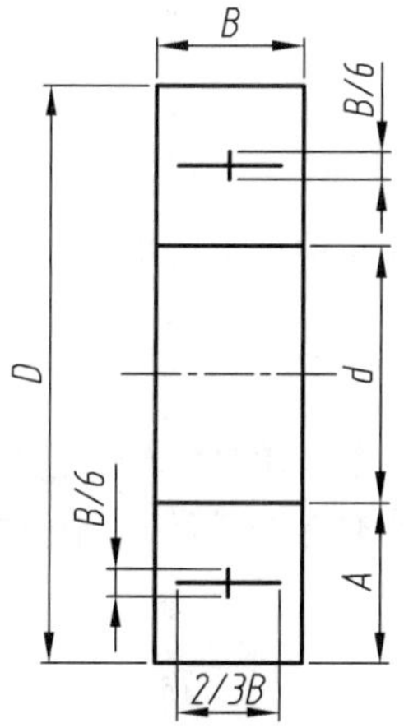 | 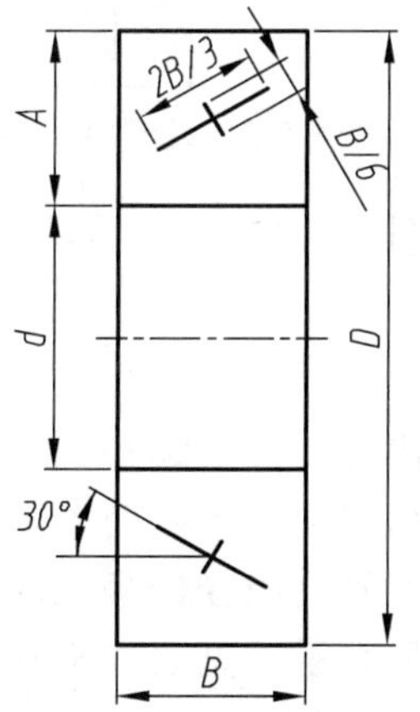 | 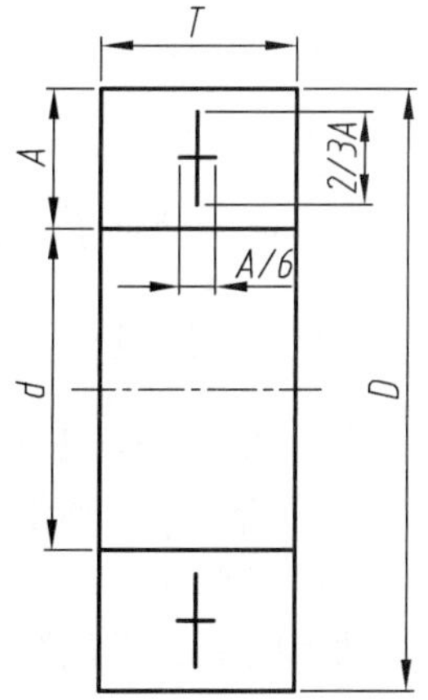 |
| 规定画法 | 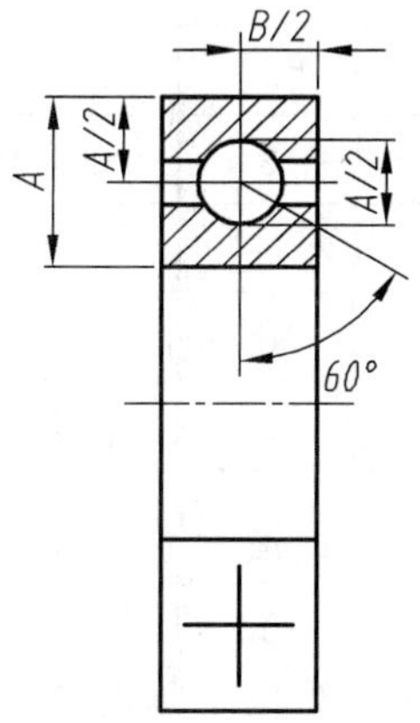 | 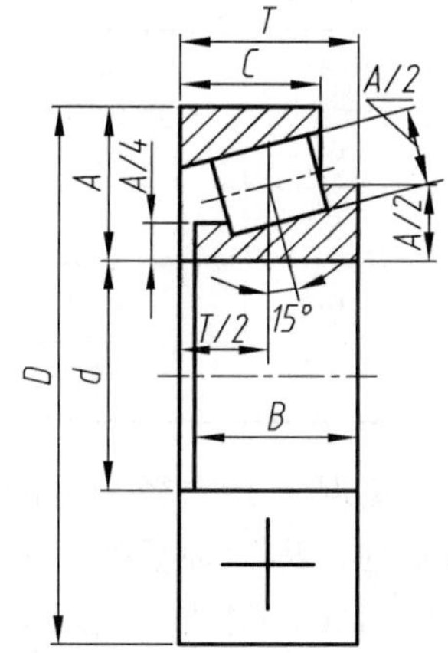 | 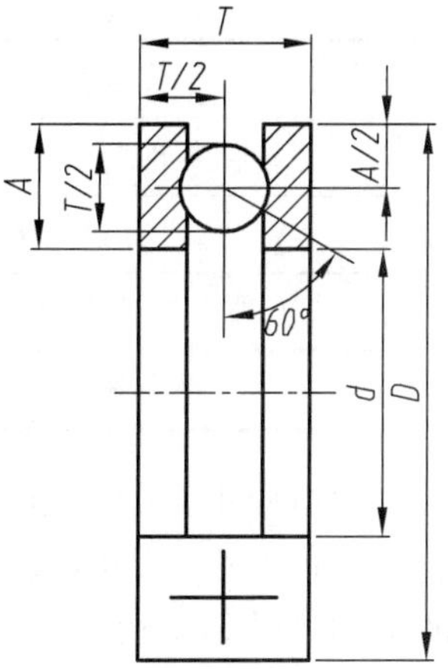 |

滚动轴承是标准部件，不必画出它的零件图，只需在装配图中根据给定的轴承代号，从轴承标准中查出外径 $D$、内径 $d$、宽度 $B$ 等几个主要尺寸，按规定画法或特征画法画出，如表 4-5-1 所示。

2. 通用画法

当不需要确切表示轴承的外形轮廓、载荷特性、结构特征时，可将轴承按通用画法画出。装配图中圆锥滚子轴承的上半部分按规定画法画出，轴承的内圈和外圈的剖面线方向和间隔均要相同；而另一半按通用画法画出，即用粗实线画出正十字，如图 4-5-2 所示。

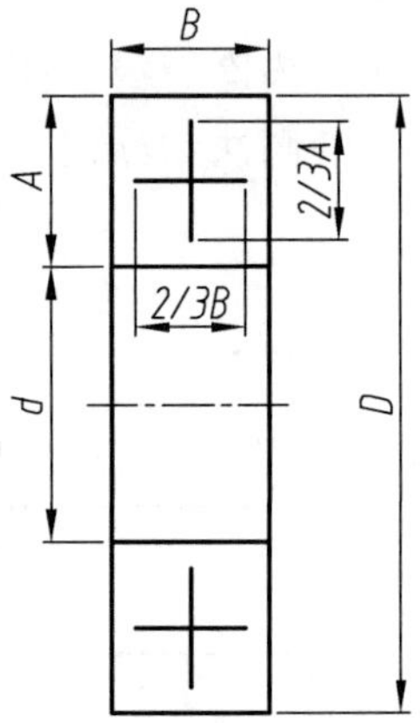


图 4-5-2　滚动轴承的通用画法

在表示滚动轴承端面的视图上，无论滚动体的形状和尺寸如何，一般均按图示方法绘制。

## （二）滚动轴承的代号

滚动轴承的标记由名称、代号和标准编号三部分组成。轴承的代号有基本代号和补充代号，基本代号表示轴承的基本结构、尺寸、公差等级、技术性能等特征。滚动轴承的基本代号由轴承类型代号、尺寸系列代号、内径代号三部分组成。

轴承类型代号用数字或字母表示，见表 4-5-2。

表 4-5-2　部分轴承类型代号

| 代号 | 轴承类型 | 代号 | 轴承类型 | 代号 | 轴承类型 |
|---|---|---|---|---|---|
| 0 | 双列角接触球轴承 | 4 | 双列深沟球轴承 | S | 推力圆柱滚子轴承 |
| 1 | 调心球轴承 | 5 | 推力球轴承 | N | 圆柱滚子轴承 |
| 2 | （推力）调心滚子轴承 | 6 | 深沟球轴承 | NN | 双列或多列圆柱滚子轴承 |
| 3 | 圆锥滚子轴承 | 7 | 角接触球轴承 | U | 外球面球轴承 |

为适应不同的工作（受力）情况，在内径一定的情况下，轴承有不同的宽（高）度和不同的外径大小，它们成一定的系列，称为轴承的尺寸系列。尺寸系列代号由轴承的宽（高）度系列代号和直径系列代号组合而成，用数字表示。表 4-5-3 给出了深沟球轴承的部分尺寸系列代号。部分轴承公称内径代号见表 4-5-4。

表 4-5-3　深沟球轴承的部分尺寸系列代号

| | | | | | | | |
|---|---|---|---|---|---|---|---|
| 17 | 37 | 18 | 19 | （1）0 | （0）2 | （0）3 | （0）4 |

表 4-5-4　部分轴承公称内径代号

| 轴承公称内径/mm | | 内径代号 | 示例 |
|---|---|---|---|
| 10～17 | 10 | 00 | 深沟球轴承 6200<br>$d$= 10 mm |
| | 12 | 01 | |
| | 15 | 02 | |
| | 17 | 03 | |
| 20～480（22、28、32 除外） | | 公称直径除以 5 的商数，当商数为个位数时，需在商数左边加“0”，如 08 | 调心滚子轴承 23208<br>$d$= 40 mm |
| 22、28、22 及≥500 | | 用公称内径毫米数直接表示,但与尺寸系列代号之间用“/”分开 | 深沟球轴承 62/22<br>$d$= 22 mm |

当轴承在形状结构、尺寸、公差、技术要求等有改变时，可使用补充代号。在基本代号前面添加的补充代号称为前置代号，在基本代号后面添加的补充代号称为后置代号。

## 二、弹　簧

弹簧是利用材料的弹性和结构特点，通过变形和储存能量工作的一种机械零（部）件，可用于减振、夹紧和测力等。

弹簧因其结构和受力状态不同可分为螺旋弹簧、板弹簧、平面涡卷弹簧和碟形弹簧等。根据受力方向不同，圆柱螺旋弹簧又分为压缩弹簧（见图 4-5-3）、拉伸弹簧和扭转弹簧三种。

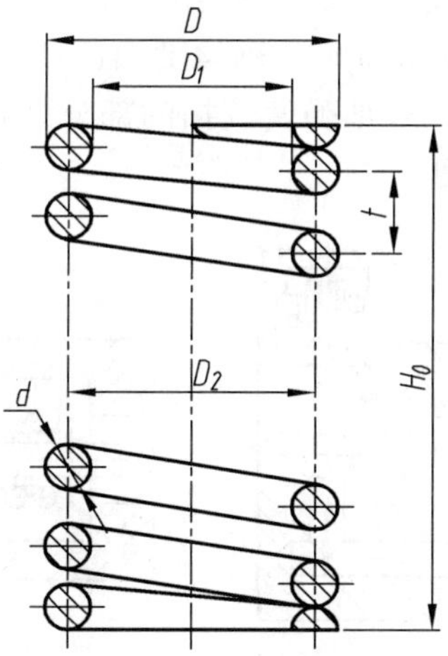


图 4-5-3　圆柱螺旋压缩弹簧

## （一）圆柱螺旋压缩弹簧的参数及尺寸关系

（1）线径 $d$。线径是指用于缠绕弹簧的钢丝直径。

（2）弹簧的内径 $D_1$、外径 $D_2$ 和中径 $D$。弹簧的内圈直径称为内径，用 $D_1$ 表示；弹簧的外圈直径称为外径，用 $D_2$ 表示；弹簧内径和外径的平均值称为中径，用 $D$ 表示，则

$$D=\frac{D_1+D_2}{2}$$

（3）弹簧的节距 $t$。弹簧的节距是指除两端的支撑圈以外，相邻两圈截面中心线的轴向距离。

（4）支撑圈数 $n_2$、有效圈数 $n$ 和总圈数 $n_1$。为使压缩弹簧工作平稳、受力均匀，两端需并紧且磨平。并紧磨平的各圈仅起支撑和定位作用，称为支撑圈。弹簧支撑圈有 1.5 圈、2 圈及 2.5 圈三种，常见的支撑圈为 2.5 圈。除支撑圈以外，其余各圈均参加受力变形，并保持相等的节距，称为有效圈数，它是计算弹簧受力的主要依据。有效圈数 $n=$ 总圈数 $n_1-$ 支撑圈数 $n_2$。

（5）自由高度（长度）$H_0$。自由高度（长度）是指弹簧无负荷作用时的高度（长度）。

$$H_0=\begin{cases} nt+2d & \text{（支撑圈数为2.5时）} \\ nt+2.5d & \text{（支撑圈数为2时）} \\ nt+1.5d & \text{（支撑圈数为1.5时）} \end{cases}$$

（6）弹簧丝展开长度 $L$。弹簧展长度是指用于缠绕弹簧的钢丝长度。

## （二）圆柱螺旋压缩弹簧的规定画法

### 1. 单个弹簧的画法

国家标准规定，不论弹簧的支撑圈是多少，均可按支撑圈为 2.5 圈时的画法绘制。左旋弹簧和右旋弹簧均可画成右旋，但左旋要注明“LH”。

### 2. 弹簧在装配图上的画法

在装配图中，弹簧被剖切时按图 4-5-4 所示绘制。弹簧在装配图中允许只画出其钢丝剖面区域，当线径在图上小于等于 $\phi 2$ mm 时，钢丝剖面区域可涂黑，也允许用示意图绘制弹簧。机件被弹簧遮挡的轮廓一般不画，未被弹簧遮挡的部分画到弹簧的外轮廓线处，当其在弹簧的省略部分时，画到弹簧的中径处。

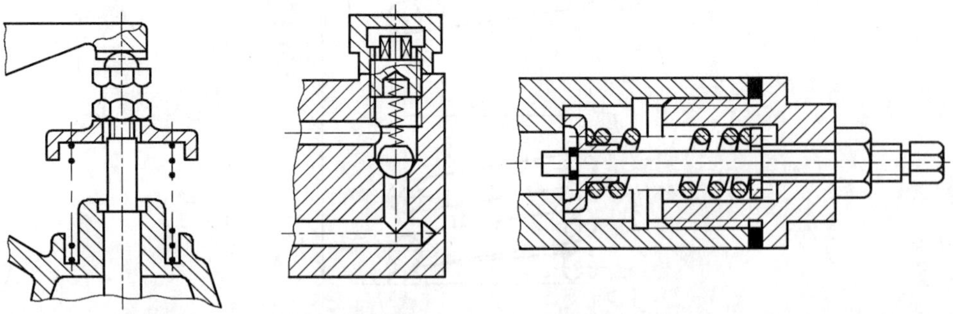

图 4-5-4　弹簧在装配图中的画法

# 任务六　零件图的作用和内容

## 【图示引导】

接触网是在电气化铁道中，沿钢轨上空“之”字形架设的，供受电弓取流的高压输电线。接触网各导线之间、导线与支持结构之间、支持结构与支柱之间的所有连接器件，统称为接触网零件，图 4-6-1 所示零件就是其中之一。

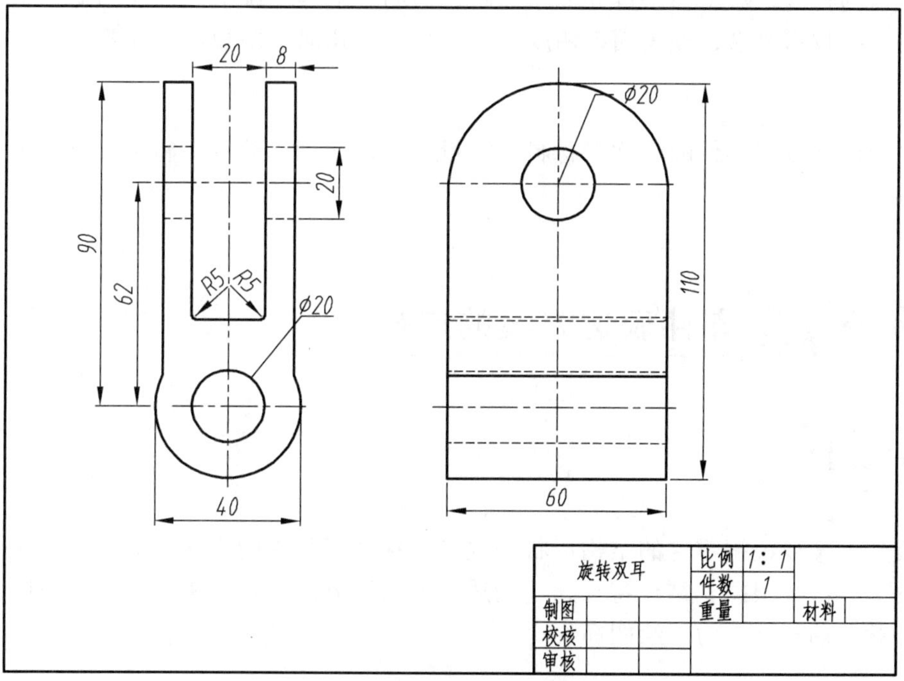


套管单耳

图 4-6-1　旋转双耳

## 【相关知识】

任何一台机器或部件都是由多个不同零件组合而成，加工制造零件必须依据零件图来进行。

### 一、零件图的作用

表达零件的形状、结构、尺寸和技术要求等内容的图样称为零件工作图，简称零件图。零件图是设计部分提交给生产部分的重要技术文件，反映了设计者的意图，表达了机器或部件对该零件的要求，是制造和检验零件的重要技术文件。

## 二、零件图的内容

一张完整的零件图包括下列基本内容。

1. 一组图形

用一组视图正确、完整、清晰地表达出零件的各部分形状和结构。

2. 尺　寸

用一组尺寸正确、完整、清晰、合理地标注出零件结构形状及相互位置的大小。

3. 技术要求

用一些规定的符号、数字、字母和文字注解，简明、准确地说明零件在制造、检验等过程中应达到的一些技术要求，如表面粗糙度、尺寸公差、几何公差和热处理要求等。

4. 标题栏

用标题栏明确地填写零件的名称、材料、数量、图样比例、编号、制图者及审核者的姓名、日期等各项内容。

# 任务七　零件表达方案的选择

## 【相关知识】

零件的表达方案要根据零件的结构形状来选择。在选择零件的表达方案时，首先要考虑的是便于看图，其次要根据其结构特点，选用适当的表达方法。在正确、完整、清晰地表达出零件结构形状的前提下，力求绘图简便。

## 一、零件视图的选择原则

零件视图的选择应包括主视图的选择、视图数量的选择及表达方法的选择。

### （一）主视图的选择

一般情况下，主视图是一组图形的核心。绘图、看图一般从主视图开始，所以，主视图选择得是否合理，直接关系到绘图和看图的方便与否。选择主视图时，应考虑下面几个方面的问题。

1. 主视图的投射方向

主视图的投射方向应该反映出零件的结构特征，即主视图要能较多地表达零件的结构形状，以及各形状之间的相互位置关系。

2. 零件的主视图位置

零件在主视图上的位置，一般用零件的工作位置（或自然放置位置）或零件的加工位置。零件的工作位置是指零件在机器或部件中的工作位置。选择主视图时应尽量与零件的工作位置一致，以便绘图和读图。零件的加工位置是指在加工零件的过程中，零件被固定和夹紧的位置。选择主视图时也应尽量与零件的加工位置一致，以方便工人在加工零件时看图。

### （二）视图数量的选择

主视图选定后，还要进一步选择视图的数量。零件的结构形状不同，其视图数量也不同。根据零件的结构形状，可选择一个或多个视图。

1. 一个视图

由柱、锥、球、环等基本回转体同轴或同方向不同轴组合而成的零件，它们的形状和位置关系简单，注上尺寸，一个视图就可完整、清晰地表达其结构形状。

2. 两个视图

由同方向（或不同方向）同轴的几个回转体（包括不完整的回转体）组合而成的零件，它们的形体虽然简单，但完整关系略复杂，一个视图不能表达完全，所以需要两个视图。

3. 三个视图

更为复杂一些的零件，它们在三个方向上都有不同的结构，需要三个视图才能表达清楚。

### （三）选择表达方案的步骤

通过上述分析可以看出，选择表达方案的步骤如下：

1. 对零件进行分析

对零件进行结构分析（包括零件的装配位置及功用）和工艺分析（零件的加工制造方法）。

2. 选择主视图

在零件分析的基础上选定主视图。

3. 选择视图数量和表达方法

根据零件的外部结构形状与内部结构形状的复杂程度来选择视图数量和表达方法。

## 二、零件的视图选择

零件的种类繁多，不能一一介绍，这里仅就以下几种代表性的零件进行分析。

### （一）轴套类零件

轴套类零件要按形状和加工位置确定主视图，轴线水平放置，大头在左、小头在右，键槽和孔结构可以朝前。轴套类零件的主要结构形状是回转体，一般只画一个主视图。对于零件上的键槽、孔等，可作出移出断面。砂轮越程槽、退刀槽和中心孔等可用局部放大图表达，如图 4-7-1 所示。

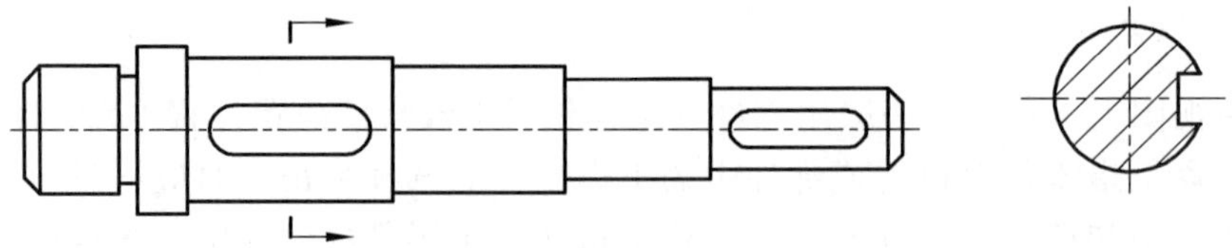

图 4-7-1　轴类零件的视图选择

## （二）轮盘类零件

其主体形体是回转体，径向尺寸一般大于轴向尺寸。

这类零件的毛坯为铸件或锻件，机械加工以车削为主，主视图一般加工位置水平放置。但有些较复杂的盘类零件，因加工工序较多，主视图也可按工作位置画出。一般需要两个视图，即主视图和左视图如图 4-7-2 所示。根据结构特点，视图具有对称面时，可作半剖视；无对称面时，可作全剖或局部剖视。其他结构形状如轮辐和肋板等可用移出断面或重合断面，也可用简化画法。

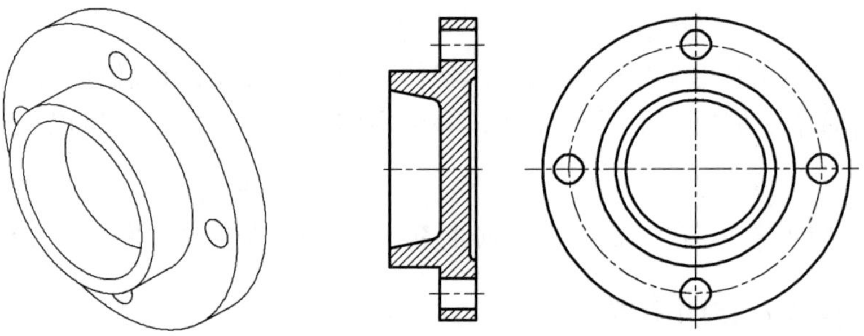

图 4-7-2　盘类零件

## （三）叉架类零件

这类零件结构较复杂，需经多种加工，主视图主要由形状特征和工作位置来确定。一般需要两个以上的基本视图，并用斜视图、局部视图、剖视图、断面图等表达内外形状和细部结构，如图 4-7-3 所示。

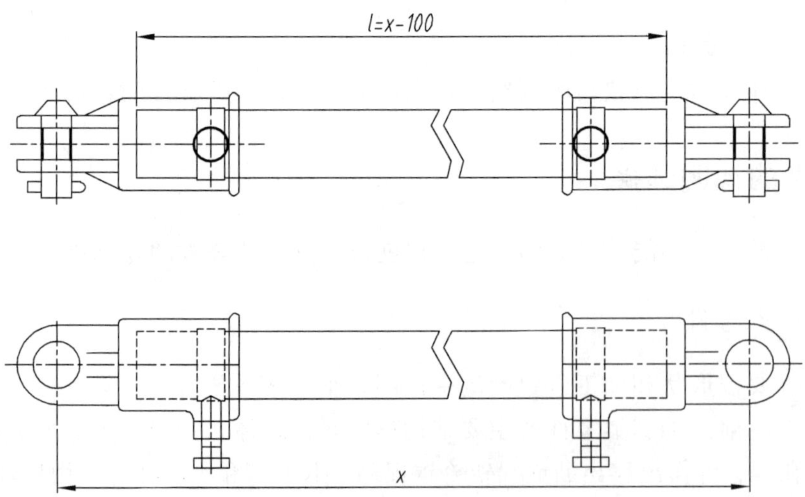


图 4-7-3　支撑管

### （四）箱体类零件

箱体类零件大多为铸件，一般起支撑、容纳、定位和密封等作用，内外形状较为复杂。

这类零件一般经多种工序加工而成，因而主视图主要根据形状特征和工作位置确定。由于零件结构较复杂，常需三个或三个以上的视图，并可应用各种方法来表达，如图 4-7-4 所示。

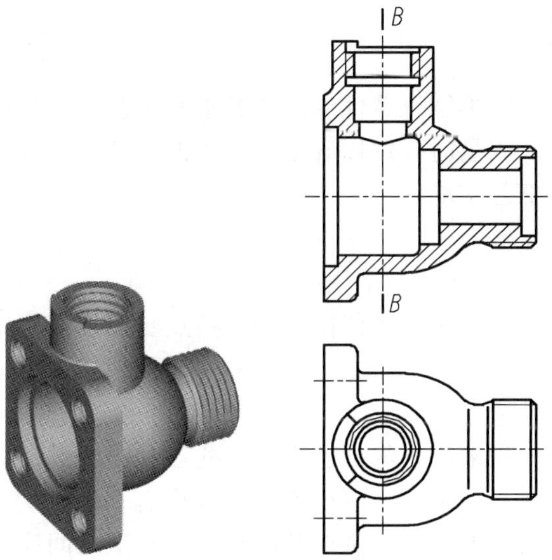


图 4-7-4　阀体

## 任务八　零件图的尺寸标注

### 【相关知识】

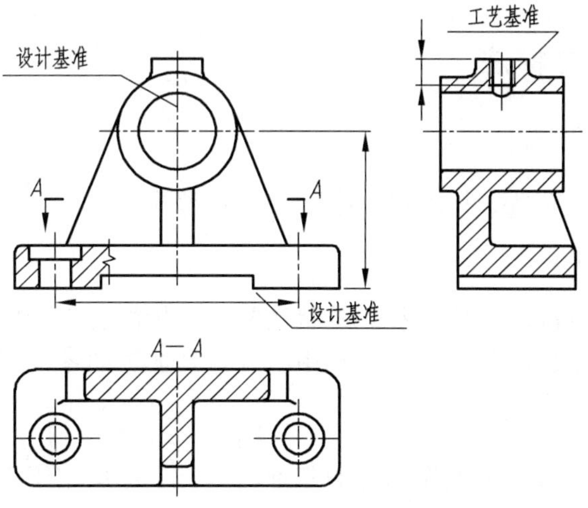


图 4-8-1　设计基准和工艺基准

## 【相关知识】

要合理地标注尺寸，首先要对零件进行形体分析、结构分析和工艺分析，确定零件的基准，选择合理的标注形式，结合具体情况合理地标注尺寸。

## 一、合理地选择尺寸的基准

在前面已经讨论基准的概念，这里再结合零件的设计要求和工艺要求加以讨论。

基准是指零件在机器中或加工、测量时，用以确定其位置的一些点、线或面。根据其用途的不同，基准可分为设计基准和工艺基准。

### （一）设计基准

设计基准是指在机器或部件中，用来确定零件位置的一些点、线或面，见图 4-8-1。

### （二）工艺基准

工艺基准是指在加工或测量时，用来确定零件位置的一些点、线或面，见图 4-8-1。

尺寸基准是尺寸的起点，所以在长、宽、高三个方向上都应有基准。这些基准称为主要基准。除主要基准外的基准都统称为辅助基准。主要基准与辅助基准之间应有尺寸联系。

### （三）基准的合理选择

选择基准时，既要考虑设计基准也要考虑工艺基准。从设计基准出发标注尺寸，其优点是标注的尺寸反映了设计要求，能保证所设计的零件在机器上的工作性能。从工艺基准出发标注尺寸，其优点是把尺寸的标注与零件的加工、制造联系起来，标注的尺寸反映了工艺要求，使零件便于制造、加工和测量。

在标注尺寸时，最好把设计基准和工艺基准统一起来。这样既能满足设计要求，又能满足工艺要求。若两者不能统一时，应以保证设计基准为主。

## 二、零件图的尺寸标注

### （一）标注尺寸的形式

根据尺寸在图样上的布置，标注尺寸有下列三种形式。

#### 1. 链状法

链状法就是把尺寸依次注写成链状。链状法常用于标注若干相同结构之间的距离，阶梯状零件中尺寸要求十分精确的各段尺寸以及用组合刀具加工的零件尺寸等。

#### 2. 坐标法

坐标法就是各个尺寸从一个事先选定的基准注起。坐标法用于标注需要从一个基准定出一组精确尺寸的零件。

3. 综合法

综合法是链状法与坐标法的综合。标注零件多用综合法。

## （二）标注尺寸时应注意的问题

（1）功能尺寸要直接标注出来，如图 4-8-2 所示。功能尺寸是指影响产品工作性能、精度及配合的重要尺寸。直接标注出功能尺寸，能够直接提出对尺寸公差、形状和位置公差的要求，以保证设计要求。

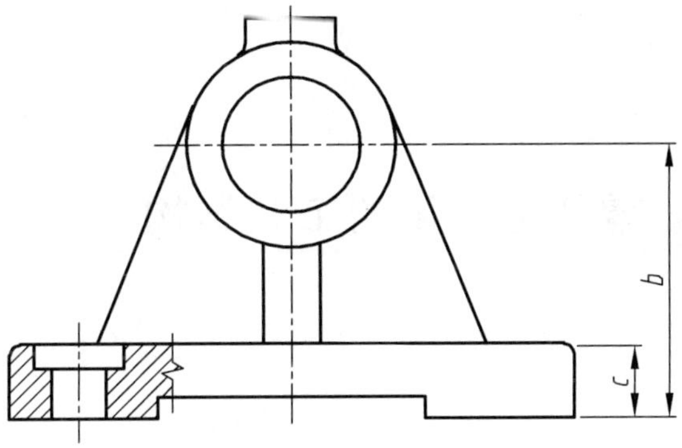


图 4-8-2　功能尺寸直接标注

（2）要避免出现封闭的尺寸链。封闭的尺寸链是由头尾相接，组成一个封闭链的一组尺寸。这样标注的尺寸在加工时难以保证设计的精度要求，因此，实际标注尺寸时，要在尺寸链中选一个不重要的尺寸，作为开口环，以积累所有尺寸的误差，这样就保证了其他尺寸的设计精度要求，如图 4-8-3 所示。

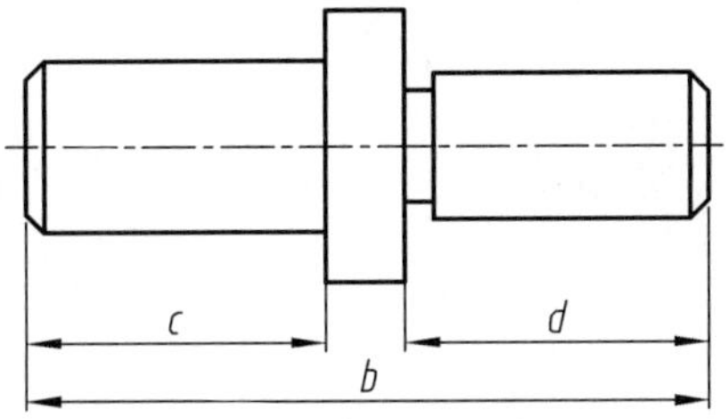


图 4-8-3　尺寸链

（3）要按加工顺序标注尺寸。按加工顺序标注尺寸，符合加工过程，便于加工与测量。阶梯轴的加工顺序是：先加工直径为$\phi$11 mm、长为 30 mm 的外圆；再加工直径为$\phi$9 mm、长为 20 mm 的外圆；然后在长为 8 mm 的位置加工 2×$\phi$4 mm 的退刀槽；最后加工 M6 的螺纹，如图 4-8-4 所示。这样标注的尺寸便于工人加工及测量，省时省力。

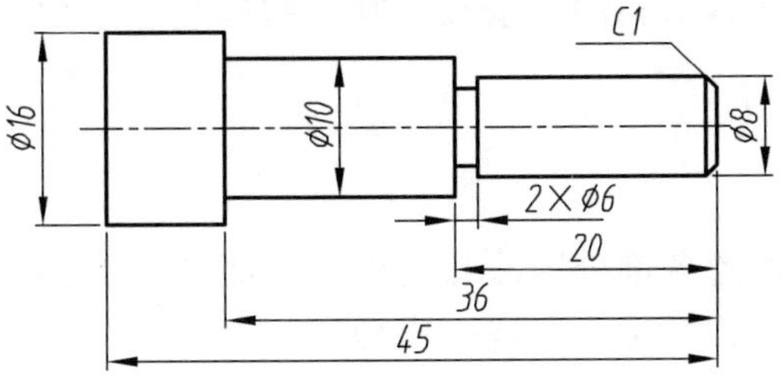

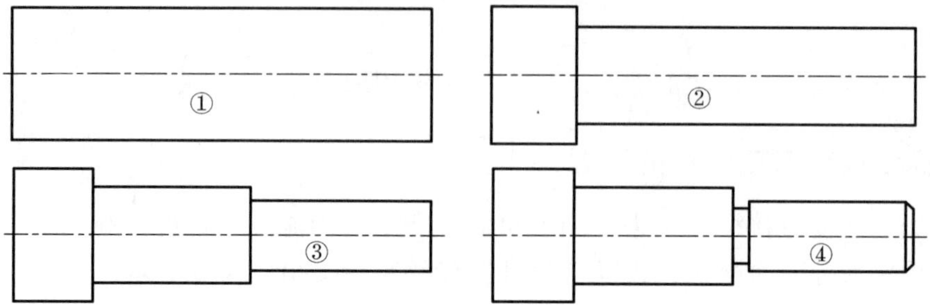


图 4-8-4　按加工顺序标注尺寸

（4）尺寸标注要便于测量。

# 任务九　零件上常见的工艺结构

## 【相关知识】

零件的结构形状主要是根据它在部件或机器中的作用而决定的。但是铸造及机械加工工艺对零件的结构也有一定的要求。因此，为了正确绘制图样，必须对一些常见的工艺结构有所了解。

### 一、铸造工艺结构

#### （一）拔模斜度

为了在铸造时便于将铸件从砂型中取出，一般沿拔模的方向设计出 1°～3°的斜度，称为拔模斜度。

#### （二）铸造圆角

为了满足铸造工艺要求，防止砂型落砂，避免铸件冷却时产生裂纹或缩孔，在铸件各表面的相交处都做出铸造圆角。同一铸件上的圆角半径应尽可能相同，铸造圆角的半径在图上一般不注出，而写在技术要求中。

铸件表面由于圆角的存在，使铸件表面的交线变得不很明显，这种不明显的交线称为过渡线。

过渡线的画法与相贯线画法相同，按没有圆角的情况求出相贯线的投影，画到理论交点为止。

#### （三）铸件壁厚

在浇铸零件时，为了避免各部分因冷却速度不同而产生缩孔或裂纹，铸件的壁厚应保持大致均匀或采用渐变的方法，并尽量保持壁厚均匀。

## 二、机械加工工艺结构

### （一）倒角与倒圆

机械加工后，铸件的圆角被切去，出现了尖角。为了便于零件的装配和保护装配面不受损伤，一般在轴、孔的端部加工出 45°的倒角。为了避免应力集中产生的裂纹，在轴肩处往往加工成圆角的过渡形式，称为倒圆。

### （二）螺纹退刀槽和砂轮越程槽

在切削加工，特别是在车削螺纹和磨削时，为便于退出刀具，且不损坏刀具，以及在装配时与相邻零件保证靠紧，常在待加工面的末端先加工出退刀槽或砂轮越程槽。

### （三）钻孔结构

零件上有各种不同形式和不同用途的孔，多数是用钻头加工而成的。

用钻头钻孔时，要求钻头轴线尽量垂直于被钻孔的零件端面，以保证钻孔准确并避免钻头折断。

### （四）凸台和凹坑

为了保证零件表面间有良好的接触，零件与其他零件的接触面一般都要进行加工。为了降低零件的加工费用，就必须减少零件的加工面积，因此常在零件上设计出凸台或凹坑。

# 任务十　零件图上的技术要求

## 【相关知识】

零件图除了表达零件结构形状及标注尺寸外，还必须标注和说明制造零件时应达到的一些技术要求。零件图上的技术要求包括表面结构要求、尺寸公差、形状和位置公差、镀涂、热处理要求等内容。

## 一、表面结构要求及其标注

### （一）表面结构的概念

零件的表面结构是指零件表面的几何特征，是有限区域上的表面粗糙度、表面波纹度、原始几何形状的总称。

零件表面的几何特征可通过零件的表面轮廓测定，零件的表面轮廓为平面与实际表面相交所得的轮廓。大多数零件表面轮廓是由粗糙度轮廓、波纹度轮廓及形状误差综合而成的。

这三种特性对零件的影响各不相同，可分别采用不同波长的滤波器测出。

表面粗糙度标注示例如图 4-10-1 所示。

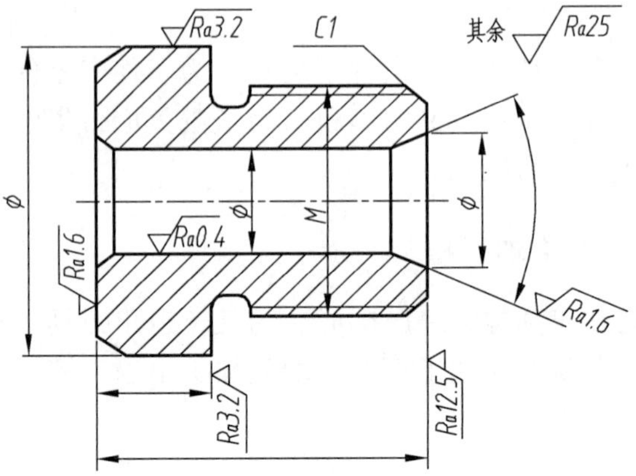


图 4-10-1　表面粗糙度标注

## （二）表面结构参数

表示零件表面结构技术要求时，涉及的参数有 *R* 轮廓、*W* 轮廓、*P* 轮廓。这三个参数是评定表面结构质量的技术指标，现已经标准化并与完整符号一起使用。表面结构参数中粗糙度参数最为常用，粗糙度参数中 *Ra* 和 *Rz* 最为常用。*Rz* 为粗糙度轮廓的最大高度，是在一个取样长度内，最大轮廓峰高和最大轮廓谷深之和的高度。*Ra* 是粗糙度轮廓算术平均偏差，是在一个取样长度 *l* 范围内，被测表面粗糙度轮廓曲线 *Z*（*x*）的算术平均偏差。用公式可表示为

$$Ra = \frac{1}{l}\int_0^l |Z(x)| \mathrm{d}x$$

由上式可知，*Ra* 越小，零件表面结构就越平整，表面质量越高；*Ra* 越大，零件表面结构就越粗糙，表面质量越低。*Ra* 和 *Rz* 的数值有两个系列，见表 4-10-1，优先选用第一系列。

表 4-10-1　*Ra* 和 *Rz* 的数值　　单位：μm

| | | | | | | | |
|---|---|---|---|---|---|---|---|
| 第一系列 | 0.012 | 0.025 | 0.050 | 0.100 | 0.20 | 0.40 | 0.80 |
| | 1.60 | 3.2 | 6.3 | 12.5 | 25.0 | 50.0 | 100 |
| 第二系列 | 0.008 | 0.010 | 0.016 | 0.020 | 0.032 | 0.040 | 0.063 |
| | 0.080 | 0.125 | 0.160 | 0.25 | 0.32 | 0.50 | 0.63 |
| | 1.00 | 1.25 | 2.00 | 2.50 | 4.00 | 5.00 | 8.00 |
| | 10.00 | 16.00 | 20.00 | 32.00 | 40.00 | 63.00 | 80.00 |

## （三）零件图中表面结构的表示方法

### 1. 表面结构的图形符号、代号

（1）表面结构的图形符号。表面结构的图形符号有基本图形符号、扩展图形符号和完整图形符号，见表 4-10-2。

表 4-10-2　各种表面结构图形符号

| 类型 | 符号 | 意义 |
| --- | --- | --- |
| 基本图形符号 |  | 表示未指定工艺方法的表面。当通过一个注释解释时，可单独使用 |
| 扩展图形符号 | 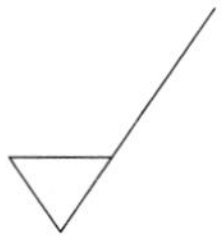 | 表示用去除材料的方法获得表面。仅当其含义是“被加工表面”时，可单独使用 |
| |  | 表示用不去除材料的方法获得表面，也可用表示保持上道工序形成的表面，无论上道工序形成的表面是通过去除材料或不去除材料的方法形成的 |
| 完整图形符号 | 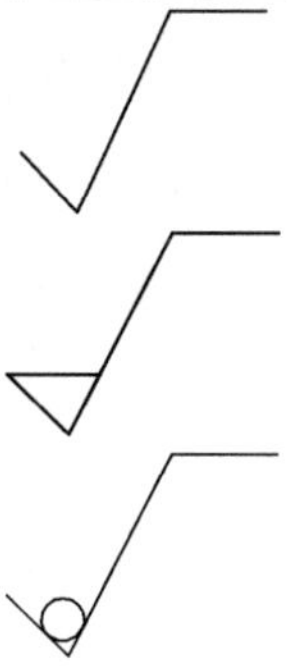 | 在基本图形符号与扩展图形符号上加一横线构成完整图形符号，用于标注表面结构有关参数要求及补充要求 |
| 完整图形扩展符号 | 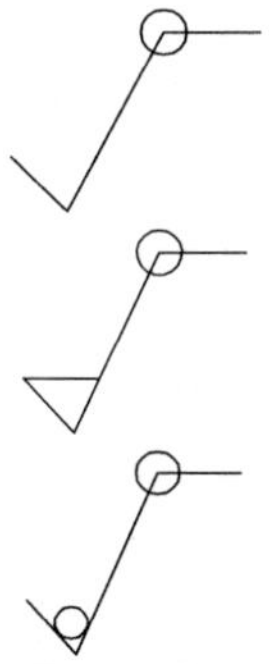 | 在上述三个符号上加一个小圆，用于某一视图方向的封闭表面，具有相同的表面结构要求时使用 |

（2）表面结构代号。在表面结构图形符号上注写所要求的参数代号及其数值和其他一些补充要求，就构成了表面结构代号。补充要求包括传输带、取样长度、加工工艺、表面纹理及方向、加工余量等。表面结构参数代号及其数值和一些补充要求的注写位置如图 4-10-2 所示。

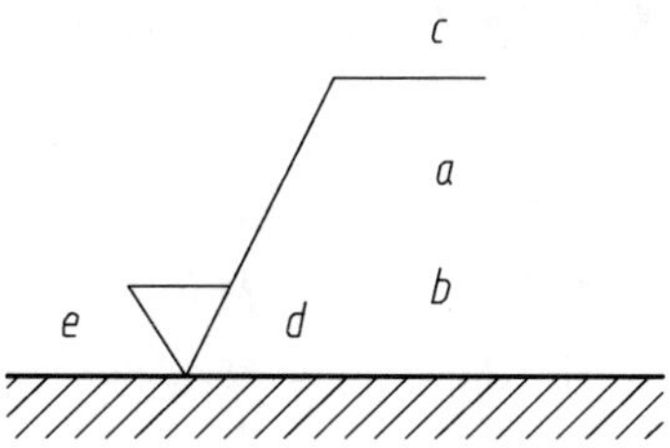


图 4-10-2　表面加工相关参数标注位置

位置 a：注写表面结构的单一要求，标注表面结构存在代号、极限值和传输带或取样长度。为了避免误解，在参数代号和极限值之间应插入空格。传输带或取样长度应有一斜线，之后是表面结构参数代号，最后是数值。

位置 a 和 b：注写两个或多个表面结构要求，在位置 a 注写第一个表面结构要求，方法同位置 a。在位置 b 注写第二个表面结构要求。如果要注写第三个或更多个表面结构要求，图形符号应在垂直方向扩大，以空出足够的空间。扩大图形符号时，a 和 b 的位置随之上移。

位置 c：注写加工方法、表面处理、涂层或其他加工工艺要求等。

位置 d：注写表面纹理方向代号，如“=”“X”“M”等。

位置 e：注写所要求的加工余量，以毫米为单位给出数值。

2. 表面结构符号画法

为了协调表面结构符号尺寸与技术图样中其他符号的尺寸，绘制表面结构基本图形符号和附加部分。图形符号和附加标注的尺寸见表 4-10-3。

表 4-10-3　表面结构图形符号尺寸　　单位：mm

| 数字和字母高度 $h$ | 2.5 | 3.5 | 5 | 7 | 10 | 14 | 20 |
|---|---|---|---|---|---|---|---|
| 符号线宽 $d'$ | 0.25 | 0.35 | 0.5 | 0.7 | 1 | 1.4 | 2 |
| 高度 $H_1$ | 3.5 | 5 | 7 | 10 | 14 | 20 | 28 |
| 高度 $H_2$（最小值） | 7.5 | 10.5 | 15 | 21 | 30 | 42 | 60 |

3. 表面结构在图样上的标注方法

表面结构要求对每一表面只标注一次，并尽可能注在相应的尺寸及其公差的同一视图上。除非另有说明，所标注的表面结构要求是对加工后零件表面的要求。

4. 表面结构参数的选择

多数情况下选用 $R$ 参数组中的粗糙度轮廓算术平均偏差 $Ra$。现以 $Ra$ 为例来阐述表面结构参数的确定原则和方法。零件的表面结构不仅与使用性能有关，而且与加工工艺和加工成本有关。表面结构参数值越小，零件的表面越光滑、平整，但加工成本越高。确定表面结构参数的一般原则是既要考虑表面质量要求，又要兼顾加工经济合理性，即在满足零件使用要求的前提下，尽可能选取较大的参数值。具体选用时，可以参考已有类型零件，用类比法确定参数大小。零件的工作表面、配合表面、密封表面、相对运动表面等，一般取较小的数值；零件的非工作表面、非配合表面、尺寸精度较低的表面等，一般选取较大的数值（见表 4-10-4）。配合孔表面的参数值大于轴的参数值，同一公差等级的小尺寸表面的参数值大于尺寸表面的参数值。

表 4-10-4 表面粗糙度 *Ra* 数值与加工方法及应用

| *Ra*/μm | 表面特征 | 主要加工方法 | 应用举例 |
|---|---|---|---|
| 100、50 | 明显可见刀痕 | 粗车、粗铣、粗刨、钻、粗纹锉刀和粗砂轮加工 | 粗加工表面，一般很少使用 |
| 25 | 可见刀痕 | | |
| 12.5 | 微见刀痕 | 粗车、刨、立铣、平铣、钻 | 不接触表面；不重要表面，如螺钉孔、倒角、机座底面等 |
| 6.3 | 可见加工痕迹 | 精车、精铣、精刨、铰、镗、粗磨等 | 没有相对运动的接触表面，如箱、盖、套间要求紧贴的表面；相对运动速度不高的接触面，如支架孔、衬套的工作表面 |
| 3.2 | 微见加工痕迹 | | |
| 1.6 | 看不见加工痕迹 | | |
| 0.8 | 可辨加工痕迹方向 | 精车、精铰、精拉、精镗、精磨等 | 要求很好配合的接触面，如滚动轴承的配合表面、锥销孔等；相对运动速度较高的接触面，如滑动轴承的配合表面、齿轮轮齿的工作表面等 |
| 0.4 | 微辨加工痕迹方向 | | |
| 0.2 | 不可辨加工痕迹方向 | | |
| 0.1 | 暗光泽面 | 研磨、抛光、超级精细研磨等 | 精密量的表面；极重要零件的摩擦面，如气缸的内表面、精密机床的主轴颈等 |
| 0.05 | 亮光泽面 | | |
| 0.025 | 镜状光泽面 | | |
| 0.012 | 雾状镜面 | | |
| 0.006 | 镜面 | | |

## 二、极限与配合

现代化的机械工业要求机械零件具有互换性，这就要求保证零件的表面粗糙度、尺寸公差以及形状和位置公差。我国制定了相应的国家标准，在生产中必须严格执行和遵守。

### （一）零件的互换性

在日常生活中，自行车或汽车的某些零件坏了，买个新的换上，就能继续使用，这就是零件的互换性。

在装配机器时，同一规格的任一零件，不经挑选或选配，就可装到机器上，并能保持机器的原有性能，零件的这种性质称为零件的互换性。零件具有互换性，不但给装配和修理机器带来方便，还可采用专用设备生产，提高了产品的加工效率和质量，同时降低了产品的成本。

### （二）公差的有关术语

在加工过程中，由于机床精度、刀具磨损、测量误差等因素的影响，不可能把零件的尺寸做得绝对准确。为了保证互换性，必须将零件尺寸的加工误差限制在一定的范围内，规定出加工尺寸的允许变动量，这个变动量就是尺寸公差（见图 4-10-3）。

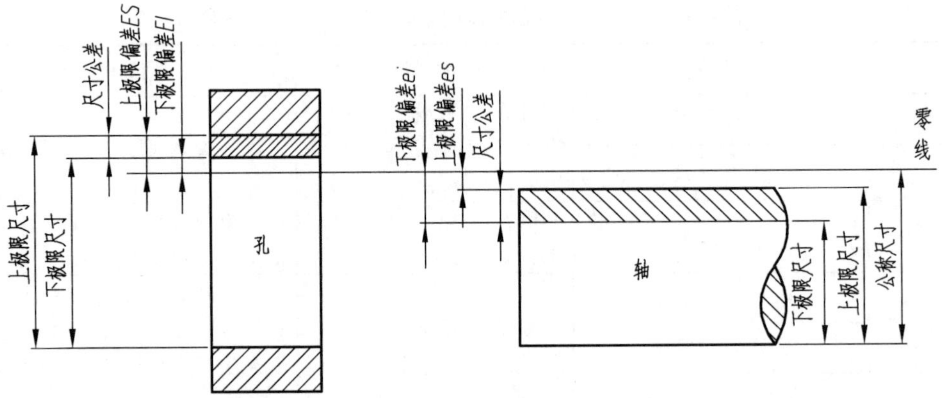


图 4-10-3　公差术语

（1）公称尺寸。公称尺寸是指根据零件强度、结构和工艺性要求设计确定的尺寸。

（2）实际尺寸。实际尺寸是指通过实际测量所得的尺寸。

（3）极限尺寸。极限尺寸是指允许尺寸变化的两个界限值，它以公称尺寸为基数来确定。两个界限值中较大的一个称为上极限尺寸，较小的一个称为下极限尺寸。

（4）尺寸偏差。尺寸偏差是指某一极限尺寸减去公称尺寸所得的代数差。尺寸偏差分为上极限偏差和下极限偏差。

上极限偏差 = 上极限尺寸 − 公称尺寸

下极限偏差 = 下极限尺寸 − 公称尺寸

国家标准规定孔的上极限偏差代号为 ES，孔的下极限偏差代号为 EI；轴的上极限偏差代号为 es，轴的下极限偏差代号为 ei。

（5）尺寸公差。尺寸公差是指允许尺寸的变动量。

尺寸公差 = 上极限尺寸 − 下极限尺寸 = 上极限偏差 − 下极限偏差

（6）公差带和公差带图。公差带表示公差大小和相对于零线位置的一个区域。零线是确定偏差的一条基准线，通常以零线表示基本尺寸。为了便于分析，一般将尺寸公差与公称尺寸的关系按放大比例画成简图，称为公差带图。在公差带图中，上、下极限偏差的距离应 成比例，公差带方框的左右长度根据需要任意确定。一般用左低右高的斜线表示孔的公差带；用细点填充表示轴的公差带，如图 4-10-4 所示。

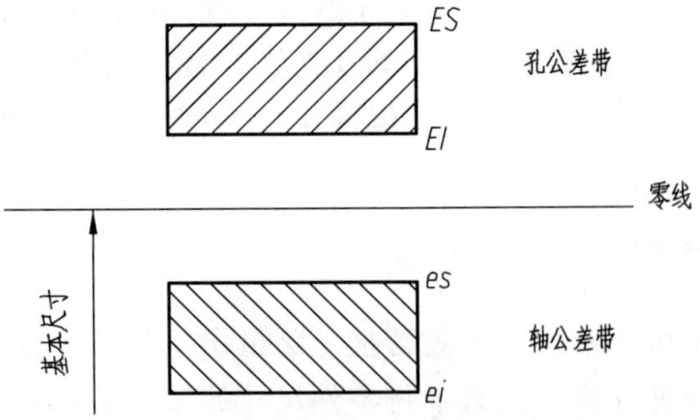


图 4-10-4　公差带图

（7）公差等级。公差等级是指确定尺寸精确程度的等级。国家标准将公差分为 20 级：IT01、IT0 ~ IT18。“IT” 表示标准公差，公差等级的代号用阿拉伯数字表示。从 IT01 到 IT18，精度依次降低。

（8）标准公差。标准公差是指用以确定公差带大小的公差。标准公差是公称尺寸的函数。对于一定的公称尺寸，公差等级越高，标准公差值越小，尺寸的精确程度越高。公称尺寸和公差等级相同的孔与轴，它们的标准公差值相等。

（9）基本偏差。基本偏差是指用以确定公差带相对于零线位置的上限偏差或下极限偏差。一般是指靠近零线的那个极限偏差。孔的基本偏差代号用 A、…、ZC 表示，轴用 a、…、zc 表示，孔、轴基本偏差代号各 28 个，其中，基本偏差 H 代表基准孔，h 代表基准轴。

（10）公差带代号。孔、轴的公差带代号由基本偏差与公差等级代号组成，并且要用同一号字母书写。孔、轴的尺寸公差可用公差带代号表示。例如 H8 表示的是公差等级为 8 级、基本偏差为 H 的孔公差带；f8 表示的是公差等级为 7 级、基本偏差为 f 的轴公差带。

## （三）配　合

配合是指将公称尺寸相同的、相互结合的孔和轴公差带之间的关系。配合是指一批孔、轴的装配关系，而不是单独某个孔和轴的装配关系，所以用公差带的关系反映配合才比较准确。

### 1. 分　类

根据不同的使用要求，相配合的孔、轴之间的松紧程度也不同，因此，国家标准将配合分为以下几种。

（1）间隙配合。孔的公差带完全在轴的公差带之上，即使把孔做得最小，把轴做的最大，当孔、轴装配在一起后仍有一定的间隙，轴在孔中有相对运动。

（2）过盈配合。孔的公差带完全在轴的公差带之下，即使把孔做得最大，把轴做得最小，孔、轴装配时仍需要一定的外力才能把轴装入孔中，轴与孔装配在一起后仍有一定的过盈不能做相对运动。

（3）过渡配合。孔和轴的公差带相互交叠，当孔、轴装配在一起后，可能出现间隙配合或过盈配合。

### 2. 基准制

公称尺寸相同的孔和轴装配在一起，可以形成各种不同的配合。为了便于设计制造、降低成本，实现配合标准化，国家标准规定了两种配合基准制度。

（1）基孔制

基准孔是指以孔的公差带，与不同基本偏差的轴的公差带形成各种不同配合的一种制度。

基孔制的孔称为基准孔，它的基本偏差为下极限偏差 EI，偏差值为零。

（2）基轴制。

基轴制是指以轴的公差带位置为基准固定不变，与不同基本偏差的孔的公差带形式各种不同配合的一种制度。

基轴制的轴称为基准轴，它的基本偏差为上限极限偏差 es，偏差值为零。

（四）公差与配合的标准

1. 在装配图上的标注方法

配合的代号由两个相互结合的孔和轴的公差带的代号组成，用分数形式表示，分子为孔的公差带代号，分母为轴的公差带代号，标准如图 4-10-5 所示。

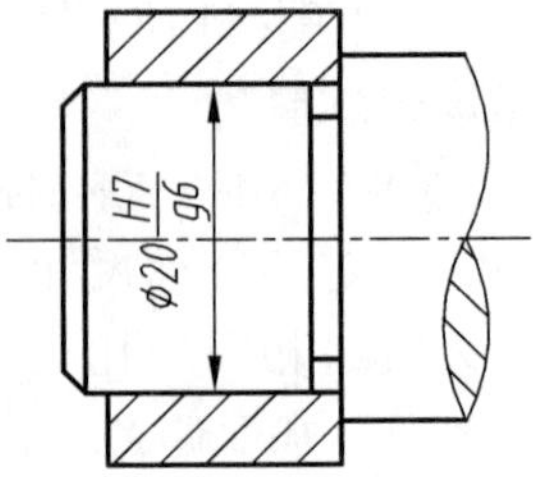

图 4-10-5　配合在装配图中的标注

2. 在零件图中的标注方法

（1）采用公差带代号标注公差：公差带代号注写公称尺寸的右边，如图 4-10-6 所示。

（2）采用极限偏差标注公差：上极限偏差注在公称尺寸的右上方，下极限偏差应与公称尺寸注在同一底线上，极限偏差数字的字号应比公称尺寸数字的字号要小一号；如果上下极限偏差的数值相同，则在公称尺寸数字后标注“±”符号，再写上极限偏差数值，数值字体与公称尺寸字体相同且同高。

（3）公差带代号和极限偏差同时标注时，极限偏差数值应该放在圆括号中。

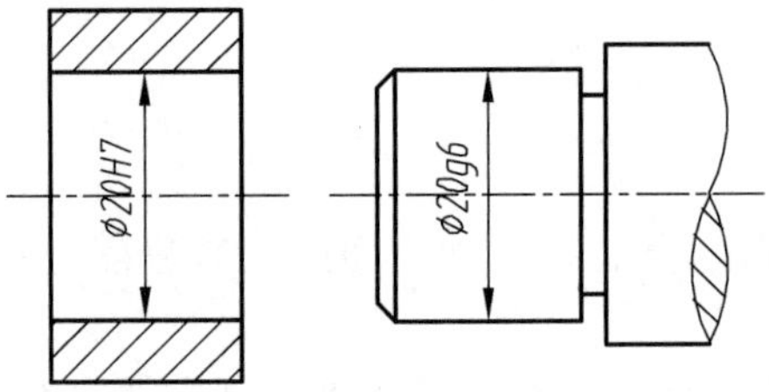

图 4-10-6　配合在零件图中的标记

## 三、几何公差

在对零件的加工过程中，零件会出现尺寸、形状和相对位置的公差，为了保证零件有效的使用，在图样上除了给出尺寸公差要求外，有时还应该按照相关功能要求给出相应的几何公差。

（一）概　念

1. 形状误差和公差

形状误差是指实际形状相对理解形状的变动量。

形状公差是指实际要素的形状所允许的变动全量。

2. 方向、位置、跳动误差和公差

方向、位置、跳动误差是指实际位置相对理想位置的变动量。理想位置是指相对于基准的理想形状的位置而言。

方向、位置、跳动公差是指实际要素的位置对基准所允许的变动全量。

3. 公差带及其形状

公差带是由公差值确定的，它是限制实际形状或实际位置变动的区域。公差带的形状有两平行直线、两等距曲线、两同心圆、一个圆、一个球、一个圆柱、一个四棱柱、两同轴圆柱、两平行平面和两等距曲面等。

## （二）几何公差的标注

标注几何公差时，标准中规定应采用代号的形式标注在图纸上。在生产实际中，当无法采用代号标注时，允许在技术要求中用文字说明。

1. 几何公差代号

几何公差的代号由公差符号、基准符号、框格、带箭头的指引线、公差数值和有关符号组成。公差框格是用细实线画出的矩形方框，由两格或多格组成，水平或垂直放置。框格高度是图样中尺寸数字高度的两倍，即 $2h$；框格中的数字、字母、符号与图样中的数字等高为 $h$，如图 4-10-7 所示。

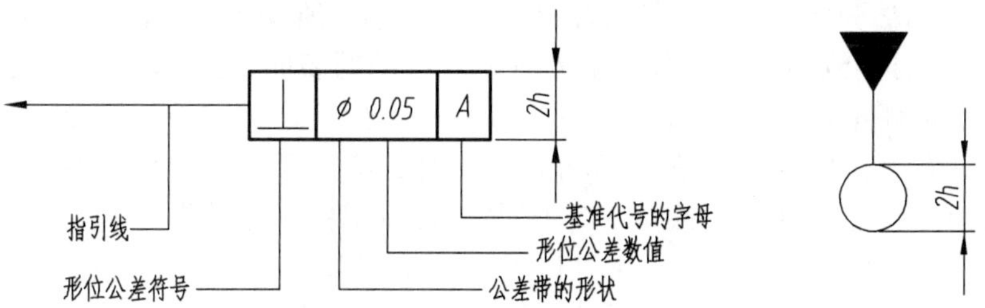


图 4-10-7　几何公差的框格形式

2. 基准代号

对方向、位置、跳动公差有要求的零件，应在图上注明基准代号。基准代号由基准符号、方框、连线和字母组成。基准符号用实心等腰三角形表示，其底边应与基准要素的可见轮廓线或轮廓线的延长线接触。方框用细实线绘制，其宽度与高度相同。基准符号与方框之间用细实线相连，连线一端应垂直于方框，另一端垂直于基准符号。方框内填写与公差框格内相应的大写字母，高度与尺寸数字相同。

3. 几何公差的标注方法

（1）用带箭头的指引线将被测要素与公差框格一端相连，指引线箭头指向公差带的宽度方向或直径方向。指引线箭头所指部位可有以下几种情况：

① 当被测要素为整体轴线或公共中心平面时，指引线箭头可直接指在轴线或中心线上。

② 当被测要素为轴线、球心或中心平面时，指引线箭头应与该要素的尺寸线对齐。

③ 当被测要素为线或表面时，指引线箭头应指向该要素的轮廓线或其引出线上，并应明显地与尺寸线错开。

（2）标注方向、位置、跳动公差，单一要素作为基准时，与被测要素相关的基准用一个大写字母表示，字母标注在基准方格中，与一个涂黑或空白的三角形相连来表示基准。带基准字母的基准三角形要按照下列规则放置：

① 当基准要素是轮廓线或轮廓面时，基准三角形放置在要素的轮廓线或其延长线上。

② 当基准要素是轴线或中心平面时，基准三角形应放置在该尺寸线的延长线上。

## 四、表面结构的表示

### （一）表面结构的概念

在机械图样上，为保证零件装配后的使用要求，除了对零件各部分结构的尺寸、形状和位置给出公差要求，还要根据功能需要对零件的表面质量和结构给出要求。机械零件的破坏，一般总是从表面层开始，可见零件表面具有重要的地位。

表面结构是指出自几何体表面的重复或偶然的偏差所形成的该表面的三维形貌。一般是表面粗糙度、表面波纹度、表面缺陷、表面几何形状的总称。这里主要介绍表面粗糙度。

表面粗糙度是指零件经过加工后，在零件表面上产生的较小间距和微小峰谷所组成的微观几何形状特征。表面粗糙度主要是由于加工过程中刀具和零件表面之间的摩擦，切屑分离时的塑性变形，以及工艺系统中存在的高频振动等原因所形成的，属于微观几何形状误差。表面粗糙度与加工方法等因素有关，零件表面的功用不同，所要求的表面粗糙度参数也不同。一般情况下，零件上与其他零件有配合要求或有相对运动的表面，表面较光滑，粗糙度参数较小。

表面粗糙度是评定零件表面质量的一项重要技术指标，对零件的配合、耐磨性、抗腐蚀性以及密封性等有显著影响。对表面结构有要求时，应在零件图上标注表面结构代号，用以说明该零件表面完工后须达到的表面技术要求。表面粗糙度参数有两种：轮廓算术平均偏差 $Ra$ 和轮廓最大高度 $Rz$。目前，一般在机械设计中主要采用轮廓算术平均偏差。

轮廓算术平均偏差是在取样长度 $l$ 内，轮廓上的点到中线之间距离绝对值的算术平均值。标准规定了轮廓算术平均参数的优选系列值，供设计时选用。

### （二）标注表面结构的图形符号

在技术产品文件中，对表面结构的要求可用几种不同的图形符号表示。

当在图样某个视图上构成封闭轮廓的各表面具有相同的表面结构要求时，在完整图形符号上加一圆圈，标注在图样中工件的封闭轮廓线上。

为了明确表面结构要求，除了标注表面结构参数和数值外，必要时应标注补充要求。在完整图形符号中，对表面结构的单一要求和补充要求应注写在图示的指定位置。

### （三）表面结构要求在图样中的注法

（1）表面结构要求对每一表面一般只注一次，并尽可能注在相应的尺寸及其公差的同一视图上。

（2）表面结构的注写和读取方向与尺寸的注写和读取方向一致。

（3）表面结构要求可标注在轮廓线上，其符号应从材料外指向并接触表面。必要时，表面结构符号也可用带箭头或黑点的指引线引出标注。表面结构要求也可以直接标注在轮廓特征的延长线上，或用带箭头的指引线引出标出。

（4）在不致引起误解时，表面结构要求可以标注在给定的尺寸线上。

（5）表面结构要求可标注在几何公差框格的上方。

## （四）表面结构要求在图样中的简化注法

### 1. 有相同表面结构要求的简化注法

如果在工件的多数表面具有相同的表面结构要求时，则其表面结构要求可统一标注在图样的标题栏附近，此时，表面结构要求的符号后面应有：在圆括号内给出无任何其他标注的基本符号。

### 2. 多个表面有共同要求的注法

当多个表面具有相同的表面结构要求或图纸空间有限时，可用带字母的完整符号，以等式的形式，在图形或标题栏附近进行简化标注。

# 任务十一　看零件图

## 【图示引导】

读零件图就是要求在了解零件在机器中的作用和装配关系的基础上，弄清零件的材料、结构形状、尺寸和技术要求等，图 4-11-1 所示为电力机车中的单元制动器零件图。

制动杠杆

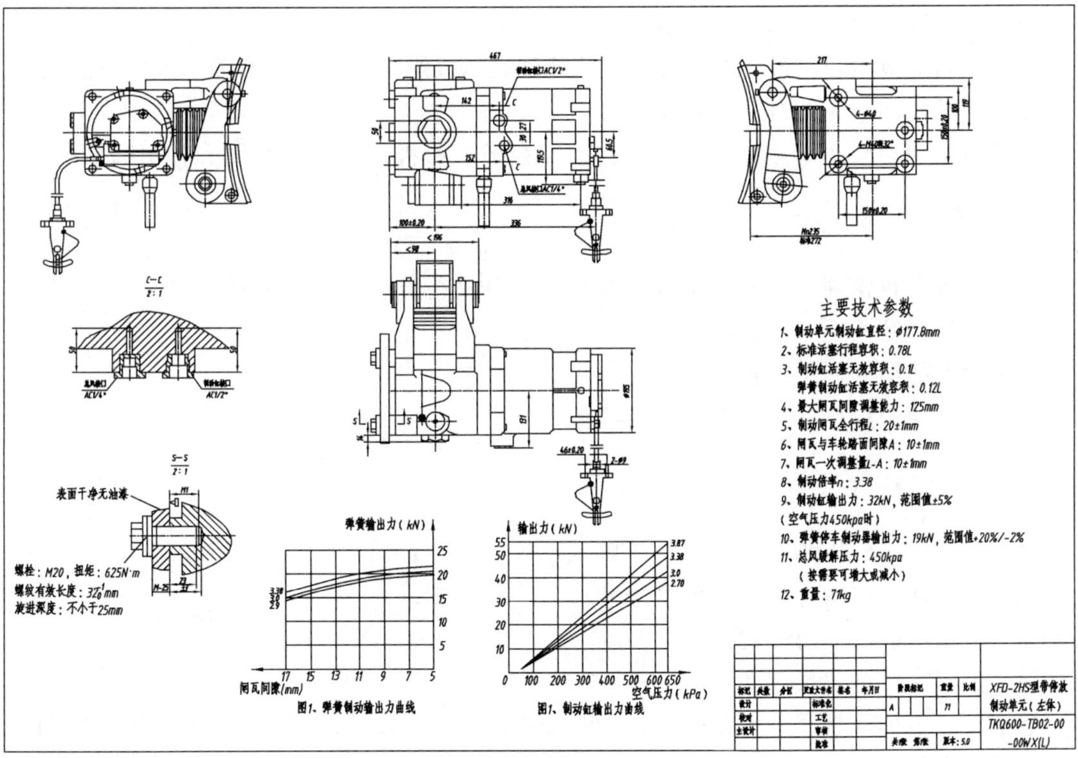


图 4-11-1　单元制动器零件图

## 【相关知识】

### 一、读零件图的要求

零件图是制造和检验零件的依据，是反映零件结构、大小及技术要求的载体，其要求如下：

（1）了解零件的名称、材料和用途。

（2）了解组成零件各部分结构形状的特点、功用以及它们之间的相对位置。

（3）了解零件的制造方法和技术要求。

### 二、读图步骤

#### （一）看标题栏

从标题栏中了解零件的名称（机车车辆制动元件）、质量（71 kg）等。

#### （二）表达方案分析

可按以下顺序进行分析：

（1）找出主视图。

（2）所用视图数量、采用的表达方法等，找出它们的名称、相互位置和投影关系。

（3）凡有剖视图、断面图要找到剖切平面的位置。

（4）有局部视图和斜视图的地方，必须找到表示投影部位的字母和表示投影方向的箭头。

（5）有无局部放大图及简化画法。

该机车车辆制动图由主视图、俯视图、左视图、右视图、局部视图和移出断面组成。

#### （三）进行形体分析和线面分析

（1）先看大致轮廓，再分几个较大的独立部分进行分析，逐一看懂。

（2）对外部结构逐个分析。

（3）对内部结构逐个分析。

（4）对不便于形体分析的部分进行线面分析。

#### （四）进行尺寸分析

（1）进行形体分析和结构分析，了解定形尺寸和定位尺寸。

（2）据零件的结构特点，了解基准和尺寸标注的形式。

（3）了解功能尺寸与非功能尺寸。

（4）了解零件总体尺寸。

把零件的结构形状、尺寸标注、工艺和技术要求等内容综合起来，就能了解零件的全貌，也就看懂了零件图。

# 任务十二 零件图的绘制

## 【相关知识】

零件的绘制就是根据实际零件画出它的图形，测量出它的尺寸并制定出技术要求。绘制时，首先应徒手画出零件草图，然后根据该草图绘制出零件图。

## 一、画零件草图的方法和步骤

草图的画法在前面已经讨论过，熟练地掌握草图的画法，对零件草图的绘制非常重要。

### （一）了解和分析绘制对象

在画零件草图之前，应对零件进行详细分析，了解零件的名称、用途、材料以及它在机器中的位置和作用；然后对该零件进行结构分析和制造方法的大致分析。

### （二）确定零件的表达方案

根据上述分析，确定零件的主视图；再根据零件的内、外结构特点，选用必要的视图，并确定视图数量和表达方法。

### （三）绘制零件草图

下面以端盖（见图 4-12-1）为例，说明绘制零件草图的步骤。

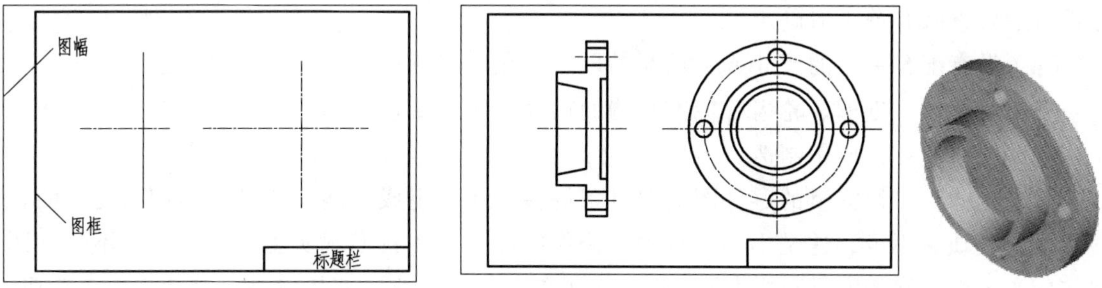


图 4-12-1 零件图的绘制

（1）在图纸上定出各视图的位置。选定绘图比例，确定适当图幅，画出图框和标题栏。画出各视图的基准线、中心线，确定各视图的位置。

（2）正确地画出零件外部和内部的结构形状。

（3）注出零件各表面粗糙度符号，选择基准并画尺寸线、尺寸界线及箭头。确认无误后，描深轮廓线，完成视图。

（4）测量尺寸，并将尺寸数字标入图中；标注各表面粗糙度数值，确定尺寸公差；填写技术要求和标题栏。

## 二、画零件工作图的方法和步骤

零件草图是在现场绘制的，由于受时间、地点的限制，所考虑的问题不一定很全面。因此，在画零件工作图时，需要对草图再进行审核。有些参数要进一步设计、计算和选用，如表面粗糙度、几何公差、材料及表面处理等；有些问题也需要重新加以考虑，如表达方案的选择、尺寸的标注等，经过复查、补充、修改后，方可画零件图。画零件图的方法和步骤如下：

（1）选择比例。根据零件的复杂程度选择比例，尽量选用 1∶1，以便看图和零件的加工。

（2）确定图幅。根据视图数量、尺寸、技术要求等所需空间大小选择标准图幅。

（3）画底图。画底图时，首先定出各视图的基准线，然后画出各视图，再标出尺寸，最后注写技术要求，填写标题栏。

（4）校核。零件图的所有内容完成后，需对其进行校核，发现错误及时更正。

（5）加深。按顺序加深所有的粗实线，并保持线条的粗细一致。

（6）审核。零件图画好后，还需要进一步审核。各项内容都准确无误时，零件图便完成了。

## 三、零件绘制时的注意事项

（1）零件的制造缺陷，如砂眼、气孔、刀痕等，都不应画出。

（2）零件上因制造、装配需要而形成的工艺结构必须画出。

（3）有配合关系的尺寸，一般只需测出它的公称尺寸，其配合性质和相应的公差值应在分析考虑后查阅有关手册确定。

（4）没有配合关系的尺寸或不重要的尺寸，允许将测量所得尺寸适当调整。

（5）对螺纹、键槽、轮齿等标准结构的尺寸，应把测量的结果与标准值对照，一般均采用标准的结构尺寸，便于制造。

**思考延伸：**一幅完整的零件图需要具备许多的元素组成才能完成其作用和功能，而且这些组成元素缺一不可，这是不是一种团队协作的体现？在我们现实生活中，无处不体现团队协作的重要性。就拿拔河比赛来说，即使个人的力量再强大，如果没有相互协作，胡乱使劲，又有什么用呢？反之，即使个人的力量很渺小，但大家劲往一处使，力往一处发，那么，胜利将是属于他们的，因为分工明确，因为团结。古人云：“人心齐，泰山移”，这是对团队协作的最好总结。团队协作不仅仅是一个岗位上的协作，也是整个项目的一个协作，每个岗位上的协作关系处理好了，整个项目也会顺风顺水。请同学们想一想是不是这样的？

# 任务十三　装配图的作用和内容

## 【图示引导】

车钩缓冲装置装配图

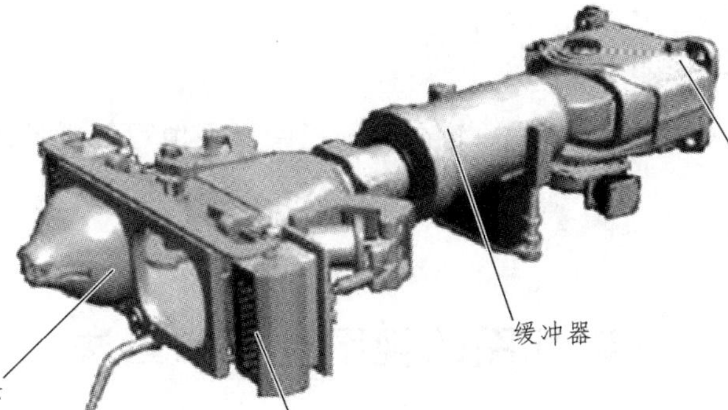


图 4-13-1　车钩缓冲装置装配图

## 【相关知识】

装配图是设计部门提交生产部门的重要技术文件。在设计、装配、调整、检验、安装、使用及维修机器时，都需要装配图。

装配图是表达机器或部件的工作原理、装配关系及主要零件的主要结构的图样。

## 一、装配图的作用

装配图是制定装配工艺规程，进行装配、检验、安装及维修的重要技术文件，也是设计、装配、调试、检验、安装、使用、维修和绘制等过程的依据。

设计人员在设计时，首先绘制出装配图，再根据装配图的要求拆绘出零件图。

## 二、装配图的内容

### （一）一组视图

装配图中的视图用以表示装配体的工作原理、各组成部分的装配连接关系、连接方式、相对位置以及动力的传动路线等。

### （二）几类尺寸

装配图中标注的尺寸主要是装配体的性能规格尺寸、装配尺寸、安装尺寸、总体尺寸及其他重要尺寸。

### （三）技术要求

装配图中的技术要求主要用来说明机器或部件在装配、调整、检验、安装、使用、维修和绘制等过程中应达到的技术要求和指标。

### （四）零件序号和明细栏

将各零件按一定的顺序进行编号，并在明细栏中对应填写各零件的编号、名称、图号、材料、数量等内容。

## 任务十四 装配图的视图选择和画法

### 【图示引导】

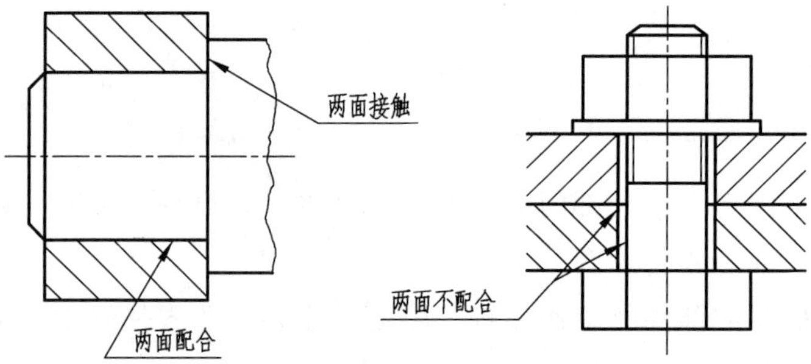


图 4-14-1 装配图中相邻零件的配合

### 【相关知识】

### 一、装配图的规定画法

（1）相邻两零件的接触表面和配合表面只画一条线，非接触表面和非配合表面画两条线，见图 4-14-1。

（2）两个及以上零件相邻接时，剖面线的倾斜方向应相反或间隔不同。但同一零件在各视图上的剖面线方向和间隔必须一致。

（3）标准件和实心件按不剖绘制。当剖切平面通过螺栓、螺钉、螺母、垫圈、键、销等标准件及轴、杆、球等实心件的轴线或纵向对称面时，这些零件按不剖绘制。

## 二、装配图的特殊表达方法

### （一）拆卸画法

为了表达装配体中被上面零件遮住的下面零件的内容结构及装配关系，可假想将上面的零件拆卸后绘制，并在该图上方标注“拆去某某等”。

### （二）沿结合面剖切画法

为了表达装配体中某些内部结构及装配关系，可假想沿某些零件的结合处进行剖切后绘制，如图 4-14-2 所示。

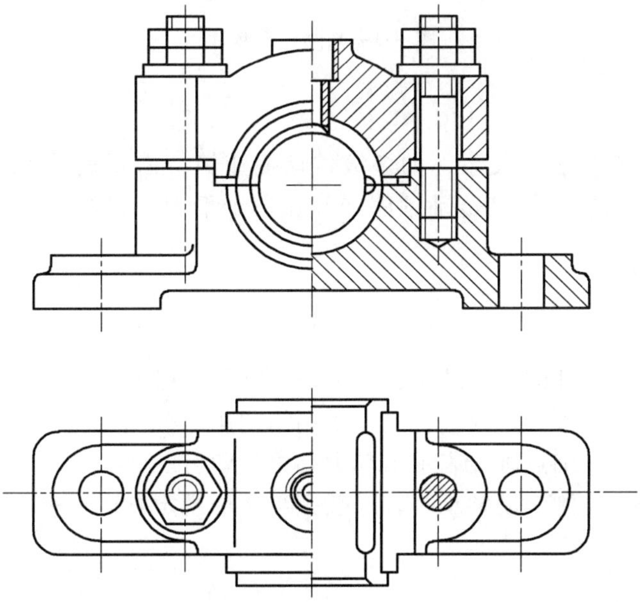

图 4-14-2　剖切画法

### （三）单独表示某个零件

在装配图中为了表达某个主要零件的结构，可单独画出该零件的某个视图，还应在该视图的上方中央标注零件 ×，并标注投影方向。

### （四）夸大画法

在装配图中若绘制厚度或直径较小的薄片零件、细丝零件、较小的斜度或锥度，而这些零件又无法按实际比例画出时，允许将这些结构不按比例夸大画出。

### （五）假想画法

在装配图中当需要表达与本装配体有关，但不属于本装配体的相邻零件时，或者在装配图中当需要表达运动机件的极限位置时，可用双点画线画出该运动零件极限位置的外形轮廓图，如图 4-14-3 所示。

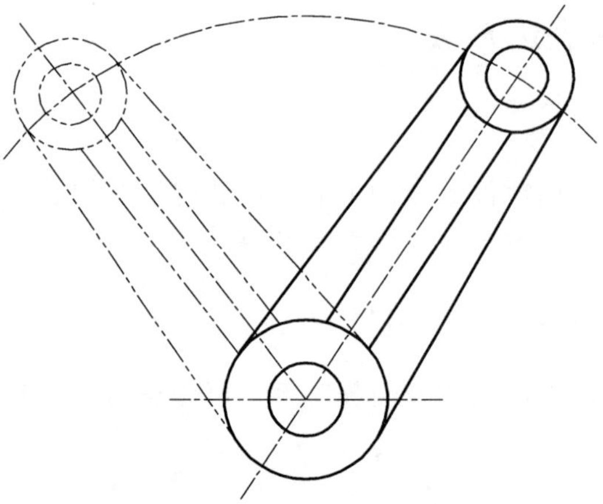

图 4-14-3 假想画法

### （六）展开画法

为了表达某些重叠的装配关系，如多级传动变速箱，需要表示出齿轮传动顺序和装配关系，可以假想将空间轴系按其传动顺序展开在一个平面上，画出剖视图，这种画法称展开画法。

### （七）简化画法

（1）在装配图中，零件的工艺结构，如倒角、圆角和退刀槽等可省略不画。

（2）在装配图中，螺母和螺栓头部允许采用简化画法。当绘制相同的螺纹紧固件组时，允许只画出一处，其余用细点画线表示出其中心位置即可。

（3）在装配图中，绘制滚动轴承时，一般一半采用规定画法，另一半采用简化画法。

## 任务十五 装配图的尺寸标注

### 【相关知识】

### 装配图的尺寸标注

装配图与零件图表达的内容不同，因此对尺寸标注的要求也不同。装配图中应标注必要的尺寸，进一步说明机器的性能、工作原理、装配关系和安装要求等。一般需要标注以下几类尺寸：

### （一）性能尺寸

性能尺寸是表示部件的性能和规格的尺寸，是设计时确定的尺寸，也是选用产品的主要依据。

### （二）装配尺寸

装配尺寸表示机器或部件上有关零件间的装配尺寸。它包括配合尺寸和相对位置尺寸。

（1）配合尺寸。配合尺寸是表示两个零件之间配合性质的尺寸。

（2）相对位置尺寸。相对位置尺寸是表示装配机器或拆画零件图时，需要保证的、影响其性能的重要零件间的相对位置尺寸。

### （三）安装尺寸

安装尺寸是将部件安装到机座或地基上，或其他机器或部件相连接时所需要的尺寸。

### （四）外形尺寸

外形尺寸是表示机器或部件外形轮廓的长、宽、高三个方向上的最大尺寸。

### （五）其他重要尺寸

其他重要尺寸是设计时计算确定或选定的对机器或部件在包装、运输、安装、调试和使用等过程中应满足的一些技术要求及注意事项，应该用文字的形式写在明细栏的上方或左边。

## 任务十六 装配图的零件序号和明细栏

### 【图示引导】

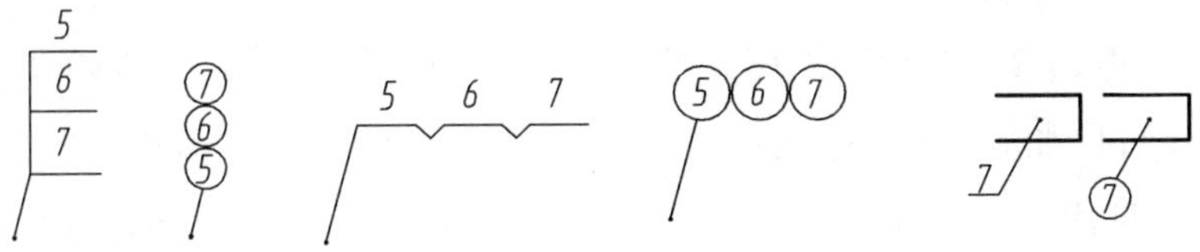


（a）公用标注　　　　（b）一般标注

图 4-16-1　零部件序号的标注方式

### 【相关知识】

为了便于阅读和管理图样以及统计零件数量，进行生产的准备工作，装配图上必须对每个零件和部件编注序号，并填写明细栏。

## 一、零部件序号的编排方法

### （一）编写零部件序号的方法

零部件序号的编排方法通常有以下两种。

（1）将装配图上所有零件按一定顺序编写序号。

（2）将装配图上所有零件按一定顺序编号，而将标准件的国标号直接注写在图样上。

### （二）零部件序号的标注方法

序号应写在视图、尺寸的范围之外。指引线应从连接的可见轮廓内引出，用细实线绘制，并在轮廓内的一端画一小圆点，在轮廓外的一端画一小段细实线的水平线或圆，序号的字高比该装配图中所注尺寸数字高度大两号。同一装配图中标注序号的形式应一致。

若在所指部分不易画圆点时，可在指引线末端画出指向该部分的箭头。

### （三）标注零件部件序号的注意事项

（1）相同零件只对其中一个进行编号，其数量填在明细栏内。

（2）指引线不能相交。在通过剖面线的区域时，指引线不能与剖面线平行，必要时指引线允许曲折一次。

（3）对于一组紧固件或装配关系清楚的零件组，可采用公共指引线。

（4）零件编号应按顺时针或逆时针方向顺序编号，全图按水平方向或垂直方向整齐排列，并应标注在视图外面。

## 二、明细栏

明细栏（见图 4-16-2）是指装配图中所有零部件的详细目录，应该画在标题栏的上方；如果位置不够，还可以加画在标题栏的左侧。明细栏的竖线以及与标题栏的分界线为粗实线，其余为细实线。零件序号按从小到大的顺序由下而上填写，以便添加漏画的零件。

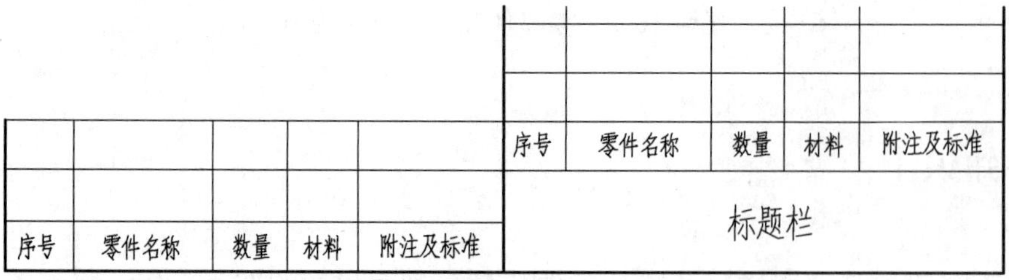


图 4-16-2　明细栏

# 任务十七 识读装配图

## 【图示引导】

图 4-17-1 轴承

## 【相关知识】

### 一、画装配图的方法和步骤

#### （一）拟定表达方案

拟定表达方案应包括选择主视图、确定视图数量和各视图的表达方法。

1. 选择主视图

主视图一般按装配体的工作位置选择，并使其能够反映装配体的工作原理、主要装配关系和主要结构特征。

2. 确定视图数量和表达方法

只靠一个视图是不能把所有的情况全部表达清楚的，因此，就需要有其他视图作为补充，并应考虑以何种表达方法能最好地做到易读、易画。为了更清楚地表达下轴瓦和轴承座之间的接触情况，以及下轴瓦的油槽形状，在俯视图右边采用了拆卸剖视。

#### （二）画装配图的步骤

（1）根据所确定的视图数目、图形的大小和采用的比例，选定图幅并进行布局。在布局时，应留出标注尺寸，编注零件序号，书写技术要求，画标题栏和明细栏的位置，如图 4-17-2 所示。

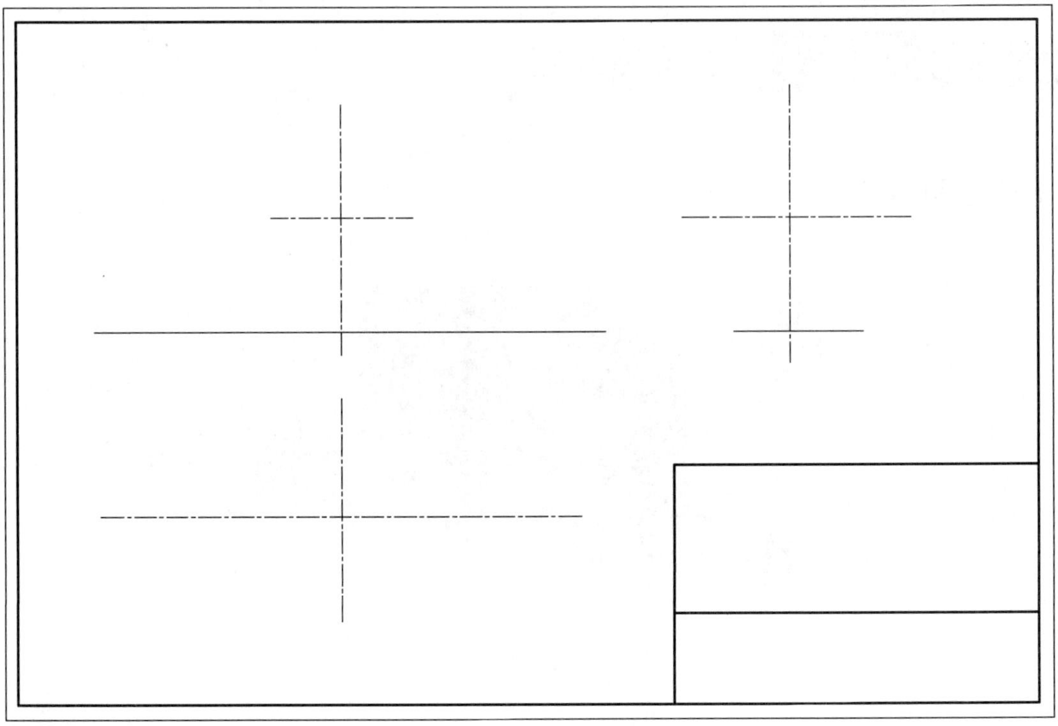

（a）布置视图

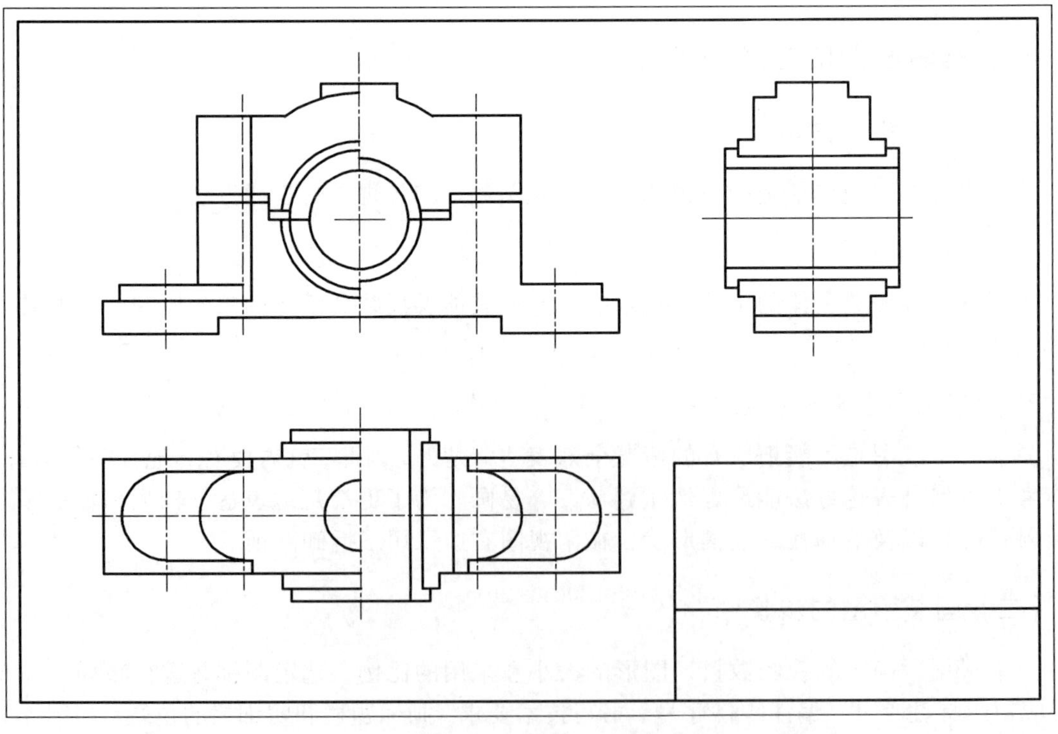

（b）画主要视图主要部件

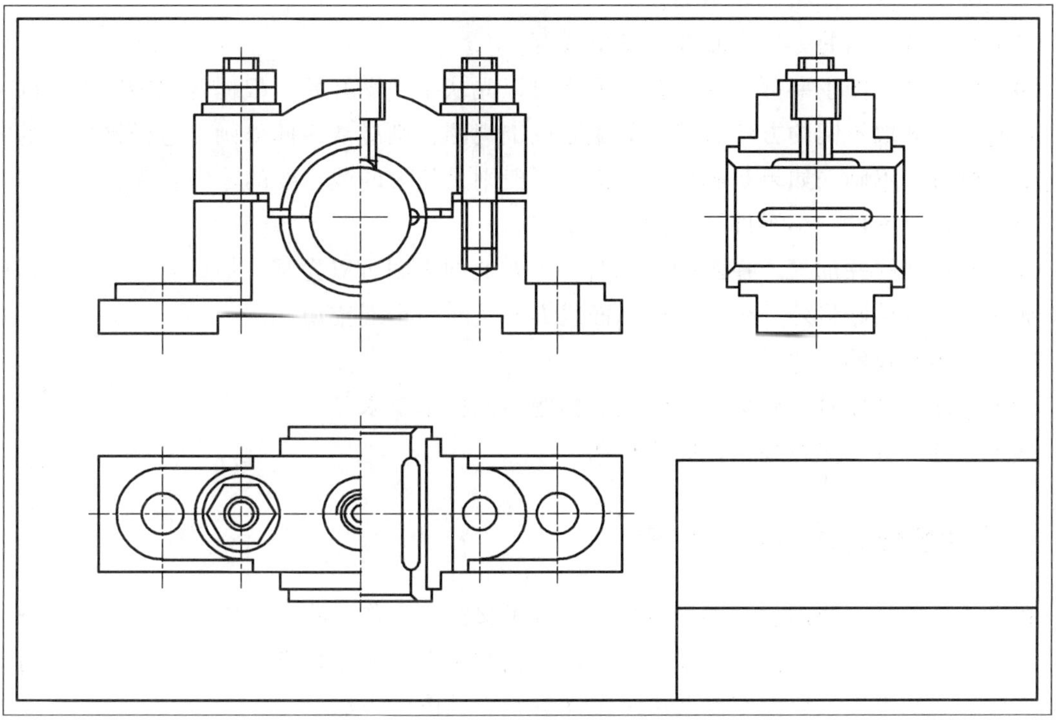

（c）画次要部件

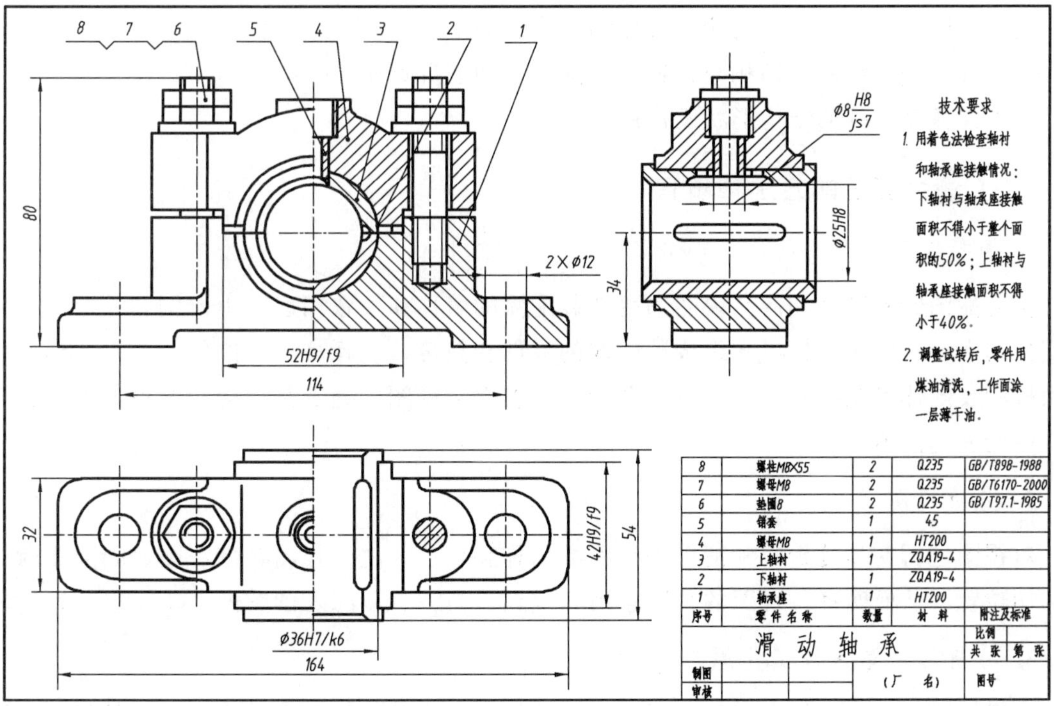


（d）完成

图 4-17-2　画装配图步骤

（2）画出图框、标题栏和明细栏。

（3）画出各视图的主要中心线及基准线等。

（4）画出各视图主要部分的底稿。通常可以先从主视图开始，根据各视图所表达的主要内容不同，可采取不同的方法着手。如果是画剖视图，则应从内向外画，这样被遮住的零件的轮廓线就可以不画。如果是画外形视图，一般则是从大的或主要的零件着手。

（5）画次要零件、小零件及各部分的细节。

（6）画剖面线并加深。在画剖面线时，主要的剖视图可以先画。最好画完一个零件所有的剖面线，再开始画另外一个，以免剖面线方向及间距出现错误。

（7）注出必要的尺寸。

（8）编注零件序号，并填写明细栏、标题栏及技术要求等。

（9）仔细检查全图并签名，完成全图。

## 二、读装配图的方法和步骤

在生产、维修、使用、管理机械设备和技术交流等工作过程中，常需要阅读装配图，在设计过程中，也经常要参阅一些装配图，以及由装配图拆画零件图。因此，作为工程行业的从业人员，必须掌握读装配图以及由装配图拆画零件图的方法。

### （一）读装配图的基本要求

（1）了解部件的名称、用途、性能和工作原理。

（2）弄清楚各零件间的相对位置、装配关系和装拆顺序。

（3）弄懂各零件的结构形状及作用。

### （二）读装配图的方法和步骤

1. 概括了解

由装配图的标题栏和产品说明书可知装配体的名称和大致用途；由比例和外形尺寸可知装配体的大小；由明细栏可知组成装配体的零件和数量，包括多少标准件、多少非标准件，从而推测装配体的复杂程度；了解视图数目，找出主视图，确定其他视图的投射方向，明确各视图的表达内容。

2. 分析视图

对视图进行初步分析，弄清每个视图的名称和表达方法，找出各剖视图、断面图所对应的剖切位置，从而明确各视图的表达意图和重点，为下一步深入读图做准备。

3. 分析传动路线及工作原理

一般情况下可从图样上直接分析装配体的传动路线及工作原理，当部件比较复杂时需参考产品说明书。

4. 分析装配关系

从反映工作原理、装配关系较明显的视图入手，抓主要装配干线或传动路线，分析研究各相关零件间的连接方式和装配关系，为进一步分析零件做准备。

5. 分析零件的结构形状

最好从表达零件最清楚的视图入手，首先依据投影规律、序号和剖面线以及其他规定画法，区分开零件的投影轮廓。必要时还须借助丁字尺、三角板、分规等工具，找出视图间的投影关系，根据投影分析将零件在各个视图上的轮廓从装配图中分离出来，再运用形体分析法并辅以线面分析法，结合零件的功用和零件间的相互关系，并考虑零件材料、加工、装配工艺等因素，进一步补充完善装配图上表达不完整的结构形状，从而想象出零件完整的结构形状，为拆画零件图做准备。

6. 归纳总结

通过以上分析，最后综合起来，对装配体的工作原理、装配关系及主要零件的结构形状、尺寸、作用有一个完整、清晰的认识，从而想象出整个装配体的形状和结构。

以上所述步骤在读图过程中不能截然分开，应交替进行。

# 项目五

# AutoCAD 绘图基础

## 项目导入

随着 CAD（计算机辅助技术）的飞速发展和普及，越来越多的工程设计人员开始使用计算机绘制各种图形，计算机绘图是计算机图形学在工程领域的应用，是 CAD 技术的主要组成部分。用计算机绘制工程图成为现代工程设计的必备手段，具有出图速度快、作图精确的特点，并且便于管理、检索、修改、交流和保存。

在目前的计算机绘图领域，AutoCAD 是使用最广泛的计算机绘图软件，本模块主要介绍 CAD 的基本功能、基本操作指令和使用方法。

## 学习目标

1. 掌握 CAD 的基本功能；
2. 掌握 CAD 的基本操作指令及使用技巧；
3. 能使用 CAD 绘制简单的二维图形。

# 任务一 AutoCAD 基础知识

【图示引导】

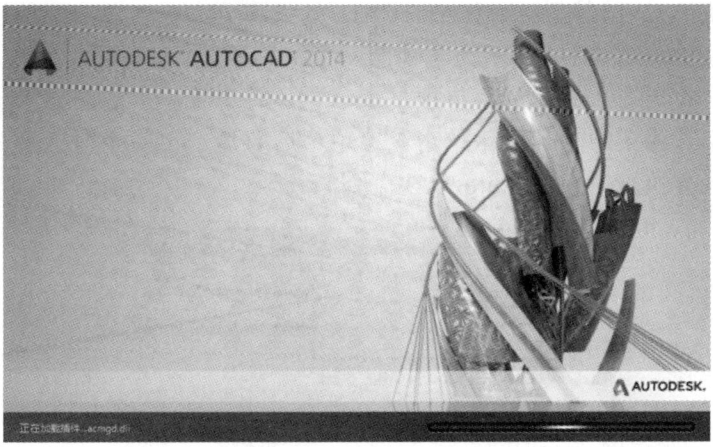


图 5-1-1　AutoCAD 启动界面

【相关知识】

## 一、AutoCAD 的工作界面

AutoCAD 2014 的经典工作界面由标题栏、菜单栏、各种工具栏、绘图窗口、光标、命令窗口、状态栏、坐标系图标、模型/布局选项卡和菜单浏览器等组成，如图 5-1-2 所示。

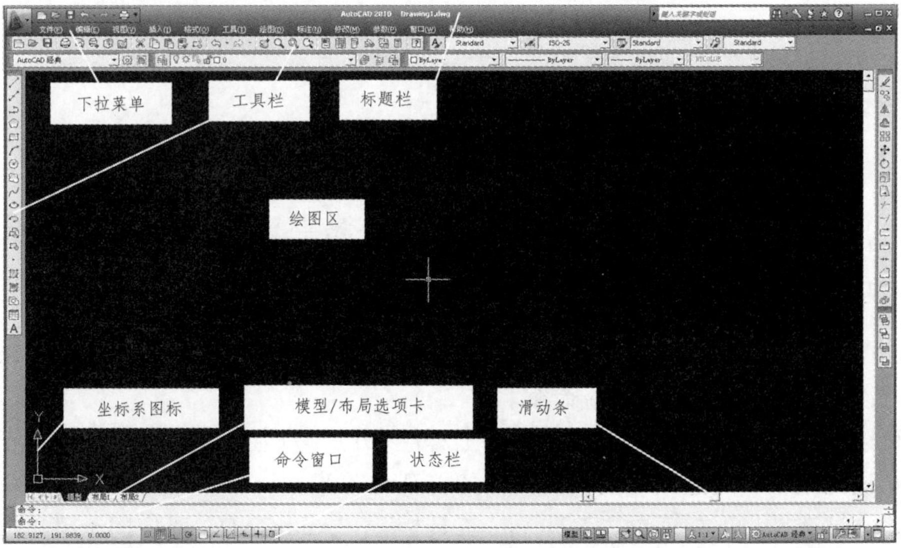


图 5-1-2　“AutoCAD 经典”工作界面

## （一）标题栏

标题栏与其他 Windows 应用程序类似，用于显示 AutoCAD 2014 的程序图标以及当前所操作图形文件的名称。

## （二）菜单栏

菜单栏是主菜单，可利用其执行 AutoCAD 的大部分命令。单击菜单栏中的某一项，会弹出相应的下拉菜单。图 5-1-3 所示为“视图”下拉菜单。

下拉菜单中，右侧有小三角的菜单项，表示它还有子菜单。右图显示出了“缩放”子菜单；右侧有三个小点的菜单项，表示单击该菜单项后要显示出一个对话框；右侧没有内容的菜单项，单击它后会执行对应的 AutoCAD 命令。

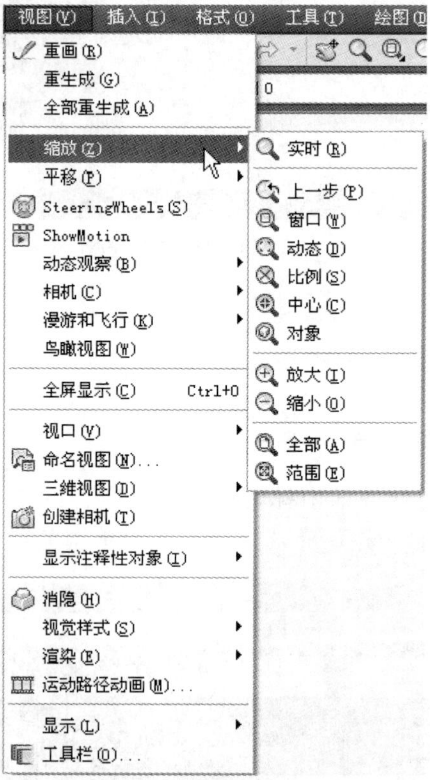


图 5-1-3 “视图”下拉菜单

## （三）工具栏

AutoCAD 2014 提供了 40 多个工具栏，每一个工具栏上均有一些形象化的按钮。单击某一按钮，可以启动 AutoCAD 的对应命令。

用户可以根据需要打开或关闭任意一个工具栏。方法是：在已有工具栏上右击，AutoCAD 弹出工具栏快捷菜单，通过其可实现工具栏的打开与关闭。

此外，通过选择与下拉菜单“工具”|“工具栏”|“AutoCAD”对应的子菜单命令，也可以打开 AutoCAD 的各工具栏。

## （四）绘图窗口

绘图窗口类似于手工绘图时的图纸，是用户用 AutoCAD 2014 绘图并显示所绘图形的区域。

## （五）光　标

当光标位于 AutoCAD 的绘图窗口时为十字形状，所以又称其为十字光标。十字线的交点为光标的当前位置。AutoCAD 的光标用于绘图、选择对象等操作。

## （六）坐标系图标

坐标系图标通常位于绘图窗口的左下角，表示当前绘图所使用的坐标系的形式以及坐标方向等。AutoCAD 提供有世界坐标系（World Coordinate System，WCS）和用户坐标系（User Coordinate System，UCS）两种坐标系。世界坐标系为默认坐标系。

## （七）命令窗口

命令窗口是 AutoCAD 显示用户从键盘键入的命令和显示 AutoCAD 提示信息的地方。默认时，AutoCAD 在命令窗口保留最后 3 行所执行的命令或提示信息。用户可以通过拖动窗口边框的方式改变命令窗口的大小，使其显示多于 3 行或少于 3 行的信息。

## （八）状态栏

状态栏用于显示或设置当前的绘图状态。状态栏上位于左侧的一组数字反映当前光标的坐标，其余按钮从左到右分别表示当前是否启用了捕捉模式、栅格显示、正交模式、极轴追踪、对象捕捉、对象捕捉追踪、动态 UCS（用鼠标左键双击，可打开或关闭）、动态输入等功能以及是否显示线宽、当前的绘图空间等信息，如图 5-1-4 所示。

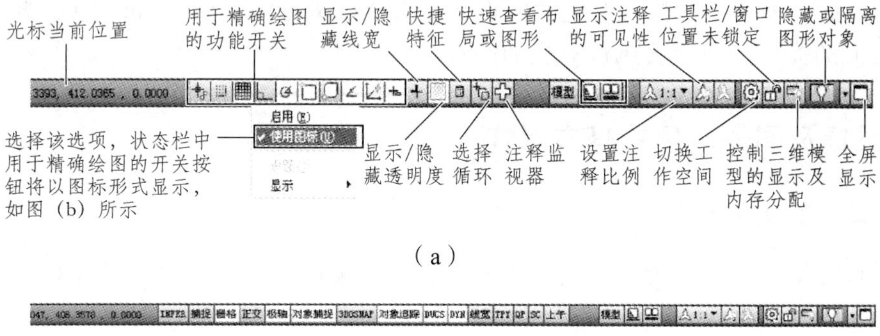


图 5-1-4　“状态栏”图标含义

## （九）模型/布局选项卡

模型/布局选项卡用于实现模型空间与图纸空间的切换。

### （十）滚动条

利用水平和垂直滚动条，可以使图纸沿水平或垂直方向移动，即平移绘图窗口中显示的内容。

## 二、AutoCAD 的基本操作

### （一）执行 AutoCAD 命令的方式

AutoCAD 的主要功能都是由其命令来实现的，当命令窗口出现“命令”时，表示 AutoCAD 处于命令等待状态，可以输入命令。命令输入的方式有以下三种：

（1）通过键盘输入命令。在命令区输入命令原文，可以执行该命令，注意 AutoCAD 命令区必须输入命令的英文原文，有些命令有缩写。

（2）通过菜单执行命令。点击下拉菜单的相应命令，即执行该命令。

（3）通过工具栏执行命令。

### （二）重复执行命令

重复执行命令的操作方法如下：

（1）按键盘上的 Enter 键或按 Space 键；

（2）使光标位于绘图窗口，右击，AutoCAD 弹出快捷菜单，并在菜单的第一行显示出重复执行上一次所执行的命令，选择此命令即可重复执行对应的命令。

另外，在命令的执行过程中，用户可以通过按 Esc 键；或右击，从弹出的快捷菜单中选择“取消”命令的方式终止 AutoCAD 命令的执行。

### （三）透明命令

透明命令是指当执行 AutoCAD 的命令过程中可以执行的某些命令。

当在绘图过程中需要透明执行某一命令时，可直接选择对应的菜单命令或单击工具栏上的对应按钮，而后根据提示执行对应的操作。透明命令执行完毕后，AutoCAD 会返回到执行透明命令之前的提示，即继续执行对应的操作。

## 三、鼠标及图形对象的基本操作

### （一）鼠标的功能及用法

（1）鼠标左键：一般作为拾取键，主要用来选择菜单、工具按钮、目标对象，以及在绘图过程中指定点的位置等。

（2）鼠标右键：在 AutoCAD 窗口的大部分区域单击鼠标右键，都会弹出快捷菜单；在执行编辑类命令时，如果系统提示选择对象，此时单击鼠标左键可选择对象，单击鼠标右键可结束对象选择。

（3）鼠标滚轮：直接滚动鼠标滚轮可放大或缩小图形；如果按住滚轮并移动鼠标，则可平移图形。

## （二）图形对象的选择与删除

### 1. 单击选择

将光标移至要选择的对象上并单击鼠标左键，可选中该对象；按住 Shift 键，依次连续单击不同的对象，可选择多个对象。

### 2. 利用窗选法和窗交法选择对象

如果希望选择一组邻近对象，可使用窗选法或窗交法。

窗选是指自左向右拖出选择窗口，此时完全包含在选择区域中的对象均会被选中，如图 5-1-5 所示。

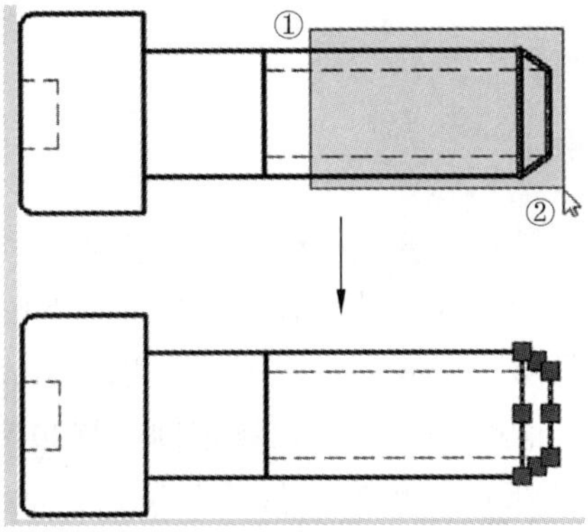


图 5-1-5　窗选法

窗交是指自右向左拖出选择窗口，此时所有完全包含在选择窗口中，以及所有与选择窗口相交的对象均会被选中，如图 5-1-6 所示。

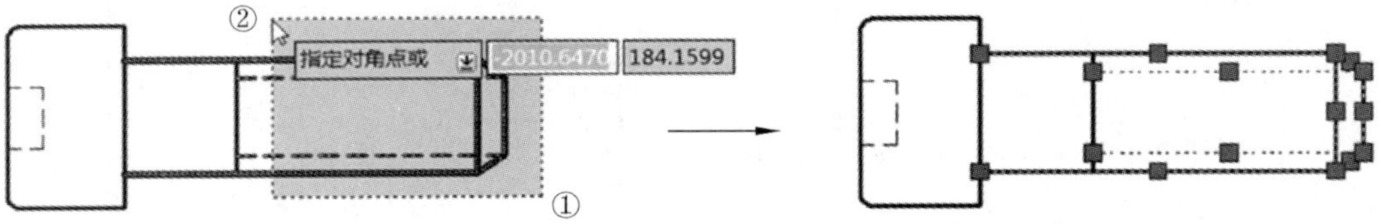


图 5-1-6　窗交法

## （三）夹　点

当图形对象被选中后，该对象上将出现■符号，该符号被称为夹点。在 AutoCAD 中，所有图形元素的形状都是由夹点控制的。例如，直线包含两个端点和一个中点夹点，圆包含圆心和四个象限夹点，矩形包含四个角夹点，如图 5-1-7（a）所示。

图形对象的夹点除了用来控制图形形状外，还可以用来编辑图形。例如，单击圆的象限夹点并移动光标可调整圆的半径，单击圆心夹点并移动光标可移动圆的位置，如图 5-1-7（b）所示。

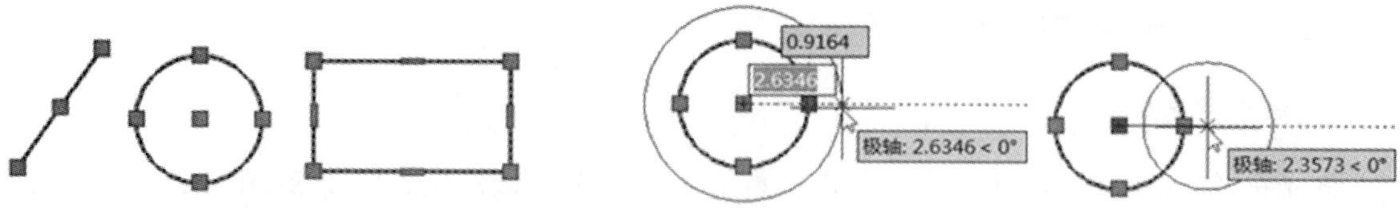


（a）　　　　　　　　　　　　（b）

图 5-1-7　图形对象的夹点

### （四）删除图形对象

选中图形对象后按 Delete 键，或在“常用”选项卡的“修改”面板中单击“删除”按钮，或者直接在命令行中键入“e”（erase 命令的缩写）并按 Enter 键，都可以删除所选对象。

## 四、图形文件管理

### （一）新建和打开图形文件

使用 AutoCAD 绘制一幅新图时，首先要创建新的图形文件。AutoCAD 绘制的图形都以文件的形式存放，文件的扩展名为.dwg。创建新图的命令为 NEW，可点击“文件”菜单的“新建”或“标准”工具栏的图标执行该命令。进入命令后 AutoCAD 弹出“选择样板”对话框，如图 5-1-8 所示。用户可以根据个人要求选择不同的样板图。

通过此对话框选择对应的样板后，单击“打开”按钮，就会以对应的样板为模板建立一新图形。

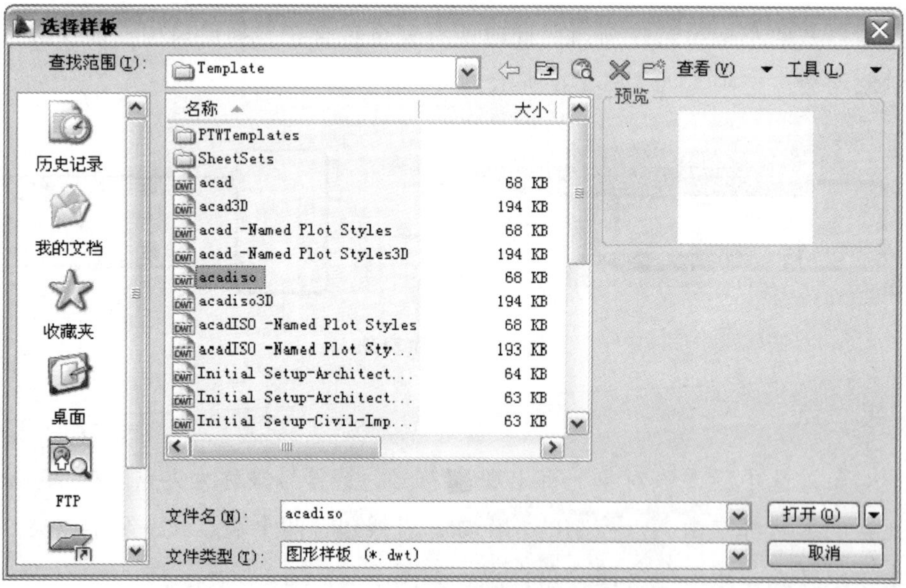


图 5-1-8　“选择样板”对话框

打开已存在的图形文件可以用 OPEN 命令。单击“标准”工具栏上的（打开）按钮，或选择“文件”|“打开”命令，即执行 OPEN 命令，AutoCAD 弹出与前面的图类似的“选择

文件”对话框。当用户选中某一图形文件时，会显示该文件的预览图像。点击“打开”按钮，即可打开相应文件，打开文件时应注意 AutoCAD 文件的兼容性，可通过此对话框确定要打开的文件并打开它，如图 5-1-9 所示。

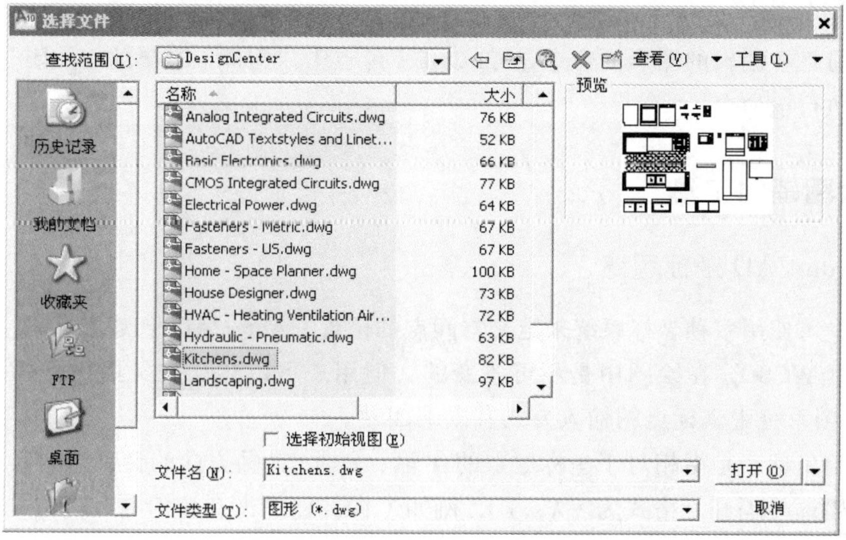


图 5-1-9 “选择文件”对话框

## （二）保存图形文件

将当前所绘图形保存到文件使用命令 QSAVE。可点击“文件”菜单的“保存”或“标准”工具栏的图标  执行该命令。如果该图新建后是第一次保存，进入命令后会弹出如图 5-1-10 所示的“图形另存为”对话框，通过该对话框指定文件的保存位置及名称后，单击“保存”按钮，即可实现保存。在“文件类型”选项栏可选择文件保存的版本格式，这个选择关系到该文件在其他版本下使用的兼容性问题。

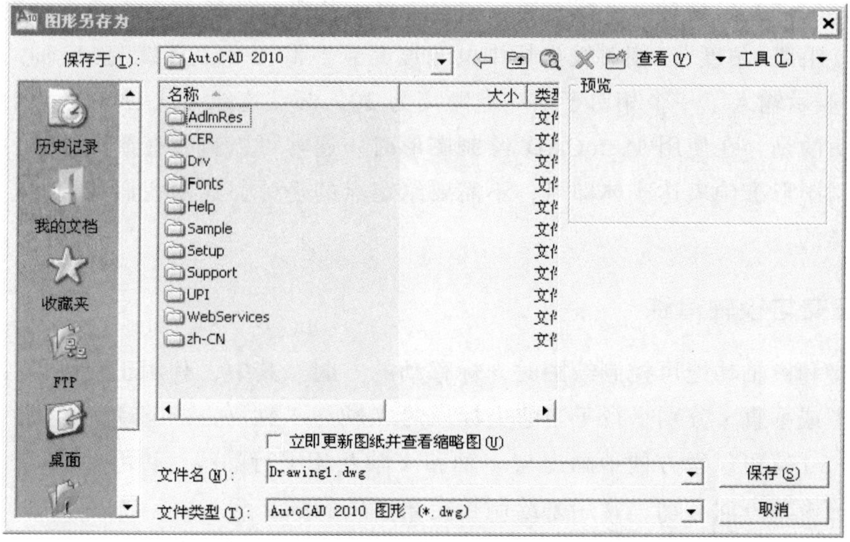


图 5-1-10 “图形另存为”对话框

如果执行 QSAVE 命令前已对当前绘制的图形命名保存过，那么执行 QSAVE 后，AutoCAD 直接以原文件名保存图形，不再要求用户指定文件的保存位置和文件名。

### （三）关闭图形

关闭当前正在编辑的图形的命令是 CLOSE。可点击“文件”菜单的“关闭”或主菜单最右端的图标执行该命令。

## 五、绘图辅助工具

### （一）AutoCAD 坐标系统

在绘图中可使用多种坐标系统来定义空间点的位置。AutoCAD 初始默认的坐标系为世界通用坐标系（WCS），在绘图中是不可改变的，但用户可以自己定义用户坐标系（UCS）。AutoCAD 绘图系统中坐标点的输入方式有以下四种。

绝对直角坐标：是指相对于坐标原点的 $X$ 轴、$Y$ 轴、$Z$ 轴方向的位移。输入点的坐标时，坐标值之间用逗号隔开。格式为（$X$，$Y$），例如（10，15）为有效的绝对直角坐标值。

输入一个点的绝对坐标的格式为（$X$，$Y$，$Z$），在系统默认的状态下，绘图区左下角有一个图标，若仅输入 $X$，$Y$，则系统默认 $Z$ 值为零。

绝对极坐标：是用极径和极角来表示的。在输入极坐标时，需要确定极坐标的距离与角度，中间加上“<”号，例如 65<80，且规定 $X$ 轴正方向为 0°，$Y$ 轴正方向为 90°。

相对直角坐标和相对极坐标：相对坐标是指相对于前一坐标点的坐标，即相对于某一点的 $X$ 轴和 $Y$ 轴的位移或距离和角度。其输入格式与绝对坐标相同，但要在输入的坐标前加前缀“@”。而相对直角坐标是相对于前一点的坐标，格式为“@$\Delta X$，$\Delta Y$”。例如第一个点的坐标是（50，50），再一次输入第二个点的相对坐标为（@50，0），则等于确定了第二个点的绝对坐标为（100，50）。相对极坐标是通过相对于极点的极轴距离和极轴角表示的坐标，输入的格式为“@距离<角度”。相对极坐标中的角度是新点和上一点连线与 $X$ 轴的夹角。例如“@40<55”，表示输入了一个相对于前一点距离为 30，两点连线与 $X$ 轴夹角为 45°的点。

需要说明的是，在使用 AutoCAD 绘制图形时，通常可以直接在绘图区任一位置绘制图形，只要绘制图形准确表达实体即可，不需要给定点的坐标，这跟我们在一张空白图纸上绘制图形是一样的。

### （二）正交与极轴追踪

利用正交和极轴功能可控制绘图时光标移动的方向。其中，利用正交可以控制绘图时光标只能沿水平或垂直（分别平行于当前坐标系的 $X$ 轴与 $Y$ 轴）方向移动，启用状态栏的正交功能键（或 F8）就可以很方便地画出与 $X$ 轴和 $Y$ 轴互相平行的线。利用极轴可控制光标沿由极轴角定义的极轴方向移动，常用来绘制指定角度的斜线。

单击状态栏中的 正交 与 极轴 开关，可分别打开或关闭正交和极轴追踪模式。打开极轴追踪模式后，在绘制直线或执行其他操作时，如果光标位于极轴上，此时光标附近将出现一条极轴追踪线及距离与角度提示信息，如图 5-1-11 所示。此处极轴追踪线的角度是由“草图设置”对话框中的“极轴追踪”选项卡中的“增量角”中的参数决定的。

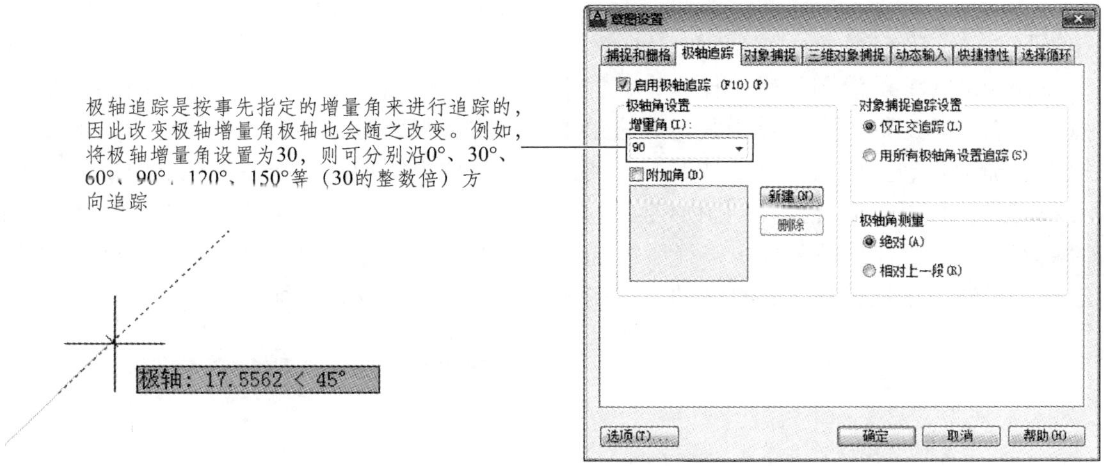


图 5-1-11 “草图设置”对话框

## （三）捕捉与栅格

捕捉也称为栅格捕捉（区别于对象捕捉），当栅格捕捉开启时，光标按设定的距离整数倍移动。

栅格是在绘图区显示设定距离的点阵作为绘图的参考，与坐标纸的功能相似。其设定也在如图 5-1-12 所示的对话框中，设定值与栅格捕捉的值可以相同也可以不同。启动方法与栅格捕捉类似，其功能键为 F7。

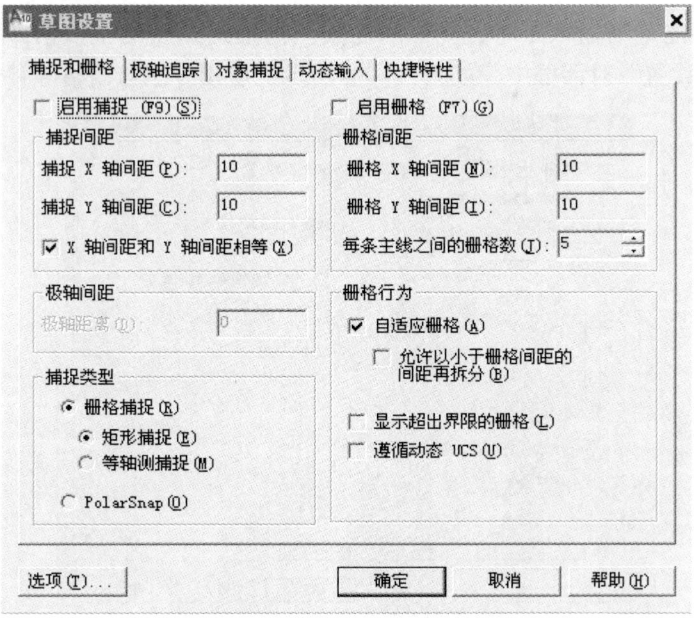


图 5-1-12 “捕捉和栅格”对话框

间距设定：点击“工具”菜单的“草图设置”项，也可输入命令“Desttings”或在状态栏的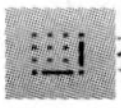按钮处点击鼠标右键，从快捷菜单上选择“设置”进入该命令，单击“捕捉和栅格”选项卡。

## （四）对象捕捉

在 AutoCAD 的绘图编辑等操作中，经常需要找一些图形上的特征点，如圆心、端点、中点、切点、垂足等。这些点用其他方法很难找，或者很费时，利用对象捕捉功能可以方便快捷而准确地找到这些点。默认情况下，使用“对象捕捉”功能只能捕捉现有图形的端点、圆心和交点。如果还需要捕捉到图形对象的中点、象限点和切点等对象，可右击状态栏中的 对象捕捉 开关，在弹出的菜单中选择所需选项，如图 5-1-13 所示。此外，也可在弹出的菜单中选择“设置”选项，然后在打开的“草图设置”对话框中设置捕捉模式。

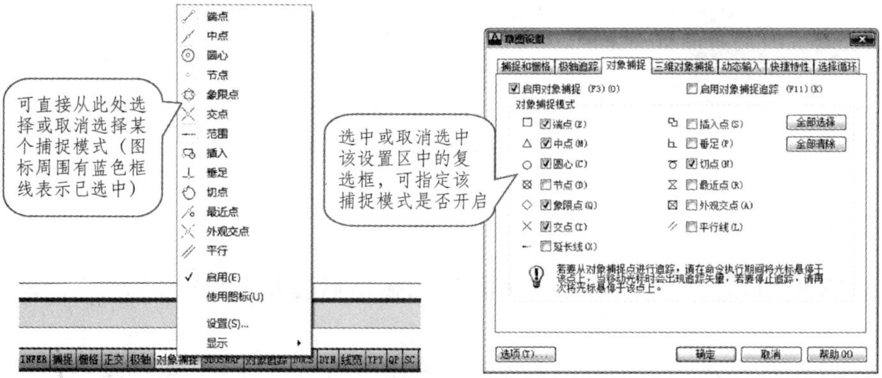


图 5-1-13 “对象捕捉”对话框

## （五）极轴追踪

极轴追踪的功能是当输入点时，光标从已知点沿给定角度的整数倍方向追踪。极轴追踪的设定仍在“草图设置”对话框中，如图 5-1-14 所示。启用方法与栅格等类似，功能键是 F10。

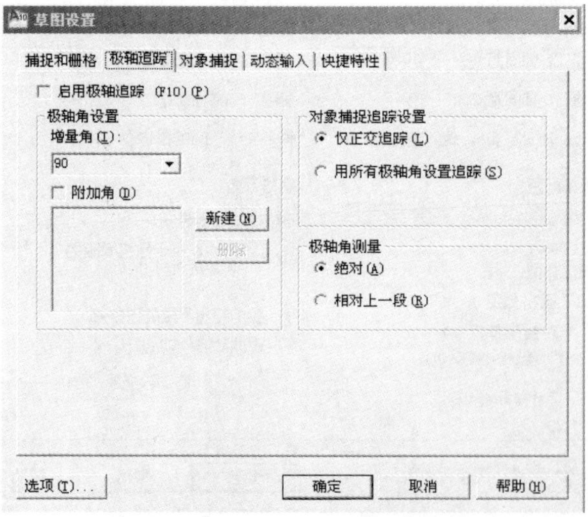


图 5-1-14 “极轴追踪”对话框

### （六）对象捕捉追踪

对象捕捉追踪是对象捕捉与极轴追踪的综合，功能是用极轴追踪时，当光标沿极轴追踪到某一对象附近时，同时捕捉到对象的特征点。其设定在极轴追踪和对象捕捉中设定。启用方法与前面类似，功能键是 F11。

单击状态栏中的 对象追踪 开关，可打开或关闭对象捕捉追踪功能。在绘图时，如果同时打开 对象捕捉 和 对象追踪 开关，就可对图形对象进行捕捉追踪。

### （七）AutoCAD 的帮助功能

与其他的成熟软件类似，AutoCAD 有完善的帮助功能，通过下拉菜单的“帮助”栏进入帮助功能。点击“帮助”菜单的第一项帮助（也可直接按 F1）打开 AutoCAD 帮助窗口，用户通过该对话框得到各种帮助信息。

## 六、绘图基本设置

### （一）设置图形界限

设置图形界限类似于手工绘图时选择绘图图纸的大小，但具有更大的灵活性。设置方式如下：

选择“格式”|“图形界限”命令，即执行 LIMITS 命令，AutoCAD 提示：

指定左下角点或[开（ON）/关（OFF）] <0.0000，0.0000>：（指定图形界限的左下角位置，直接按 Enter 键或 Space 键采用默认值）

指定右上角点：（指定图形界限的右上角位置）

### （二）设置绘图单位格式

设置绘图的长度单位、角度单位的格式以及它们的精度。

选择“格式”|“单位”命令，即执行 UNITS 命令，AutoCAD 弹出“图形单位”对话框，如图 5-1-15 所示。对话框中，“长度”选项组确定长度单位与精度；“角度”选项组确定角度单位与精度；还可以确定角度正方向、零度方向以及插入单位等。

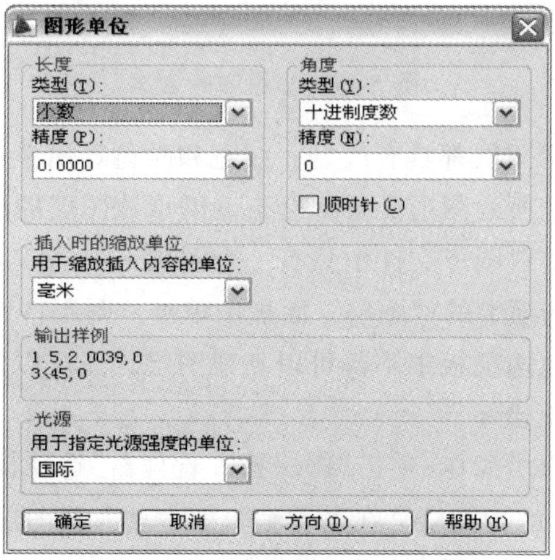


图 5-1-15 “图形单位”对话框

## （三）绘图窗口与文本窗口的切换

使用 AutoCAD 绘图时，有时需要切换到文本窗口，以观看相关的文字信息；而有时当执行某一命令后，AutoCAD 会自动切换到文本窗口，此时又需要再转换到绘图窗口。利用功能键 F2 可实现上述切换。此外，利用 TEXTSCR 命令和 GRAPHSCR 命令也可以分别实现绘图窗口向文本窗口切换以及文本窗口向绘图窗口切换。

## （四）新建及管理图层

使用图层可以将不同属性的图形对象分类管理，其作用类似于用叠加的方法来存放一幅图形的各种信息。可以将图层看作是一张透明的纸，分别在不同的透明纸上画出一幅图形的各个不同部分，然后再将它们重叠起来就是一幅完整的图形，如图 5-1-16 所示。图层是组织图形的有效手段。绘图时，一般将属性相同或用途相同的图线置于同一图层。

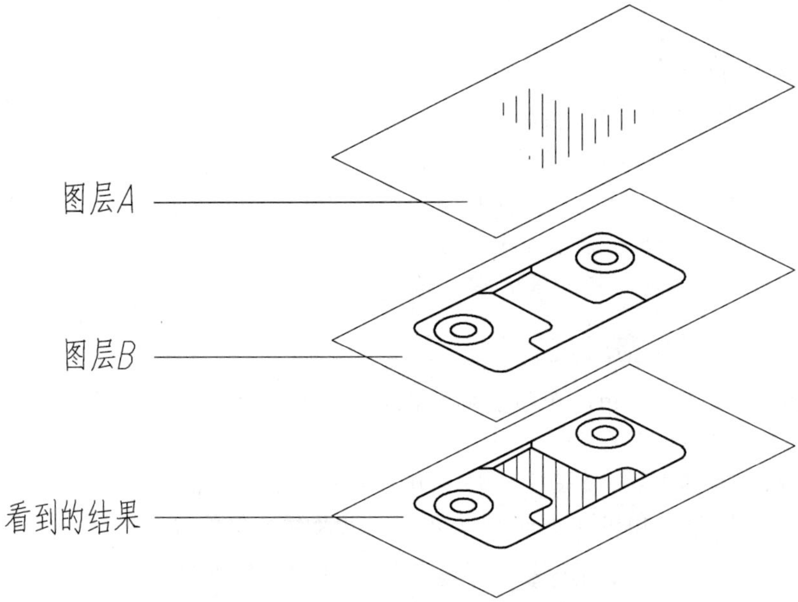


图 5-1-16　图层的含义

在 AutoCAD 中，每个图层都具有线型、线宽和颜色等属性。所有图形的绘制工作都是在当前图层中进行的，并且所绘图形元素都会自动继承该图层的所有属性。

默认情况下，新建的空白图形文件中只有一个图层——“0”图层。选择“格式”|“图层”菜单，或在“常用”选项卡的“图层”面板中单击“图层特性”按钮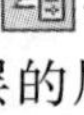，可打开“图层特性管理器”选项板。在此选项板中不仅可以新建图层，还可以设置图层的属性、删除图层或将所需图层设置为当前图层等。

现在进行新建图层的演示操作：单击“图层特性管理器”选项板中的“新建图层”按钮，可创建一个名为“图层 1”的新图层。在名称编辑框中输入新图层的名称，如“虚线”（图层名称一般要能够反映绘制在该图层上的图形元素的特性），如图 5-1-17 所示。

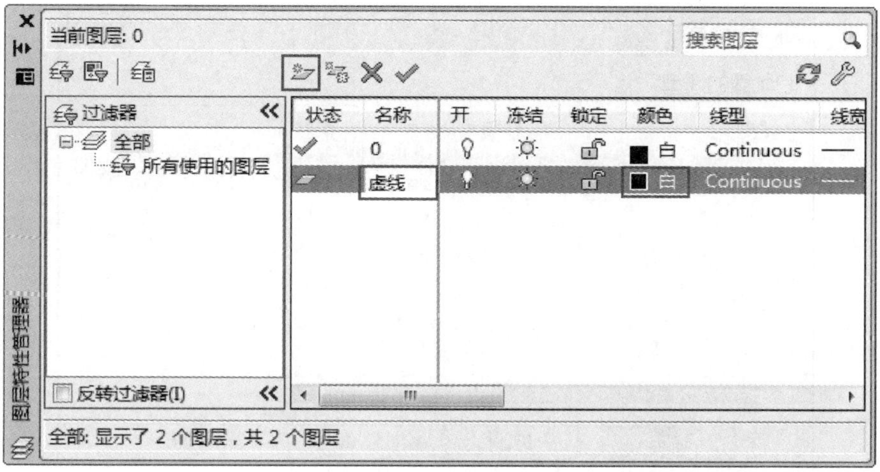


图 5-1-17　新建图层的方法

再进行图层颜色的设置：单击新建的“虚线”图层所在行的颜色块“ ■ 白 ”，打开“选择颜色”对话框，在“索引颜色”选项卡中选择所需颜色，如“洋红”，最后单击 确定 按钮，如图 5-1-18 所示。

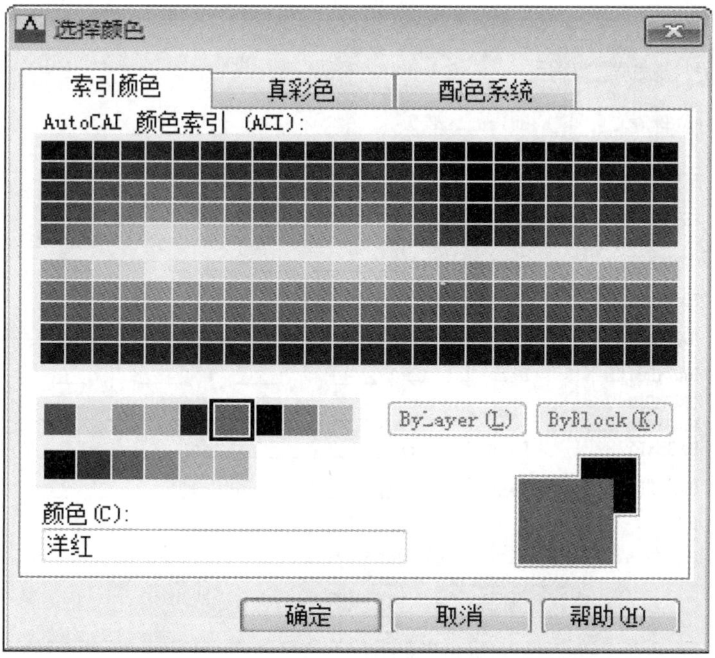


图 5-1-18　图层颜色的设置

设置图层的线型：单击“虚线”图层所在行的“Continuous”选项，打开“选择线型”对话框，如图 5-1-19 所示。如果该线型列表中没有用户需要的线型（默认情况下只有连续线型“Continuous”），可单击 加载(L)... 按钮。

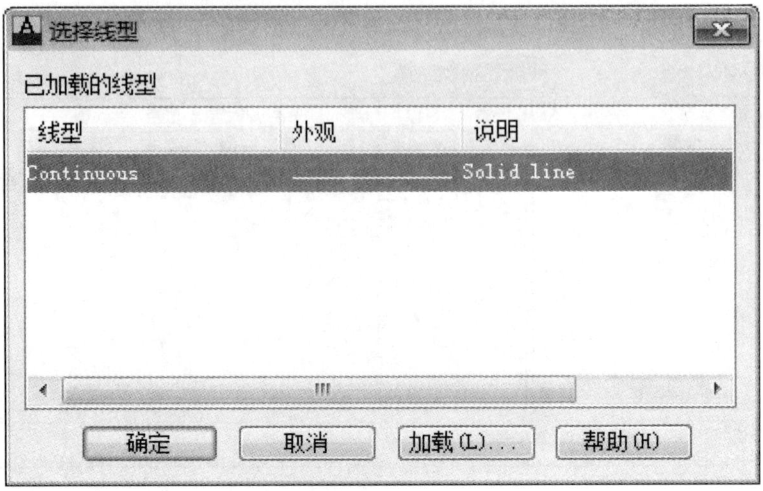


图 5-1-19　图层线型的设置

在打开的“加载或重载线型”对话框中选择所需线型，如选择“DASHED”，如图 5-1-20 所示，单击 确定 按钮返回至“选择线型”对话框，然后选择新加载的线型“DASHED”并单击 确定 按钮，完成线型设置工作。

图 5-1-20　加载或重载线型的设置

设置图层的线宽：默认情况下，新创建的图层的线宽为“默认”，在标注尺寸或绘制细线时一般无须改变。如果要绘制粗线时，可单击该图层所在行的“默认”选项，打开“线宽”对话框，然后选择所需线宽并单击按钮，如图 5-1-21 所示。

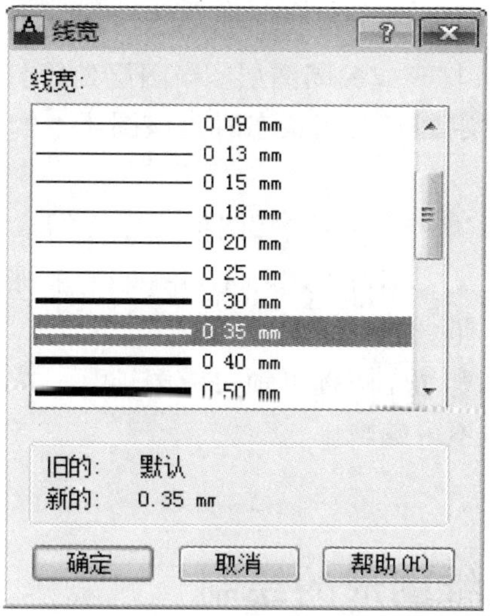


图 5-1-21　图层线宽的设置

此时，“图层特性管理器”选项板如图 5-1-22 所示。若要将某图层设置为当前图层，可在选中该图层后单击“置为当前”按钮，或直接双击该图层的名称；若要重命名图层，可选中该图层后单击该图层的名称并输入新名称；若要删除图层，可选中该图层后单击“删除图层”按钮或按【Delete】键。

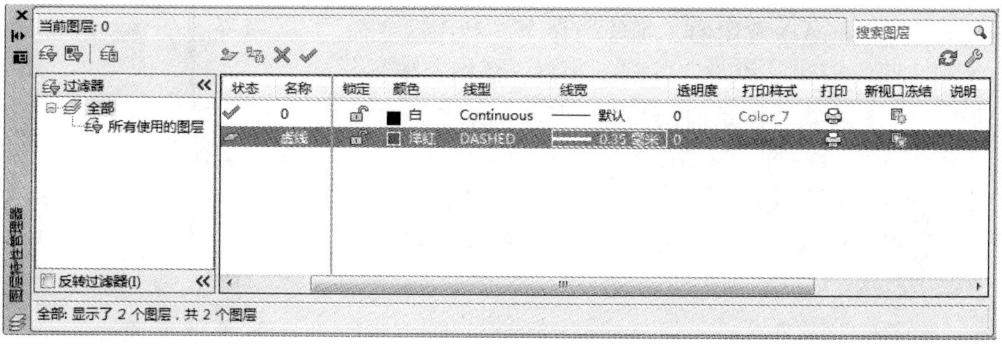


图 5-1-22　图层特性管理器

绘图过程中，若要暂时隐藏、锁定或冻结某些图层上的图形对象，可根据需要单击要调整的图层名称前的相应图标，如图 5-1-23 所示。

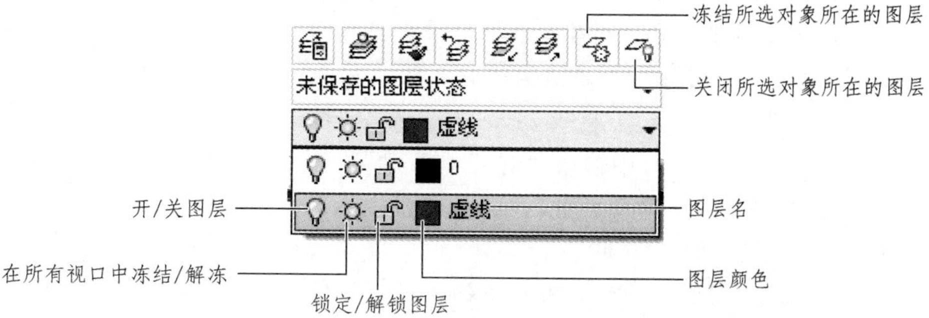


图 5-1-23　图层管理器中图标的含义

图标的具体功能如下：

开/关图层：单击 图标可打开或关闭图层。当图层处于打开状态时，该图层上的所有内容都是可见和可编辑的；当图层处于关闭状态时，该图层上的所有内容是不可见和不可编辑的，同时也是不可打印的。

在所有视口中冻结/解冻：单击 或 图标可以冻结或解冻该图层。冻结图层后，该图层上的所有图形对象均不可见、不可编辑和不可打印。解冻图层后，该图层上的内容将重生成，且可见、可编辑和可打印。

锁定/解锁图层：单击 和 图标可锁定或解锁某一图层。锁定图层时，该图层上的图形对象均可见且可打印，但不可编辑。

# 任务二 二维图形的绘制

## 【相关知识】

## 一、基本绘图命令

下面介绍 AutoCAD 常用的二维绘图命令。利用这些命令可以绘制直线、射线、构造线、圆、圆弧、椭圆、矩形、正多边形、点、多段线及样条曲线。这些基本的绘图命令绘制的二维图形，所绘的每一基本要素称为对象或实体。

点击下拉菜单的“绘图”打开绘图菜单，单击各命令或点击“绘图”工具栏的各图标即进入命令，下拉菜单和工具栏如图 5-2-1 所示。

图 5-2-1 “绘图”下拉菜单及工具栏

### （一）绘制直线

“直线”是绘图中最常用、最简单的一类图形对象，只要指定了起点和终点即可绘制一条直线。在 AutoCAD 中，可以用二维坐标（$x$，$y$）或三维坐标（$x$，$y$，$z$）来指定端点，也可以混合使用二维坐标和三维坐标。如果输入二维坐标，AutoCAD 将会用当前高度作为 $Z$ 轴坐标值，默认为 0。

单击“绘图”工具栏上的 （直线）按钮，或选择“绘图”|“直线”命令，或在命令行中输入“line”（或“l”）并按【Enter】键来执行“直线”命令，此时 AutoCAD 提示：

第一点：（确定直线段的起始点）

指定下一点或[放弃（U）]：（确定直线段的另一端点位置，或执行“放弃（U）”选项重新确定起始点）

指定下一点或[放弃（U）]:（可直接按 Enter 键或 Space 键结束命令，或确定直线段的另一端点位置，或执行“放弃（U）”选项取消前一次操作）

指定下一点或[闭合（C）/放弃（U）]:（可直接按 Enter 键或 Space 键结束命令，或确定直线段的另一端点位置，或执行“放弃（U）”选项取消前一次操作，或执行“闭合（C）”选项创建封闭多边形）

指定下一点或[闭合（C）/放弃（U）]: ↙（也可以继续确定端点位置、执行“放弃（U）”选项、执行“闭合（C）”选项）

### （二）绘制射线

绘制沿单方向无限长的直线。射线一般用作辅助线。

选择“绘图”|“射线”命令，即执行 RAY 命令，AutoCAD 提示：

指定起点:（确定射线的起始点位置）

指定通过点:（确定射线通过的任一点。确定后 AutoCAD 绘制出过起点与该点的射线）

指定通过点: ↙（也可以继续指定通过点，绘制过同一起始点的一系列射线）

### （三）绘制构造线

绘制沿两个方向无限长的直线。构造线一般用作辅助线。

单击“绘图”工具栏上的 （构造线）按钮，或选择“绘图”|“构造线”命令，即执行 XLINE 命令，AutoCAD 提示：

指定点或[水平（H）/垂直（V）/角度（A）/二等分（B）/偏移（O）]:

其中，“指定点”选项用于绘制通过指定两点的构造线。“水平”选项用于绘制通过指定点的水平构造线。“垂直”选项用于绘制通过指定点的垂直构造线。“角度”选项用于绘制沿指定方向或与指定直线之间的夹角为指定角度的构造线。“二等分”选项用于绘制平分由指定3点所确定的角的构造线。“偏移”选项用于绘制与指定直线平行的构造线。

### （四）绘制矩形

要绘制矩形，可在“常用”选项卡的“绘图”面板中单击“矩形”按钮 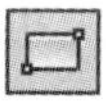，或在命令行中输入“rec”并按【Enter】键，此时命令行会出现如下提示：

指定第一个角点或 [倒角（C）/标高（E）/圆角（F）/厚度（T）/宽度（W）]:

其中，“指定第一个角点”选项要求指定矩形的一角点。执行后，AutoCAD 命令行会出现如下提示：

指定另一个角点或 [面积（A）/尺寸（D）/旋转（R）]:

此时可通过指定另一角点绘制矩形，通过“面积”选项根据面积绘制矩形，通过“尺寸”选项根据矩形的长和宽绘制矩形，通过“旋转”选项表示绘制按指定角度放置的矩形。

执行 RECTANG 命令时，“倒角”选项表示绘制在各角点处有倒角的矩形。“标高”选项用于确定矩形的绘图高度，即绘图面与 *XY* 面之间的距离。“圆角”选项确定矩形角点处的圆角半径，使所绘制矩形在各角点处按此半径绘制出圆角。“厚度”选项确定矩形的绘图厚度，使所绘制矩形具有一定的厚度。“宽度”选项确定矩形的线宽。

各选项的含义：

倒角（C）：设置矩形的倒角距离。

标高（E）：指定矩形的标高。在三维模式下才能观察出效果。

圆角（F）：指定矩形的圆角半径。

厚度（T）：指定矩形的厚度。

宽度（W）：为要绘制的矩形指定多段线的宽度。

面积（A）：它可以使用面积与长度或宽度创建矩形。输入“A”后，命令行会提示输入矩形的面积，继续提示“计算矩形标注时依据长度 L/宽度 W”，输入 L 或 W，确定长度和宽度标注值。

尺寸（D）：使用长和宽创建矩形。

旋转（R）：按指定的旋转角度创建矩形。

通过选择不同选项，可为矩形指定倒角、圆角、厚度、宽度和标高等参数，也可以直接在绘图区单击，绘制一般矩形，如图 5-2-2 所示。

图 5-2-2　矩形的形状

## （五）绘制正多边形

要在 AutoCAD 中绘制正多边形，可单击“常用”选项卡的“绘图”面板中“矩形”按钮 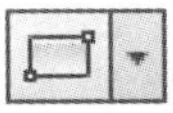 后的三角符号，在弹出的按钮列表中选择“多边形”选项，然后指定多边形的边数，接着根据命令行提示指定该多边形外接圆或内切圆的半径，以确定正多边形的尺寸，或通过指定多边形的边长尺寸来绘制正多边形。

各选项的含义（见图 5-2-3）：

边（E）：通过指定第一条边的端点来定义正多边形。

内接于圆（I）：指定外接圆的半径，正多边形的所有顶点都在此圆周上。

外切于圆（C）：指定从正多边形中心点到各边中点的距离。

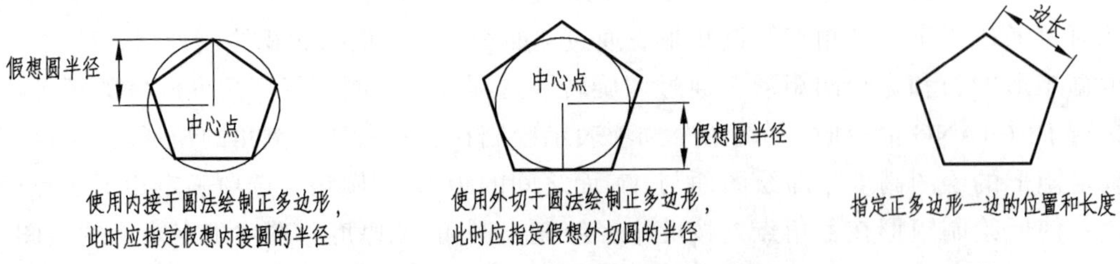


图 5-2-3　内接圆、外切圆、边长尺寸的含义

## （六）绘制圆

画圆的默认方式是指定圆心和半径来绘制，在 AutoCAD 中提供了 6 种画圆的方法。单击“绘图”工具栏上的（圆）按钮，下方的三角符号，然后在弹出的按钮列表中选择所需选项。该按钮列表中各选项的功能及绘制方法如图 5-2-4 所示。

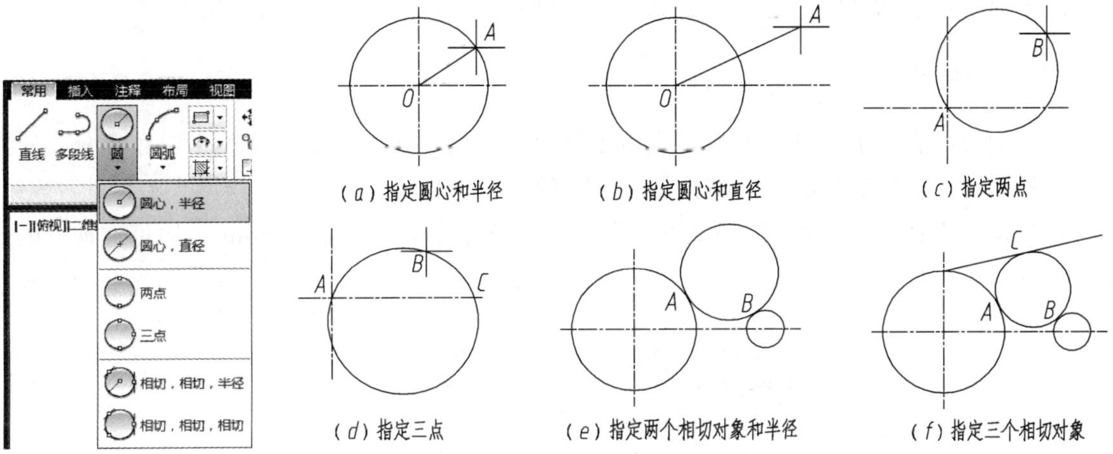


图 5-2-4　绘制圆的方法

其中，“指定圆的圆心”选项用于根据指定的圆心以及半径或直径绘制圆弧。“三点”选项根据指定的三点绘制圆。“两点”选项根据指定两点绘制圆。“相切、相切、半径”选项用于绘制与已有两对象相切，且半径为给定值的圆。“相切、相切、相切”是指通过指定三个相切对象绘制圆。

## （七）绘制圆弧

在“常用”选项卡的“绘图”面板中单击“圆弧”按钮下方的三角符号，然后在弹出的按钮列表中选择所需选项，接着根据命令行提示逐步操作即可绘制圆弧，该按钮列表中各选项的功能及绘制方法如图 5-2-5 所示。

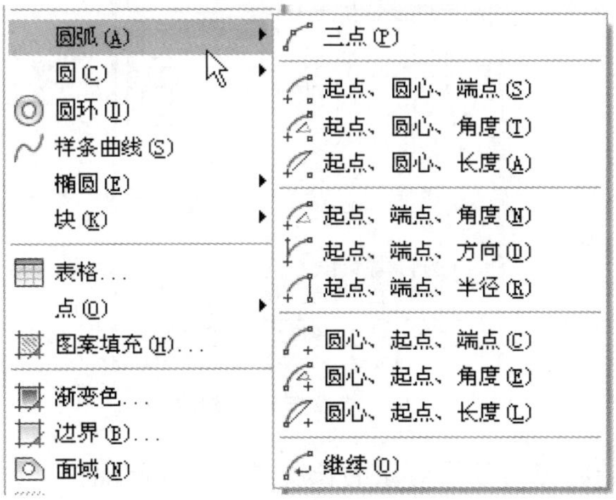


图 5-2-5　圆弧绘制选项

### （八）绘制椭圆

单击“绘图”工具栏上的（椭圆）按钮，即执行 ELLIPSE 命令，AutoCAD 提示：

指定椭圆的轴端点或[圆弧（A）/中心点（C）]:

其中，“指定椭圆的轴端点”选项用于根据一轴上的两个端点位置等绘制椭圆。“中心点”选项用于根据指定的椭圆中心点等绘制椭圆。“圆弧”选项用于绘制椭圆弧。

### （九）绘制点

点是构成所有图形的基本元素。直线绘制点命令的方法有单点、多点、定数等分、定距等分 4 种，其中定数等分和定距等分是对已有的线段进行等分。单击“绘图”｜“点”按钮，或者在菜单栏中选择“绘图/单点/多点”命令，以及在命令行中输入 point，均可实现点的绘制，如图 5-2-6 所示。

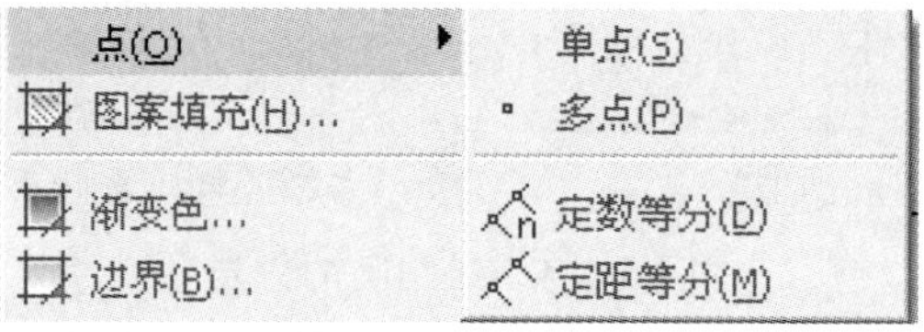


图 5-2-6　绘制点

在 AutoCAD 中，用户在使用菜单方法操作时，“单点”表示只输入一个点；“多点”表示可输入多个点，另外，用户还可通过输入命令 DDPTYPE 或选择“格式”｜“点样式”命令打开“点样式”对话框，如图 5-2-7 所示，在其中包含 20 种点样式，用户可根据需要选择任意一种。

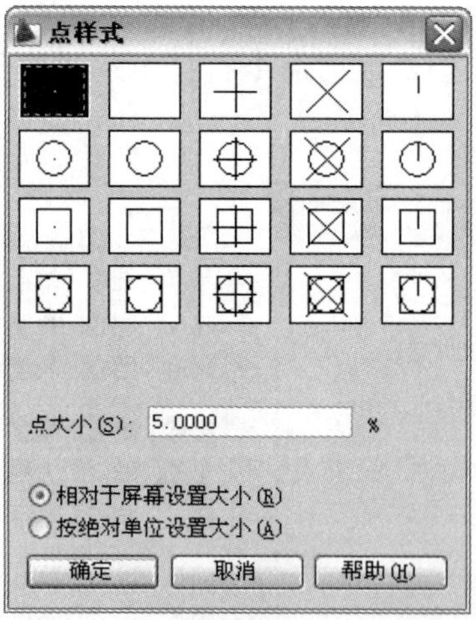


图 5-2-7　“点样式”对话框

绘制定数等分点是指将点对象沿对象的长度或周长等间隔排列，如图 5-2-8 所示。选择“绘图”｜“点”｜“定数等分”命令，即执行 DIVIDE 命令，AutoCAD 提示：

选择要定数等分的对象：(选择对应的对象)

输入线段数目或[块（B）]:

在此提示下直接输入等分数，即响应默认项，AutoCAD 在指定的对象上绘制出等分点。另外，利用“块（B）”选项可以在等分点处插入块。

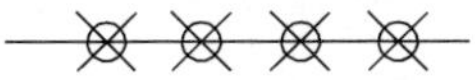

图 5-2-8　定数等分效果

绘制定距等分点：指将点对象在指定的对象上按指定的间隔放置，如图 5-2-9 所示。

选择“绘图”|“点”|“定距等分”命令，即执行 MEASURE 命令，AutoCAD 提示：

选择要定距等分的对象：(选择对象)

指定线段长度或[块（B）]:

在此提示下直接输入长度值，即执行默认项，AutoCAD 在对象上的对应位置绘制出点。同样，可以利用“点样式”对话框设置所绘制点的样式。如果在“指定线段长度或[块（B）]:”提示下执行“块（B）”选项，则表示将在对象上按指定的长度插入块。

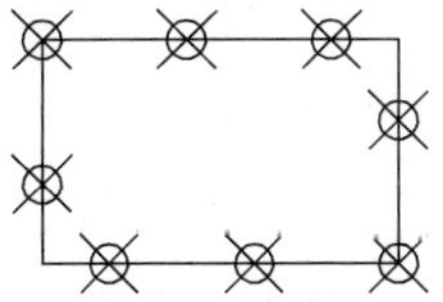

图 5-2-9　定距等分效果

## （十）填充图案

用指定的图案填充指定的区域的命令是 BHATCH。

单击“绘图”工具栏上的图案填充按钮，或选择“绘图”|“图案填充”命令，即执行 BHATCH 命令，AutoCAD 弹出如图 5-2-10 所示的“图案填充和渐变色”对话框。

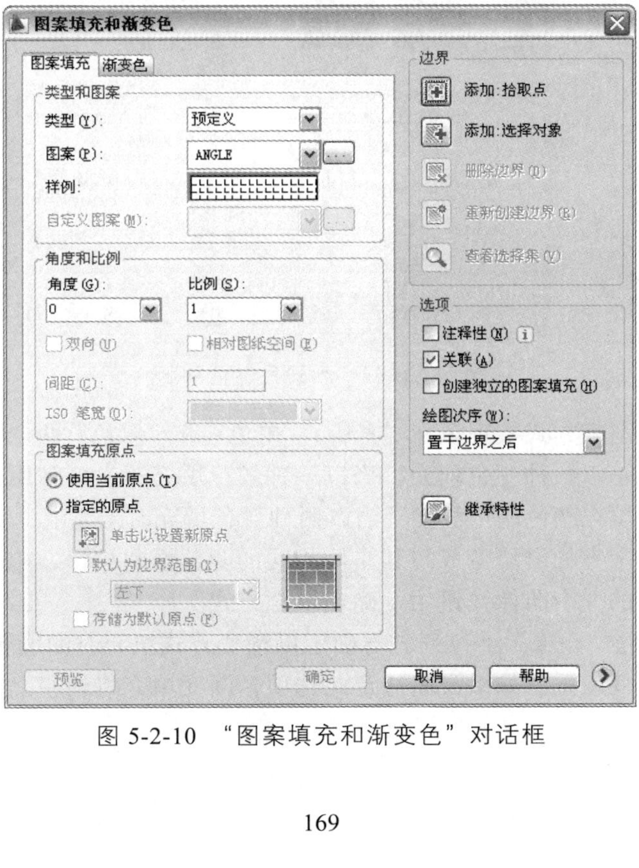


图 5-2-10　“图案填充和渐变色”对话框

对话框中有“图案填充”和“渐变色”两个选项卡。

1.“图案填充”选项卡

此选项卡用于设置填充图案以及相关的填充参数。其中，“类型和图案”选项组用于设置填充图案以及相关的填充参数。“类型和图案”选项组用于确定填充类型与图案，“角度和比例”选项组用于设置填充图案时的图案旋转角度和缩放比例，“图案填充原点”选项组用于控制生成填充图案时的起始位置，“添加：拾取点”按钮和“添加：选择对象”用于确定填充区域。

2.“渐变色”选项卡

单击“图案填充和渐变色”对话框中的“渐变色”标签，AutoCAD 切换到“渐变色”选项卡，如图 5-2-11 所示。

图 5-2-11 “渐变色”选项卡

该选项卡用于以渐变方式实现填充。其中，“单色”和“双色”两个单选按钮用于确定是以一种颜色填充，还是以两种颜色填充。当以一种颜色填充时，可利用位于“双色”单选按钮下方的滑块调整所填充颜色的浓淡度。当以两种颜色填充时（选中“双色”单选按钮），位于“双色”单选按钮下方的滑块变成与其左侧相同的颜色框和按钮，用于确定另一种颜色。位于选项卡中间位置的 9 个图像按钮用于确定填充方式。

此外，还可以通过“角度”下拉列表框确定以渐变方式填充时的旋转角度，通过“居中”复选框指定对称的渐变配置。如果没有选定此选项，渐变填充将朝左上方变化，可创建出光源在对象左边的图案。

### （十一）绘制样条曲线

样条曲线是通过一组不在同一直线上的各点的光滑曲线，通常用来绘制零件的断面线和剖视线。要绘制样条曲线，可展开“常用”选项卡的“绘图”面板，然后单击“样条曲线拟合”按钮，在绘图区的不同位置处依次单击，以指定样条曲线上的各拟合点。例如，在如图 5-2-12 所示的①～④处分别单击，最后按【Enter】键，即可绘制一条样条曲线。

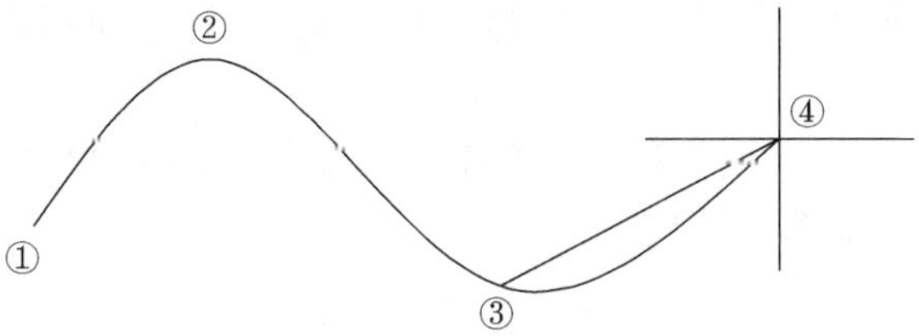


图 5-2-12　指定拟合点

如果所绘制的样条曲线的形状和长度不合适，可先选中该样条曲线，然后利用曲线上的拟合点调整该曲线的形状，如图 5-2-13 所示。

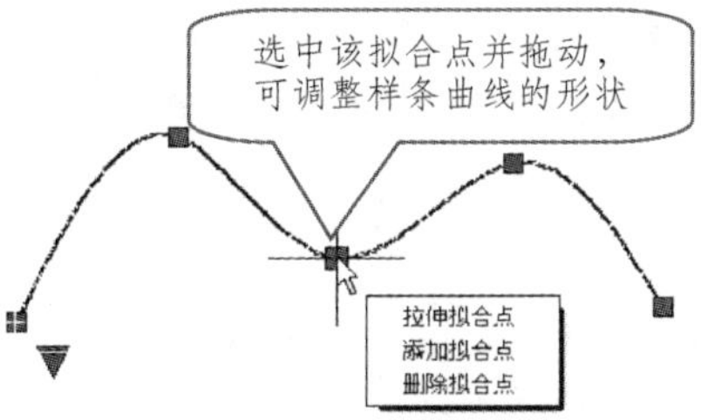


图 5-2-13　调整

## 二、图形编辑

在 AutoCAD 中，单纯地使用绘图命令或者绘图工具只能绘制一些基本的图形对象。为了绘制复杂图形，很多情况下都必须借助于图形编辑功能。AutoCAD 提供的常用编辑功能，包括删除、移动、复制、旋转、缩放、偏移、镜像、阵列、拉伸、修剪、延伸、打断、创建倒角和圆角等（见图 5-2-14）。使用这些命令，用户可以修改已有图形或通过已有图形构造新的复杂图形。

图 5-2-14　“修改”工具栏

### （一）选择对象

当启动 AutoCAD 的某一编辑命令或其他某些命令后，AutoCAD 通常会提示“选择对象：”，即要求用户选择要进行操作的对象，同时把十字光标改为小方框形状（称之为拾取框），此时用户应选择对应的操作对象。当选择了对象之后，AutoCAD 用虚像显示它们以示醒目。每次选定对象后，“选择对象:”提示会重复出现，直至按 Enter 键或单击鼠标右键才能结束选择。常用选择对象的方式如下：

（1）直接拾取：默认情况下，可以直接选择对象，当命令窗口提示“选择对象”时，此时光标变为一个小方框，利用该方框可逐个拾取所需对象。该方法每次只能选取一个对象，不便于选取大量对象。

（2）“窗口”选项：可以通过绘制一个矩形区域来选择对象。当指定了矩形窗口的两个对角点时，所有部分均位于这个矩形窗口的对象被选中，不在该窗口内或者只有部分在该窗口的对象则不被选中。

（3）“窗交”方式 ：使用交叉窗口选择对象，与窗口选择对象类似，但全部位于窗口内或者与窗口边界相交的对象都将被选中。

### （二）删除对象

删除指定的对象，就像是用橡皮擦除图纸上不需要的内容。命令：ERASE。

单击“修改”工具栏上的（删除）按钮，或选择“修改”|“删除”命令，即执行 ERASE 命令，此时 AutoCAD 提示：

选择对象：（选择要删除的对象，可以用前面介绍的方法进行选择）

选择对象：↙（也可以继续选择对象，如不再选取对象则按 Enter 键或者 Space 键）

### （三）移动对象

将选中的对象从当前位置移到另一位置，即更改图形在图纸上的位置，如图 5-2-15 所示。命令：MOVE。

单击“修改”工具栏上的（移动）按钮，或选择“修改”|“移动”命令，即执行 MOVE 命令，AutoCAD 提示：

选择对象：（选择要移动位置的对象）

选择对象：↙（也可以继续选择对象，如不再选取对象则按 Enter 键或者空格键）

指定基点或[位移（D）]<位移>:

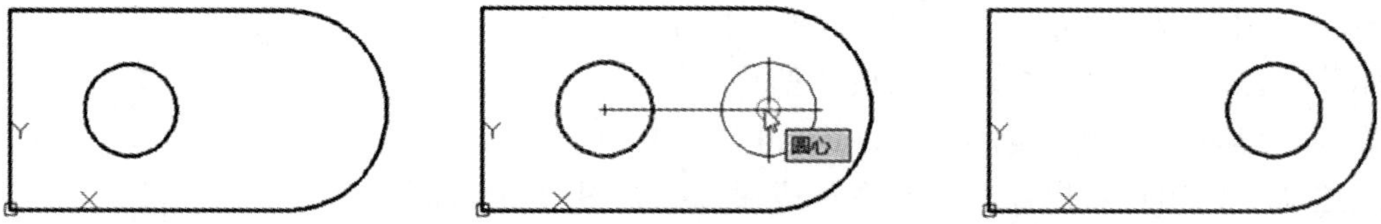


（a）　　　　（b）　　　　（c）

图 5-2-15　将小圆向右水平移动，使其圆心与圆弧的圆心重合

小贴士；

指定基点：确定移动基点，为默认项。执行该默认项，即指定移动基点后，AutoCAD 提示：

指定第二个点或<使用第一个点作为位移>:

在此提示下指定一点作为位移第二点，或直接按 Enter 键或 Space 键，将第一点的各坐标分量（也可以看成位移量）作为移动位移量移动对象。

位移：根据位移量移动对象。执行该选项，AutoCAD 提示：

指定位移：

如果在此提示下输入坐标值（直角坐标或极坐标），AutoCAD 将所选择对象按与各坐标值对应的坐标分量作为移动位移量移动对象。

### （四）复制对象

复制对象是指将选定的对象复制到指定位置，如图 5-2-16 所示。命令：COPY。

单击“修改”工具栏上的（复制）按钮，或选择“修改”|“复制”命令，即执行 COPY 命令，AutoCAD 提示：

选择对象：（选择要复制的对象）

选择对象：↙（也可以继续选择对象）

指定基点或[位移（D）/模式（O）]<位移>：

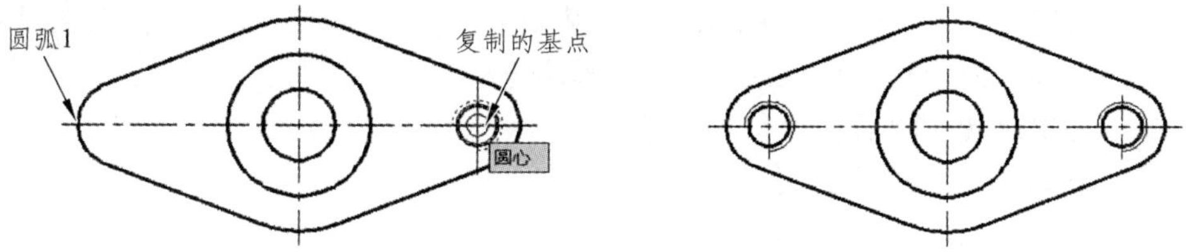


图 5-2-16　对螺纹孔进行复制

小贴士：

指定基点：确定复制基点，为默认项。执行该默认项，即指定复制基点后，AutoCAD 提示：

指定第二个点或 <使用第一个点作为位移>：

在此提示下再确定一点，AutoCAD 将所选择对象按由两点确定的位移矢量复制到指定位置；如果在该提示下直接按 Enter 键或 Space 键，AutoCAD 将第一点的各坐标分量作为位移量复制对象。

位移：根据位移量复制对象。执行该选项，AutoCAD 提示：

指定位移：

如果在此提示下输入坐标值（直角坐标或极坐标），AutoCAD 将所选择对象按与各坐标值对应的坐标分量作为位移量复制对象。

模式（O）：确定复制模式。执行该选项，AutoCAD 提示：

输入复制模式选项[单个（S）/多个（M）]<多个>：

其中，“单个（S）”选项表示执行 COPY 命令后只能对选择的对象执行一次复制，而“多个（M）”选项表示可以多次复制，AutoCAD 默认为“多个（M）”。

### （五）旋转对象

旋转对象是指将指定的对象绕指定点（称其为基点）旋转指定的角度，如图 5-2-17 所示。单击“修改”工具栏上的（旋转）按钮，或选择“修改”|“旋转”命令，即执行 ROTATE 命令，AutoCAD 提示：

选择对象：(选择要旋转的对象)
选择对象：↙(也可以继续选择对象)
指定基点：(确定旋转基点)
指定旋转角度，或[复制(C)/参照(R)]:

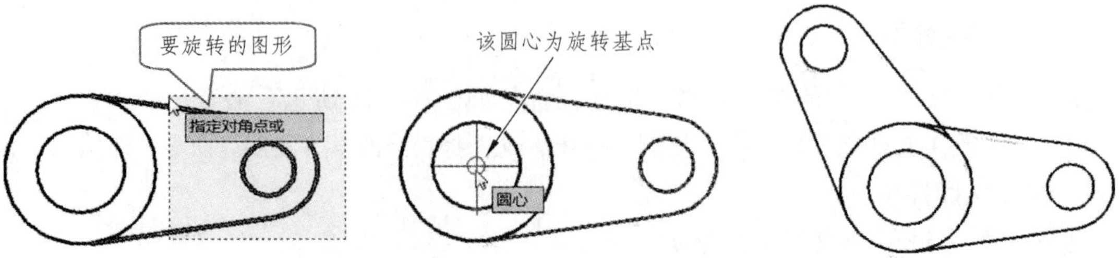


图 5-2-17 将选中的对象顺时针旋转 120° 并复制

小贴士：

指定旋转角度：输入角度值，AutoCAD 会将对象绕基点转动该角度。在默认设置下，角度为正时沿逆时针方向旋转，反之沿顺时针方向旋转。

复制：创建出旋转对象后仍保留原对象。

参照(R)：以参照方式旋转对象。

### (六) 缩放对象

缩放对象指放大或缩小指定的对象。命令：SCALE。

单击“修改”工具栏上的(缩放)按钮，或选择“修改”|“缩放”命令，即执行 SCALE 命令，AutoCAD 提示：

选择对象：(选择要缩放的对象)
选择对象：↙(也可以继续选择对象)
指定基点：(确定基点位置)
指定比例因子或 [复制(C)/参照(R)]:

小贴士：

指定比例因子：确定缩放比例因子，为默认项。执行该默认项，即输入比例因子后按 Enter 键或 Space 键，AutoCAD 将所选择对象根据该比例因子相对于基点缩放，且 0<比例因子<1 时缩小对象，比例因子>1 时放大对象。

复制(C)：创建出缩小或放大的对象后仍保留原对象。执行该选项后，根据提示指定缩放比例因子即可。

参照(R)：将对象按参照方式缩放。执行该选项，AutoCAD 提示：

指定参照长度：(输入参照长度的值)

指定新的长度或 [点(P)]:(输入新的长度值或通过“点(P)”选项通过指定两点来确定长度值)

执行结果：AutoCAD 根据参照长度与新长度的值自动计算比例因子(比例因子 = 新长度值 ÷ 参照长度值)，并进行对应的缩放。

## （七）偏移对象

利用“偏移”命令可以创建与选定对象类似的新对象，并使其处于源对象的内侧或外侧，如图 5-2-18 所示。“偏移”命令一般用于创建同心圆、平行线或等距曲线。偏移操作又称为偏移复制。命令：OFFSET。

单击“修改”工具栏上的（偏移）按钮，或选择“修改”|“偏移”命令，即执行 OFFSET 命令，AutoCAD 提示：

指定偏移距离或[通过（T）/删除（E）/图层（L）] <通过>:

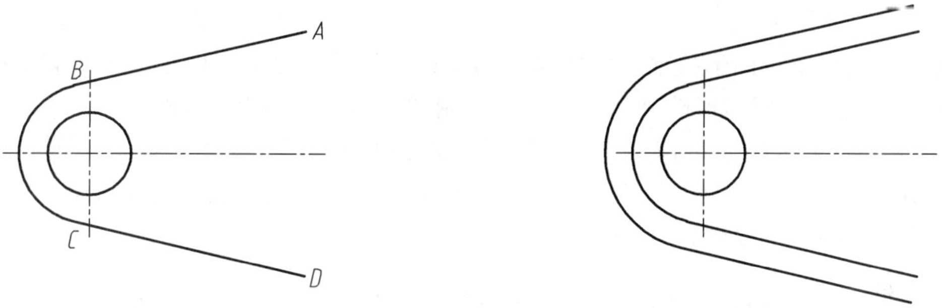


图 5-2-18　*AB*、*BC*、*CD* 直线向其外侧偏移

小贴士：

指定偏移距离：根据偏移距离偏移复制对象。在“指定偏移距离或 [通过（T）/删除（E）/图层（L）]:”提示下直接输入距离值。

通过：使偏移复制后得到的对象通过指定的点。

删除：实现偏移源对象后删除源对象。

图层：确定将偏移对象创建在当前图层上还是源对象所在的图层上。

## （八）镜像对象

利用“镜像”命令可以在由两点定义的直线的一侧创建所选图形的对称图形，即将选中的对象相对于指定的镜像线进行镜像，如图 5-2-19 所示。命令：MIRROR。

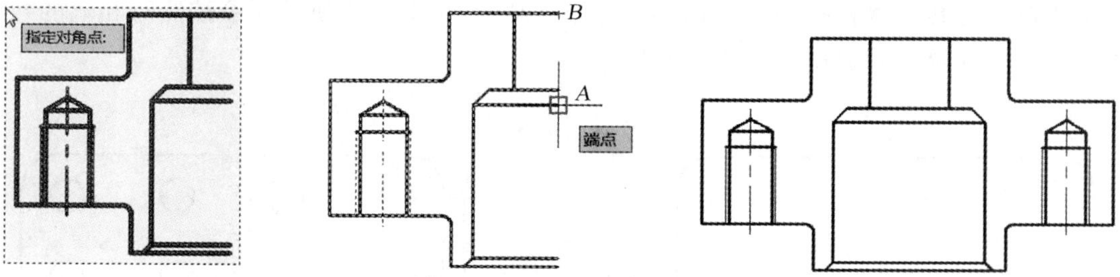


图 5-2-19　对图形进行镜像

单击“修改”工具栏上的（镜像）按钮，或选择“修改”|“镜像”命令，即执行 MIRROR 命令，AutoCAD 提示：

选择对象：（选择要镜像的对象）

选择对象：↙（也可以继续选择对象）

指定镜像线的第一点：（确定镜像线上的一点）

指定镜像线的第二点：（确定镜像线上的另一点）

是否删除源对象？[是（Y）/否（N）] <N>：（根据需要响应即可）

确定是否要删除原来所选择的图形，直接按 Enter 键不删除原来的图形，如果只需要镜像后的图形，则要输入 Y 并按 Enter 键。

### （九）阵列对象

阵列对象是将所选图形按照一定数量、角度或距离进行复制，以生成多个副本图形。在 AutoCAD 中，可以使用矩形阵列和环形阵列复制图形对象。命令：ARRAY。

单击“修改”工具栏上的（阵列）按钮，或选择“修改”|“阵列”命令，即执行 ARRAY 命令，AutoCAD 弹出“阵列”对话框，如图 5-2-20 所示。可利用此对话框形象、直观地进行矩形或环形阵列的相关设置，并实施阵列。

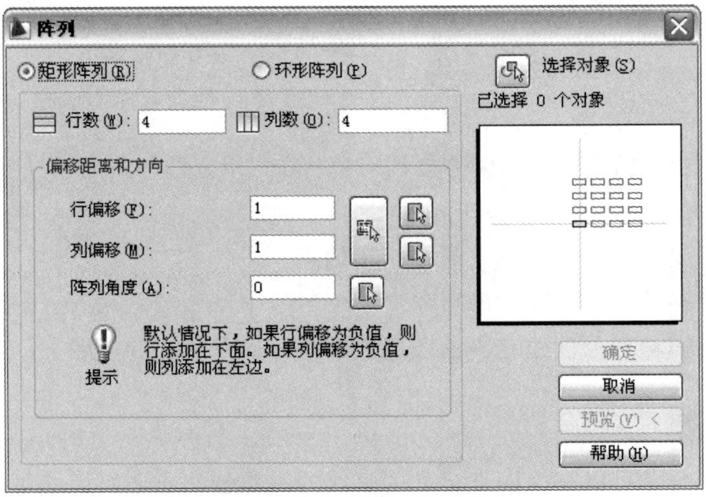


图 5-2-20 “阵列”对话框

矩形阵列是按照网格排列的方式进行实体复制的，也即是将所选对象按照行和列的数目、间距以及旋转角度进行复制，如图 5-2-21 所示。

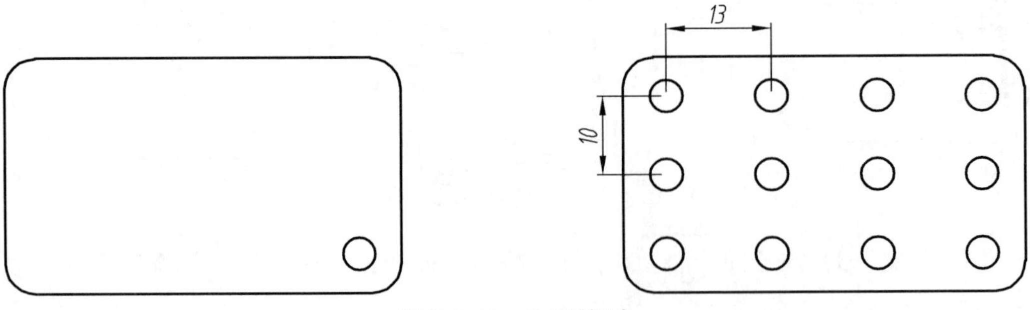


图 5-2-21 矩形阵列

环形阵列是将所选择的目标按圆周方向均布排列。创建环形阵列时，需要指定环形阵列的中心点、生成对象的数目以及填充角度等，如图 5-2-22 所示。

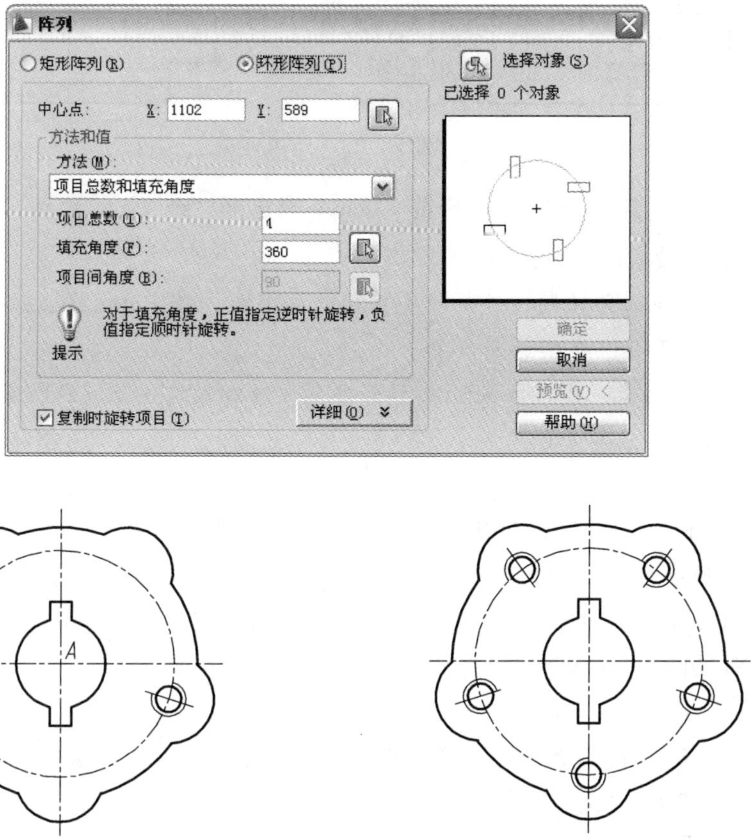


图 5-2-22 环形阵列

## （十）拉伸对象

拉伸与移动（MOVE）命令的功能有类似之处，可移动图形，但拉伸通常用于使对象拉长或压缩。命令：STRETCH。

单击“修改”工具栏上的（拉伸）按钮，或选择“修改”|“拉伸”命令，即执行 STRETCH 命令，AutoCAD 提示：

选择对象：（选择要拉伸的对象）

选择对象：（按 Enter 或空格键或继续选择对象）

指定基点或[位移（D）] <位移>：（确定拉伸或移动的基点，根据位移量移动对象）

## （十一）修剪对象

“修剪”命令用于修剪图形，用作为剪切边的对象修剪指定的对象（称后者为被剪边），即将被修剪对象沿修剪边界（即剪切边）断开，并删除位于剪切边一侧或位于两条剪切边之间的部分，如图 5-2-23 所示。

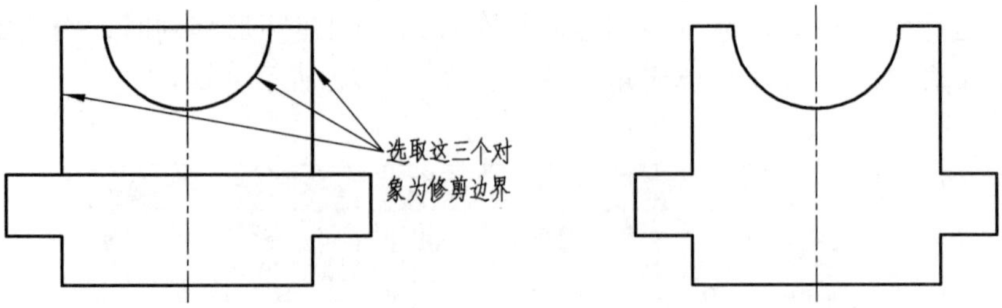


图 5-2-23　修剪对象

单击“修改”工具栏上的-/--（修剪）按钮，或选择“修改”|“修剪”命令，即执行 TRIM 命令，AutoCAD 提示：

选择对象或<全部选择>:（选择作为剪切边的对象，按 Enter 键选择全部对象）

选择对象:（还可以继续选择对象）

选择要修剪的对象，或按住 Shift 键选择要延伸的对象或[栏选（F）/窗交（C）/投影（P）/边（E）/删除（R）/放弃（U）]:

小贴士:

（1）选择要修剪的对象，或按住 Shift 键选择要延伸的对象：在上面的提示下选择被修剪对象，AutoCAD 会以剪切边为边界，将被修剪对象上位于拾取点一侧的多余部分或将位于两条剪切边之间的部分剪切掉。如果被修剪对象没有与剪切边相交，在该提示下按下 Shift 键后选择对应的对象，AutoCAD 则会将其延伸到剪切边。

（2）栏选（F）：以栏选方式确定被修剪对象。

（3）窗交（C）：使与选择窗口边界相交的对象作为被修剪对象。

（4）投影（P）：确定执行修剪操作的空间。

（5）边（E）：确定剪切边的隐含延伸模式。

（6）删除（R）：删除指定的对象。

（7）放弃（U）：取消上一次的操作。

### （十二）延伸对象

将指定的对象延伸到指定边界。命令：EXTEND。

单击“修改”工具栏上的--/（延伸）按钮，或选择“修改”|“延伸”命令，即执行 EXTEND 命令，AutoCAD 提示：

选择对象或<全部选择>:（选择作为边界边的对象，按 Enter 键则选择全部对象）

选择对象：↙（也可以继续选择对象）

选择要延伸的对象，或按住 Shift 键选择要修剪的对象或[栏选（F）/窗交（C）/投影（P）/边（E）/放弃（U）]:

小贴士:

（1）选择要延伸的对象，或按住 Shift 键选择要修剪的对象：选择对象进行延伸或修剪，为默认项。用户在该提示下选择要延伸的对象，AutoCAD 把该对象延长到指定的边界对象。

如果延伸对象与边界交叉，在该提示下按下 Shift 键，然后选择对应的对象，那么 AutoCAD 会修剪它，即将位于拾取点一侧的对象用边界对象将其修剪掉。

（2）栏选（F）：以栏选方式确定被延伸对象。

（3）窗交（C）：使与选择窗口边界相交的对象作为被延伸对象。

（4）投影（P）：确定执行延伸操作的空间。

（5）边（E）：确定延伸的模式。

（6）放弃（U）：取消上一次的操作。

### （十三）打断对象

从指定的点处将对象分成两部分，或删除对象上所指定两点之间的部分。命令：BREAK。选择“修改”|“打断”命令，即执行 BREAK 命令，AutoCAD 提示：

选择对象：（选择要断开的对象。此时只能选择一个对象）

指定第二个打断点或 [第一点（F）]：

指定第二个打断点：此时 AutoCAD 以用户选择对象时的拾取点作为第一断点，并要求确定第二断点。用户可以有以下选择：

如果直接在对象上的另一点处单击拾取键，AutoCAD 将对象上位于两拾取点之间的对象删除掉。

如果输入符号“@”后按 Enter 键或 Space 键，AutoCAD 在选择对象时的拾取点处将对象一分为二。

如果在对象的一端之外任意拾取一点，AutoCAD 将位于两拾取点之间的那段对象删除掉。

### （十四）创建倒角

使用“倒角”（chamfer）命令可以在两条不平行的线段间绘制斜角，即通过延伸或修剪，使它们相交或将它们用斜线连接，如图 5-2-24 所示。

图 5-2-24　倒角

单击“修改”工具栏上的（倒角）按钮，或选择“修改”|“倒角”命令，即执行 CHAMFER 命令，此时 AutoCAD 提示：

（“修剪”模式）当前倒角距离 1 = 0.0000，距离 2 = 0.0000

选择第一条直线或[放弃（U）/多段线（P）/距离（D）/角度（A）/修剪（T）/方式（E）/多个（M）]：

提示的第一行说明当前的倒角操作属于“修剪”模式，且第一、第二倒角距离分别为 1 和 2。

从该命令行提示中可以看出，系统提供了以下两种创建倒角的方式。

（1）通过指定两个倒角距离创建倒角：根据命令行提示，选择“距离（D）”选项后，可通过指定两条边的倒角距离来生成倒角，如图 5-2-25（a）所示。

（2）通过指定第一条边的倒角距离和角度创建倒角：根据命令行提示，选择“角度（A）”选项，则可以通过指定第一条边的倒角距离和角度值来生成倒角，如图 5-2-25（b）所示。

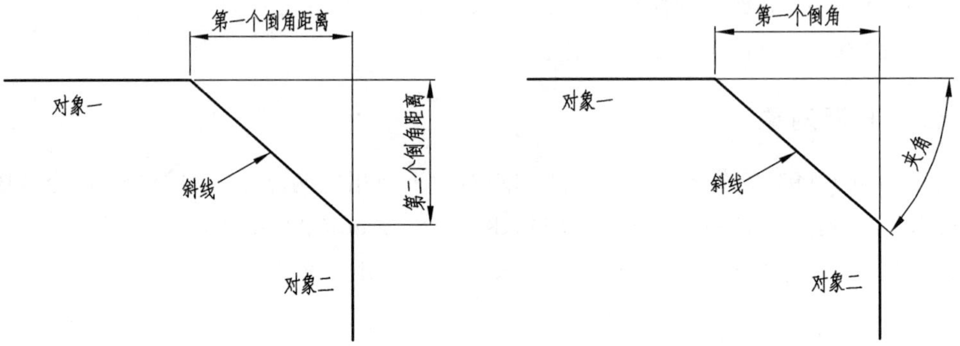


（a）　　（b）

图 5-2-25　创建倒角

小贴士：

（1）选择第一条直线：要求选择进行倒角的第一条线段，为默认项。选择某一线段，即执行默认项后，AutoCAD 提示：

选择第二条直线，或按住 Shift 键选择要应用角点的直线：

在该提示下选择相邻的另一条线段即可。

（2）多段线（P）：对整条多段线倒角。

（3）距离（D）：设置倒角距离。

（4）角度（A）：根据倒角距离和角度设置倒角尺寸。

（5）修剪（T）：确定倒角后是否对相应的倒角边进行修剪。

（6）方式（E）：确定将以什么方式倒角，即根据已设置的两倒角距离倒角，还是根据距离和角度设置倒角。

（7）多个（M）：如果执行该选项，当用户选择了两条直线进行倒角后，可以继续对其他直线倒角，不必重新执行 CHAMFER 命令。

（8）放弃（U）：放弃已进行的设置或操作。

### （十五）创建圆角

利用“圆角”命令可以在两个相交或平行对象间生成一段具有指定半径的圆弧，且该圆弧与两个对象保持相切，如图 5-2-26 所示。要对图形对象进行圆角处理，可在“常用”选项卡的“修改”面板中单击“圆角”按钮，此时命令行会显示如下信息：

当前设置：模式 = 修剪，半径 = 0.0000

选择第一个对象或[放弃（U）/多段线（P）/半径（R）/修剪（T）/多个（M）]:

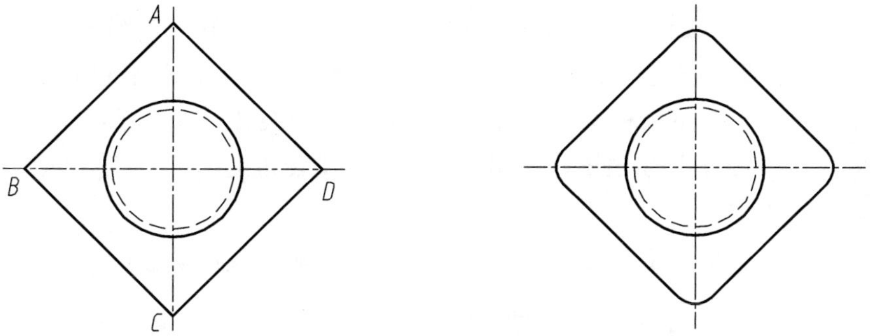


图 5-2-26 圆角

提示中，第一行说明当前的创建圆角操作采用了“修剪”模式，且圆角半径为 0。第二行的含义如下：

（1）选择第一个对象：此提示要求选择创建圆角的第一个对象，为默认项。用户选择后，AutoCAD 提示：

选择第二个对象，或按住 Shift 键选择要应用角点的对象：

在此提示下选择另一个对象，AutoCAD 按当前的圆角半径设置对它们创建圆角。如果按住 Shift 键选择相邻的另一对象，则可以使两对象准确相交。

（2）多段线（P）：对二维多段线创建圆角。

（3）半径（R）：设置圆角半径。

（4）修剪（T）：确定创建圆角操作的修剪模式。

（5）多个（M）：执行该选项且用户选择两个对象创建出圆角后，可以继续对其他对象创建圆角，不必重新执行 FILLET 命令。

### （十六）分解对象

用于分解对象的命令是分解（Explode）。该命令用于将多元素组成的单一对象分解成独立对象。

## 三、文字标注

AutoCAD 标注文字时可以使用不同的字体、不同的文字大小，文字也可以按各种方向标注。

### （一）标注文字

AutoCAD 常用的文字标注命令有 DTEXT（单行字）和 MTEXT（多行字），两个命令都可以标注文字，在使用上有所不同。

1. 用 DTEXT（单行字）命令标注文字

利用单行字标注文字时，从下拉菜单“绘图”栏的“文字”点击“单行文字”进入命令。进入命令后，命令行提示“指定文字的起点或[对正（J）/样式（S）]”，可通过输入“J”或

“S”并按【Enter】键，来设置文字的对齐方式及文字样式，或直接在绘图区单击以指定文字的起点，接着通过单击两点指定文字的高度，或在命令行中输入文字的高度值并按【Enter】键。

指定文字高度后，接下来根据命令行提示输入文字的旋转角度，或通过单击两点指定文字的旋转角度，或直接按【Enter】键采用系统默认的旋转角度 0。此时，可在绘图区出现的编辑框中输入所需文字。

要输入下行文字，可按【Enter】键后继续输入。否则，按两次【Enter】键结束命令。

2. 用 MTEXT（多行字）标注文字

在“注释”选项卡的“文字”面板中单击“多行文字”按钮 ，然后在绘图区任意位置处单击，以指定文本框的第一个角点。

此时，在命令行“指定对角点或[高度（H）/对正（J）/行距（L）/旋转（R）/样式（S）/宽度（W）/栏（C）]:”的提示下，可直接在绘图区单击一点，以指定文本框的对角点，也可通过输入“H”“J”等设置文字的字高和内容的对正方式等格式。

在指定文本框的对角点后，绘图区将出现一个带标尺的文本框，并在绘图区上方显示“文字编辑器”选项卡，如图 5-2-27 所示。

在“样式”面板中输入文字高度“5”，然后在文本框中输入所需文字，当输入的文字到达文本框边缘时系统将自动换行。如果希望在某处开始一个新的段落，可按【Enter】键。此外，如果希望调整文本框的宽度和高度，可分别拖动标尺右侧的标记和文本框下方的 标记。

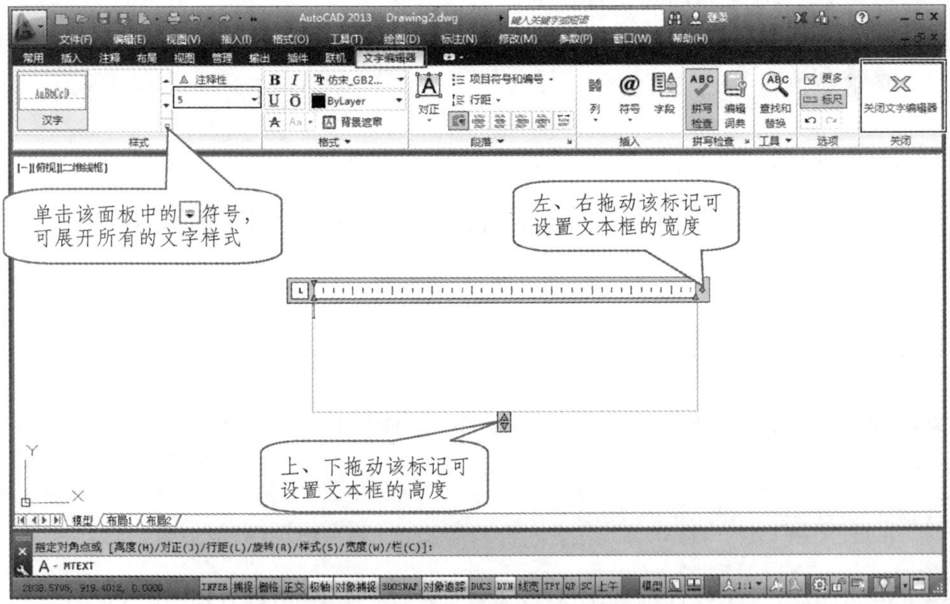


图 5-2-27 “多行文字”标注

输入完文字后，可单击“文字编辑器”选项卡右侧的“关闭文字编辑器”按钮 ，或在绘图区其他位置单击，均可退出多行文字的编辑状态。还可以利用“文字编辑器”选项卡下各面板中的按钮设置文字格式。注意以下几点：

设置样式：单击“样式”面板中的按钮，可在弹出的列表中重新选择文字样式，此时文本框中的所有文字都将应用所选样式。

设置文字格式：对于多行文本而言，其各部分文字可以采用不同的字体、颜色、粗体、斜体、下划线、上划线、倾斜角度和宽度因子等格式（与文字样式无关）。要调整已输入的部分文字的特性，可先选中要编辑的文字，然后利用“文字编辑器”选项卡下相应面板中的按钮进行设置。

3. 文字样式

默认情况下，AutoCAD 自动创建了一个名为“Standard”的文字样式，用户既可以对该文字样式进行修改，也可以创建自己需要的文字样式。可以用文字样式（Style）命令改变其参数，下拉菜单“格式”中的“文字样式”或“文字”工具栏的图标执行该命令，如图 5-2-28 所示。

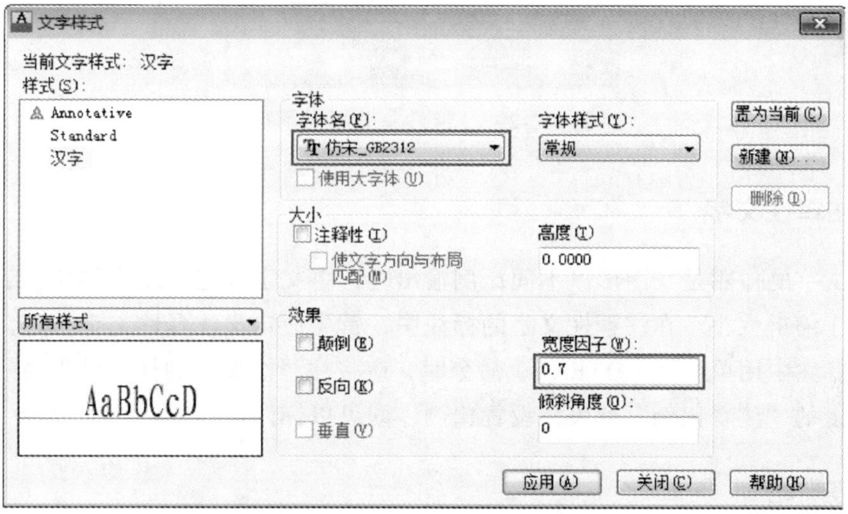


图 5-2-28 “文字样式”对话框

## （二）编辑文字

双击要修改的单行文字，可以修改其内容；双击多行文字，系统将进入多行文字编辑界面，此界面与输入多行文字时的界面完全相同，用户可根据需要对多行文字的内容、样式，及对正方式等进行修改。使用“ed”命令：在命令行中输入“ed”并按【Enter】键，然后选择要修改的单行文字或多行文字进行修改，其修改方法与使用双击方法相同。

使用“特性”选项板：要修改文字的样式、高度、旋转角度，以及多行文字的行距比例和行间距等特性，可先选中要修改的文字并在绘图区右击，然后在弹出的快捷菜单中选择“特性”选项，接着在打开的“特性”选项板中进行修改，如图 5-2-29 所示。

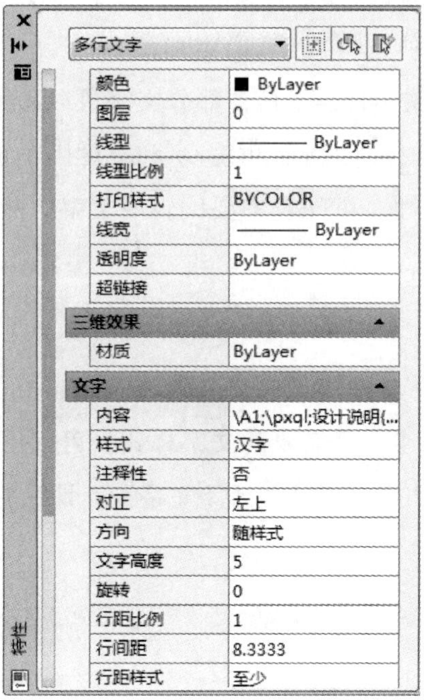


图 5-2-29 “特性”选项对话框

### （三）注释性文字

注释性文字的作用是在图形以不同比例输出时，将文字等定义成注释性文字，可使文字等内容不至于缩得太小。在注释性文字的标注中，首先应定义注释性文字。定义时与文字样式类似，在标注中用单行字（DTEXT）命令时，应将注释性文字的样式设为当前样式，然后利用状态栏上的“注释比例”列表，设置比例，即可以标注。

### （四）表　格

利用 AutoCAD 的表格功能，可以在图形中插入表格，无须再用直线命令绘制。

先定义表格样式，用于定义表格样式的命令为 Tablestyle。或通过下拉菜单“格式”栏中“表格样式”或“样式”工具栏的图标进入命令。

## 四、尺寸标注

尺寸标注是工程图中的重要内容，没有尺寸的工程图是无法应用的。AutoCAD 的“标注”菜单和“标注”工具栏提供了尺寸标注的主要命令。

### （一）尺寸的组成

AutoCAD 中，一个完整的尺寸一般由尺寸线、延伸线（即尺寸界线）、尺寸文字（即尺寸数字）和尺寸箭头 4 部分组成，如图 5-2-30 所示。注意：这里的“箭头”是一个广义的概念，也可以用短画线、点或其他标记代替尺寸箭头。

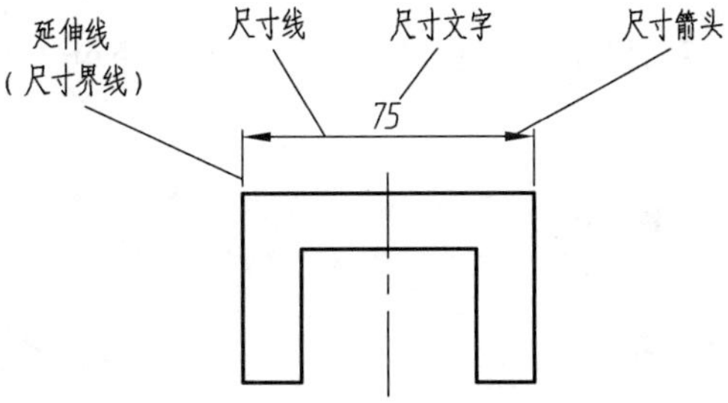


图 5-2-30　尺寸的组成

AutoCAD 将尺寸标注分为线性标注、对齐标注、半径标注、直径标注、弧长标注、折弯标注、角度标注、引线标注、基线标注、连续标注等多种类型，而线性标注又分水平标注、垂直标注和旋转标注。

## （二）创建尺寸标注样式

尺寸标注样式（简称标注样式）用于设置尺寸标注的具体格式，如尺寸文字采用的样式，尺寸线、尺寸界线以及尺寸箭头的标注设置等，以满足不同行业或不同国家的尺寸标注要求。

单击“注释”选项卡的“标注”面板右下角的按钮，打开“标注样式管理器”对话框，如图 5-2-31 所示。

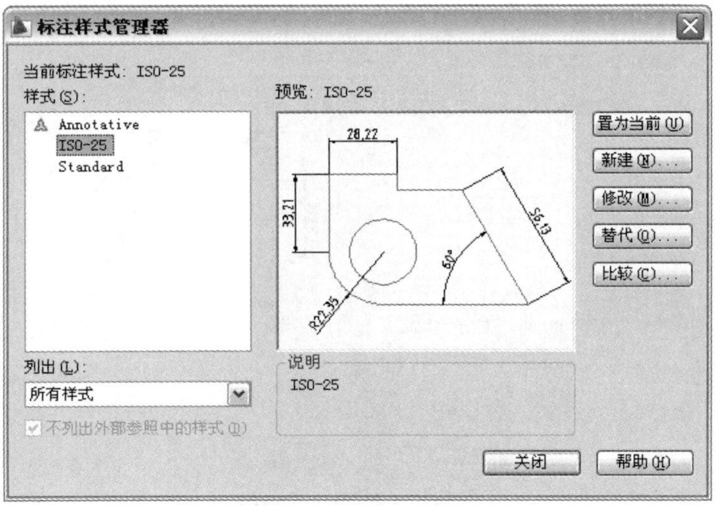


图 5-2-31　“标注样式”对话框

其中，“当前标注样式”标签显示出当前标注样式的名称。“样式”列表框用于列出已有标注样式的名称。“列出”下拉列表框确定要在“样式”列表框中列出哪些标注样式。“预览”图片框用于预览在“样式”列表框中所选中标注样式的标注效果。“说明”标签框用于显示在“样式”列表框中所选定标注样式的说明。“置为当前”按钮把指定的标注样式置为当前样式。

“新建”按钮用于创建新标注样式。“修改”按钮则用于修改已有标注样式。“替代”按钮用于设置当前样式的替代样式。“比较”按钮用于对两个标注样式进行比较，或了解某一样式的全部特性。

在“标注样式管理器”对话框中单击“新建”按钮，AutoCAD 弹出如图 5-2-32 所示的“创建新标注样式”对话框。

图 5-2-32 “创建新标注样式”对话框

可通过该对话框中的“新样式名”文本框指定新样式的名称；通过“基础样式”下拉列表框确定基础用来创建新样式的基础样式；通过“用于”下拉列表框，可确定新建标注样式的适用范围。下拉列表中有“所有标注”“线性标注”“角度标注”“半径标注”“直径标注”“坐标标注”和“引线和公差”等选择项，分别用于使新样式适于对应的标注。确定新样式的名称和有关设置后，单击“继续”按钮，AutoCAD 弹出“新建标注样式”对话框，如图 5-2-33 所示。

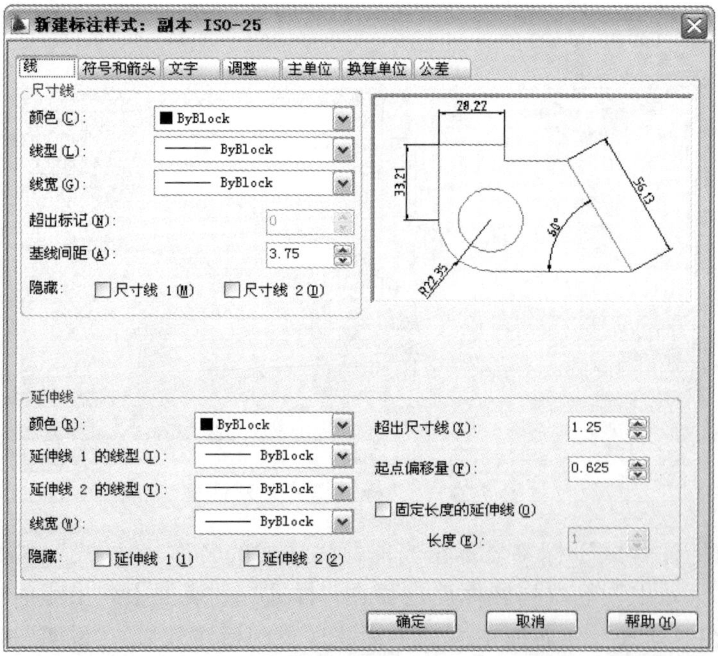


图 5-2-33 “新建标注样式”对话框

对话框中有“线”“符号和箭头”“文字”“调整”“主单位”“换算单位”和“公差”7个选项卡，下面分别给予介绍。

1.“线”选项卡

设置尺寸线和尺寸界线的格式与属性。图 5-2-33 为与“线”选项卡对应的对话框。选项卡中，“尺寸线”选项组用于设置尺寸线的样式。“延伸线”选项组用于设置尺寸界线的样式。预览窗口可根据当前的样式设置显示出对应的标注效果示例。

2.“符号和箭头”选项卡

“符号和箭头”选项卡用于设置尺寸箭头、圆心标记、弧长符号以及半径标注折弯方面的格式。图 5-2-34 为对应的对话框。“符号和箭头”选项卡中，“箭头”选项组用于确定尺寸线两端的箭头样式。“圆心标记”选项组用于确定当对圆或圆弧执行标注圆心标记操作时，圆心标记的类型与大小。“折断标注”选项确定在尺寸线或延伸线与其他线重叠处打断尺寸线或延伸线时的尺寸。“弧长符号”选项组用于为圆弧标注长度尺寸时的设置。“半径标注折弯”选项设置通常用于标注尺寸的圆弧的中心点位于较远位置时。“线性折弯标注”选项用于线性折弯标注设置。

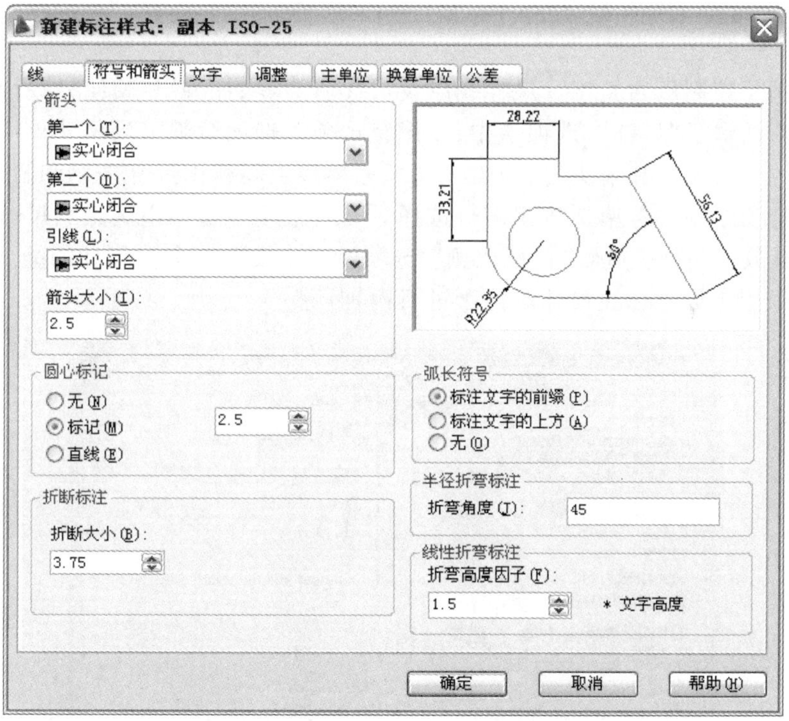


图 5-2-34 “符号和箭头”对话框

3.“文字”选项卡

此选项卡用于设置尺寸文字的外观、位置以及对齐方式等，图 5-2-35 所示为对应的对话框。“文字”选项卡中，“文字外观”选项组用于设置尺寸文字的样式等。“文字位置”选项组用于设置尺寸文字的位置。“文字对齐”选项组则用于确定尺寸文字的对齐方式。

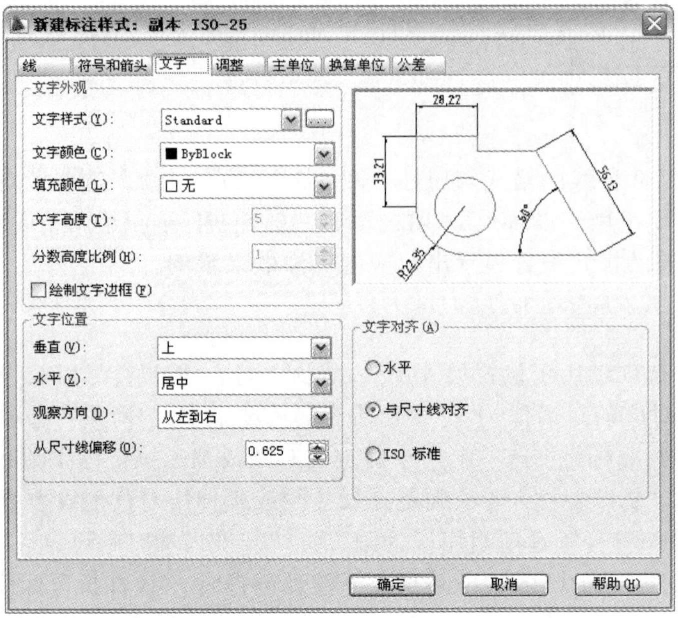


图 5-2-35 “文字”选项对话框

4.“调整”选项卡

此选项卡用于控制尺寸文字、尺寸线以及尺寸箭头等的位置和其他一些特征。图 5-2-36 所示为对应的对话框。“调整”选项卡中，“调整选项”选项组确定当尺寸界线之间没有足够的空间同时放置尺寸文字和箭头时，应首先从尺寸界线之间移出尺寸文字和箭头的哪一部分，用户可通过该选项组中的各单选按钮进行选择。“文字位置”选项组确定当尺寸文字不在默认位置时，应将其放在何处。“标注特征比例”选项组用于设置所标注尺寸的缩放关系。“优化”选项组该选项组用于设置标注尺寸时是否进行附加调整。

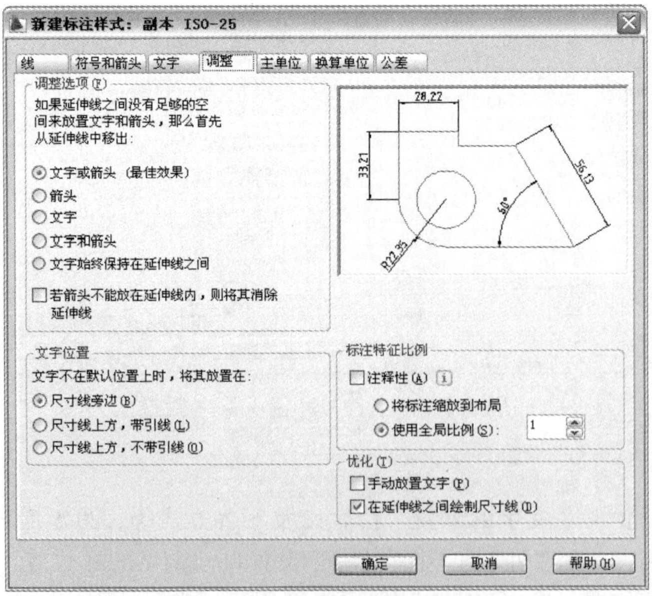


图 5-2-36 “调整”选项对话框

### 5. “主单位”选项卡

此选项卡用于设置主单位的格式、精度以及尺寸文字的前缀和后缀。图 5-2-37 所示为对应的对话框。“主单位”选项卡中，“线性标注”选项组用于设置线性标注的格式与精度。“角度标注”选项组确定标注角度尺寸时的单位、精度以及消零否。

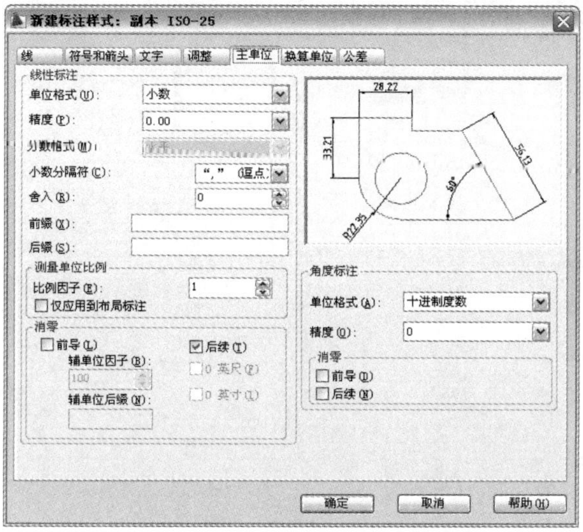


图 5-2-37 “主单位”选项对话框

### 6. “换算单位”选项卡

“换算单位”选项卡用于确定是否使用换算单位以及换算单位的格式，对应的选项卡如图 5-2-38 所示。“显示换算单位”复选框用于确定是否在标注的尺寸中显示换算单位。“换算单位”选项组确定换算单位的单位格式、精度等设置。“消零”选项组确定是否消除换算单位的前导或后续零。“位置”选项组则用于确定换算单位的位置。用户可在“主值后”与“主值下”之间选择。

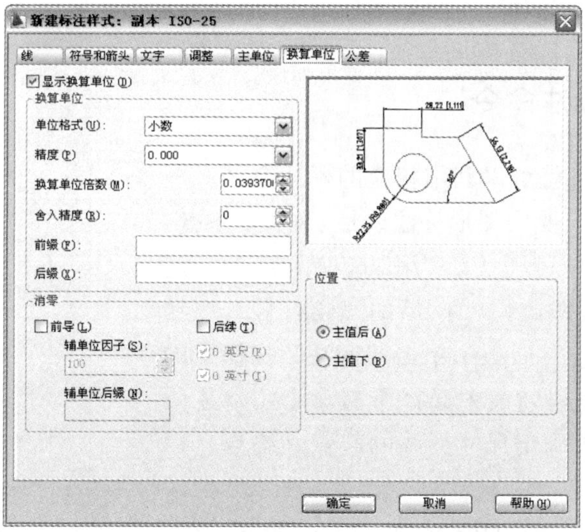


图 5-2-38 “换算单位”选项对话框

7.“公差”选项卡

“公差”选项卡用于确定是否标注公差，如果标注公差的话，以何种方式进行标注，图 5-2-39 为对应的选项卡。

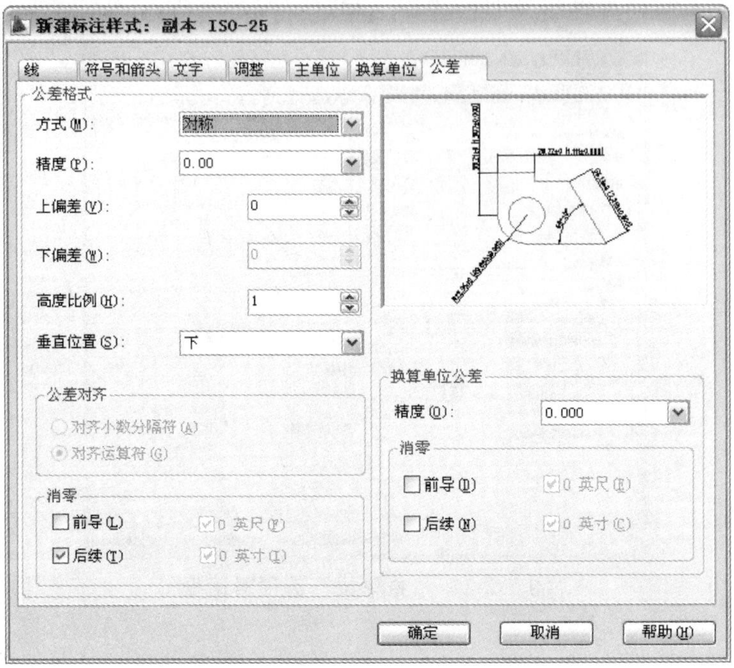


图 5-2-39 “公差”选项对话框

“公差”选项卡中，“公差格式”选项组用于确定公差的标注格式。“换算单位公差”选项组确定当标注换算单位时换算单位公差的精度与消零否。

利用“新建标注样式”对话框设置样式后，单击对话框中的“确定”按钮，完成样式的设置，AutoCAD 返回到“标注样式管理器”对话框，单击对话框中的“关闭”按钮关闭对话框，完成尺寸标注样式的设置。

## 五、常用尺寸标注命令

设置好标注样式后，就可以利用相应的标注命令对图形对象进行尺寸标注了。要为图形标注线性、对齐、角度、半径和直径等基本尺寸，可先在“常用”选项卡的“注释”面板中单击“线性”按钮后的三角符号，或在“注释”选项卡的“标注”面板中单击“标注”按钮下的三角符号，在弹出的按钮列表中选择所需命令（参见图 5-2-40），然后依次单击确定尺寸界线的起点、终点，以及尺寸数字的放置位置。

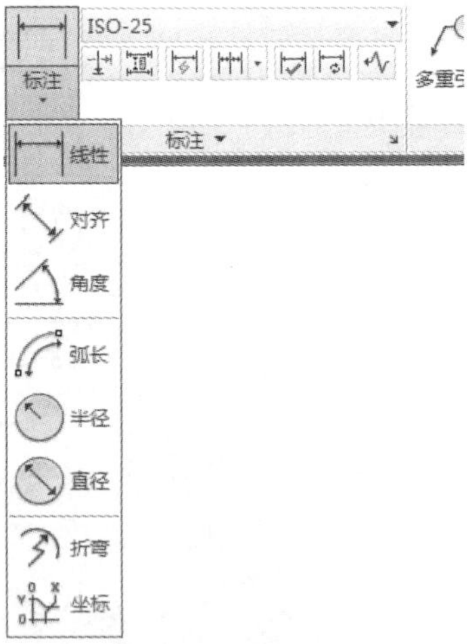


图 5-2-40 常用标注命令

这些基本尺寸标注命令的功能和使用方法如下：

## （一）线性标注

线性标注是指标注图形对象在水平方向、垂直方向或指定方向的尺寸，又分为水平标注、垂直标注和旋转标注三种类型。水平标注用于标注对象在水平方向的尺寸，即尺寸线沿水平方向放置；垂直标注用于标注对象在垂直方向的尺寸，即尺寸线沿垂直方向放置；旋转标注则标注对象沿指定方向的尺寸。命令：DIMLINEAR。

单击“标注”工具栏上的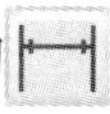（线性）按钮，或选择“标注”|“线性”命令，即执行 DIMLINEAR 命令，此时 AutoCAD 提示：

指定第一条尺寸界线原点或 <选择对象>：

在此提示下用户有两种选择，即确定一点作为第一条尺寸界线的起始点或直接按 Enter 键选择对象。

小贴士：

（1）指定第一条尺寸界线原点。

如果在“指定第一条尺寸界线原点或 <选择对象>：”提示下指定第一条尺寸界线的起始点，AutoCAD 提示：

指定第二条尺寸界线原点：（确定另一条尺寸界线的起始点位置）

指定尺寸线位置或

[多行文字（M）/文字（T）/角度（A）/水平（H）/垂直（V）/旋转（R）]：

其中，“指定尺寸线位置”选项用于确定尺寸线的位置。通过拖动鼠标的方式确定尺寸线的位置后，单击拾取键，AutoCAD 根据自动测量出的两尺寸界线起始点间的对应距离值标注出尺寸。

“多行文字”选项用于根据文字编辑器输入尺寸文字。“文字”选项用于输入尺寸文字。“角度”选项用于确定尺寸文字的旋转角度 。“水平”选项用于标注水平尺寸，即沿水平方向的尺寸。“垂直”选项用于标注垂直尺寸，即沿垂直方向的尺寸。“旋转”选项用于旋转标注，即标注沿指定方向的尺寸。

（2）选择对象。

如果在“指定第一条尺寸界线原点或<选择对象>：”提示下直接按 Enter 键，即执行“<选择对象>”选项，AutoCAD 提示：

选择标注对象：

此提示要求用户选择要标注尺寸的对象。用户选择后，AutoCAD 将该对象的两端点作为两条尺寸界线的起始点，并提示：

指定尺寸线位置或[多行文字（M）/文字（T）/角度（A）/水平（H）/垂直（V）/旋转（R）]：

对此提示的操作与前面介绍的操作相同，用户响应即可。

## （二）对齐标注

对齐标注是指所标注尺寸的尺寸线与两条尺寸界线起始点间的连线平行。命令：DIMALIGNED。

单击“标注”工具栏上的（对齐）按钮，或选择“标注”|“对齐”命令，即执行 DIMALIGNED 命令，AutoCAD 提示：

指定第一条尺寸界线原点或 <选择对象>:

在此提示下的操作与标注线性尺寸类似，不再介绍。

### （三）角度标注

标注角度尺寸。命令：DIMANGULAR。

单击“标注”工具栏上的（角度）按钮，或选择“标注”|“角度”命令，即执行 DIMANGULAR 命令，AutoCAD 提示：

选择圆弧、圆、直线或 <指定顶点>:

其中，“标注圆弧的包含角”选项用于标注圆弧的包含角尺寸。“标注圆上某段圆弧的包含角”选项标注圆上某段圆弧的包含角。“标注两条不平行直线之间的夹角”选项标注两条直线之间的夹角。“根据三个点标注角度”选项则根据给定的三点标注出角度。

### （四）直径标注

为圆或圆弧标注直径尺寸。命令：DIMDIAMETER。

单击“标注”工具栏上的（直径）按钮，或选择“标注”|“直径”命令，即执行 DIMDIAMETER，AutoCAD 提示：

选择圆弧或圆:（选择要标注直径的圆或圆弧）

指定尺寸线位置或 [多行文字（M）/文字（T）/角度（A）]:

如果在该提示下直接确定尺寸线的位置，AutoCAD 按实际测量值标注出圆或圆弧的直径。也可以通过“多行文字（M）”“文字（T）”“角度（A）”选项确定尺寸文字和尺寸文字的旋转角度。

### （五）半径标注

为圆或圆弧标注半径尺寸。命令：DIMRADIUS。

单击“标注”工具栏上的（半径）按钮，或选择“标注”|“半径”命令，即执行 DIMRADIUS 命令，AutoCAD 提示：

选择圆弧或圆:（选择要标注半径的圆弧或圆）

指定尺寸线位置或 [多行文字（M）/文字（T）/角度（A）]:

根据需要响应即可。

### （六）弧长标注

为圆弧标注长度尺寸。命令：DIMARC。

单击“标注”工具栏上的（弧长）按钮，或选择“标注”|“弧长”命令，即执行 DIMARC 命令，AutoCAD 提示：

选择弧线段或多段线弧线段:（选择圆弧段）

指定弧长标注位置或 [多行文字（M）/文字（T）/角度（A）/部分（P）/引线（L）]:

根据需要响应即可。

### （七）折弯标注

为圆或圆弧创建折弯标注。命令：DIMJOGGED。

单击“标注”工具栏上的（折弯）按钮，或选择“标注”|“折弯”命令，即执行 DIMJOGGED 命令，AutoCAD 提示：

选择圆弧或圆：（选择要标注尺寸的圆弧或圆）

指定中心位置替代：（指定折弯半径标注的新中心点，以替代圆弧或圆的实际中心点）

指定尺寸线位置或 [多行文字（M）/文字（T）/角度（A）]：（确定尺寸线的位置，或进行其他设置）

指定折弯位置：（指定折弯位置）

### （八）连续标注

连续标注指在标注出的尺寸中，相邻两尺寸线共用同一条尺寸界线（见图 5-2-41）。命令：DIMCONTINUE。

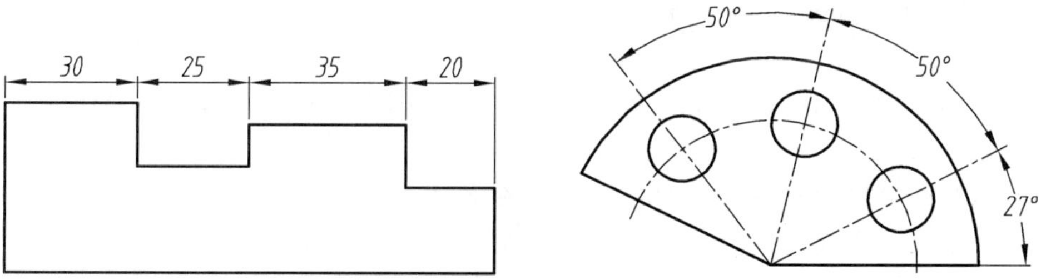


图 5-2-41　连续标注

单击“标注”工具栏上的（连续）按钮，或选择“标注”|“连续”命令，即执行 DIMCONTINUE 命令，AutoCAD 提示：

指定第二条尺寸界线原点或[放弃（U）/选择（S）]<选择>：

小贴士：

对相应指令的说明：

（1）指定第二条尺寸界线原点。

确定下一个尺寸的第二条尺寸界线的起始点。用户响应后，AutoCAD 按连续标注方式标注出尺寸，即把上一个尺寸的第二条尺寸界线作为新尺寸标注的第一条尺寸界线标注尺寸，而后 AutoCAD 继续提示：

指定第二条尺寸界线原点或 [放弃（U）/选择（S）]<选择>：

此时可再确定下一个尺寸的第二条尺寸界线的起点位置。当用此方式标注出全部尺寸后，在上述同样的提示下按 Enter 键或 Space 键，结束命令的执行。

（2）选择。

该选项用于指定连续标注将从哪一个尺寸的尺寸界线引出。执行该选项，AutoCAD 提示：

选择连续标注：

在该提示下选择尺寸界线后，AutoCAD 会继续提示：

指定第二条尺寸界线原点或 [放弃（U）/选择（S）]<选择>：

在该提示下标注出的下一个尺寸会以指定的尺寸界线作为其第一条尺寸界线。执行连续尺寸标注时，有时需要先执行“选择（S）”选项来指定引出连续尺寸的尺寸界线。

### （九）基线标注

基线标注指各尺寸线从同一条尺寸界线处引出。命令：DIMBASELINE。

单击“标注”工具栏上的（基线）按钮，或选择“标注”|“基线”命令，即执行 DIMBASELINE 命令，AutoCAD 提示：

指定第二条尺寸界线原点或[放弃（U）/选择（S）]<选择>:

相应指令的说明；

（1）指定第二条尺寸界线原点。

确定下一个尺寸的第二条尺寸界线的起始点。确定后 AutoCAD 按基线标注方式标注出尺寸，而后继续提示：

指定第二条尺寸界线原点或 [放弃（U）/选择（S）]<选择>:

此时可再确定下一个尺寸的第二条尺寸界线起点位置。用此方式标注出全部尺寸后，在同样的提示下按 Enter 键或 Space 键，结束命令的执行。

（2）选择（S）。

该选项用于指定基线标注时作为基线的尺寸界线。执行该选项，AutoCAD 提示：

选择基准标注：

在该提示下选择尺寸界线后，AutoCAD 继续提示：

指定第二条尺寸界线原点或 [放弃（U）/选择（S）]<选择>:

在该提示下标注出的各尺寸均从指定的基线引出。执行基线尺寸标注时，有时需要先执行“选择（S）”选项来指定引出基线尺寸的尺寸界线。

### （十）绘圆心标记

为圆或圆弧绘圆心标记或中心线。命令：DIMCENTER。

单击“标注”工具栏上的（圆心标记）按钮，或选择“标注”|“圆心标记”命令，即执行 DIMCENTER 命令，AutoCAD 提示：

选择圆弧或圆：

在该提示下选择圆弧或圆即可。

练习：利用已学习的线性、对齐、角度、直径和半径等标注命令标注如图 5-2-42 所示的尺寸。

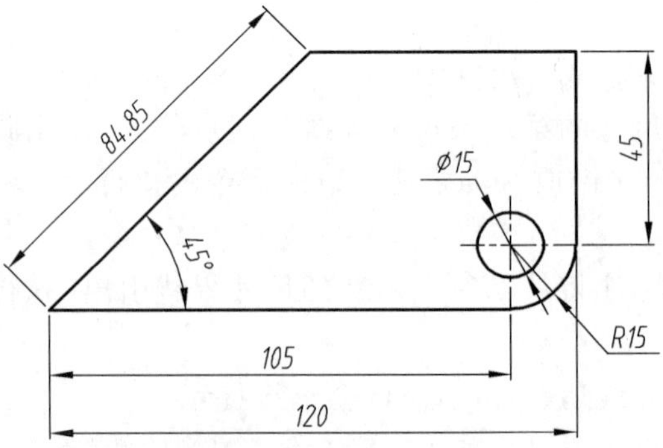


图 5-2-42　练习

## (十一) 多重引线标注

多重引线标注由末端带箭头或不带箭头的直线（又称引线）、一条短水平线（又称基线）及处于引线末端的文字或块组成，常用于为图形标注倒角、公差以及标注组成装配图组件的序号，如图 5-2-43 所示。

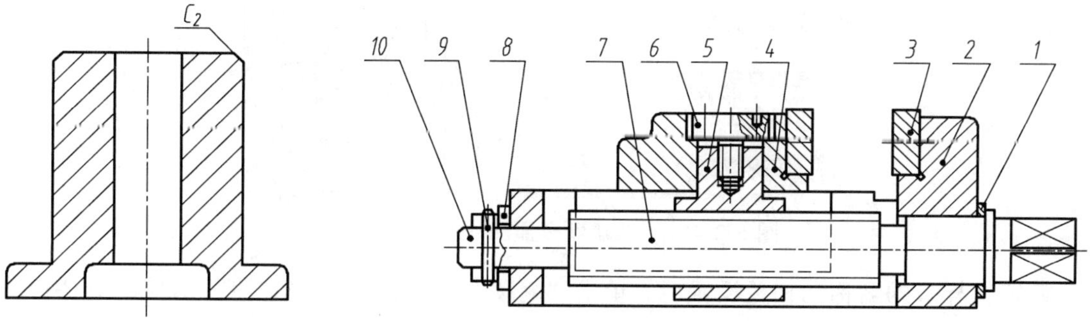


图 5-2-43　多重引线

1. 多重引线样式

用户可以设置多重引线的样式。命令：MLEADERSTYLE。

单击“多重引线”工具栏上的（多重引线样式）按钮，或执行 MLEADERSTYLE 命令，AutoCAD 打开“多重引线样式管理器”对话框，如图 5-2-44 所示。

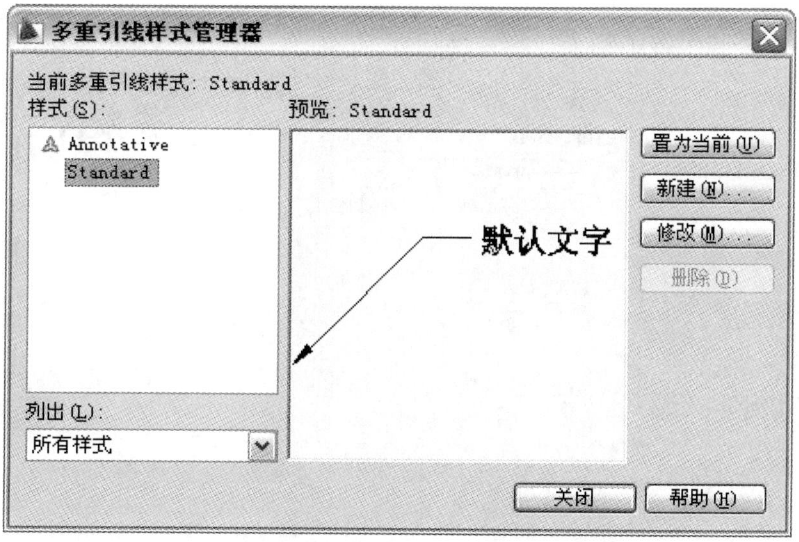


图 5-2-44　“多重引线样式管理器”对话框

对话框中，“当前多重引线样式”用于显示当前多重引线样式的名称。“样式”列表框用于列出已有的多重引线样式的名称。“列出”下拉列表框用于确定要在“样式”列表框中列出哪些多重引线样式。“预览”图像框用于预览在“样式”列表框中所选中的多重引线样式的标注效果。“置为当前”按钮用于将指定的多重引线样式设为当前样式。“新建”按钮用于创建新多重引线样式。单击“新建”按钮，AutoCAD 打开如图 5-2-45 所示的“创建新多重引线样式”对话框。用户可以通过对话框中的“新样式名”文本框指定新样式的名称；通过“基础样式”下拉列表框确定用于创建新样式的基础样式。

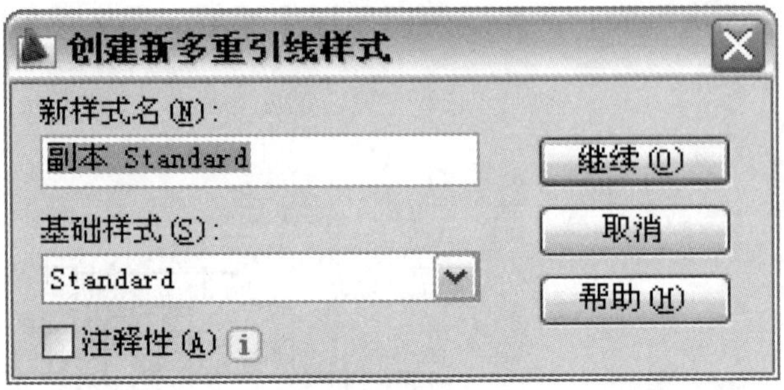


图 5-2-45 “创建新多重引线样式”对话框

确定新样式的名称和相关设置后，单击“继续”按钮，AutoCAD 打开对应的对话框，如图 5-2-46 所示，对话框中有“引线格式”“引线结构”“内容”3 个选项卡，下面分别介绍这些选项卡。

“引线格式”选项卡此选项卡用于设置引线的格式。“基本”选项组用于设置引线的外观。“箭头”选项组用于设置箭头的样式与大小。“引线打断”选项用于设置引线打断时的距离值。预览框用于预览对应的引线样式。

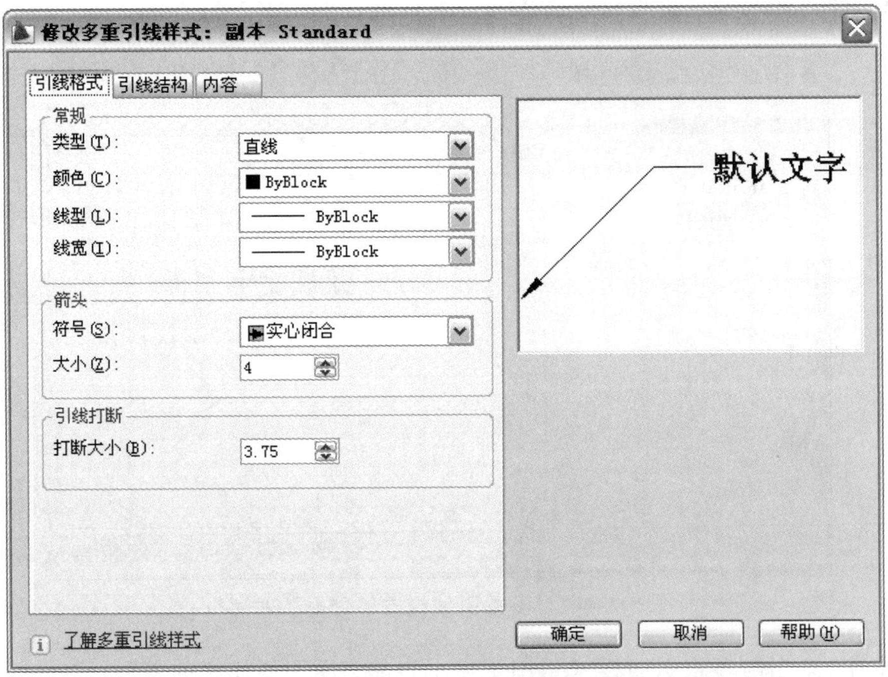


图 5-2-46 “引线格式”对话框

“引线结构”选项卡用于设置引线的结构，如图 5-2-47 所示。“约束”选项组用于控制多重引线的结构。“基线设置”选项组用于设置多重引线中的基线。“比例”选项组用于设置多重引线标注的缩放关系。

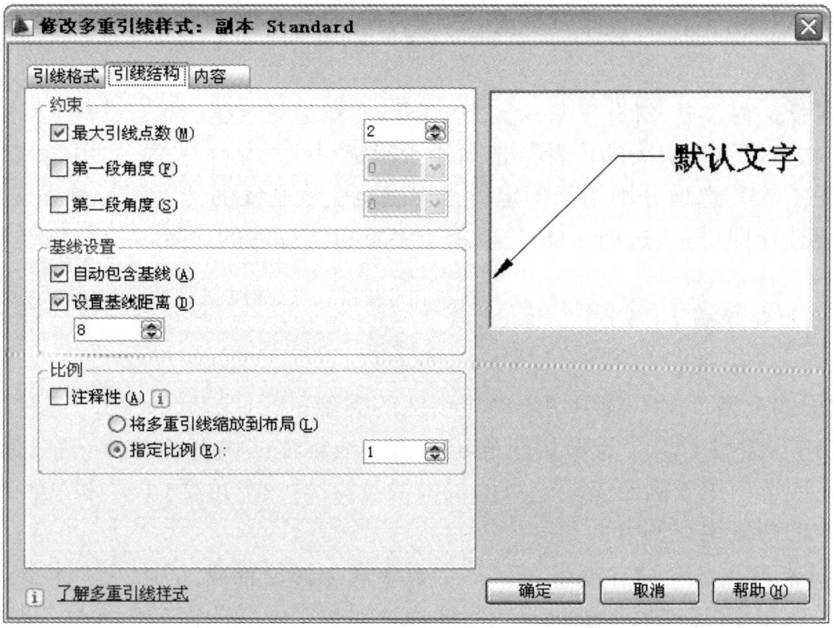


图 5-2-47 “引线结构”对话框

“内容”选项卡用于设置多重引线标注的内容，如图 5-2-48 所示。“多重引线类型”下拉列表框用于设置多重引线标注的类型。“文字选项”选项组用于设置多重引线标注的文字内容。“引线连接”选项组一般用于设置标注出的对象沿垂直方向相对于引线基线的位置。

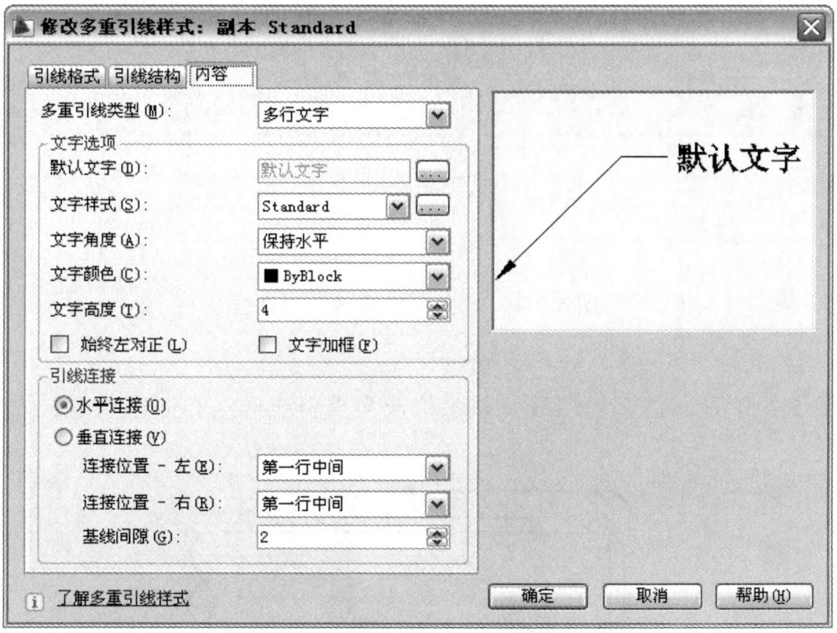


图 5-2-48 “内容”对话框

2. 多重引线标注

命令：MLEADER。

单击“多重引线”工具栏上的（多重引线）按钮执行，即执行 MLEADER 命令，AutoCAD 提示：

指定引线箭头的位置或[引线基线优先（L）/内容优先（C）/选项（O）] <选项>:

提示中，“指定引线箭头的位置”选项用于确定引线的箭头位置；“引线基线优先（L）”和“内容优先（C）”选项分别用于确定将首先确定引线基线的位置还是首先确定标注内容，用户根据需要选择即可；“选项（O）”项用于多重引线标注的设置，执行该选项，AutoCAD 提示：

输入选项[引线类型（L）/引线基线（A）/内容类型（C）/最大节点数（M）/第一个角度（F）/第二个角度（S）/退出选项（X）] <内容类型>:

其中，“引线类型（L）”选项用于确定引线的类型；“引线基线（A）”选项用于确定是否使用基线；“内容类型（C）”选项用于确定多重引线标注的内容（多行文字、块或无）；“最大节点数（M）”选项用于确定引线端点的最大数量；“第一个角度（F）”和“第二个角度（S）”选项用于确定前两段引线的方向角度。

执行 MLEADER 命令后，如果在“指定引线箭头的位置或 [引线基线优先（L）/内容优先（C）/选项（O）] <选项>:”提示下指定一点，即指定引线的箭头位置后，AutoCAD 提示：

指定下一点或[端点（E）] <端点>:（指定点）

指定下一点或[端点（E）] <端点>:

在该提示下依次指定各点，然后按 Enter 键，AutoCAD 弹出文字编辑器，如图 5-2-49 所示。通过文字编辑器输入对应的多行文字后，单击“文字格式”工具栏上的“确定”按钮，即可完成引线标注。

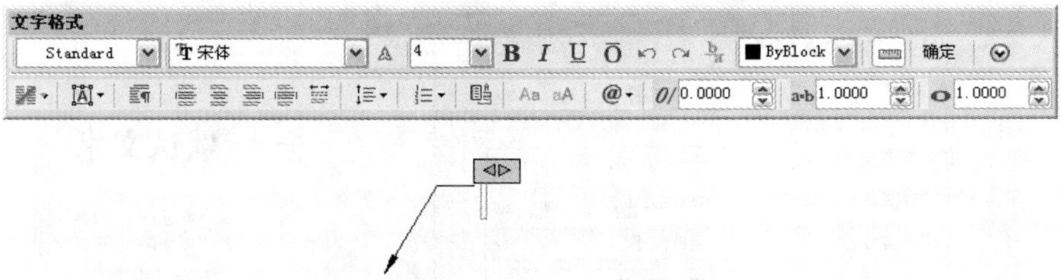


图 5-2-49 “文字编辑器”对话框

练习：

标注如图 5-2-50 所示的多重引线，熟悉修改多重引线样式和创建多重引线的方法。

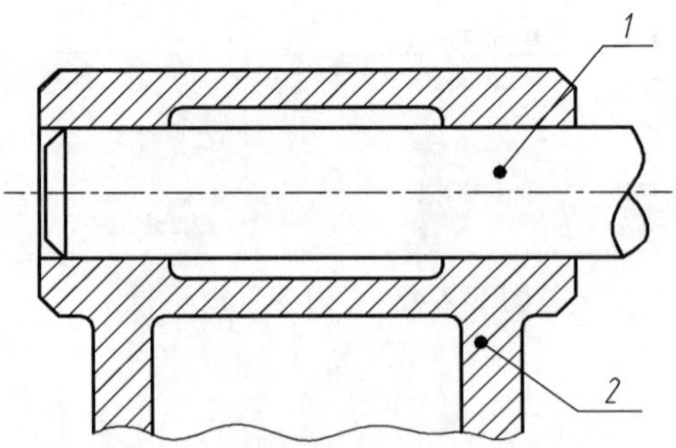


图 5-2-50 练习

## （十二）标注尺寸公差与形位公差

一般情况下，几何公差需要与多重引线结合使用，因此，要在 AutoCAD 中创建几何公差，需要先创建内容为“无”的多重引线，然后再执行“公差”命令，利用打开的“形位公差”对话框设置公差项目符号、公差值和基准字母等。

（1）AutoCAD 提供了标注尺寸公差的多种方法。例如，利用前面介绍过的“公差”选项卡中，用户可以通过“公差格式”选项组确定公差的标注格式，如确定以何种方式标注公差以及设置尺寸公差的精度、设置上偏差和下偏差等。通过此选项卡进行设置后再标注尺寸，就可以标注出对应的公差。实际上，标注尺寸时，可以方便地通过在位文字编辑器输入公差。

（2）标注形位公差。

利用 AutoCAD，用户可以方便地为图形标注形位公差。用于标注形位公差的命令是 TOLERANCE，利用“标注”工具栏上的 （公差）按钮或“标注”|“公差”命令可启动该命令。执行 TOLERANCE 命令，AutoCAD 弹出如图 5-2-51 所示的“形位公差”对话框。

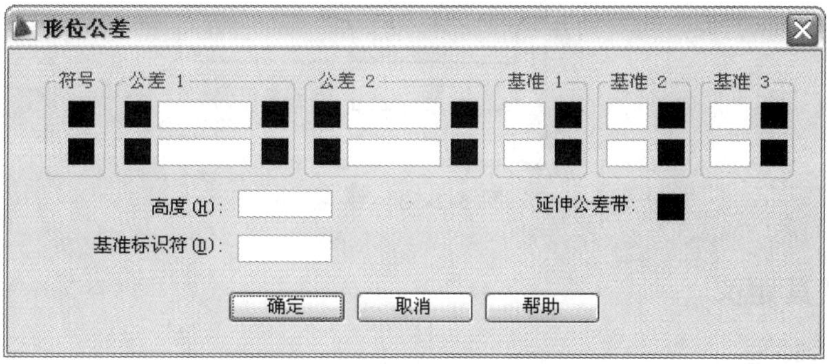


图 5-2-51 “形位公差”对话框

其中，“符号”选项组用于确定形位公差的符号。单击其中的小黑方框，AutoCAD 弹出如图 5-2-52 所示的“特征符号”对话框。用户可从该对话框确定所需要的符号。单击某一符号，AutoCAD 返回到“形位公差”对话框，并在对应位置显示出该符号。

图 5-2-52 “特征符号”对话框

另外，“公差 1”“公差 2”选项组用于确定公差。用户应在对应的文本框中输入公差值。

此外，可通过单击位于文本框前边的小方框确定是否在该公差值前加直径符号；单击位于文本框后边的小方框，可从弹出的“包容条件”对话框中确定包容条件。“基准 1”“基准 2”“基准 3”选项组用于确定基准和对应的包容条件。

通过“形位公差”对话框确定要标注的内容后，单击对话框中的“确定”按钮，AutoCAD 切换到绘图屏幕，并提示：

输入公差位置：

在该提示下确定标注公差的位置即可。

练习：绘制如图 5-2-53 所示。零件并进行几何公差和形位公差的标注。

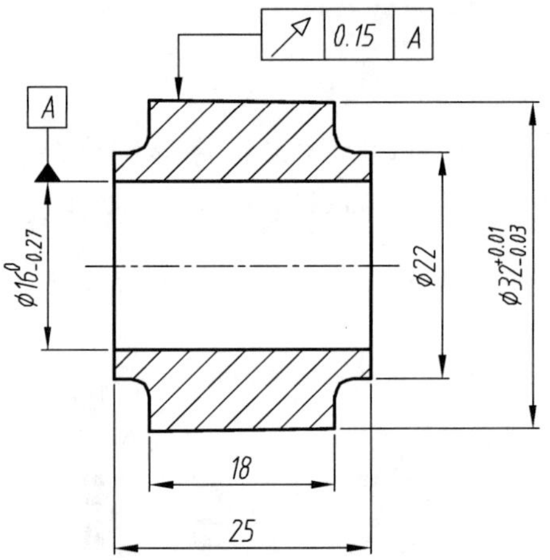


图 5-2-53　练习

## 六、块及其定义

### （一）块的基本概念

块是图形对象的集合，通常用于绘制复杂、重复的图形。一旦将一组对象组合成块，就可以根据绘图需要将其插入图中的任意指定位置，而且还可以按不同的比例和旋转角度插入。

块具有以下特点：

（1）提高绘图速度；

（2）节省存储空间；

（3）便于修改图形；

（4）加入属性。

### （二）定义块

将选定的对象定义成块。命令：BLOCK。

单击“绘图”工具栏上的（创建块）按钮，或选择“绘图”|“块”|“创建”命令，即执行 BLOCK 命令，AutoCAD 弹出如图 5-2-54 所示的“块定义”对话框。

图 5-2-54 “块定义”对话框

对话框中，“名称”文本框用于确定块的名称。“基点”选项组用于确定块的插入基点位置。“对象”选项组用于确定组成块的对象。“设置”选项组用于进行相应设置。通过“块定义”对话框完成对应的设置后，单击“确定”按钮，即可完成块的创建。

## （三）插入块

为当前图形插入块或图形，命令：INSERT。

单击“绘图”工具栏上的（插入块）按钮，或选择“插入”|“块”命令，即执行 INSERT 命令，AutoCAD 弹出如图 5-2-55 所示的“插入”对话框。

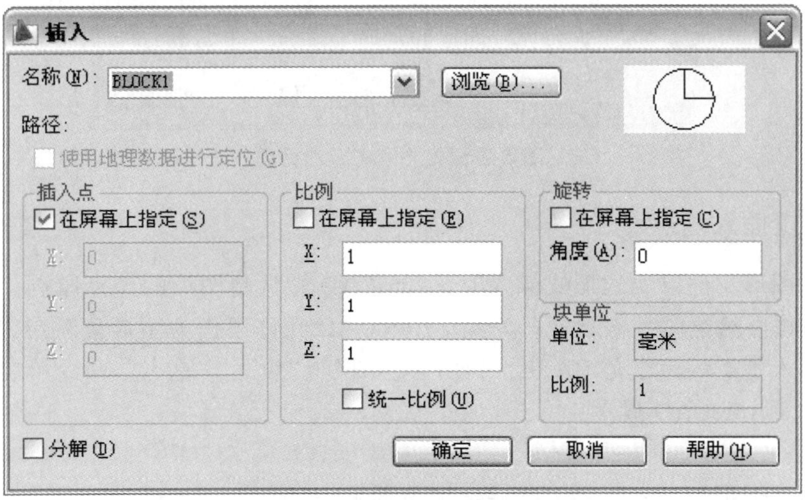


图 5-2-55 “插入块”对话框

对话框中，“名称”下拉列表框确定要插入块或图形的名称。“插入点”选项组确定块在图形中的插入位置。“比例”选项组确定块的插入比例。“旋转”选项组确定块插入时的旋转角度。“块单位”文本框显示有关块单位的信息。通过“插入”对话框设置了要插入的块以及插入参数后，单击“确定”按钮，即可将块插入当前图形（如果选择了在屏幕上指定插入点、插入比例或旋转角度，插入块时还应根据提示指定插入点、插入比例等）。

## （四）定义外部块

将块以单独的文件保存。命令：WBLOCK。

执行 WBLOCK 该命令，AutoCAD 弹出如图 5-2-56 所示的“写块”对话框。

对话框中，“源”选项组用于确定组成块的对象来源。“基点”选项组用于确定块的插入基点位置；“对象”选项组用于确定组成块的对象。只有在“源”选项组中选中“对象”单选按钮后，这两个选项组才有效。“目标”选项组确定块的保存名称、保存位置。

用 WBLOCK 命令创建块后，该块以.DWG 格式保存，即以 AutoCAD 图形文件格式保存。

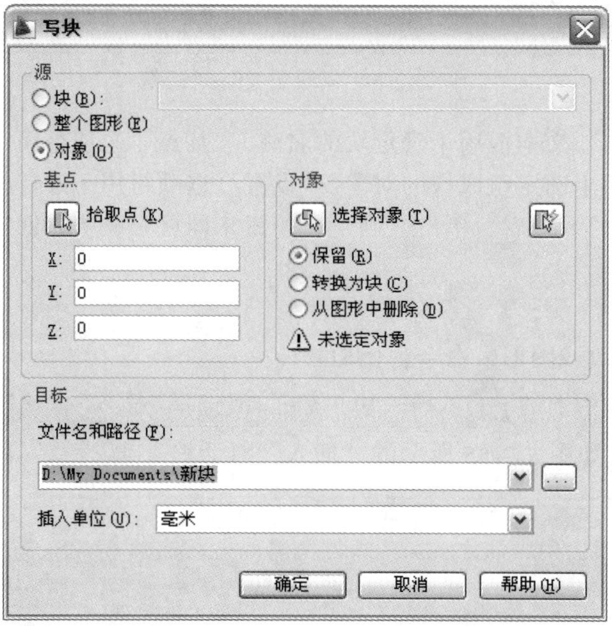


图 5-2-56 “写块”对话框

## （五）设置插入基点

当将某一图形文件以块的形式插入时，AutoCAD 默认将图形的坐标原点作为块上的插入基点，这样往往会给绘图带来不便。为此，AutoCAD 允许用户为图形重新指定插入基点。用于设置图形插入基点的命令是 BASE，利用“绘图” | “块” | “基点”命令可启动该命令。执行 BASE 命令，AutoCAD 提示：

输入基点：

在此提示下指定一点，即可为图形指定新基点。

## （六）块的属性

属性是附加在块上的文字信息，其特点是每次插入块时，可以输入不同的文字。

1. 定义属性

选择“绘图”|“块”|“定义属性”命令，即执行 ATTDEF 命令，AutoCAD 弹出如图 5-2-57 所示的“属性定义”对话框。

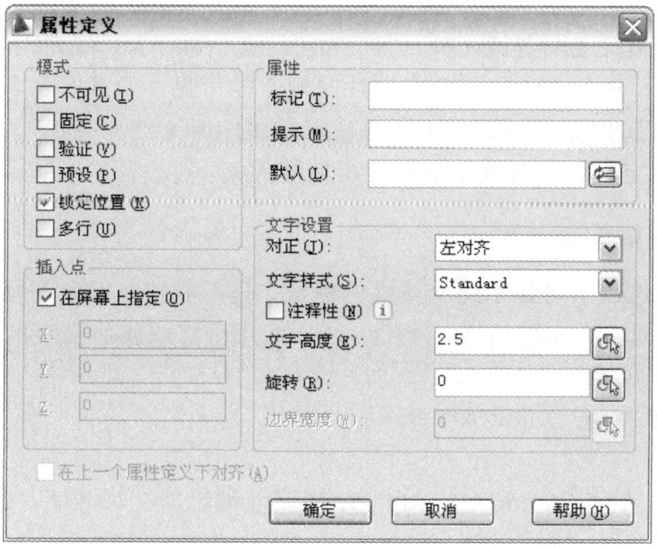


图 5-2-57 “属性定义”对话框

对话框中，“模式”选项组用于设置属性的模式。

“属性”选项组中，“标记”文本框用于确定属性的标记（用户必须指定标记）；“提示”文本框用于确定插入块时 AutoCAD 提示用户输入属性值的提示信息；“默认”文本框用于设置属性的默认值，用户在各对应文本框中输入具体内容即可。“插入点”选项组确定属性值的插入点，即属性文字排列的参考点。“文字设置”选项组确定属性文字的格式。

确定了“属性定义”对话框中的各项内容后，单击对话框中的“确定”按钮，AutoCAD 完成一次属性定义，并在图形中按指定的文字样式、对齐方式显示出属性标记。用户可以用上述方法为块定义多个属性。

2. 修改属性定义

在定义块之前，可以编辑属性定义中的属性标记、提示和默认值。可通过编辑属性定义的命令 Ddedit 执行，执行选择属性定义标记后，AutoCAD 弹出如图 5-2-58 所示的“编辑属性定义”对话框，可通过此对话框修改属性定义的属性标记、提示和默认值等。

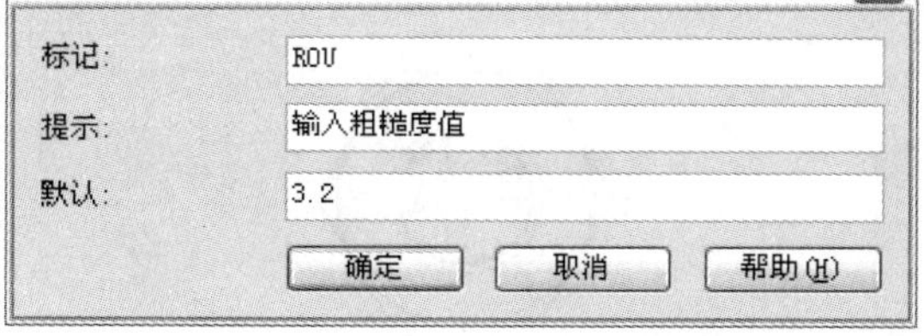


图 5-2-58 “编辑属性定义”对话框

### （七）属性显示控制

用户可单独控制块中属性的可见性。

选择“视图”|“显示”|“属性显示”对应的子菜单可实现此操作。执行 ATTDISP 命令，AutoCAD 提示：

输入属性的可见性设置 [普通（N）/开（ON）/关（OFF）]<普通>:

其中，“普通（N）”选项表示将按定义属性时规定的可见性模式显示各属性值；“开（ON）”选项将会显示出所有属性值，与定义属性时规定的属性可见性无关；“关（OFF）”选项则不显示所有属性值，与定义属性时规定的属性可见性无关。

### （八）利用对话框编辑属性

块中的“属性”选项卡可显示每个属性的标记、提示和值，可允许用户修改值。“文字选项”选项卡用于修改属性文字的格式。“特性”选项卡用于修改属性文字的图层以及它的线宽、线型、颜色及打印样式等。

执行 EATTEDIT 命令，AutoCAD 提示：

选择块：

在此提示下选择块后，AutoCAD 弹出“增强属性编辑器”对话框，如图 5-2-59 所示（在绘图窗口双击有属性的块，也会弹出此对话框）。

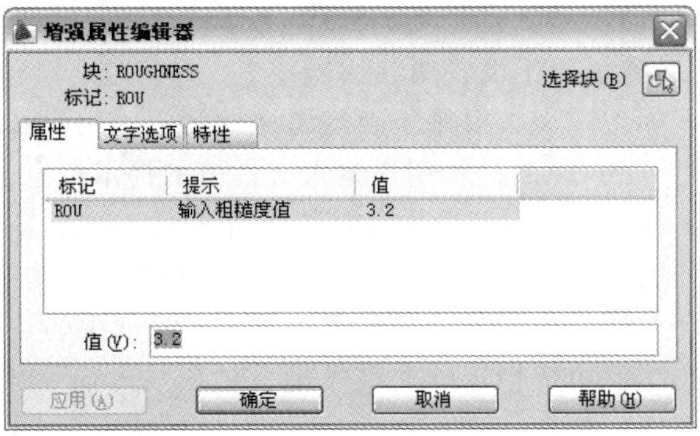


图 5-2-59 “增强属性编辑器”对话框

### （九）外部参照

外部参照是将已有图形插入当前图形文件中去，与插入块不同的是插入外部参照其文件信息不直接加入图形文件中，主文件只记录参照关系，主文件的改变不影响参照文件，而外部参照文件改变后，主文件内的参照文件会相应变化。

练习：（1）将如图 5-2-60 所示的六角螺母定义为块。

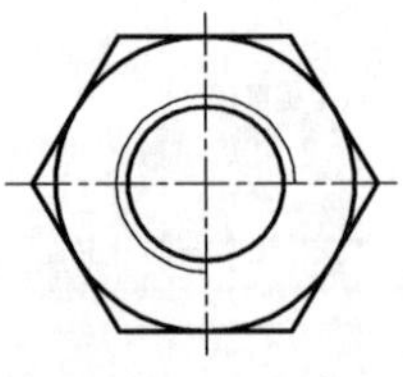

图 5-2-60 练习 1

（2）完成如图 5-2-61 所示的轴承座，以练习和巩固 AutoCAD 所提供的尺寸标注样式、基本尺寸标注命令，以及块的具体设置和操作方法。

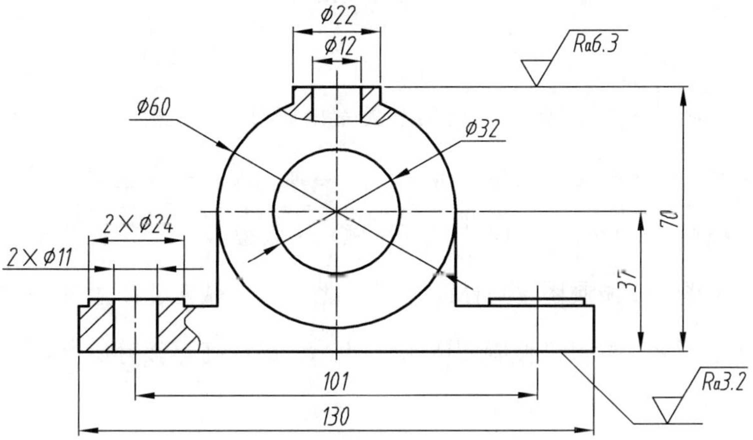


图 5-2-61 练习 2

# 参考文献


[1] 王晨曦. 机械制图[M]. 北京：北京邮电大学出版社，2012.

[2] 刘哲，高玉芬. 机械制图（机械专业）[M]. 6 版. 大连：大连理工大学出版社，2014.

[3] 刘瑞新，朱晓峰. AutoCAD2014 中文版机械制图教程[M]. 北京：机械工业出版社，2016.

[4] 梁德本，叶玉驹. 机械制图手册[M]. 3 版. 北京：机械工业出版社，2002.

[5] 李澄，吴天生，闻百桥. 机械制图[M]. 3 版. 北京：高等教育出版社，2008.

示范性职业教育“十四五”建设项目

# 工程制图及 AutoCAD 基础实训

主　编　倪　伟
副主编　张棋宣

西南交通大学出版社
·成　都·

**图书在版编目（CIP）数据**

工程制图及 AutoCAD 基础：含实训. 工程制图及 AutoCAD 基础实训 / 倪伟主编. —成都：西南交通大学出版社，2021.8

ISBN 978-7-5643-8222-3

Ⅰ. ①工… Ⅱ. ①倪… Ⅲ. ①工程制图－AutoCAD 软件－高等职业教育－习题集 Ⅳ. ①TB237-44

中国版本图书馆 CIP 数据核字（2021）第 175531 号

# 目 录



附 录

制图设计审核数量材料比例序号名称技术要求其余备注

长对正高平齐宽相等主视图左右上下前后专业班级姓名学院机械工程系

1234567890ABCDEFGHIJKLMNAOP

RSTUVWXYZ I II III IV V VI VII VIII IX X abcdef $\pi$ $\phi$ $\tau$ ghk

## 任务一　2. 线型练习

在指定位置处，抄画各种图线和图形。

①

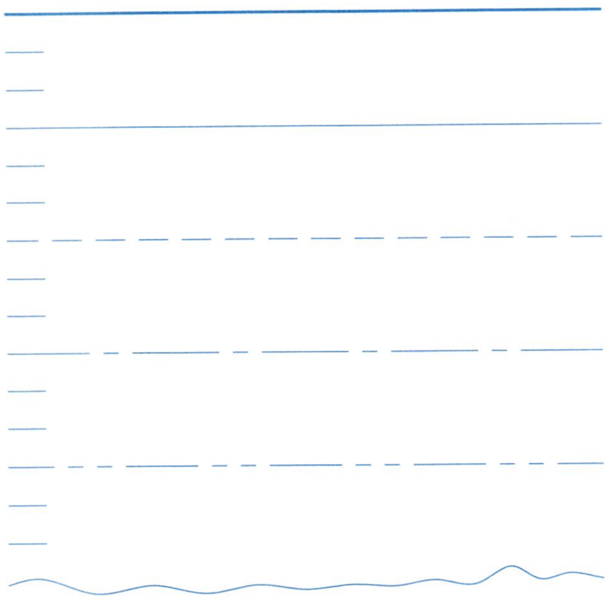

②

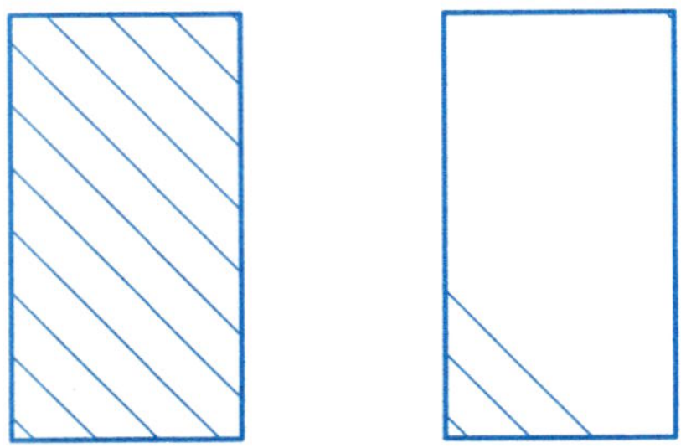

③

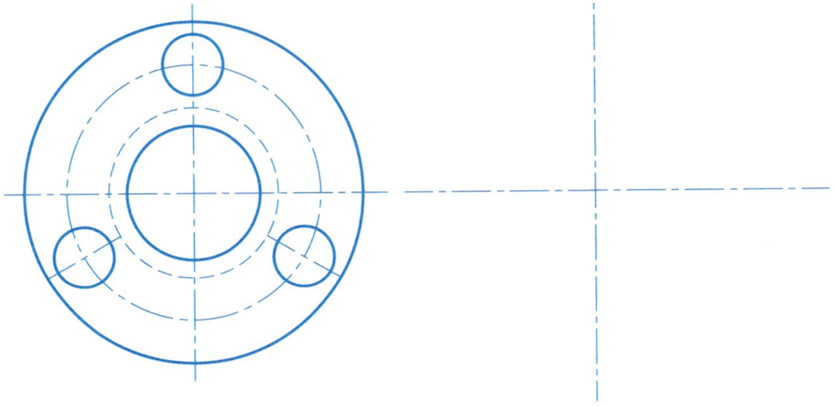

④

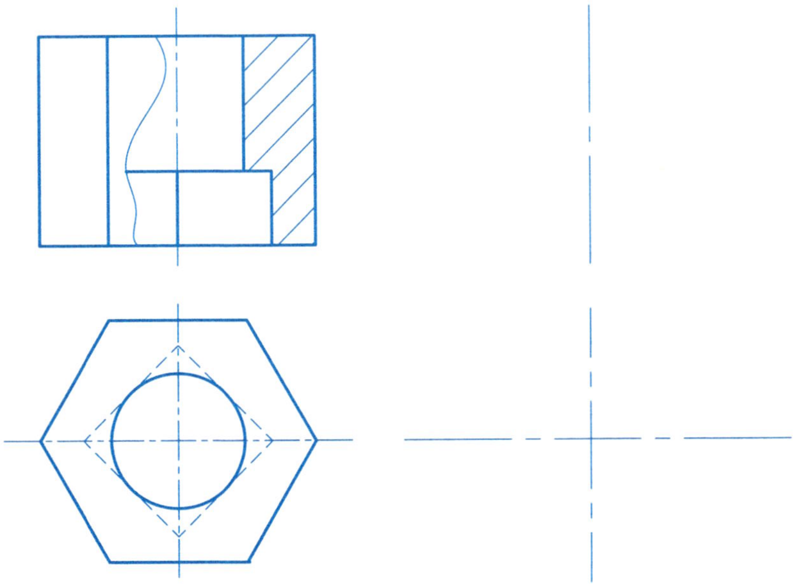

（1）找出图中尺寸标注的错误，并在指定的图中正确注出。

①

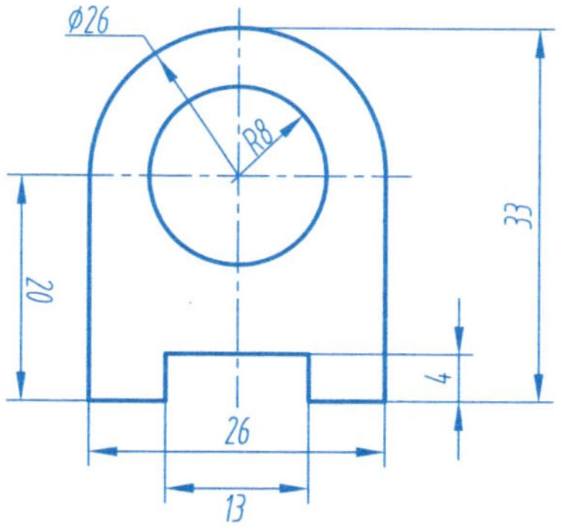


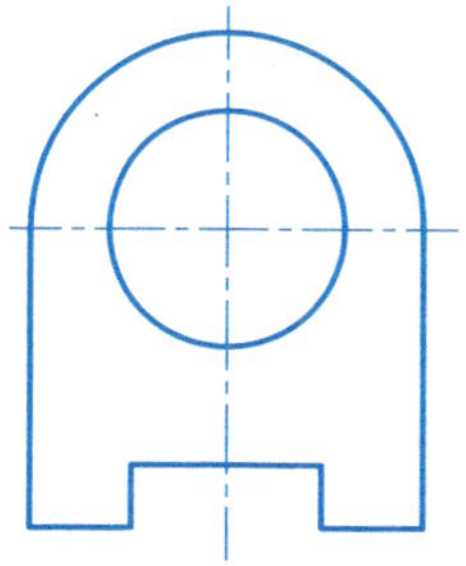

②

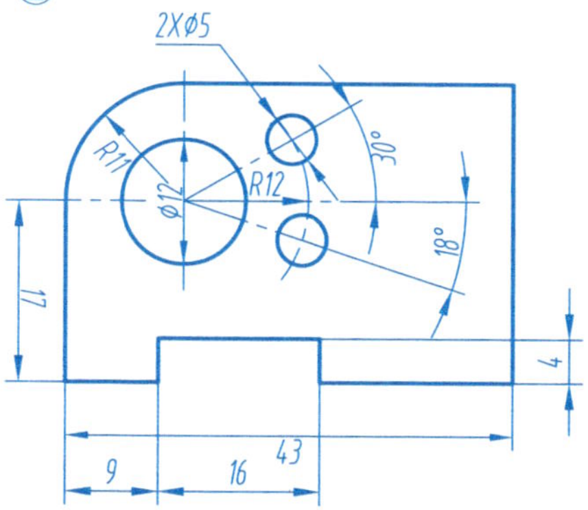


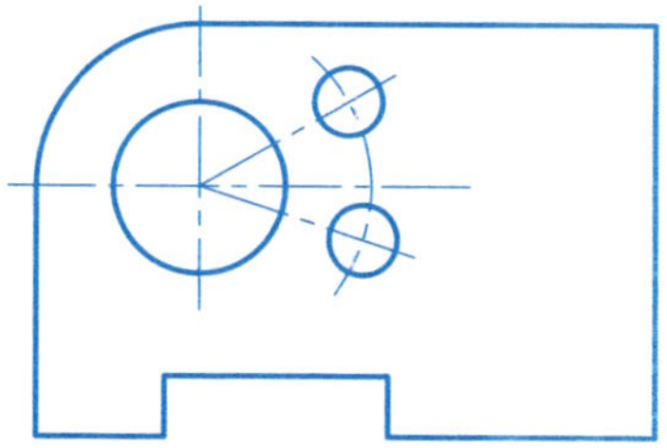

（2）按1：1的比例标注下列平面图形的尺寸（数值从图中量取整数）。

①

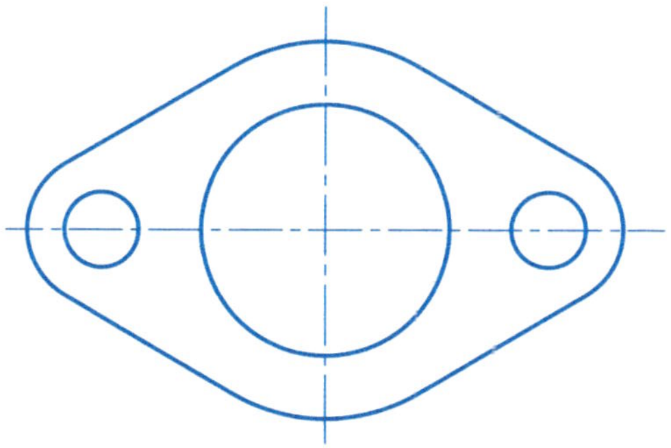

②

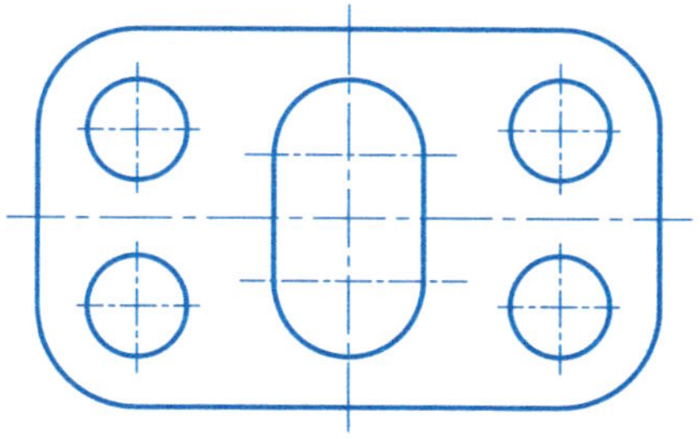

③

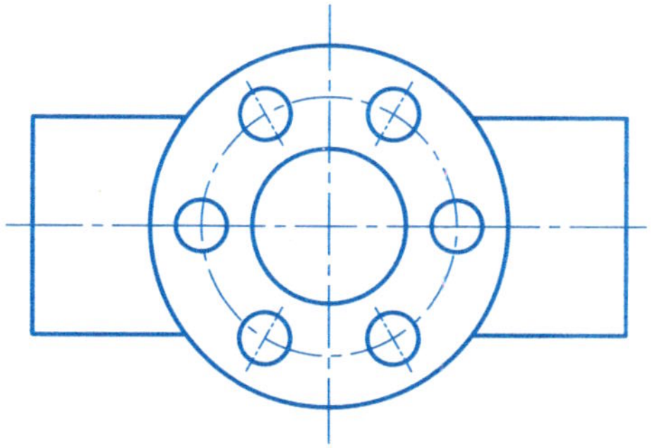

## 任务二　1. 几何作图

（1）作圆的内接正多边形。

①作内接正六边形：　　　②作内接正五边形：

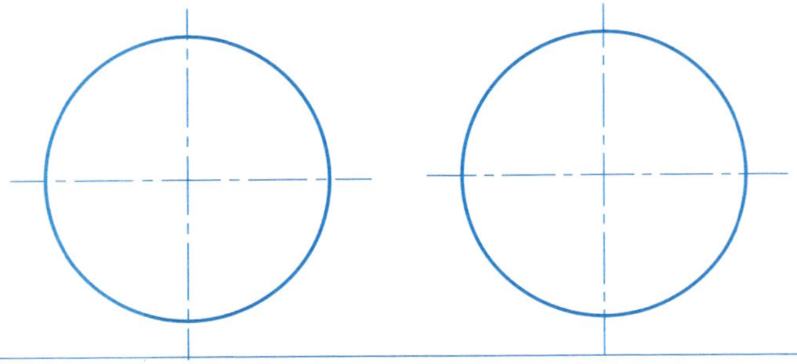

（2）徒手绘制如下图形，不标注尺寸。

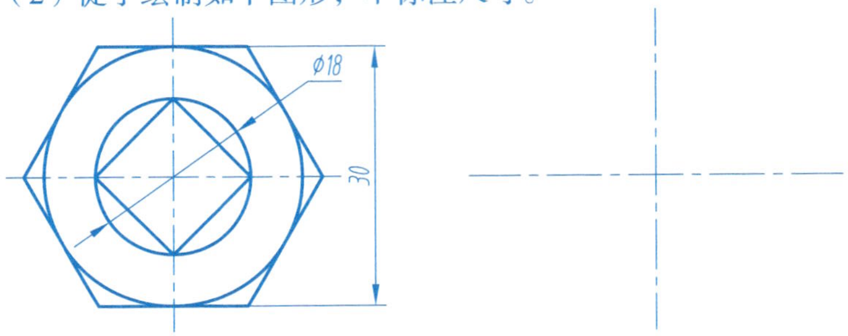


（3）参照所示图形，用1：2比例在指定位置处画出图形(保留辅助线)，并标注尺寸。

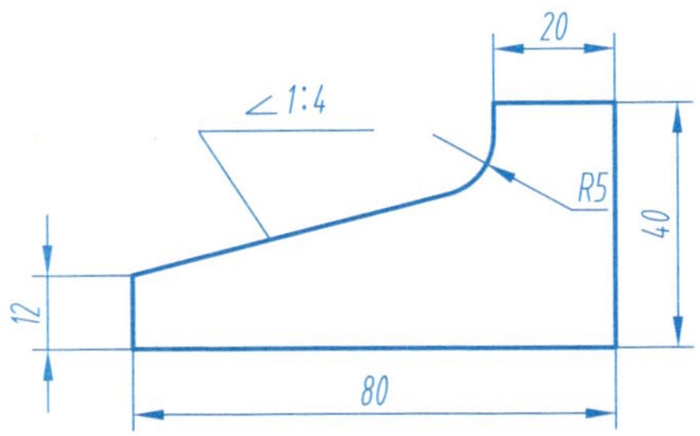


（4）参照所示图形，用1：1比例在指定位置处画出图形（保留辅助线），并标注尺寸。

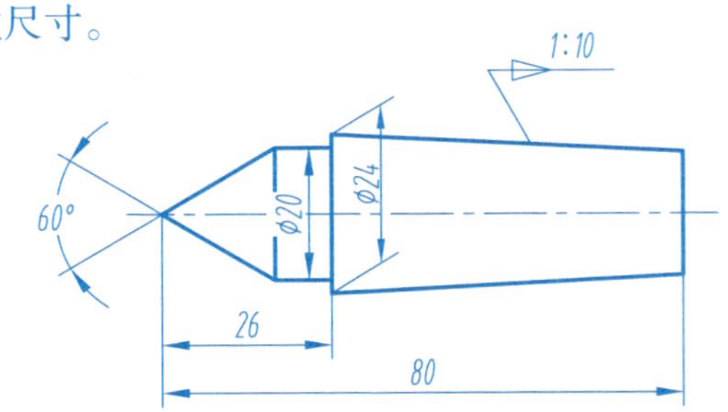

## 任务二　2. 抄画平面图形并标注尺寸

用A3图纸采用适当的比例抄画下列平面图形。

作业要求：

（1）遵守机械制图国家标准中关于图幅、图线、字体、比例、尺寸标注的规定，要求同类图线全图一致，线段连接光滑。尺寸标注正确、清晰，数字、箭头的大小一致，字体工整。

（2）根据图形上的尺寸分析画图顺序，应用圆弧连接作图，正确画出图形。

①

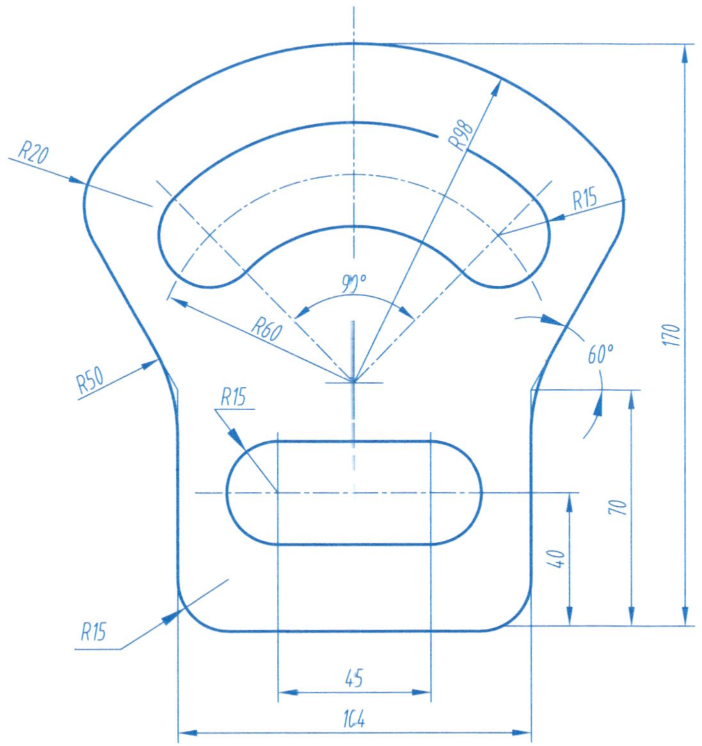


②

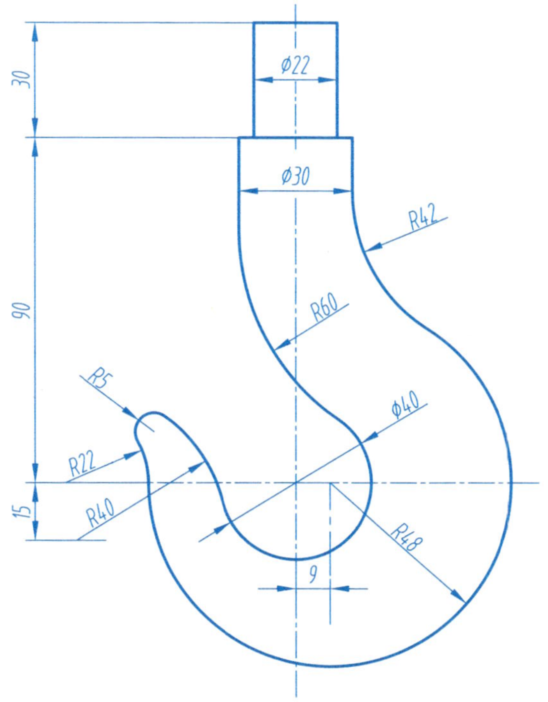

1. 根据三视图，辨认相应的立体图，并在立体图上填上相应号码

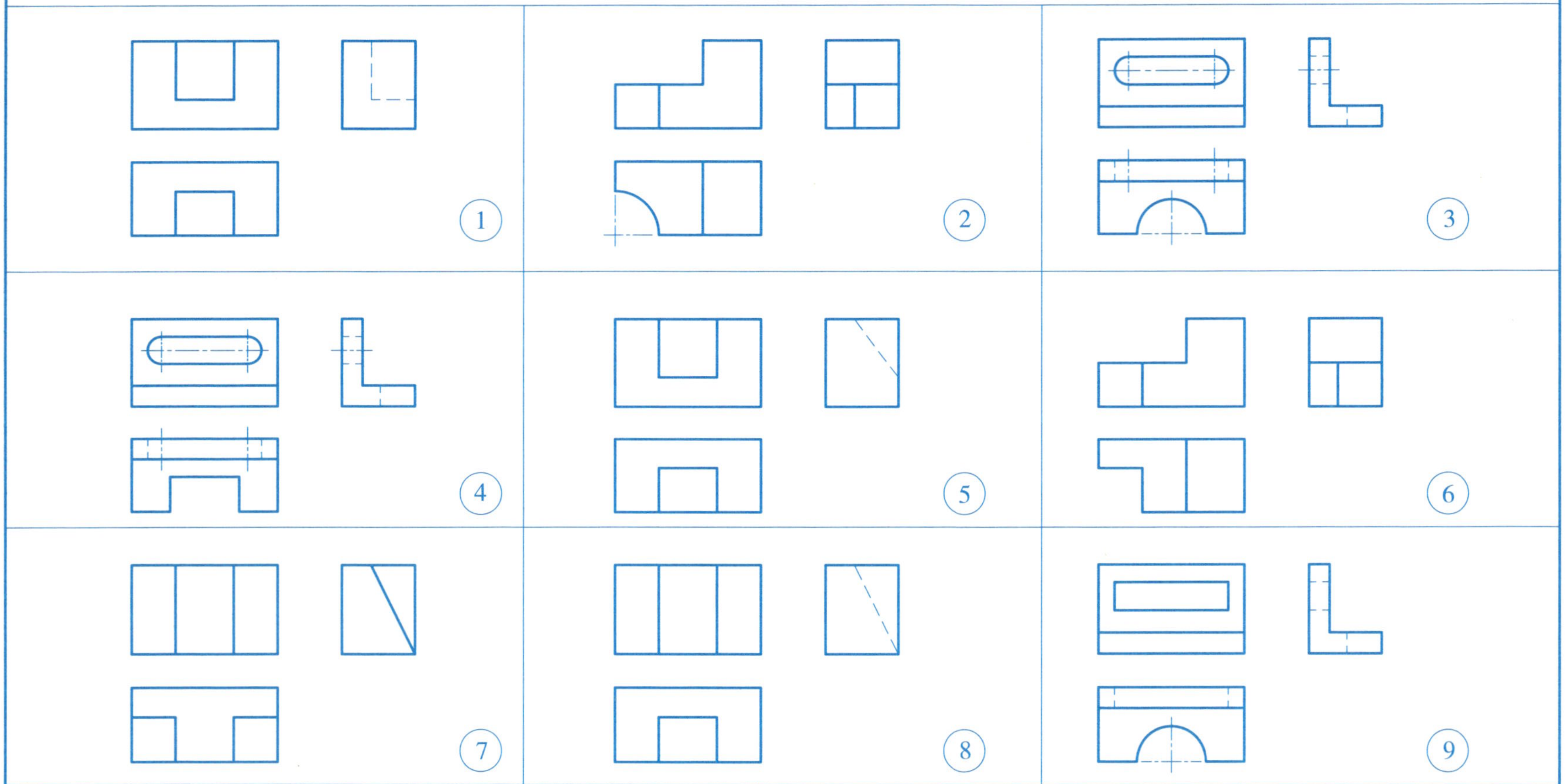


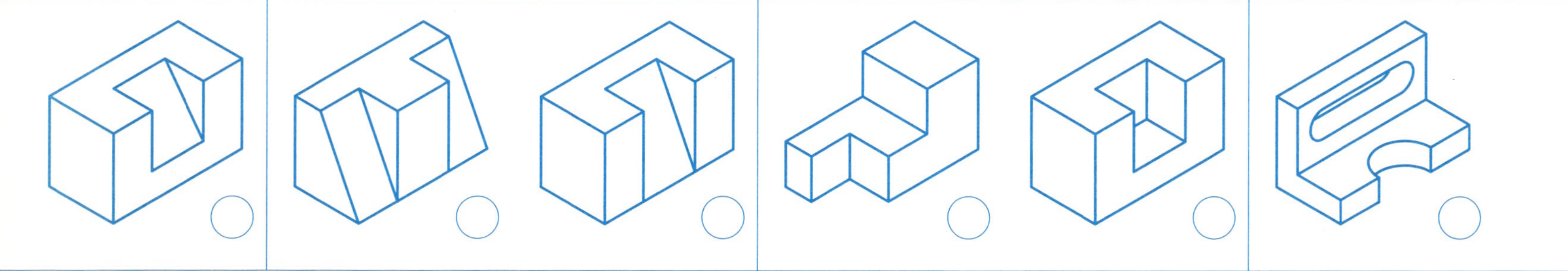

2. 根据立体图和两视图补画第三视图

①

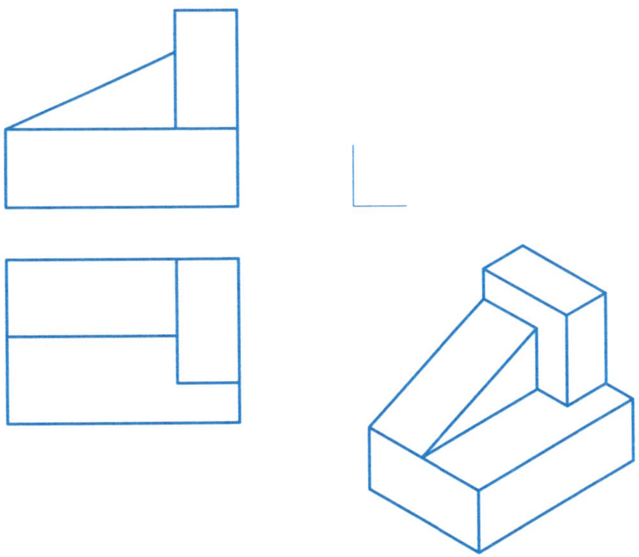

②

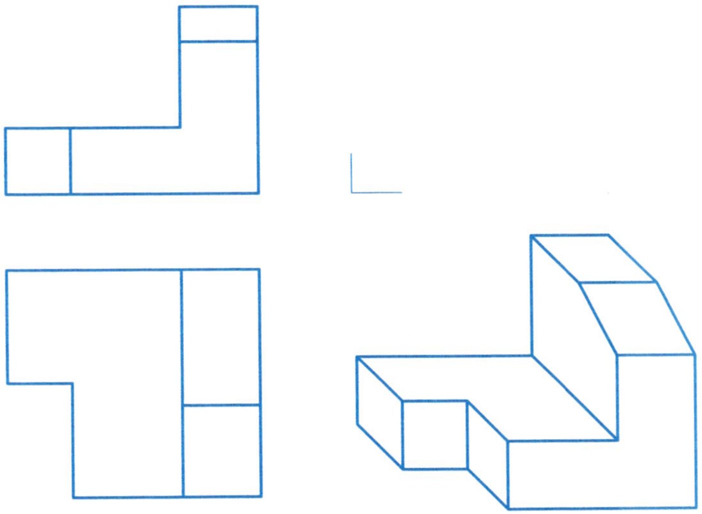

③

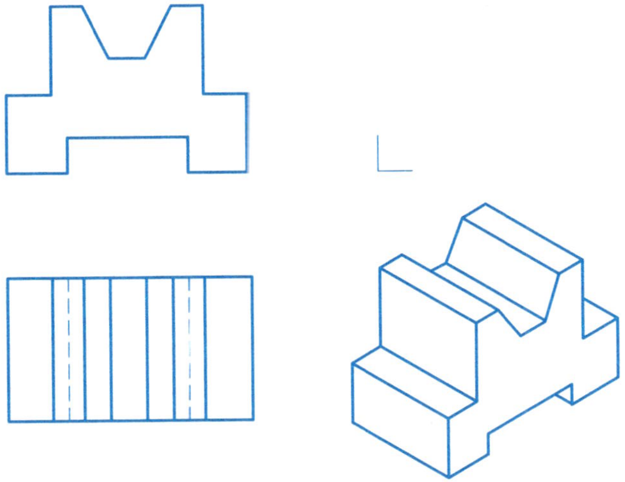

④

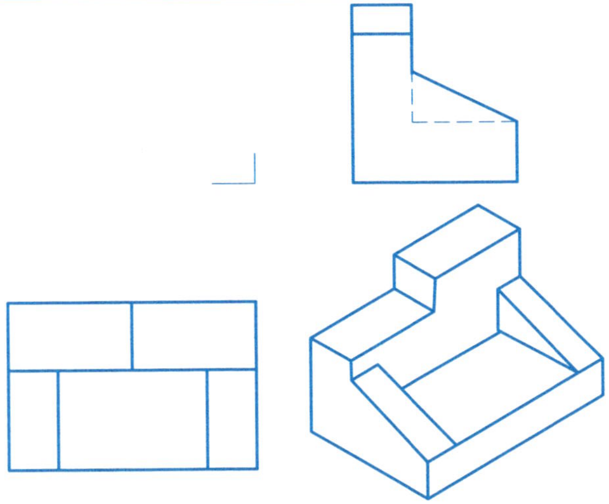

（1）按照立体图作出$A$、$B$两点的三面投影（坐标值从图中量取）。

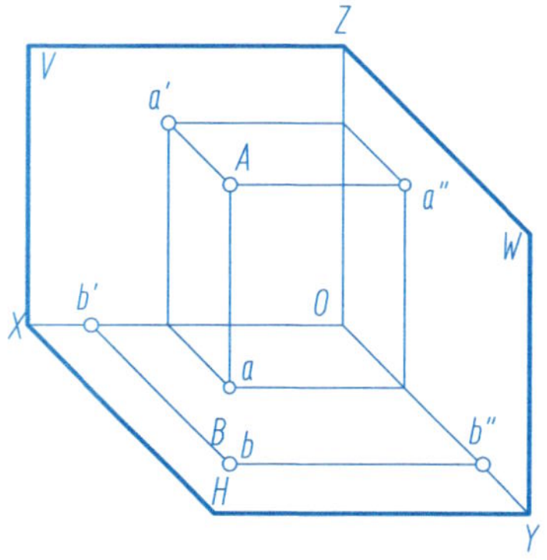


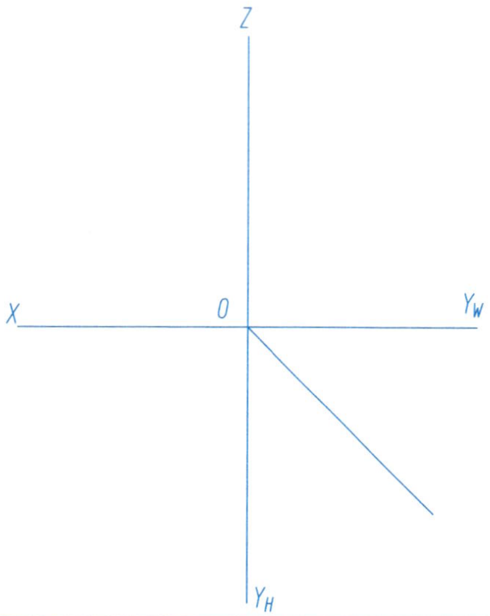


（2）已知$A$、$B$、$C$三点的两面投影，作出它们的第三面投影。

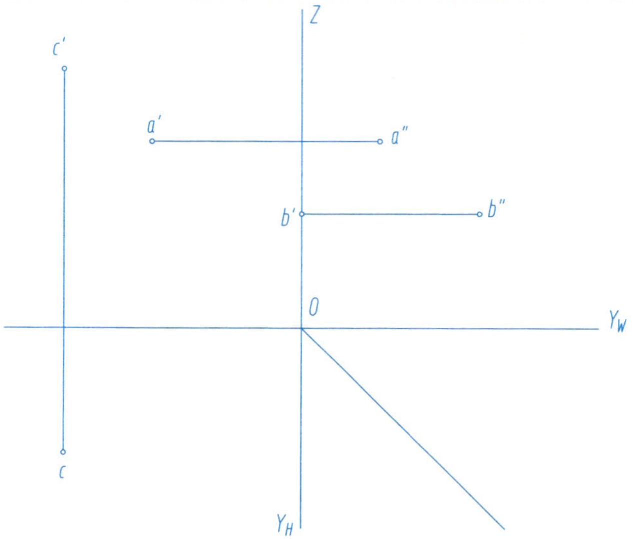


（3）根据点$A$的投影，作出$B$、$C$两点的投影，并判别重影点的可见性。

①点$B$在点$A$之左20 mm、之前10 mm、之下15 mm。

②点$C$在点$A$的正右方12 mm。

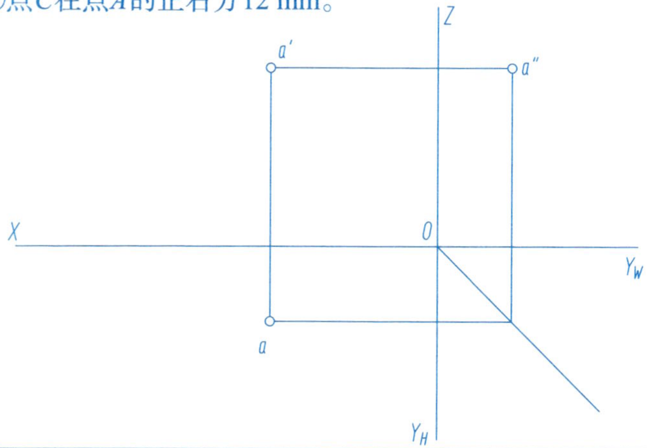


（4）判断$A$、$B$、$C$的空间位置。

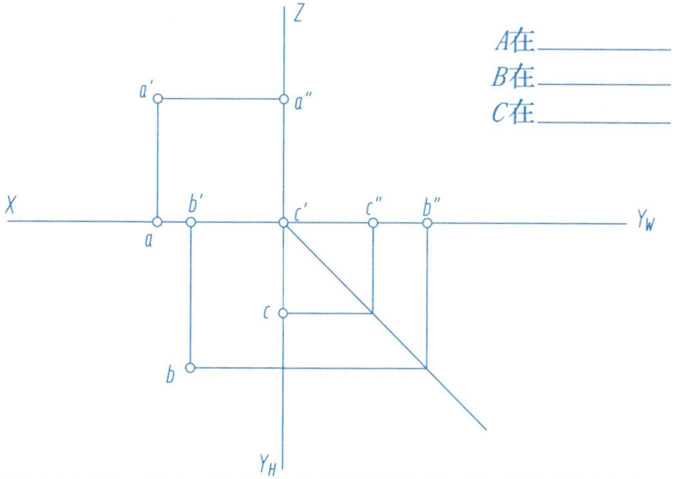


$A$在________

$B$在________

$C$在________

## 任务二　2. 直线的投影(一)

（1）已知正三棱锥的水平投影，锥顶S距H面20 mm，锥底各点位于H面上，补画三棱锥的正面投影和侧面投影，并判断各直线对投影面的位置。

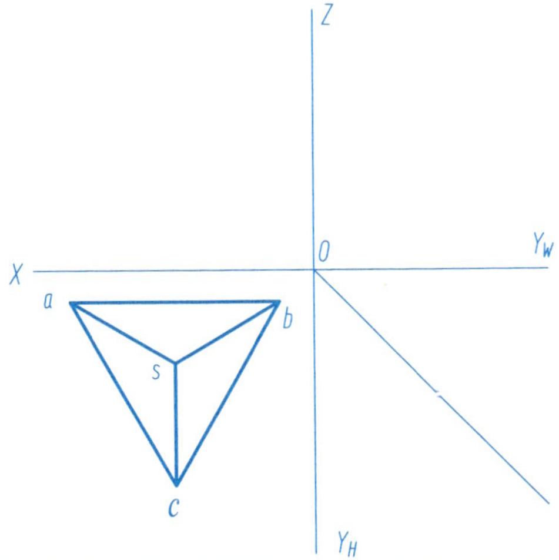


SA是________线

SC是________线

AB是________线

BC是________线

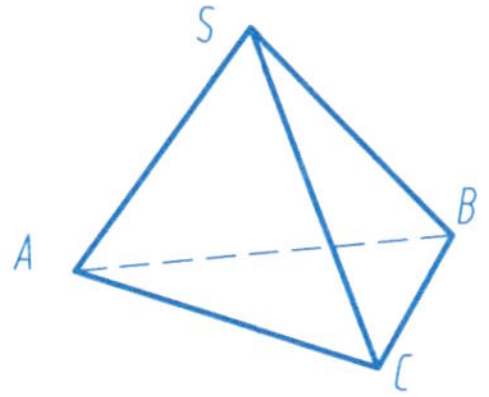


（2）判断下列各线与投影面的相对位置，将其名称填写在横线上。

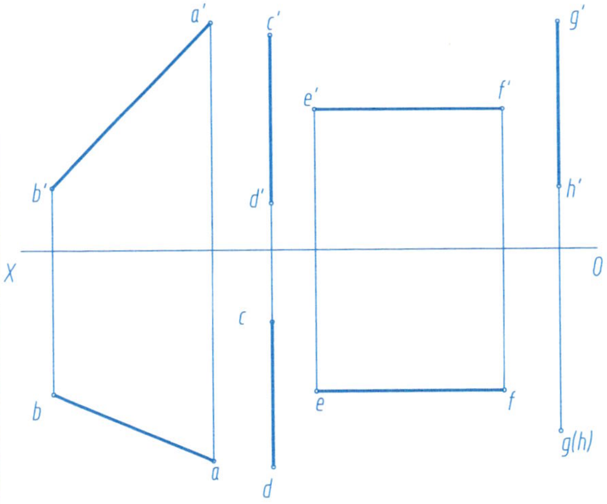


AB是________线

CD是________线

EF是________线

GH是________线

（3）已知点K在直线AB上，AK∶KB=3∶2，求作点K的两面投影。

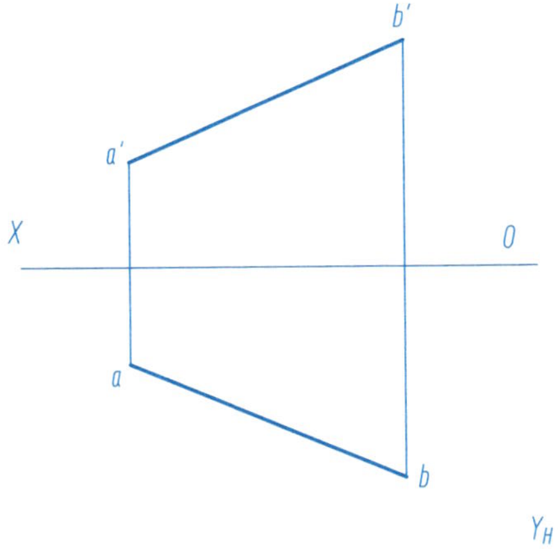


（4）判断点K是否在直线AB上，并求出直线AB和点K的侧面投影。

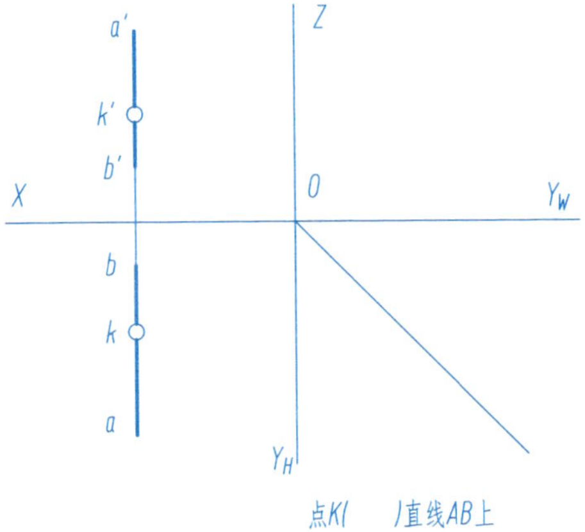


（5）已知AB // W面，实长22，点B在H面上，求AB的三面投影。

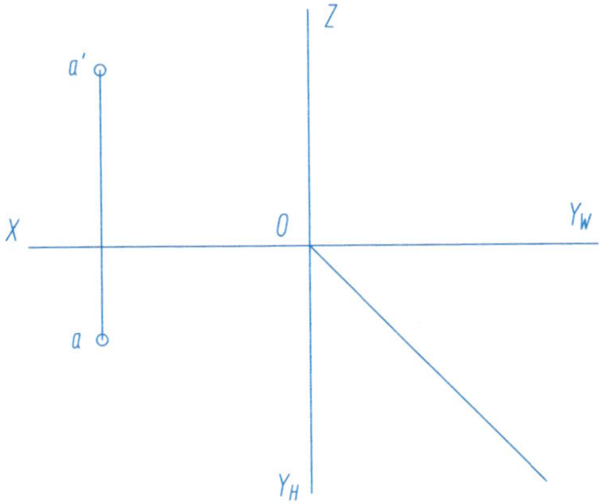

（1）判断两直线的相对位置（相交、平行、交叉，垂直相交、垂直交叉）。

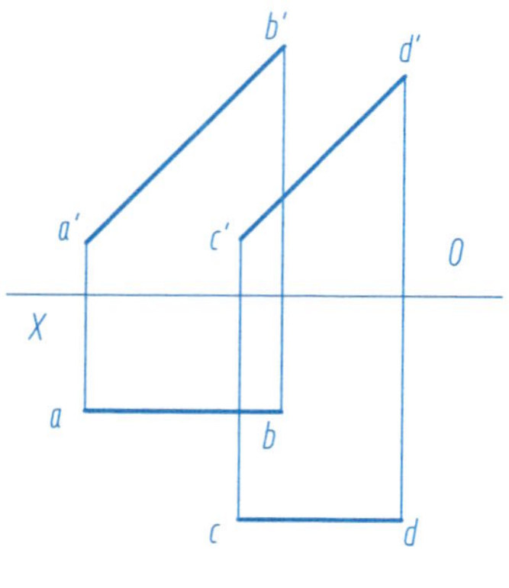


（　　　）

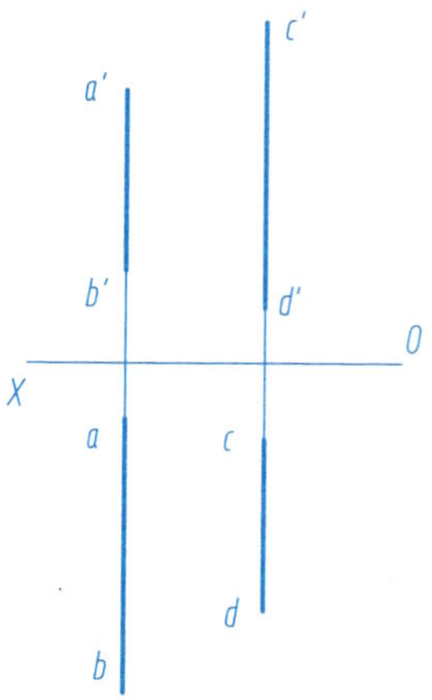


（　　　）

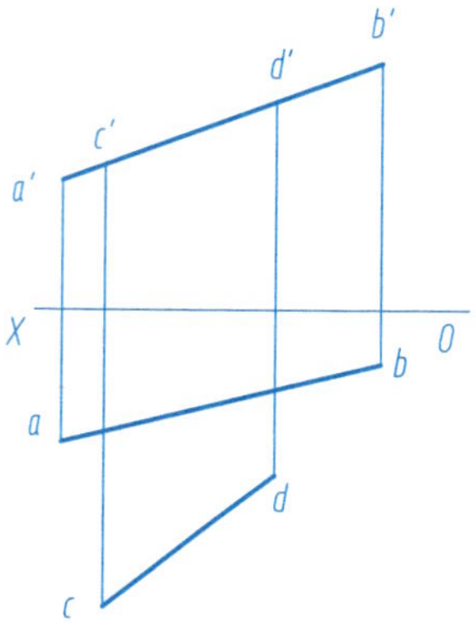


（　　　）

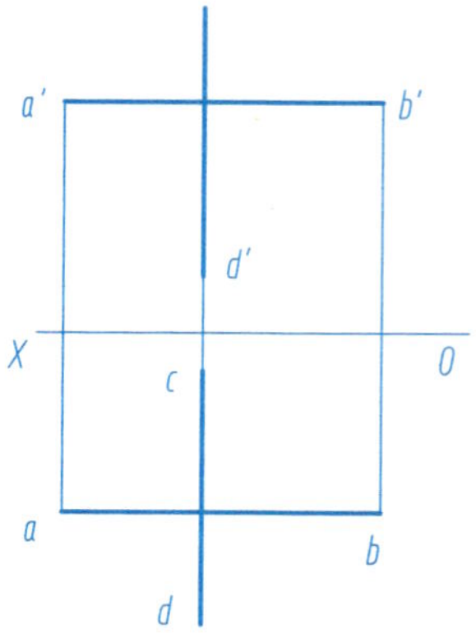


（　　　）

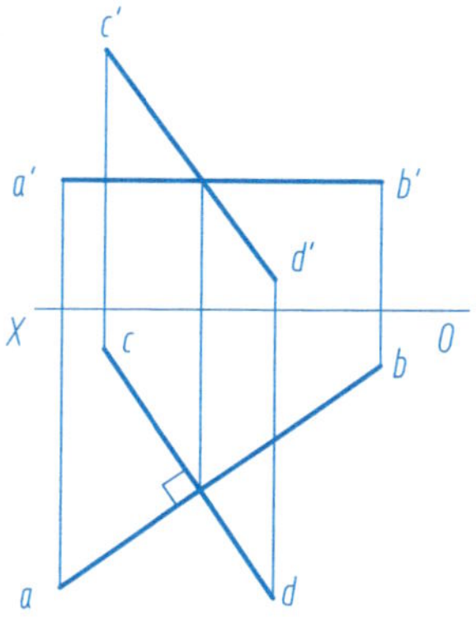


（　　　）

（2）过点$E$（$e'$已知）作直线$EF$，使$EF$//$CD$，并与$AB$相交于$F$，试完成$EF$的两面投影。

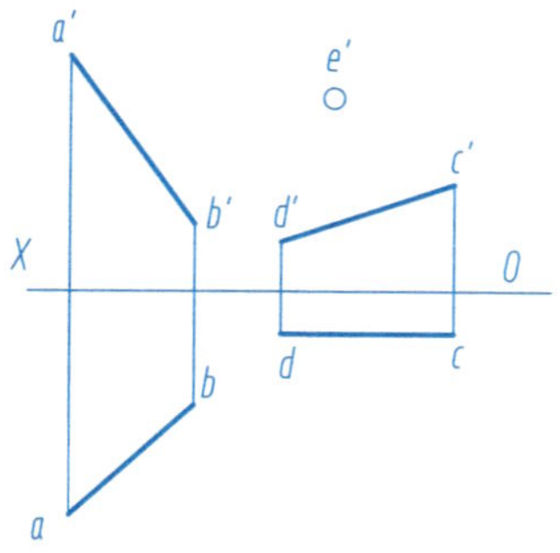


（3）作一正平线$MN$，使其与直线$AB$、$CD$、$EF$均相交。

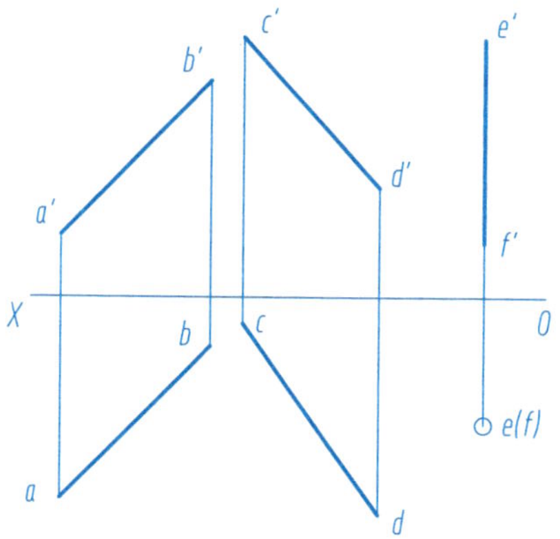


（4）已知矩形$ABCD$，$AD$//$H$面，试完成其投影。

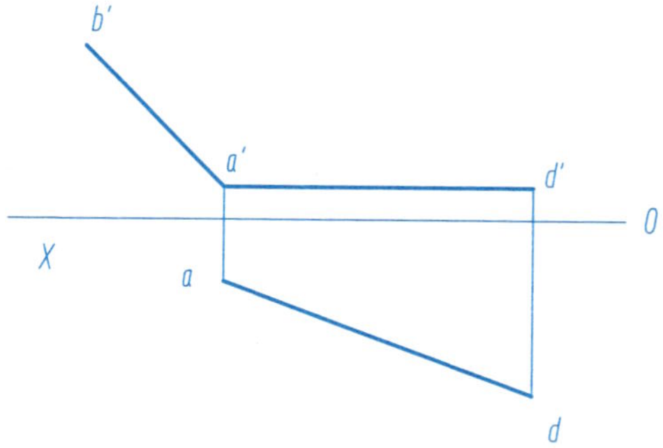

## 任务二 4. 平面的投影

（1）已知平面图形的两投影，求作其第三投影，判断平面对投影面的相对位置并填空。

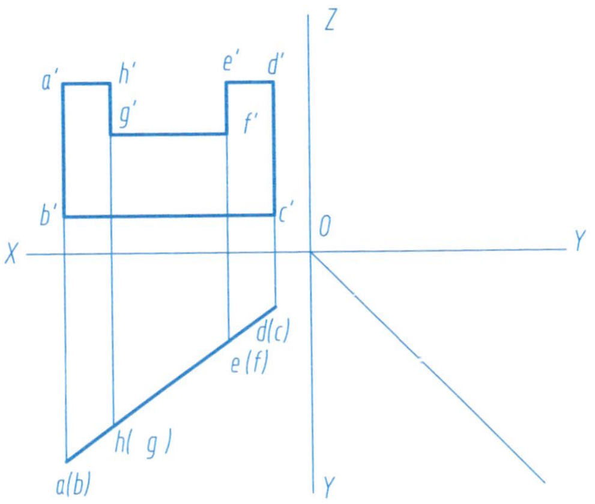


（　　　　　）

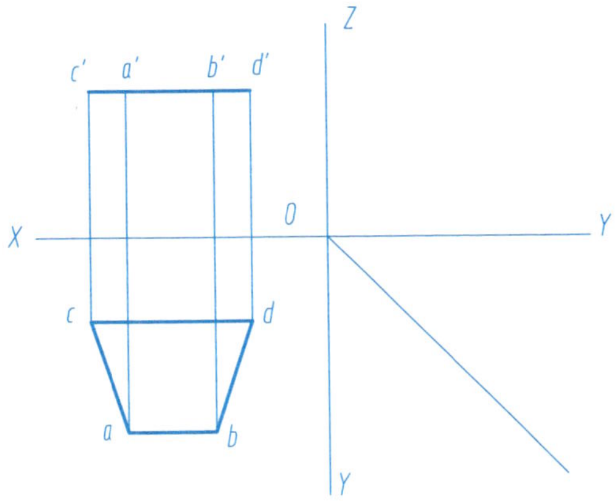


（　　　　　）

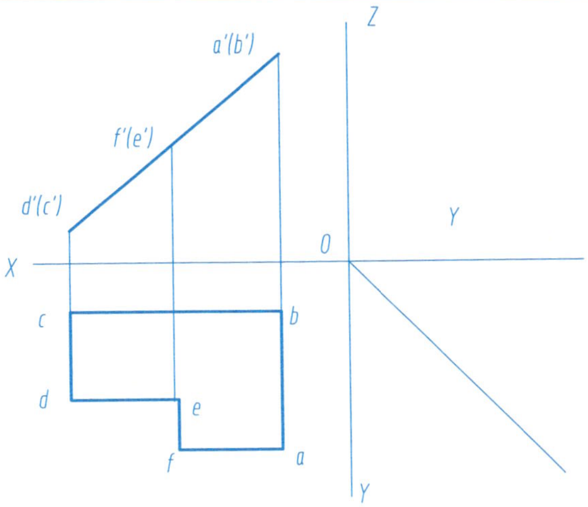


（　　　　　）

（2）在投影图上，用字符标出平面$A$、$B$、$C$的位置（如平面$P$），并填空。

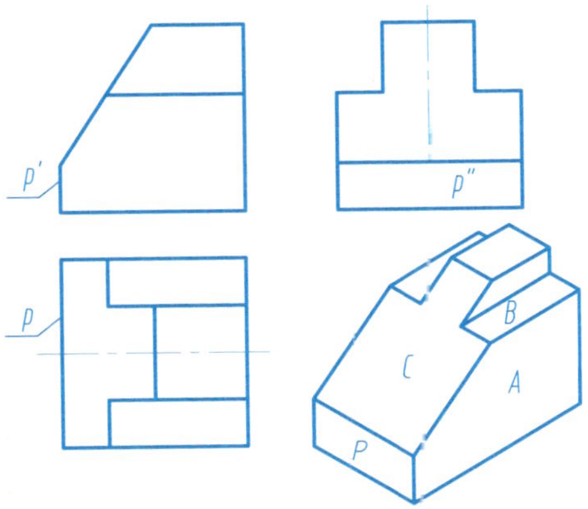


平面$P$是<u>侧平</u>面；平面$A$是______面；

平面$B$是______面；平面$C$是______面。

（3）已知点$D$在平面$ABC$平面上，水平投影为$d$，求$D$的正面投影。同时判断点$K$（$k$，$k'$）在不在平面$ABC$上。

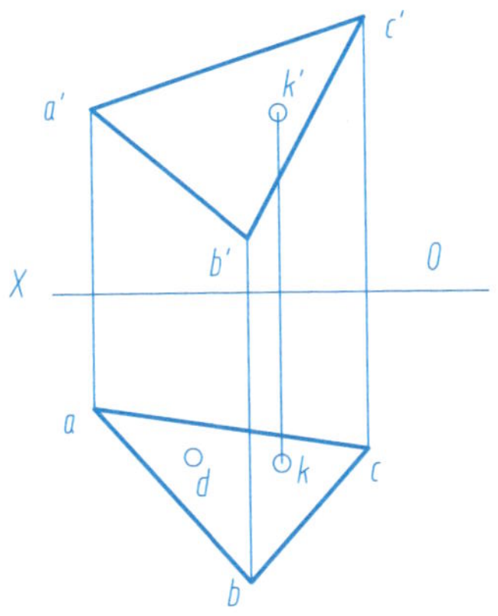


$K$（　　）平面上

（4）完成平面四边形的水平投影。

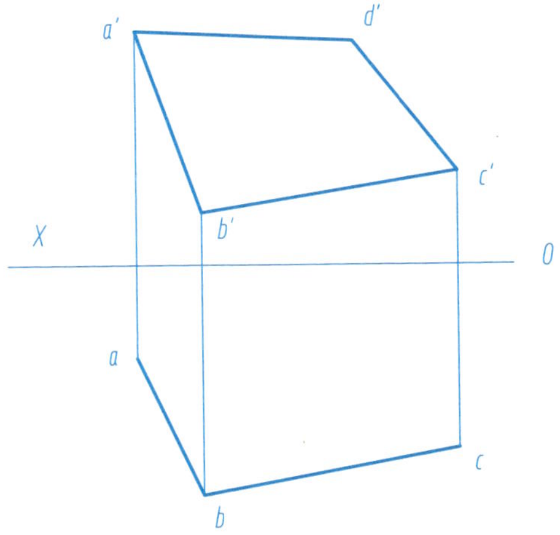

（1）判断直线与平面、平面与平面是否平行。

①

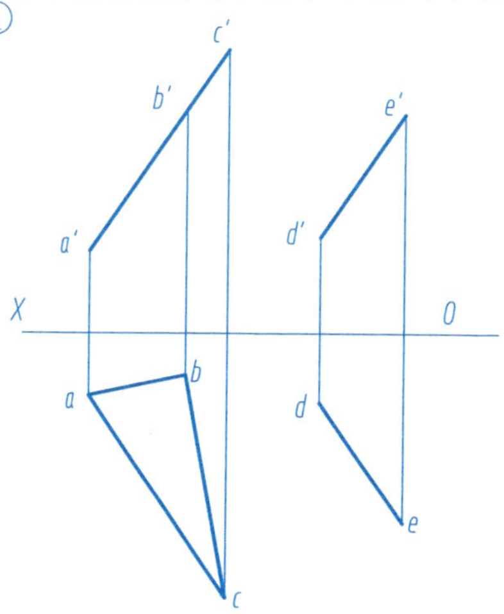


（　　）

②

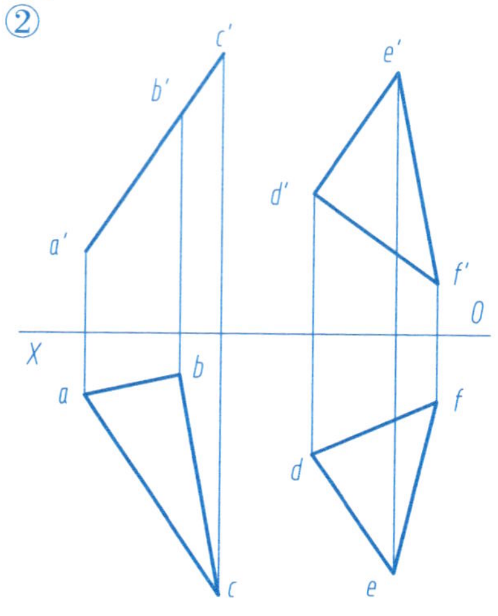


（　　）

（2）已知$DE // \triangle ABC$，求作$d'e'$。

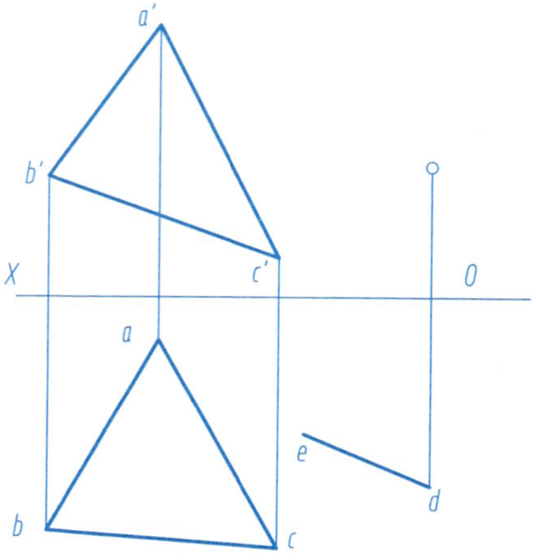


（3）求直线与平面的交点，并判断直线的可见性。

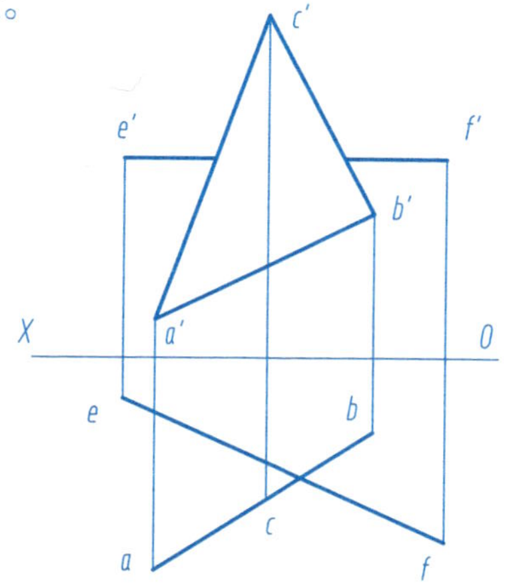


（4）求正垂线$EF$与$\triangle ABC$的交点，并判断直线的可见性。

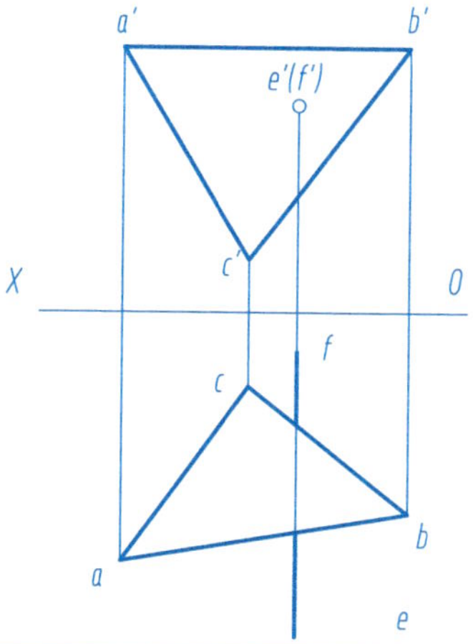


（5）过点$A$作直线垂直于$\triangle CDE$，并标出垂足$B$。

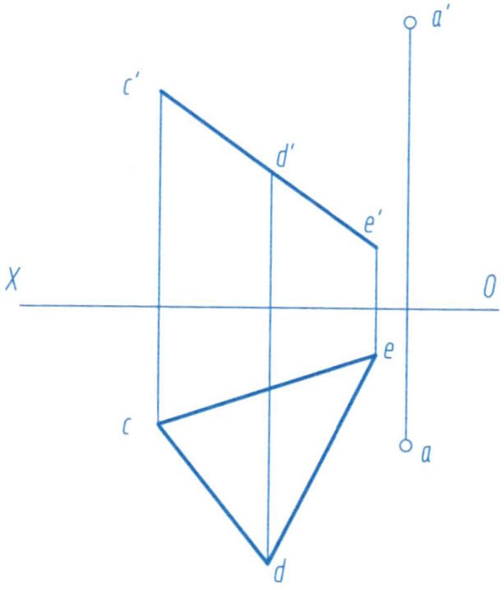

## 任务三 1. 平面立体及其表面上点或线的投影

（1）作四棱柱的侧面投影并补全其表面上点的其余两投影。

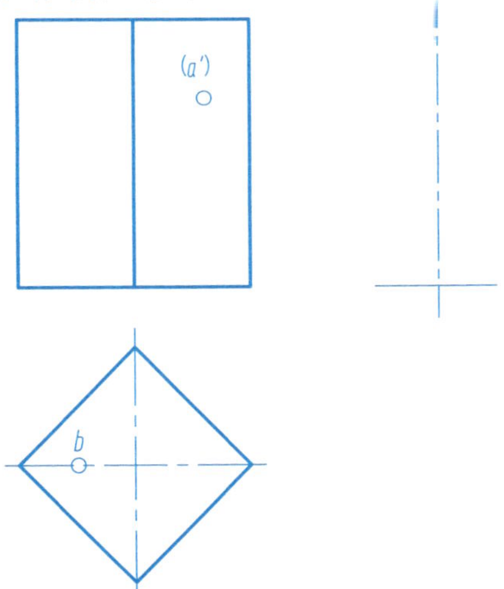


（2）作三棱锥的侧面投影并补全其表面上点的其余两投影。

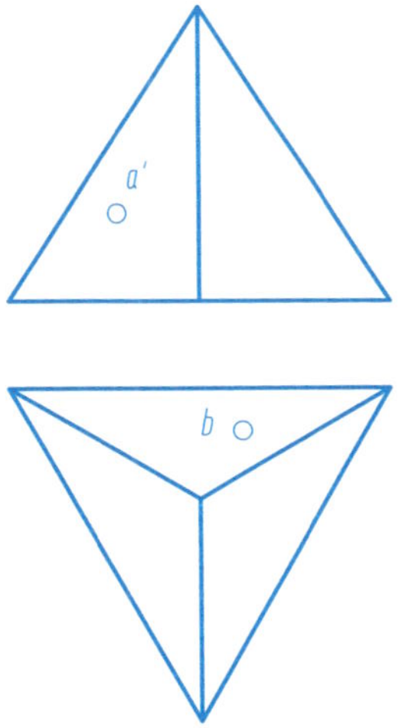


（3）作棱柱体的水平投影并补全其表面上线的其余两投影。

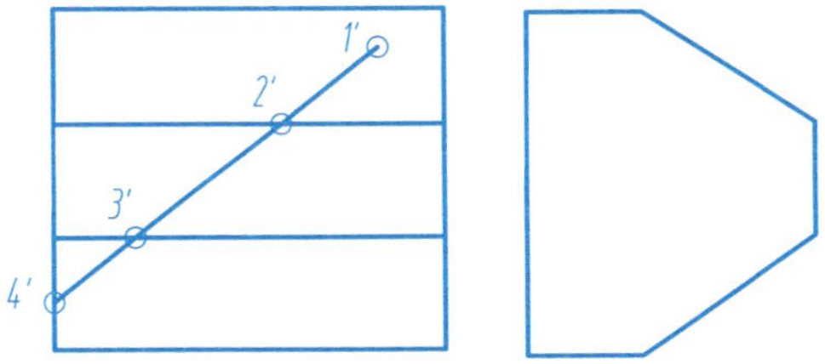


（4）作棱柱体的水平投影。

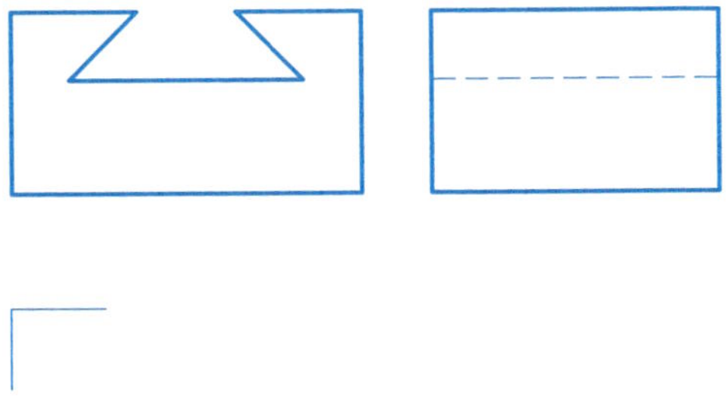

（5）将图示棱柱体的底面拉伸，拉伸长度26，完成该棱柱体的其余两投影。

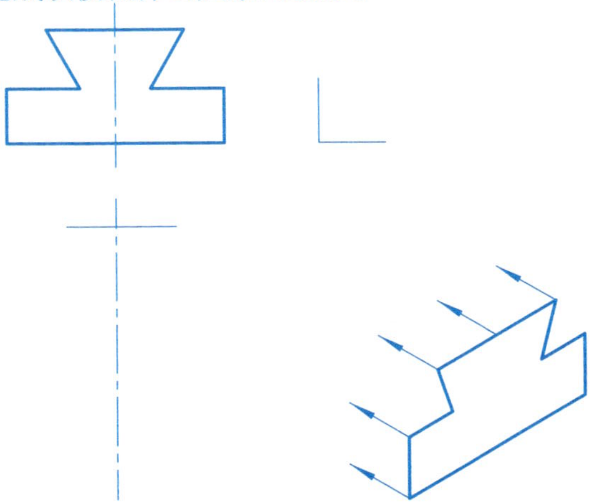

（6）将图示棱柱体的底面拉伸，拉伸长度28，完成该棱柱体的其余两投影。

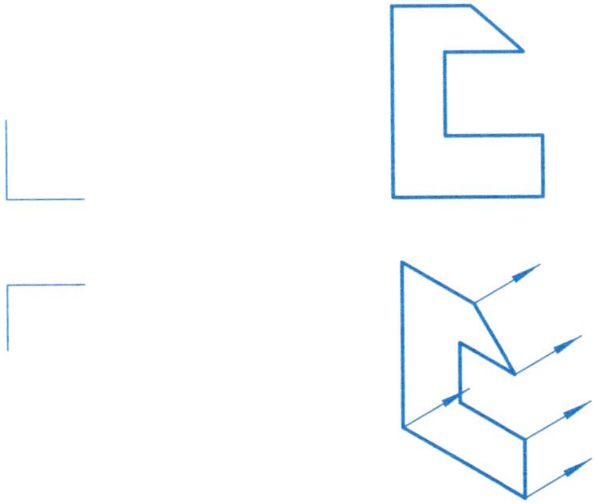

（1）作四棱柱被正垂面截切后的水平投影。

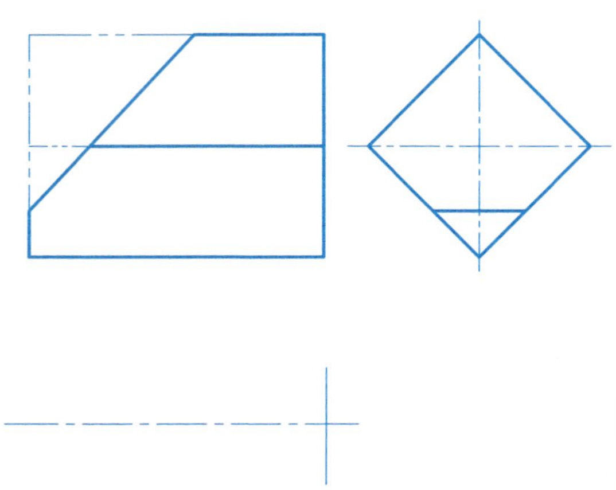

（2）补画五棱柱被两平面截切后的侧面投影。

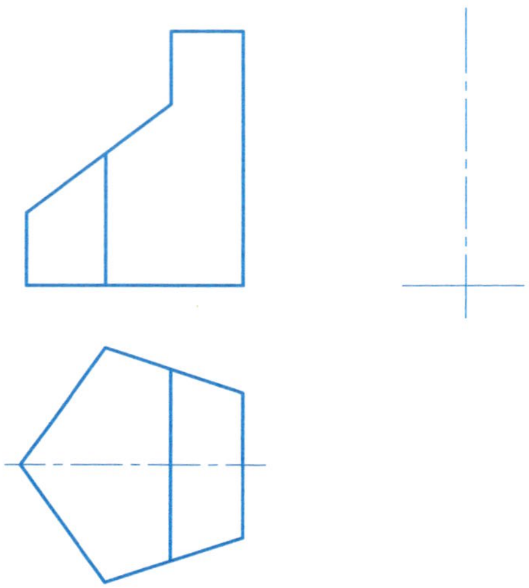

（3）作出带有矩形穿孔的三棱柱的侧面投影。

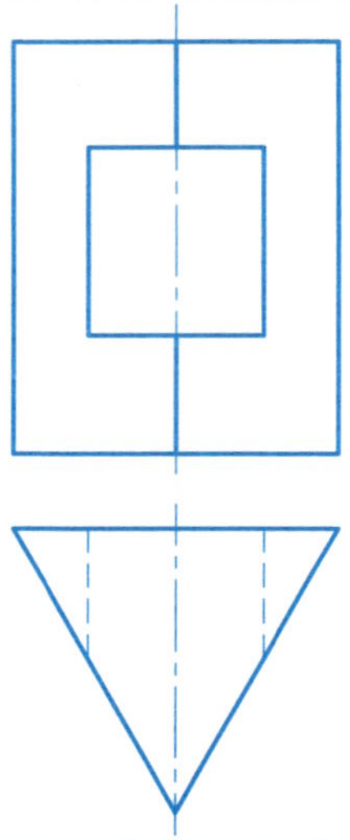

（4）作棱柱体被正垂面截切后的水平投影。

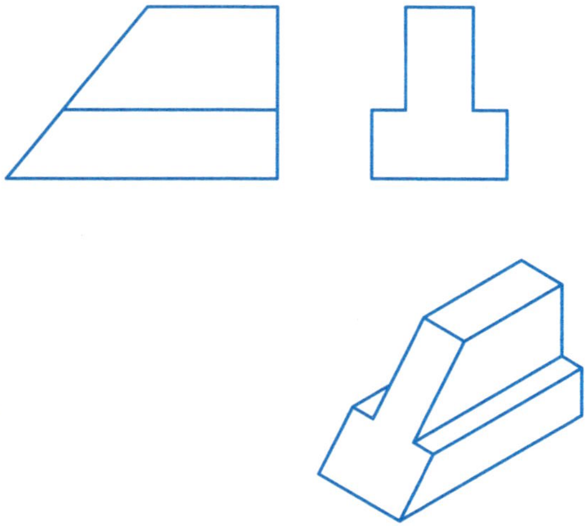

（5）作六棱柱被三个平面截切后的侧面投影。

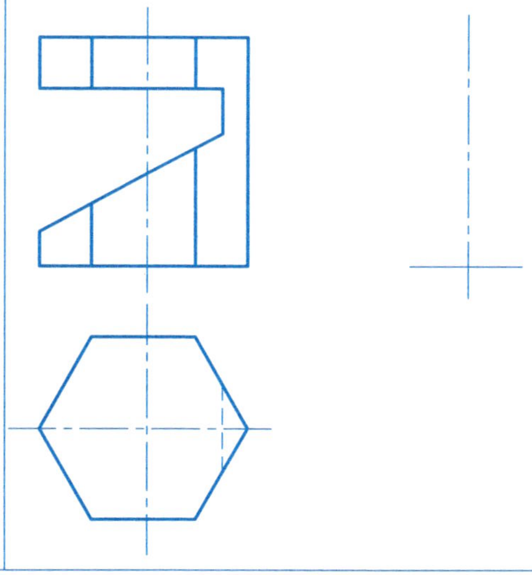

（6）作三棱锥被两个平面截切后的水平投影和侧面投影。

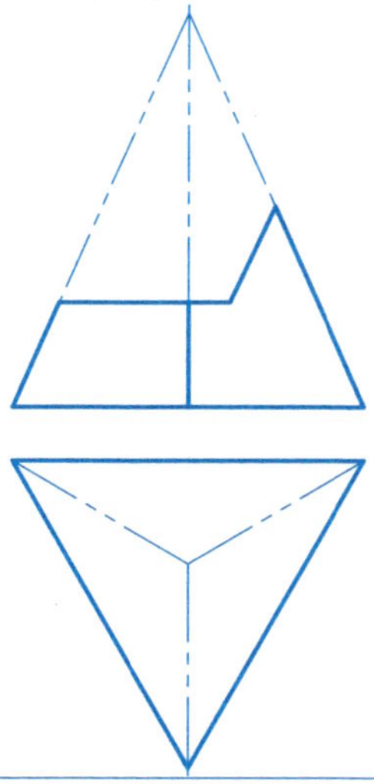

## 任务三 3. 曲面立体及其表面上点、线的投影

（1）作圆柱的水平投影及其表面上各点的其余投影。

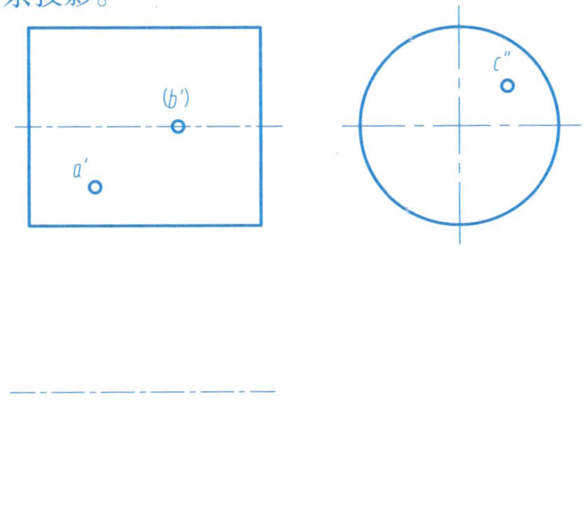


（2）作圆锥的侧面投影及其表面上各点的其余投影。

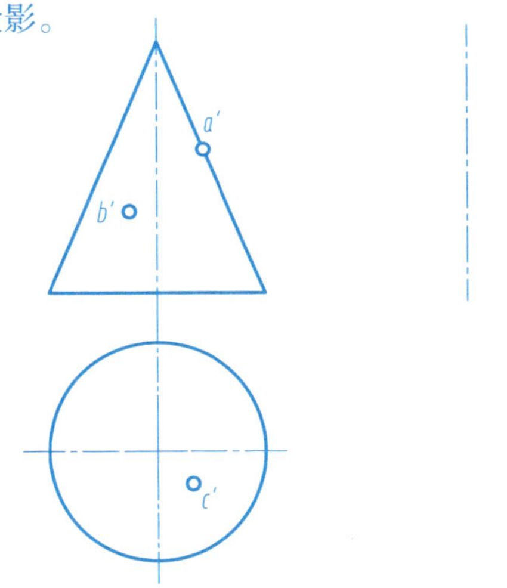


（3）作球的水平投影及其表面上各点的其余投影。

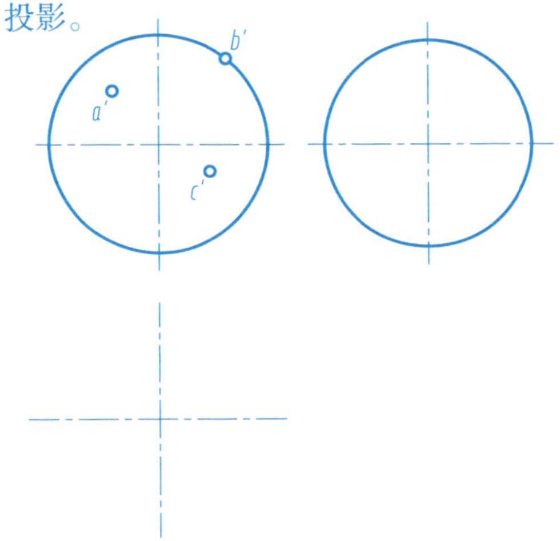


（4）作出圆柱表面上已知线段的两投影。

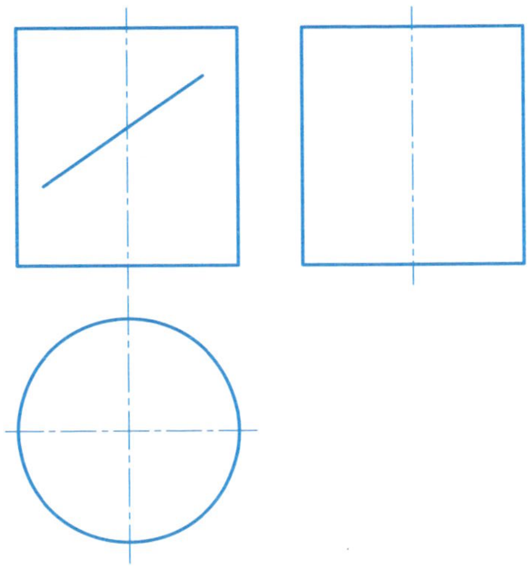

（5）作出圆锥表面上已知线段的两投影。

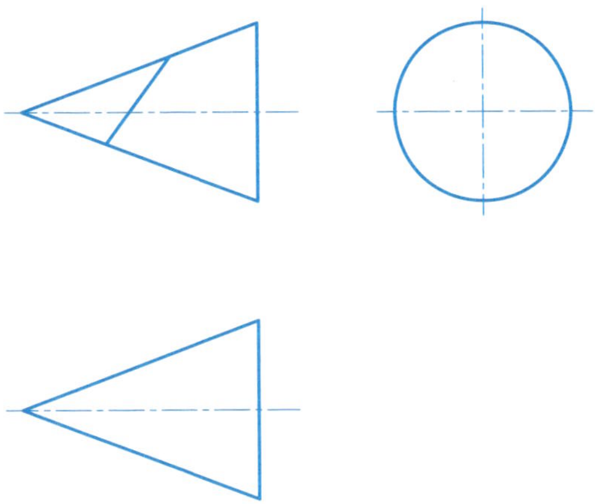

（6）已知回转体的两投影，求第三投影。

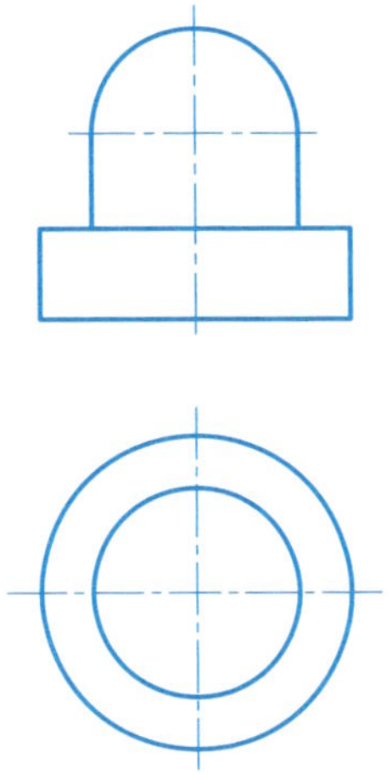

（1）完成圆柱被平面截切后的水平投影。

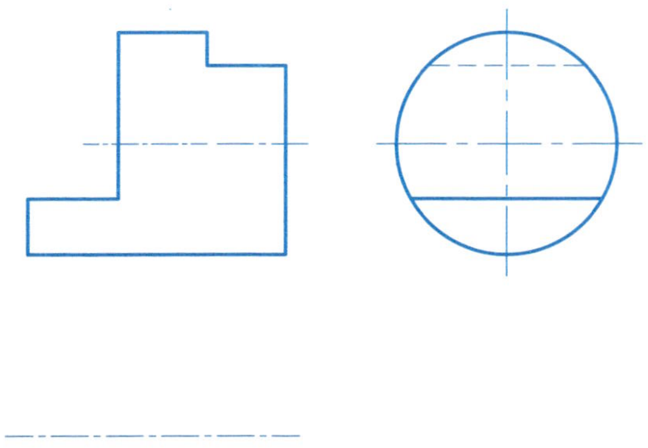

（2）完成圆柱被平面截切后的侧面投影。

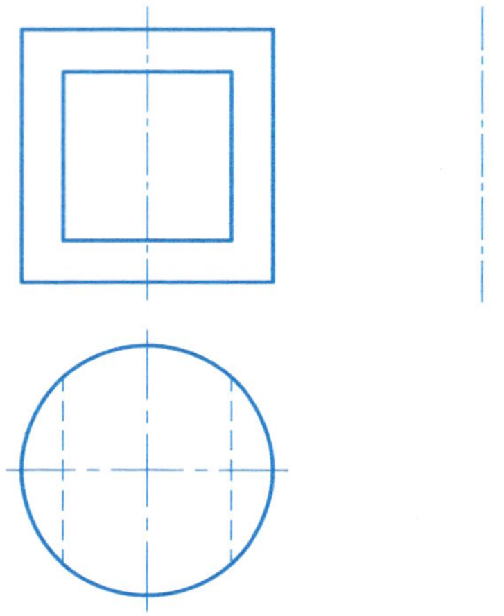

（3）完成圆柱被平面截切后的侧面投影。

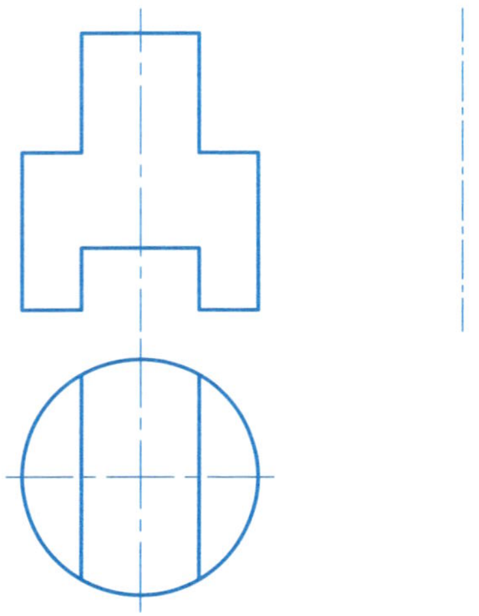

（4）完成圆柱被平面截切后的侧面投影。

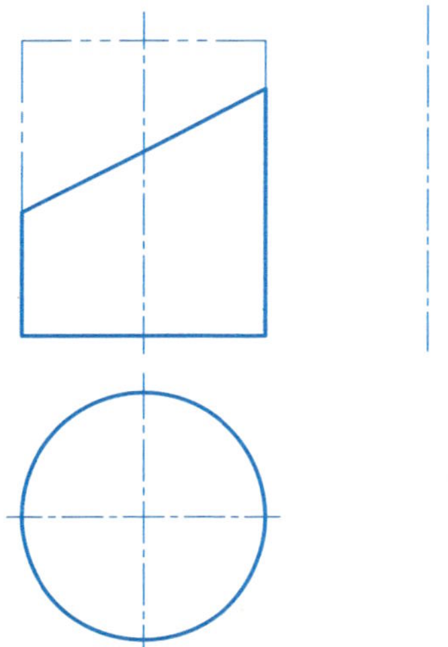

（5）完成圆柱被平面截切后的水平投影。

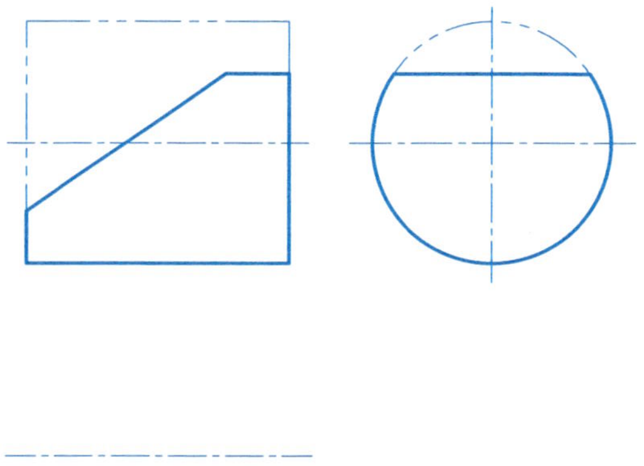

（6）完成空心圆柱被平面截切后的侧面投影。

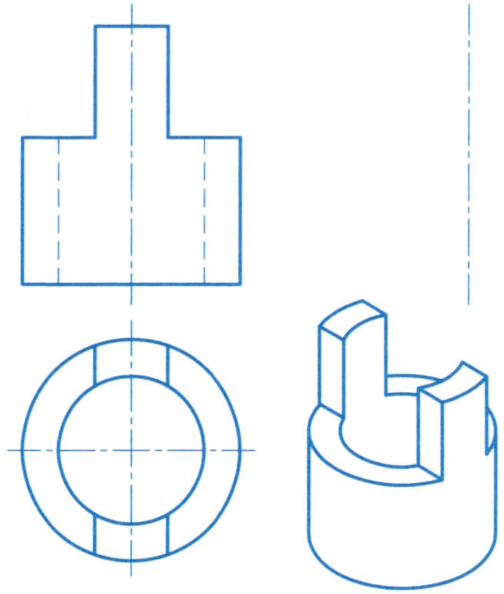

（1）完成圆锥被平面截切后的水平和侧面投影。

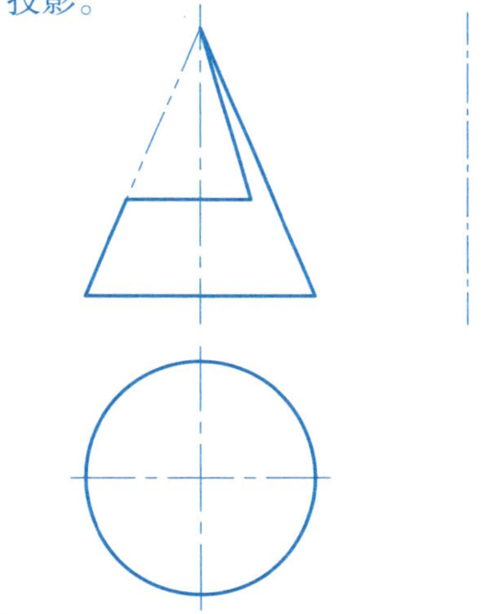

（2）完成圆锥被平面截切后的水平和侧面投影。

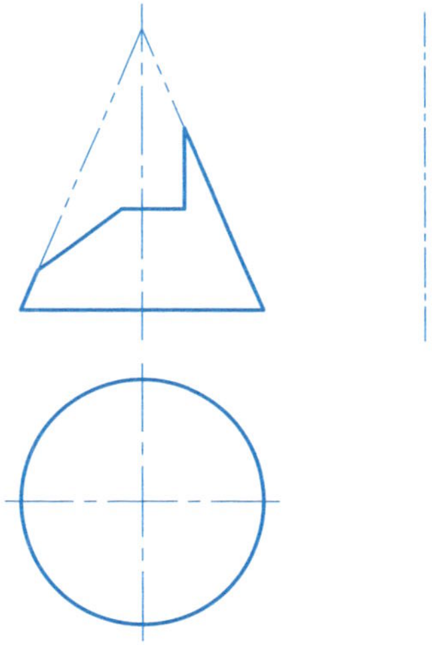

（3）完成圆锥被平面截切后的水平投影。

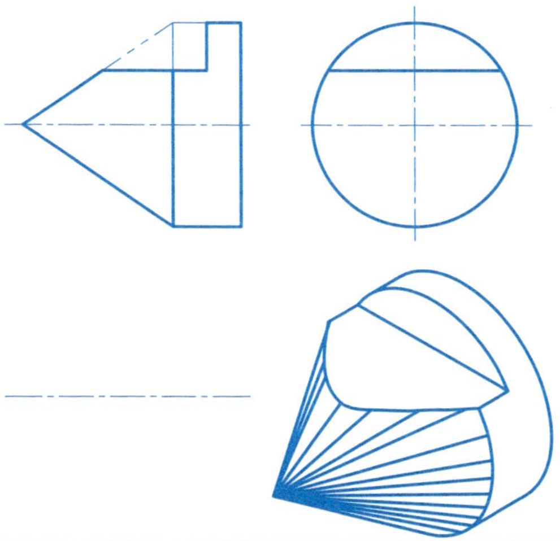

（4）完成球被平面截切后的水平和侧面投影。

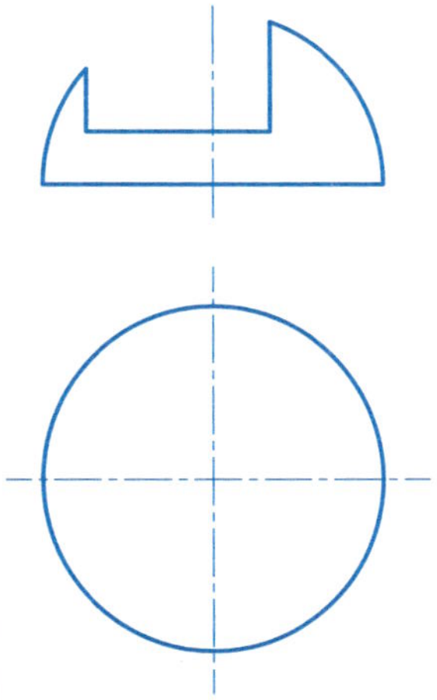

（5）完成球被平面截切后的水平和侧面投影。

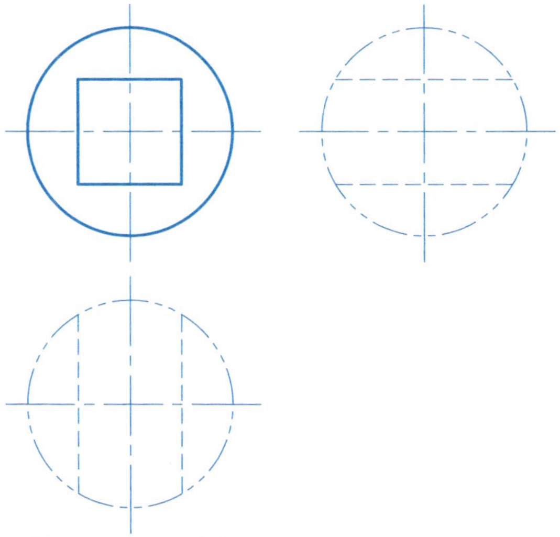

（6）完成回转体被平面截切后的水平和侧面投影。

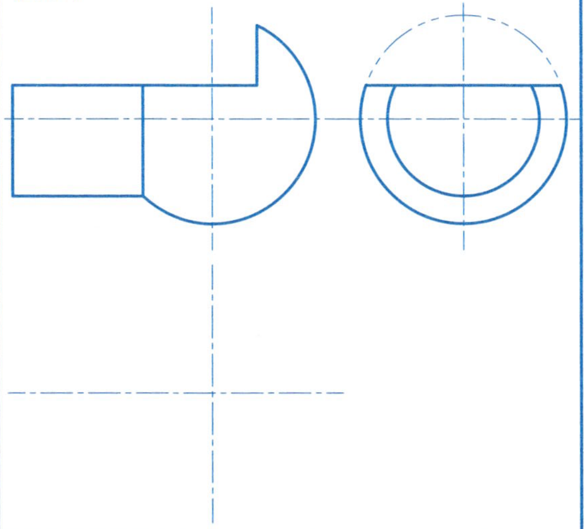

## 任务三　6. 立体与立体相交（一）

（1）完成相交两圆柱表面交线的正面投影。

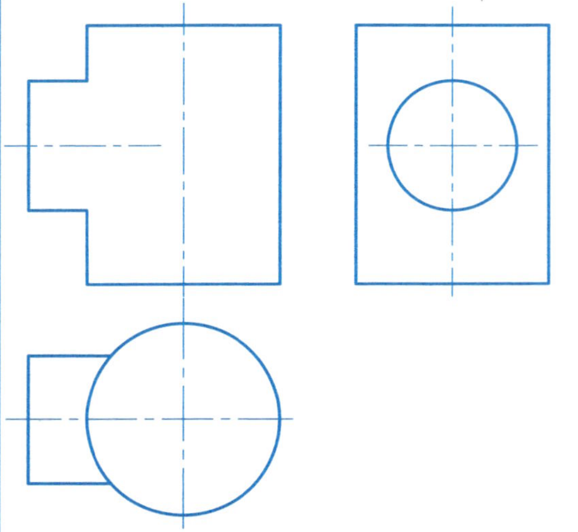

（2）完成相交两圆柱表面交线的水平投影。

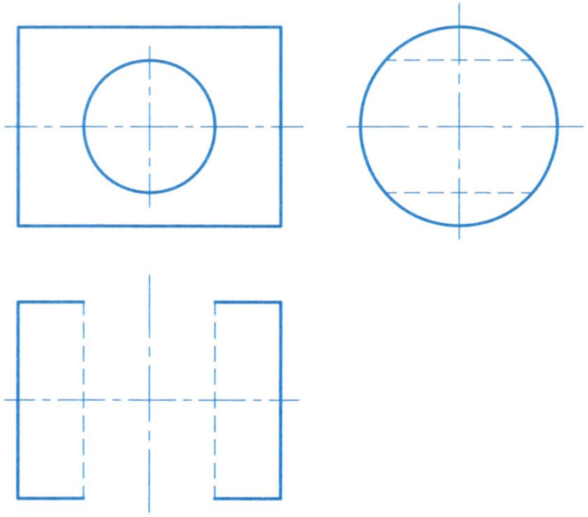

（3）完成立体与圆柱表面交线的正面投影。

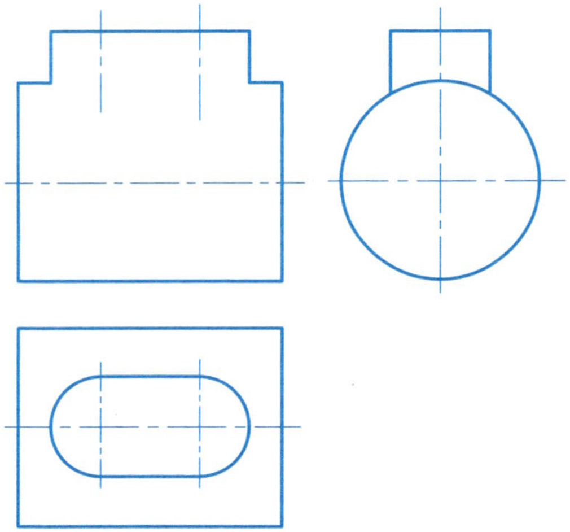

（4）完成圆柱表面交线的正面投影。

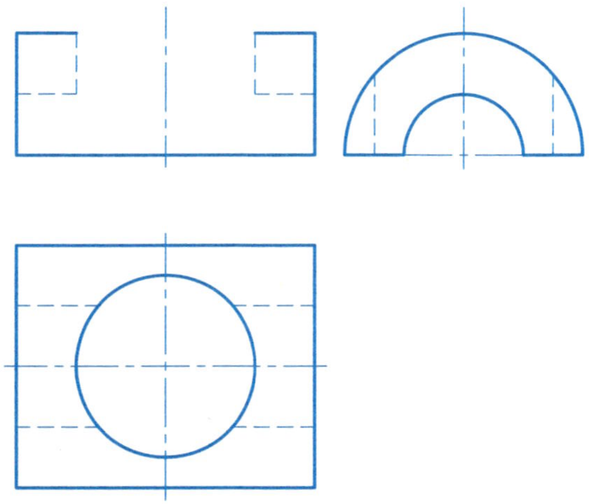

（5）完成圆柱表面交线的正面投影。

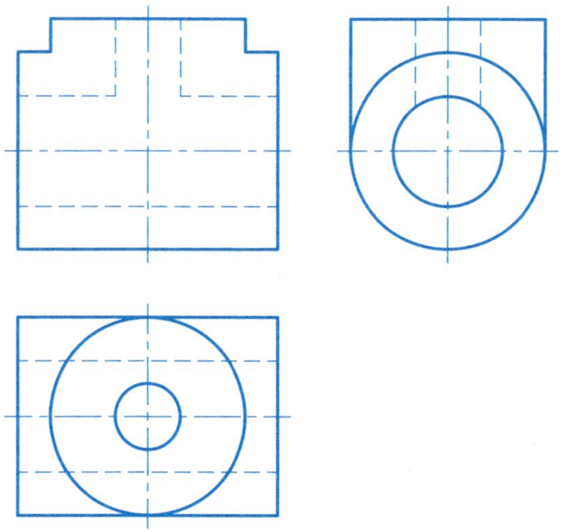

（6）完成圆柱表面交线的正面投影。

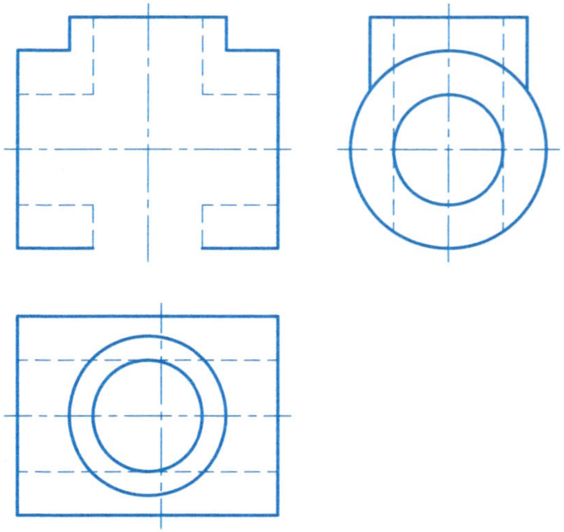

## 任务三　7. 立体与立体相交（二）

（1）完成相交两回转体表面交线的投影。

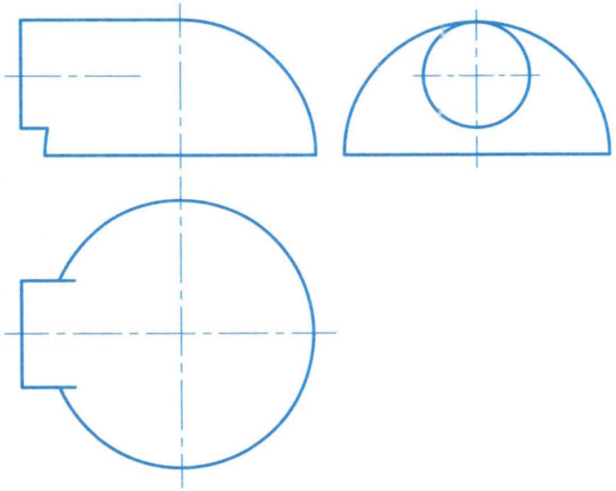

（2）完成相交两回转体表面交线的水平投影。

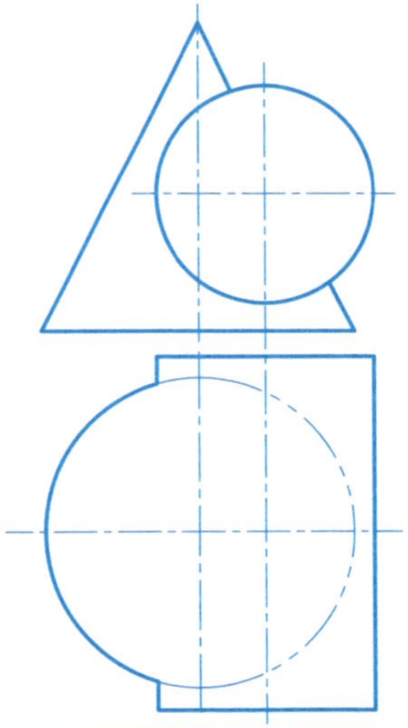

（3）补全三面投影中所缺漏的图线。

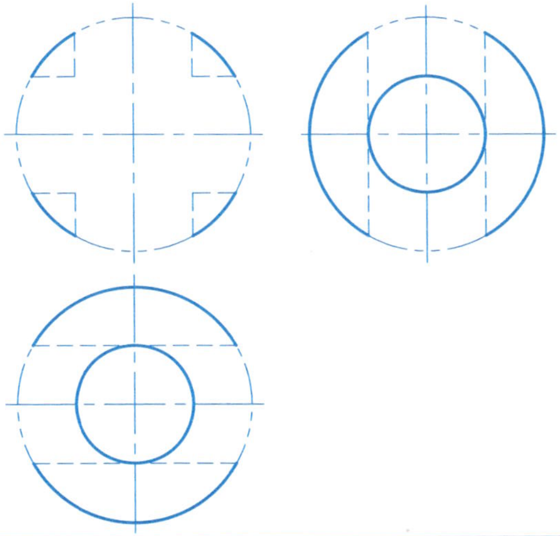

（4）求作同轴回转体的相贯线。

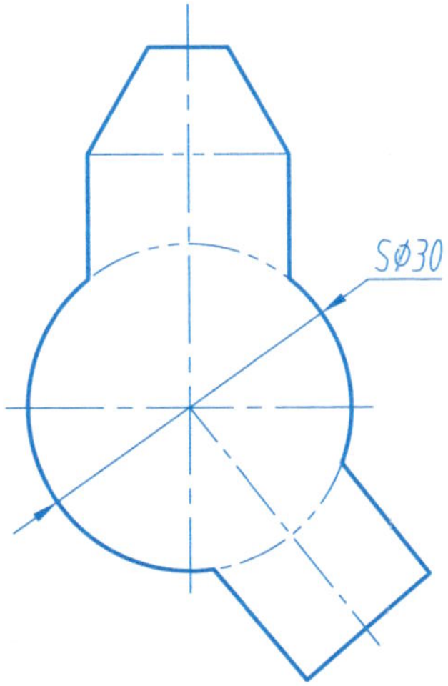


（5）补全圆柱表面交线的投影。

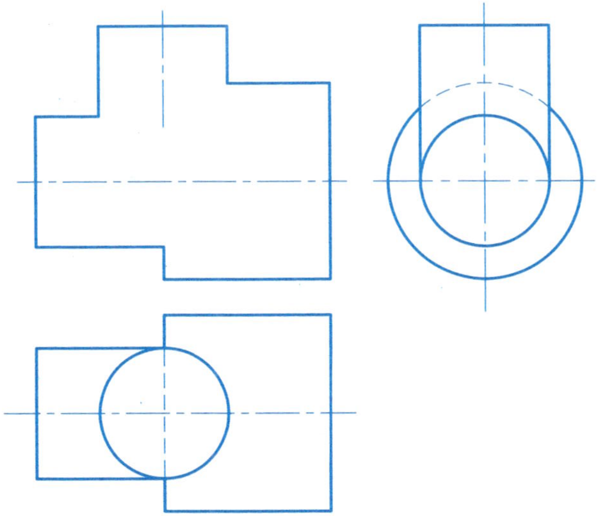

（6）补全三面投影图中所缺漏的图线。

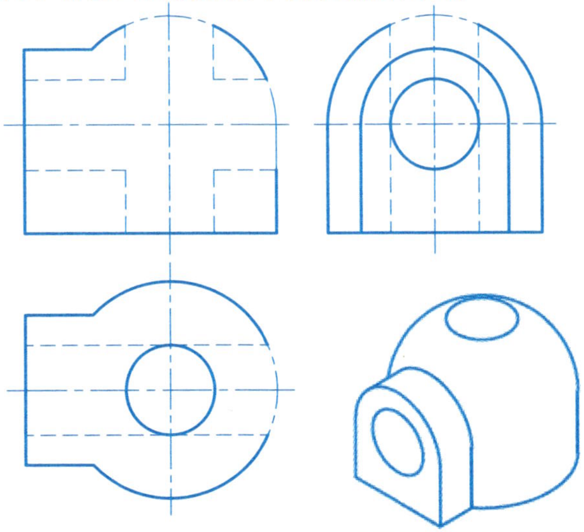

任务四　1. 画出下列物体的正等轴测图（一）

（1）

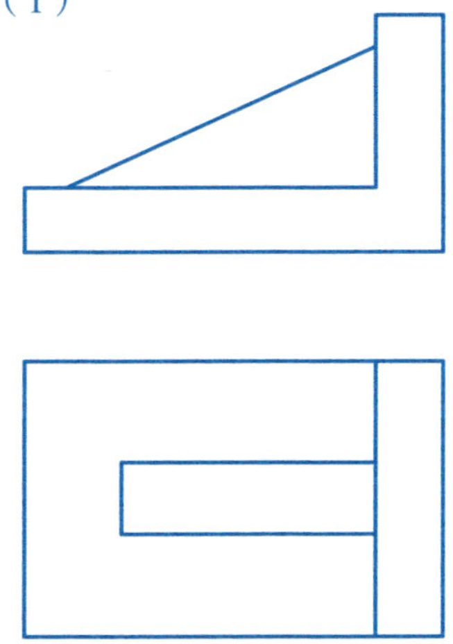

（2）

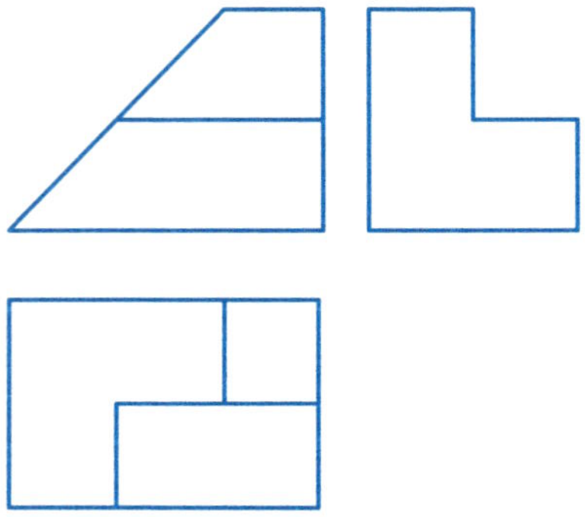

（3）

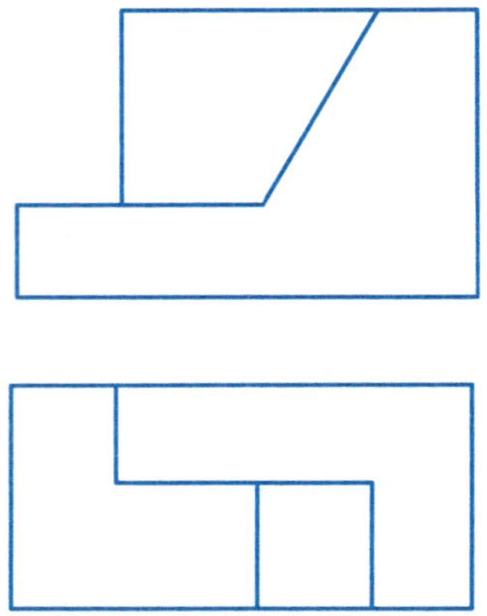

任务四　2. 画出下列物体的正等轴测图（二）

（4）

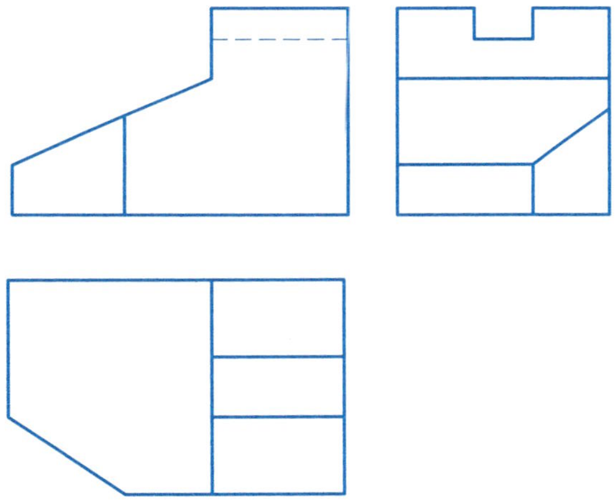

（5）

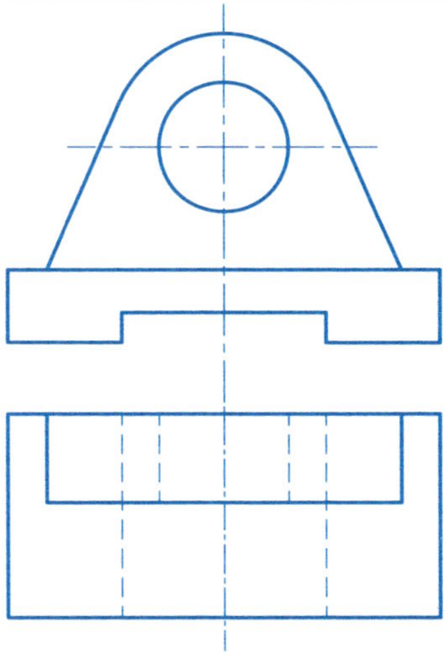

（6）

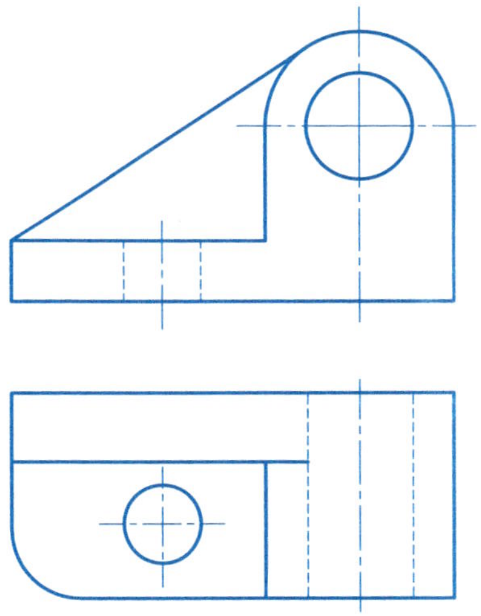

3. 画出下列物体的斜二等轴测图

（1）

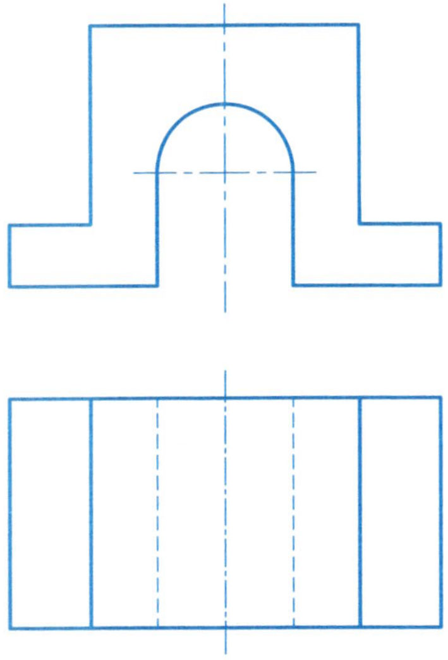

（2）

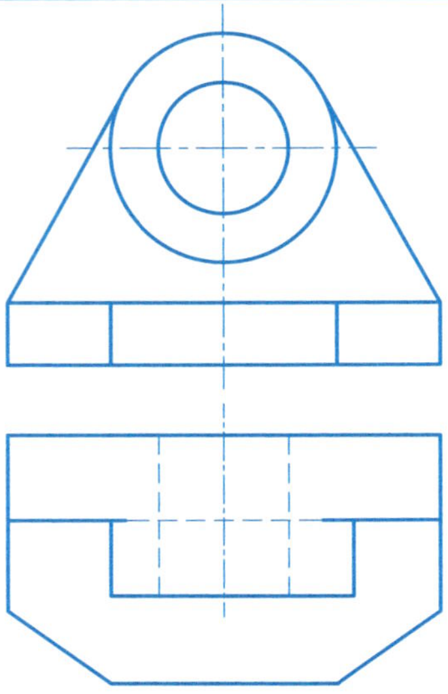

（3）

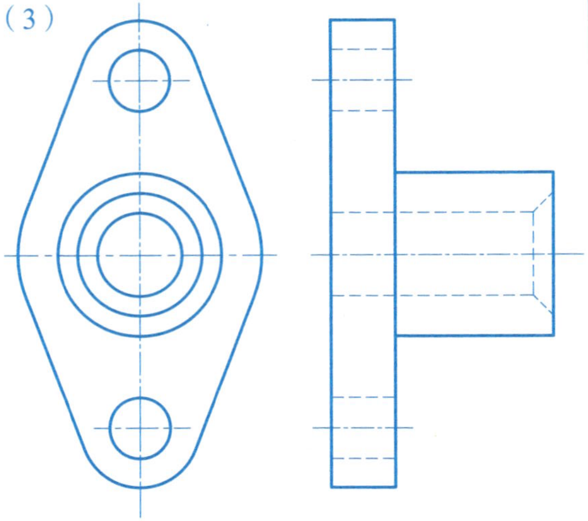

任务四　4. 画出下列物体的第三视图，并徒手画出其轴测图

（1）徒手画正等轴测图。

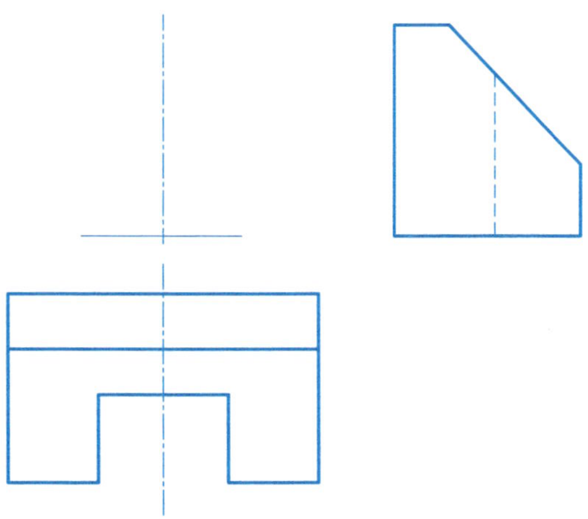

（2）徒手画正等轴测图。

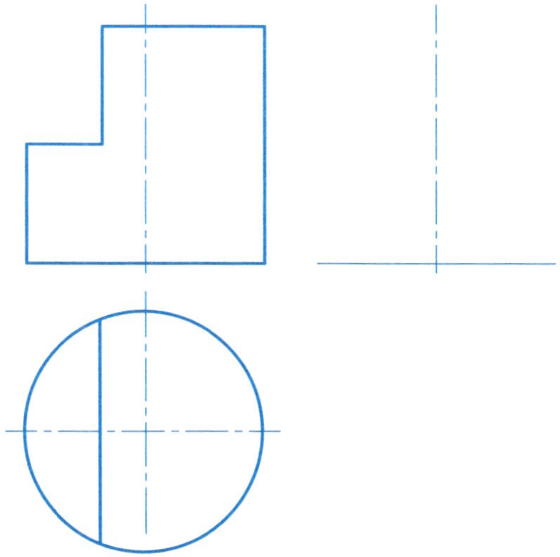

（3）徒手画出斜二等轴测图。

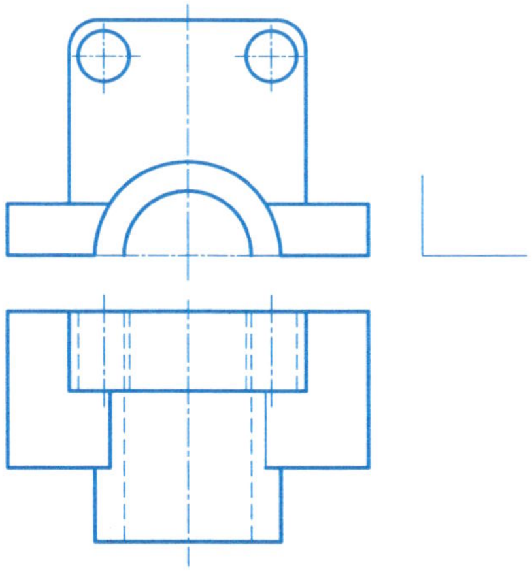

任务五　1. 根据立体图，补全视图中所缺漏的图线

(1)

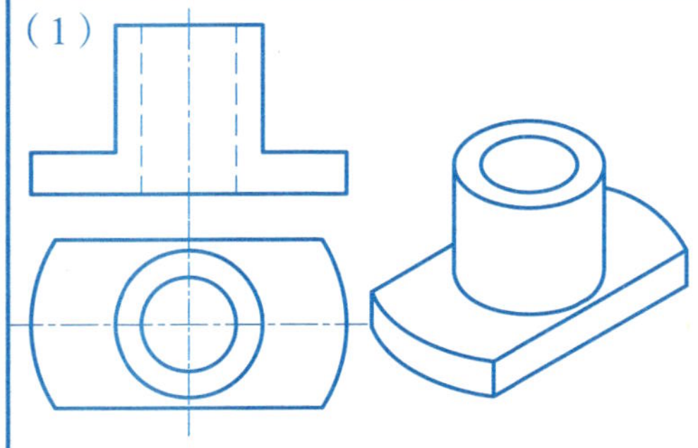

(2)

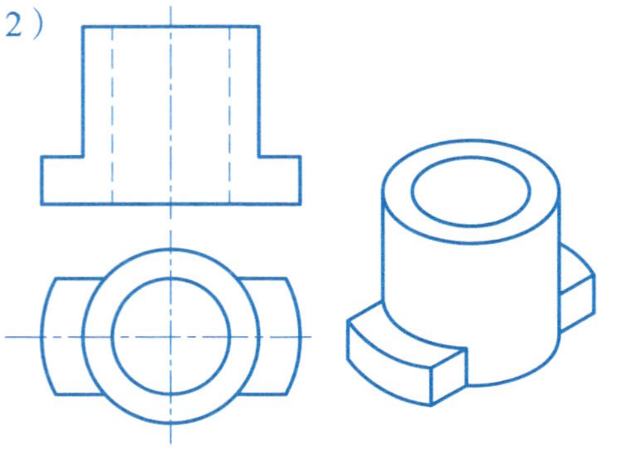

(3)

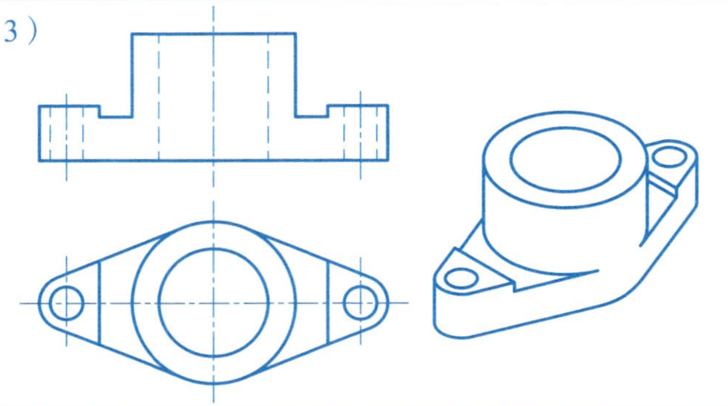

(4)

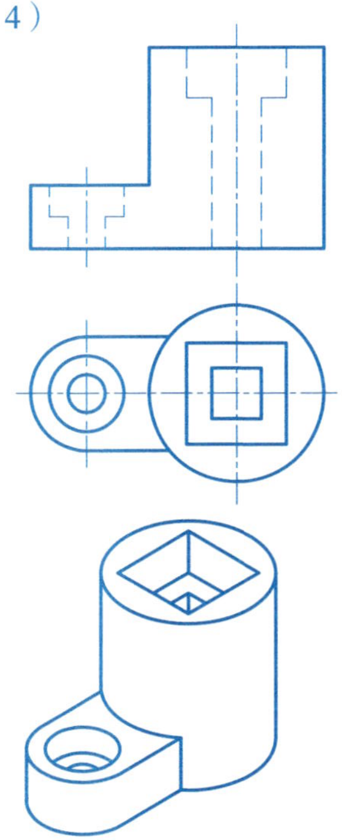

(5)

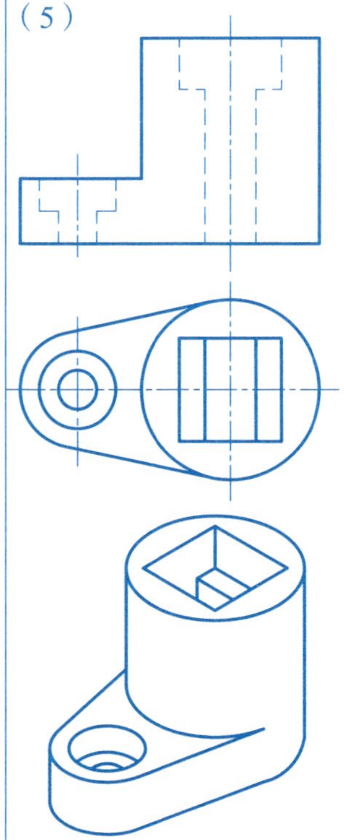

(6)

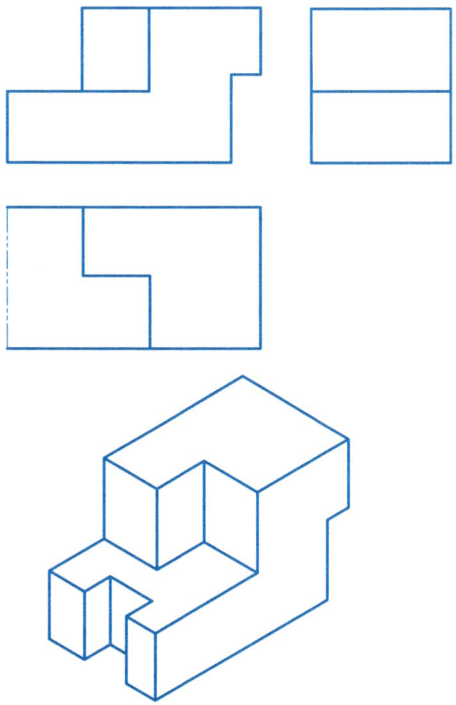

(7)

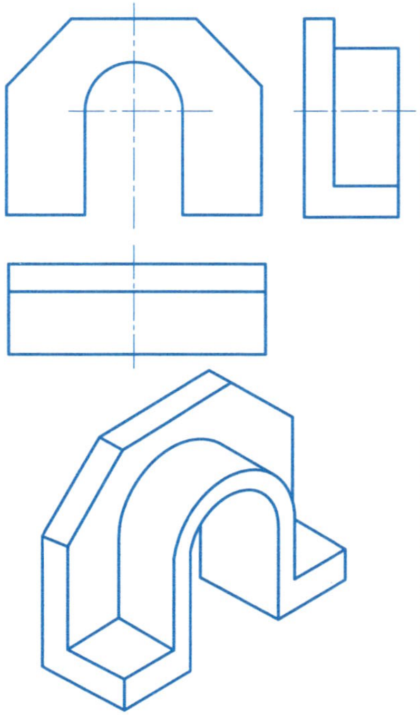

## 任务五　2. 根据立体图，补画第三视图（一）

（1）

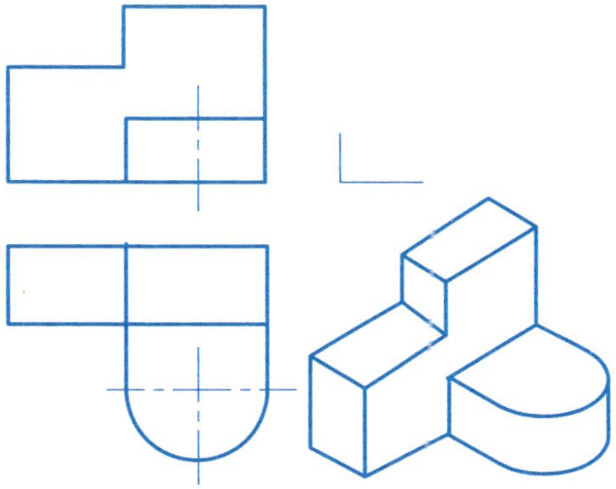

（2）

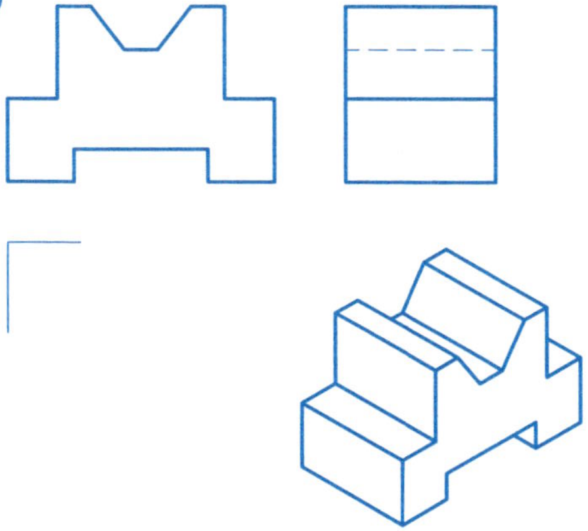

（3）

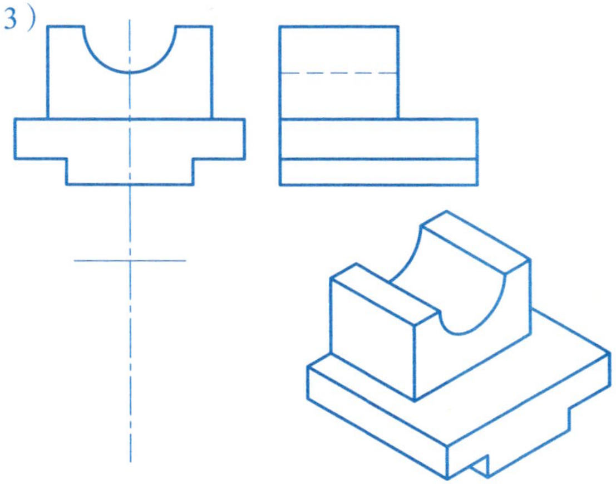

（4）

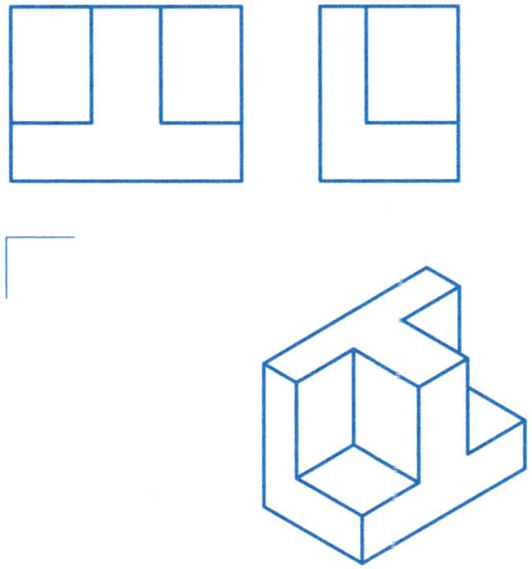

（5）

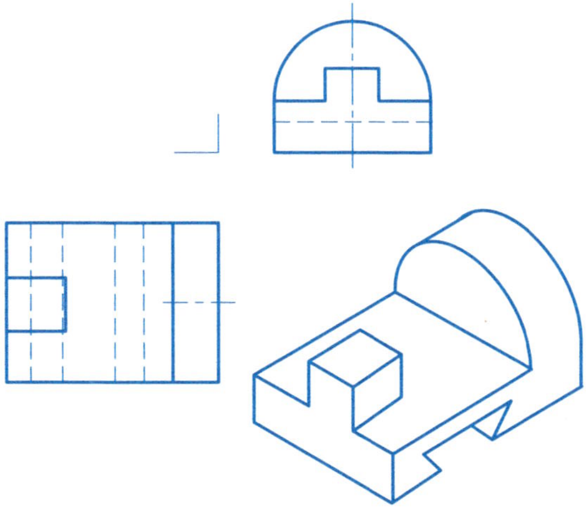

（6）

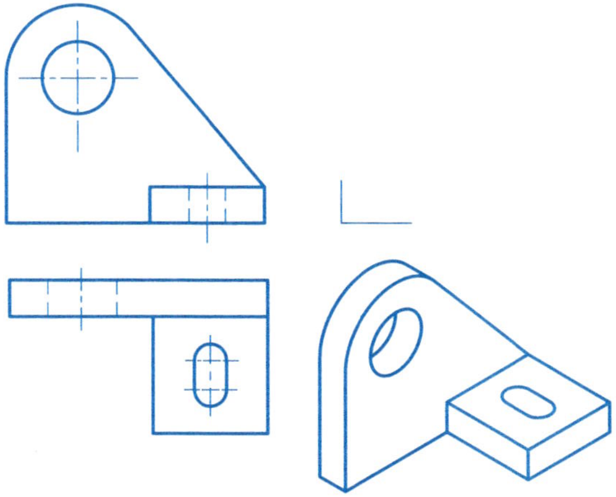

## 3. 根据立体图，补画第三视图（二）

（7）

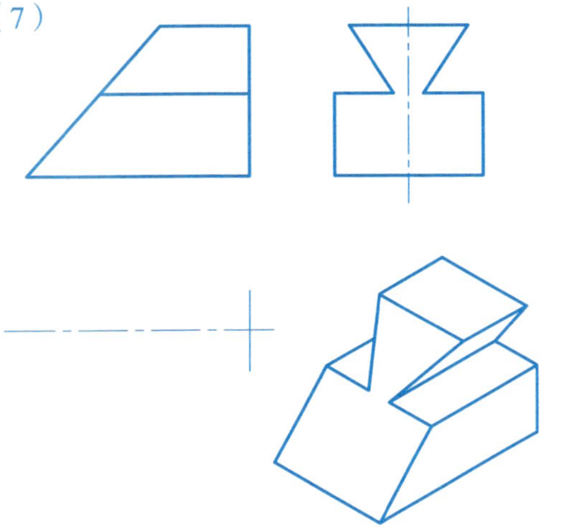

（8）

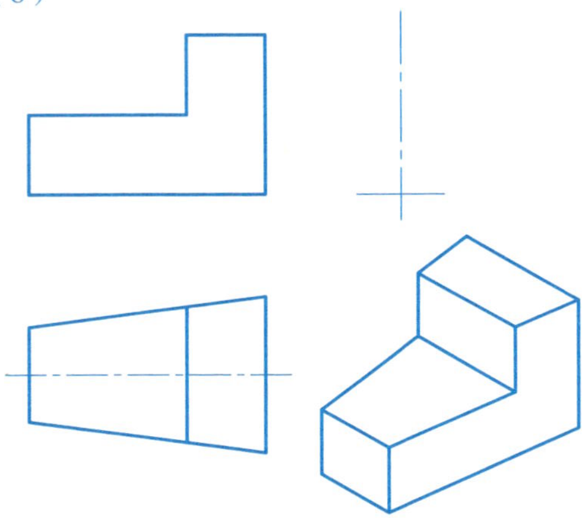

（9）

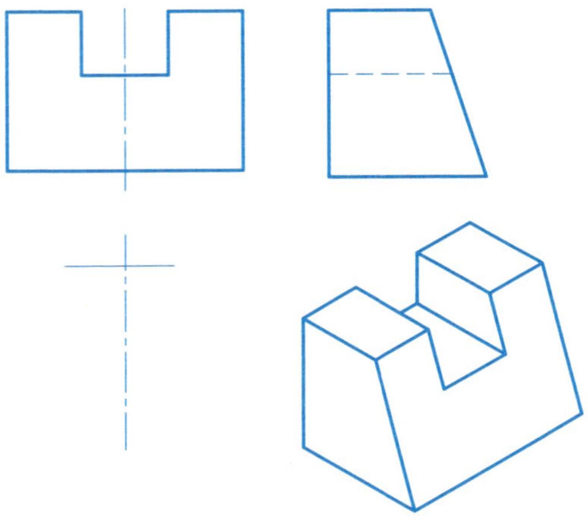

（10）

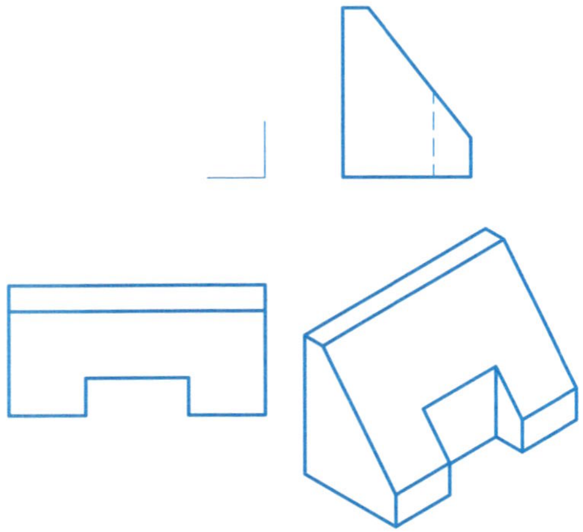

（11）

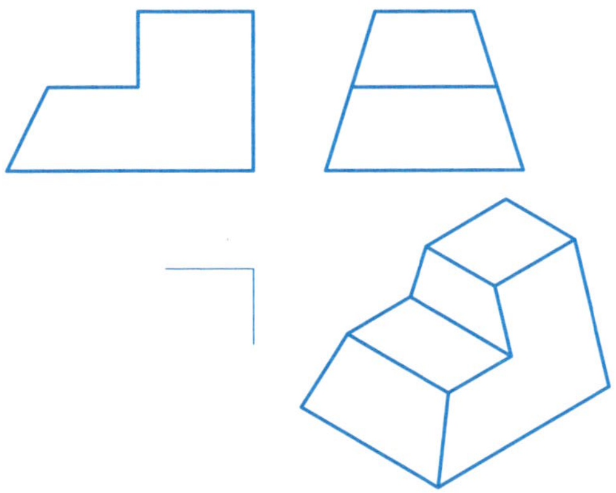

（12）

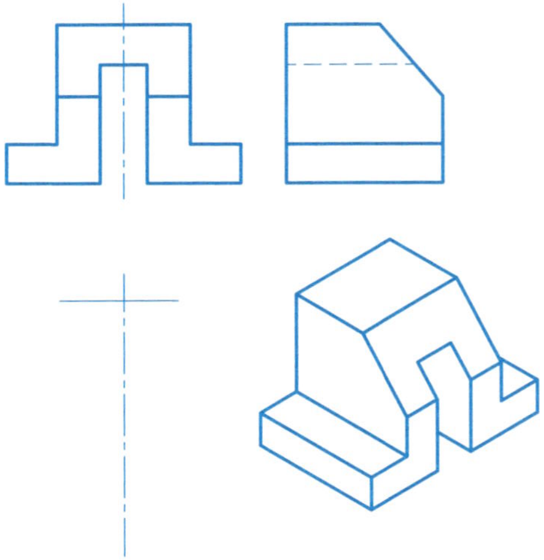

4. 根据轴测图上所注尺寸，1∶1画出组合体的三视图（一）

（1）

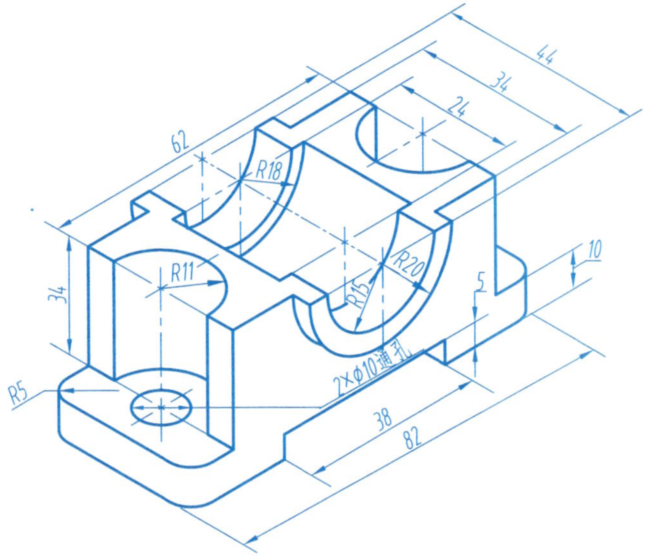

任务五　5. 根据轴测图上所注尺寸，1：1画出组合体的三视图（二）

（2）

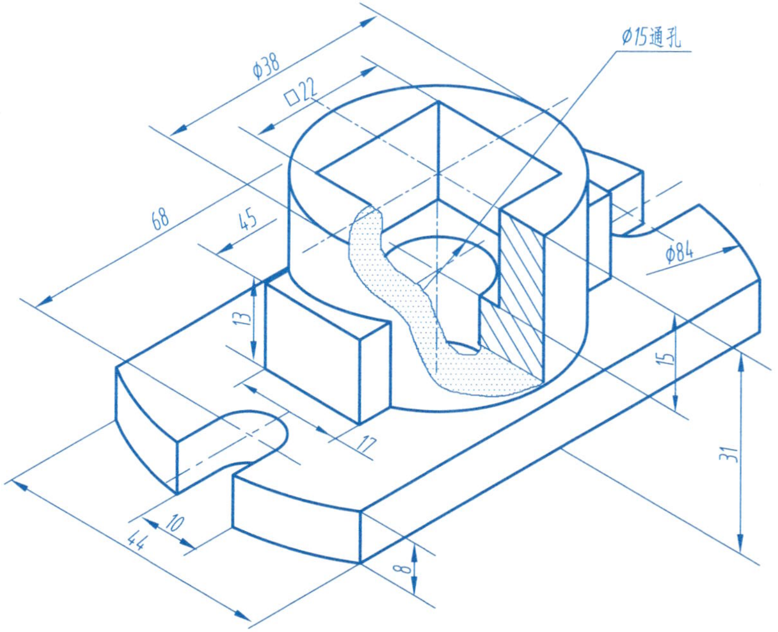

## 任务五　6. 根据轴测图，在图纸上绘制组合体的三视图，并标注尺寸

作业提示：

（1）图名、图幅、比例：

①图名：组合体三视图。

②图幅：A3图纸。

③比例：根据图纸大小选择合适的比例。

（2）应严格按照仪器绘图的要求进行作图。

（3）作图步骤：

①对所绘组合体进行形体分析，选择主视图，按轴测图所注尺寸布置三个视图位置（注意视图之间预留标注尺寸的位置），使各视图 之间间隔均匀，画出各视图的中心轴线和底面位置线。

②逐步画出组合体各部分的三视图（注意表面相切或相交时的画法）。

③标注尺寸时应注意不要照搬轴测图上的尺寸注法，应重新考虑视图上尺寸的配置。以尺寸完整、清晰、符合标准、配置适当为原则。

④完成底稿。

⑤仔细检查后加粗可见轮廓线。

⑥图面质量与标题栏填写的要求，见项目一国家标准。

（1）

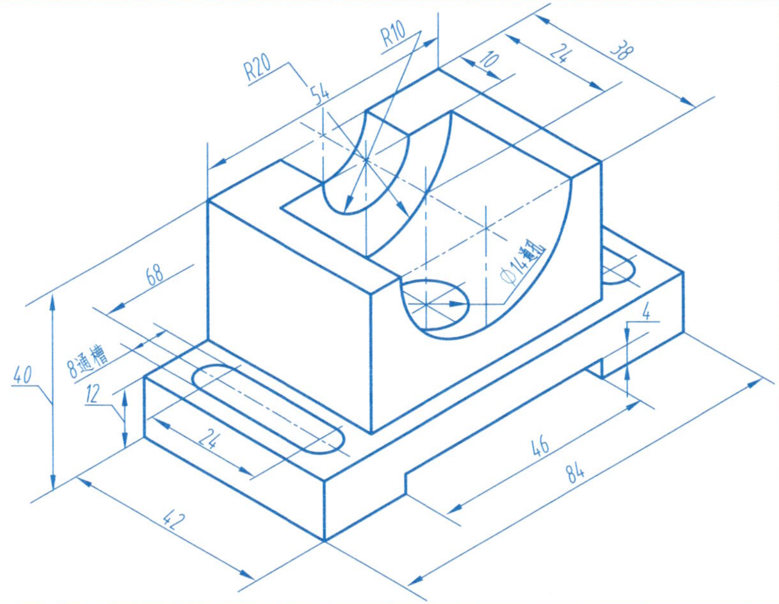


（2）

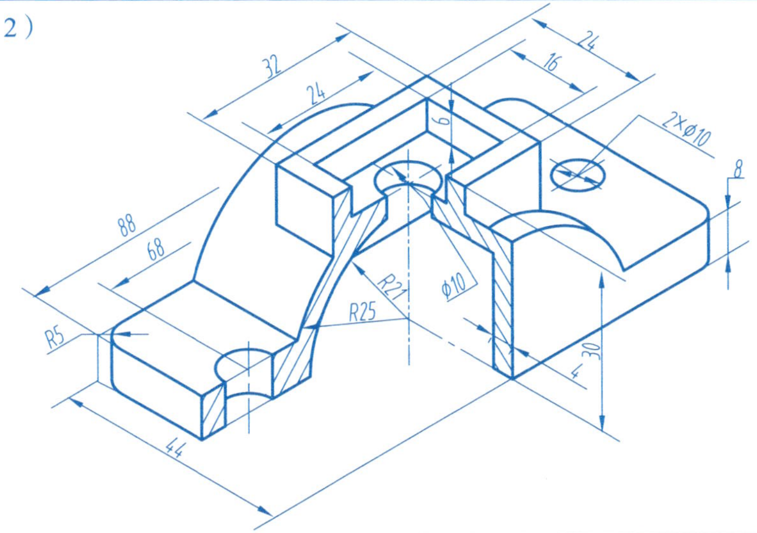

7. 已知组合体的两视图，补画第三视图（一）

（1）

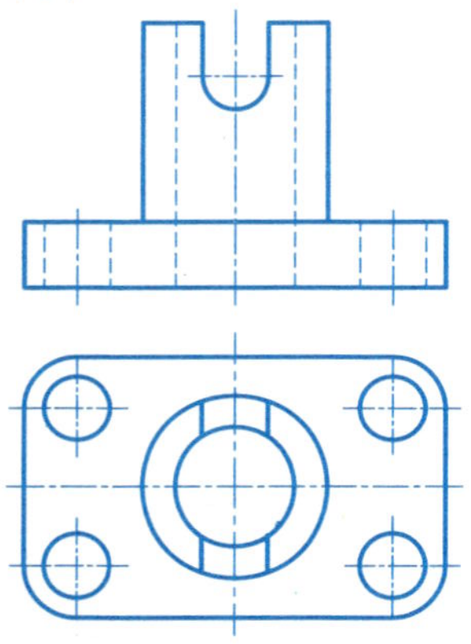

（2）

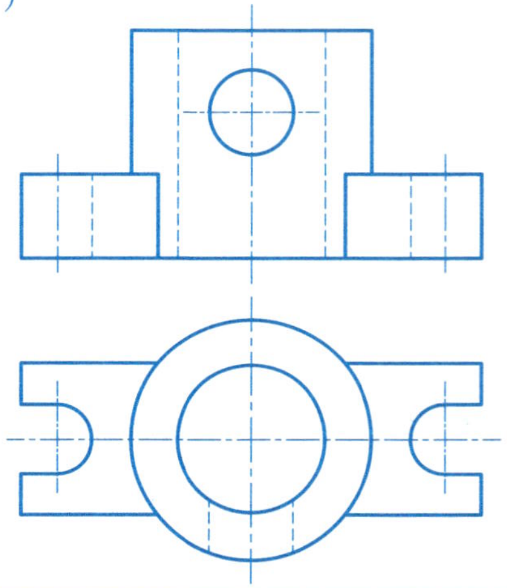

（3）

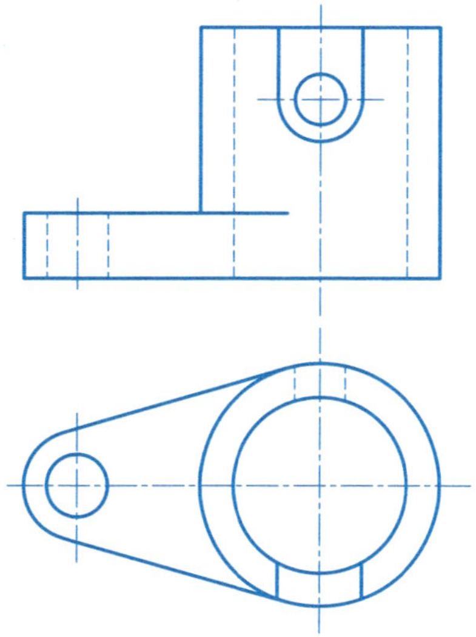

（4）

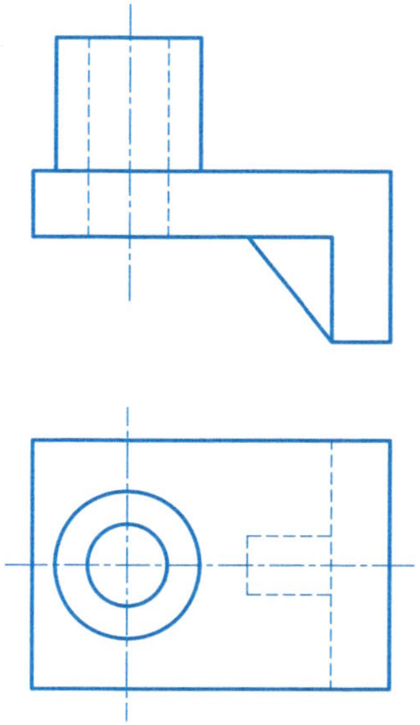

任务五　8. 已知组合体的两视图，补画第三视图（二）

（5）

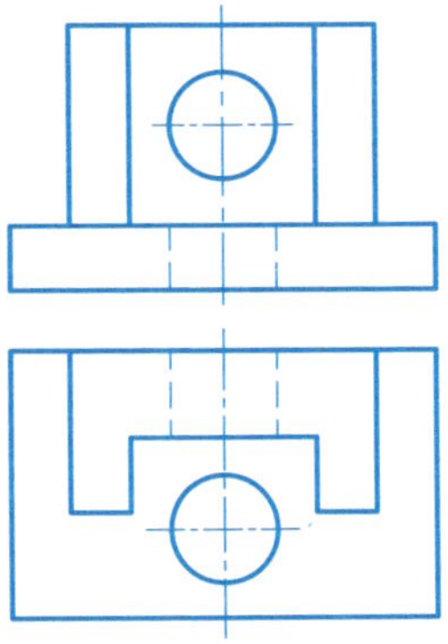

（6）

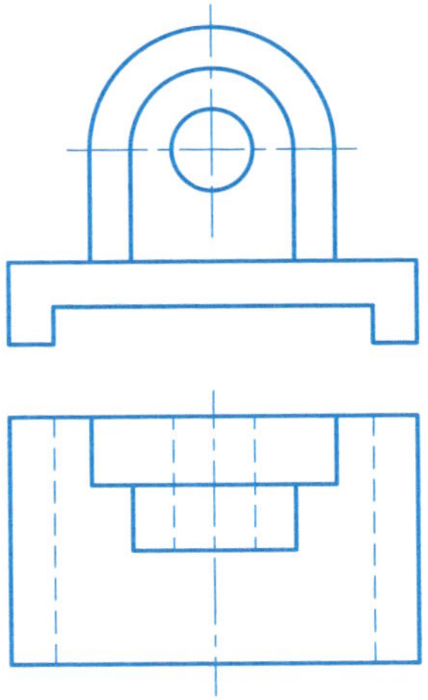

（7）

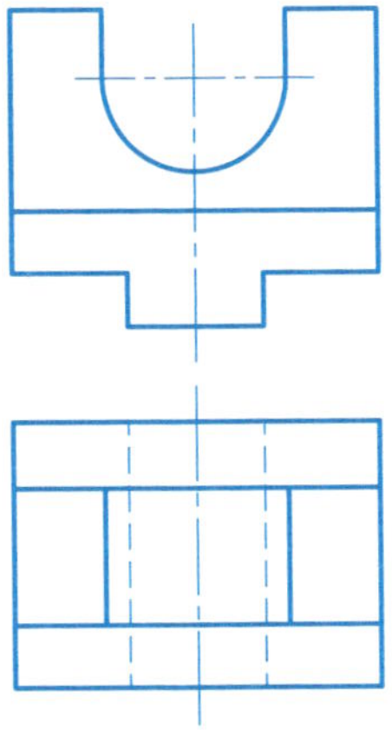

（8）

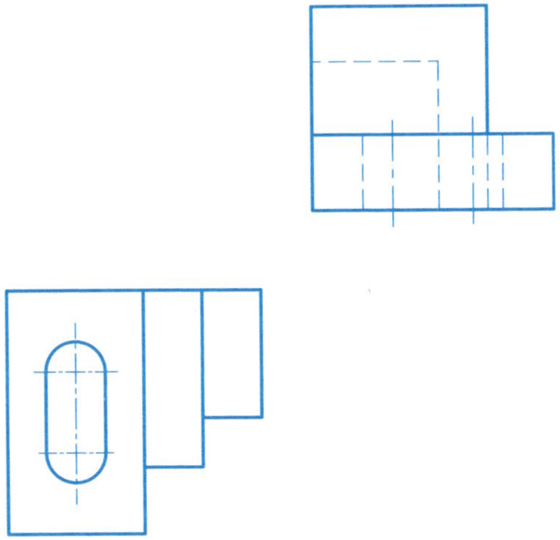

9. 已知组合体的两视图，补画第三视图(三)

(9)

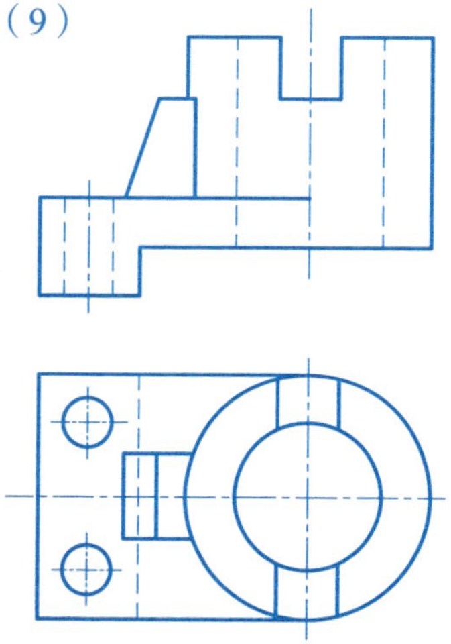

(10)

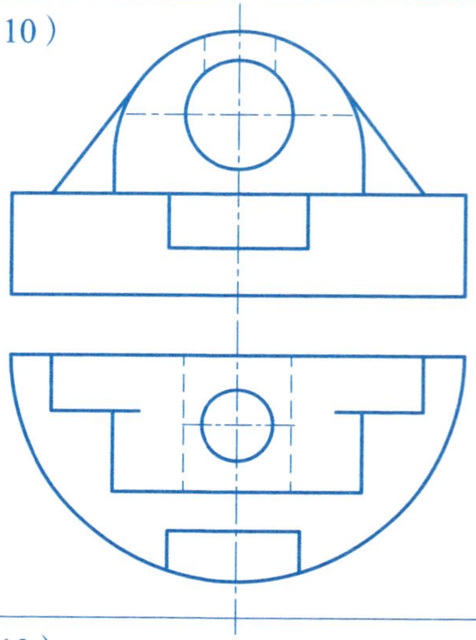

(11)

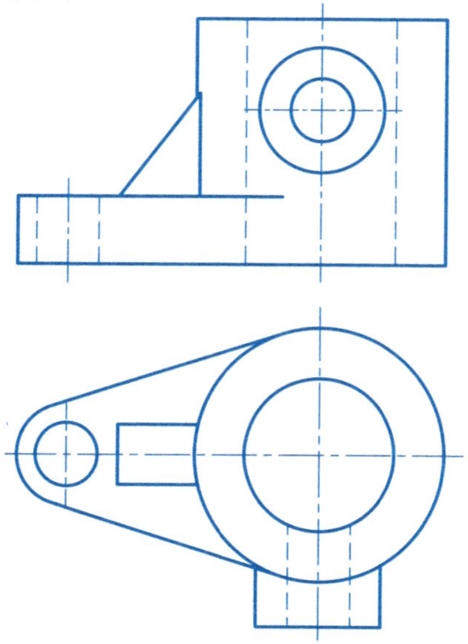

(12)

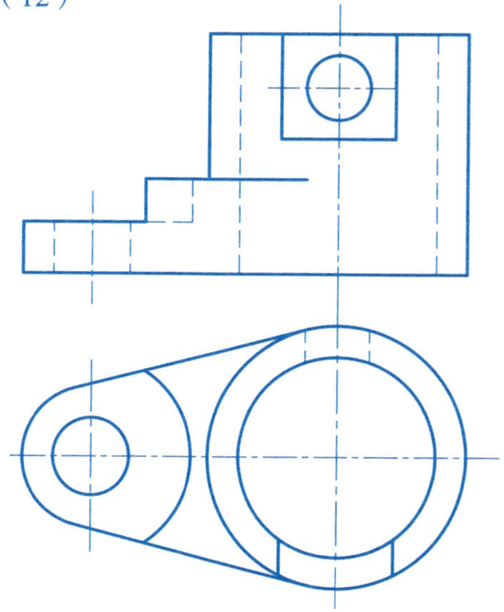

任务五　10. 应用线面分析法，补画组合体的第三视图（一）

（1）

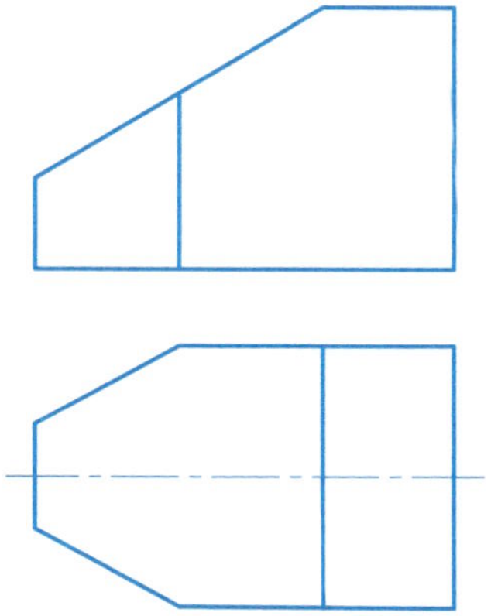

（2）

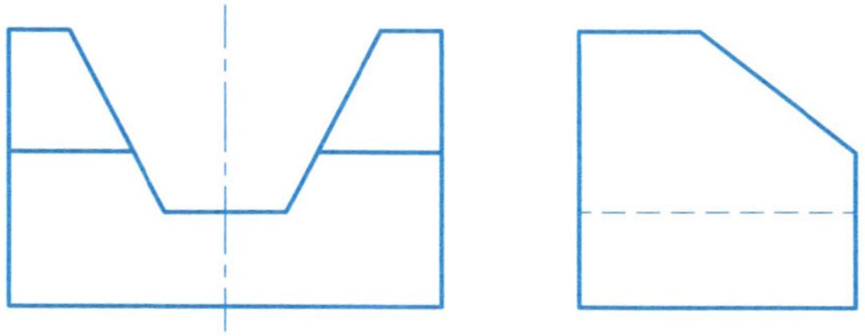

（3）

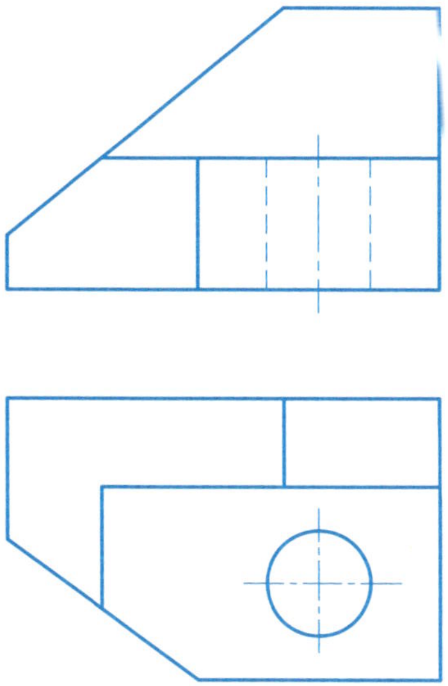

（4）

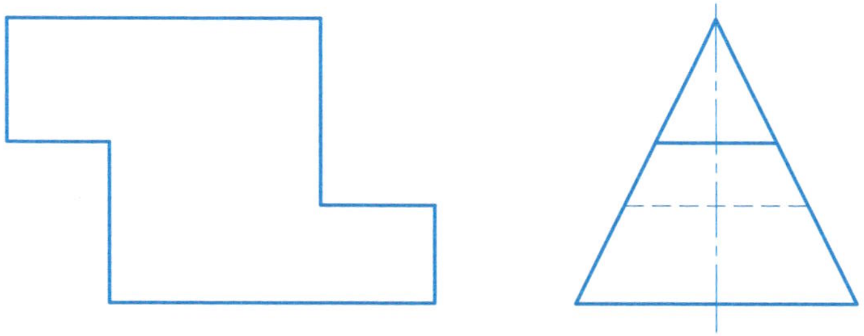

## 11. 应用线面分析法，补画组合体的第三视图(二)

(5)

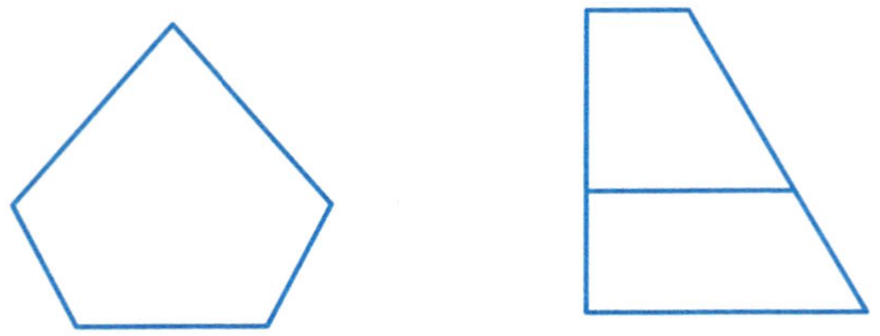

(6)

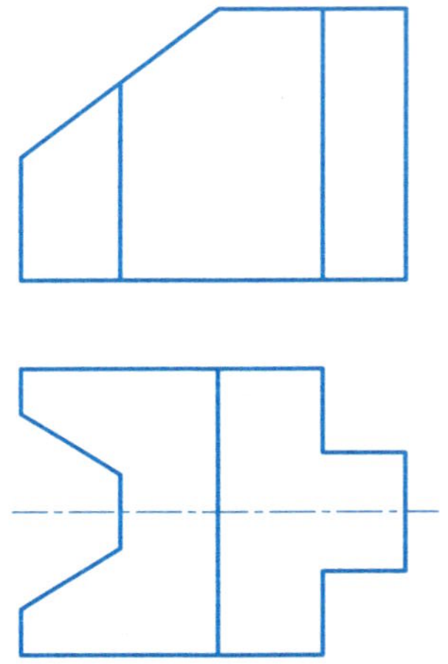

(7)

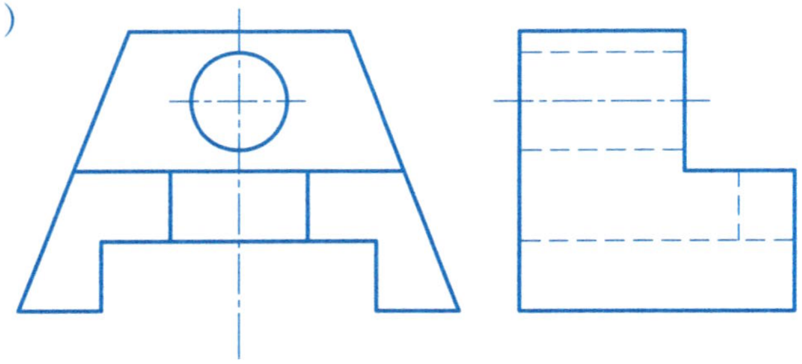

(8)

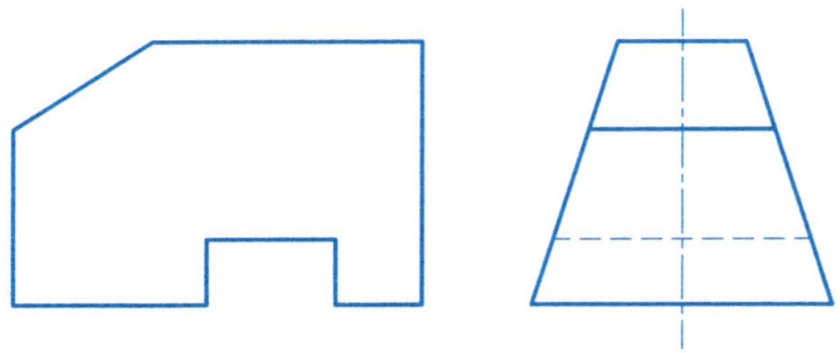

## 12. 应用线面分析法，补画组合体的第三视图（三）

（9）

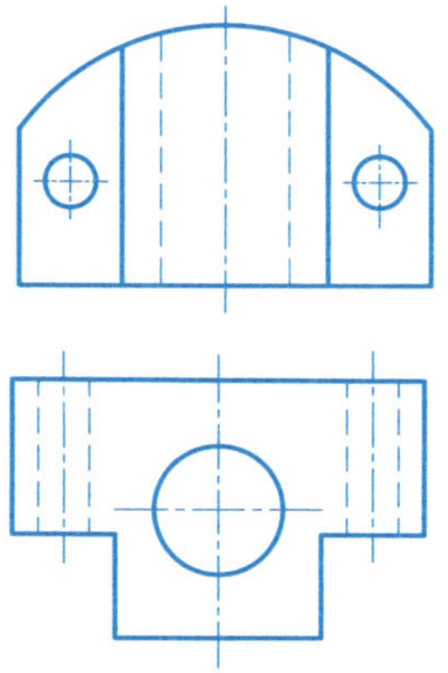

（10）

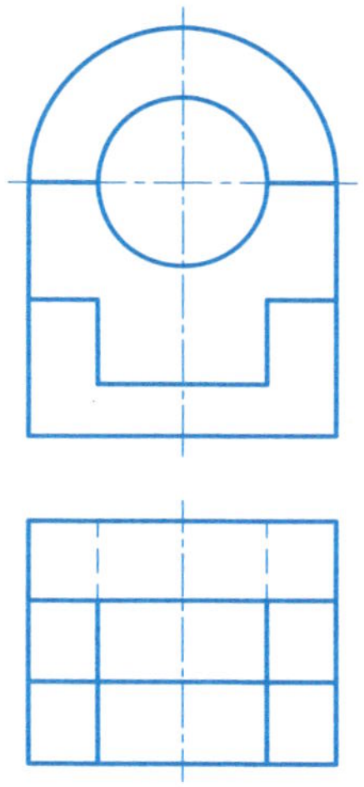

（11）

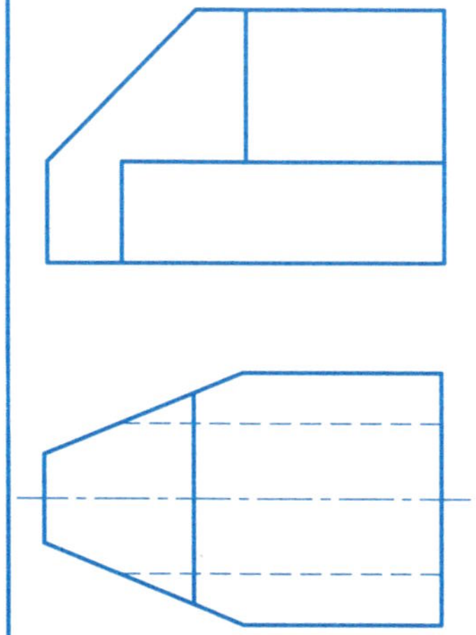

（12）

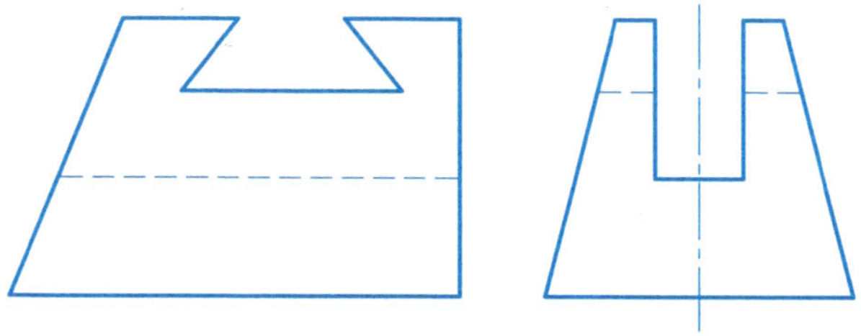

13. 补全下列视图中所缺漏的图线

(1)

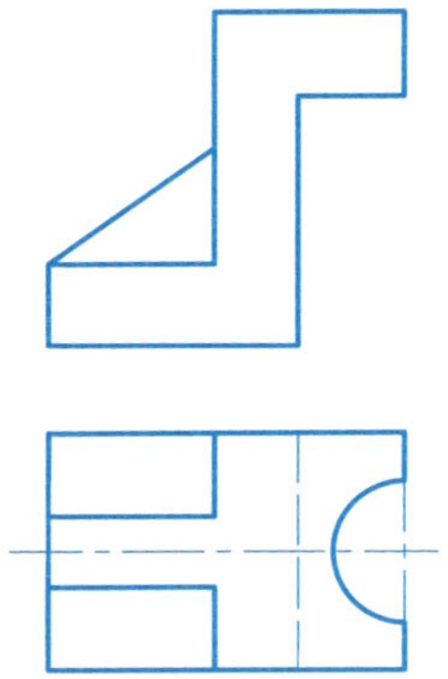

(2)

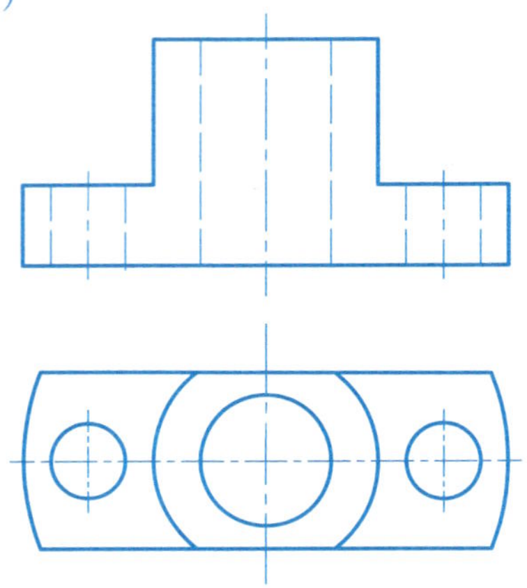

(3)

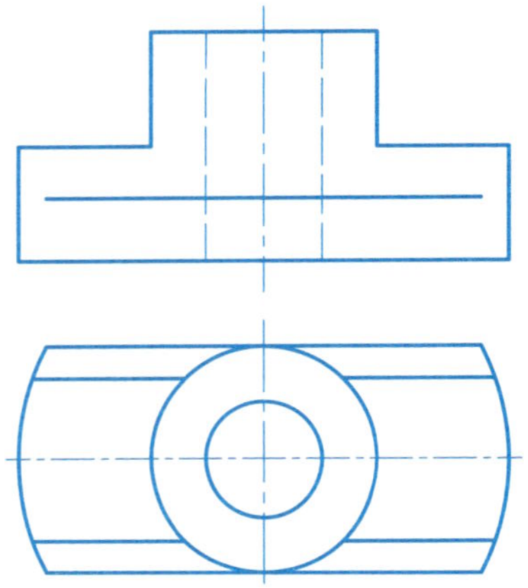

(4)

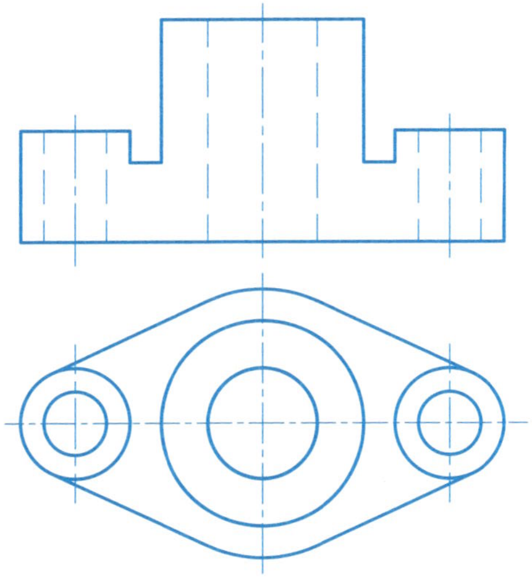

(5)

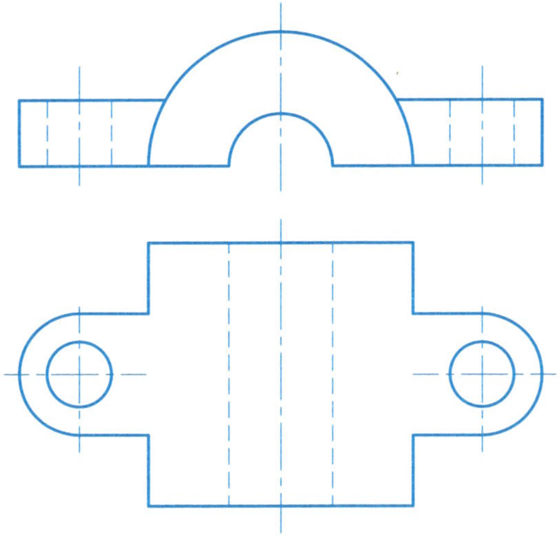

(6)

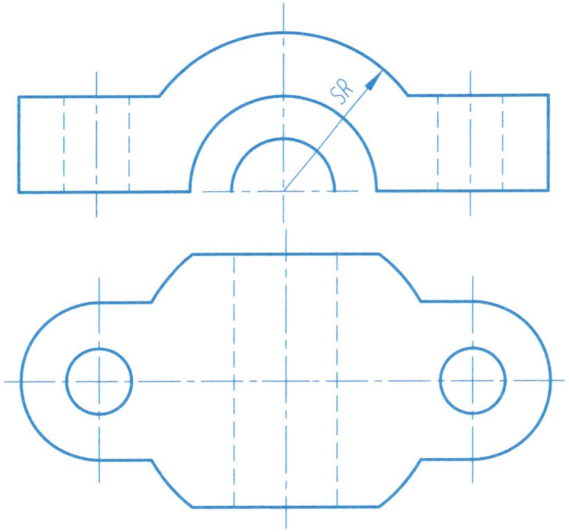

## 14. 选择正确的组合体视图

（1）根据主、俯两视图，选择正确的左视图。

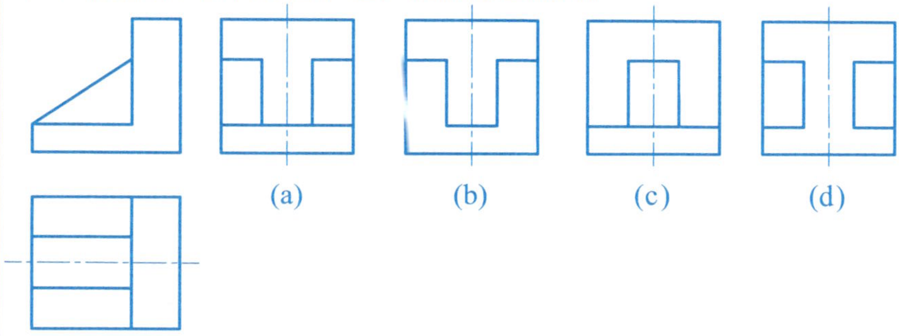


（2）根据主、俯两视图，选择正确的左视图。

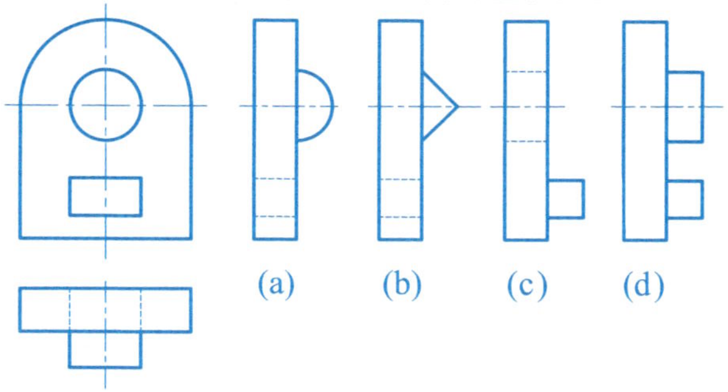


（3）根据俯视图，选择正确的主视图。

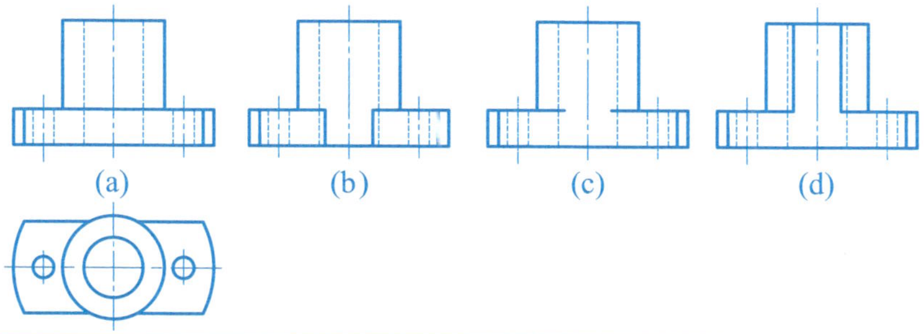


（4）根据主、左两视图，选择正确的俯视图。

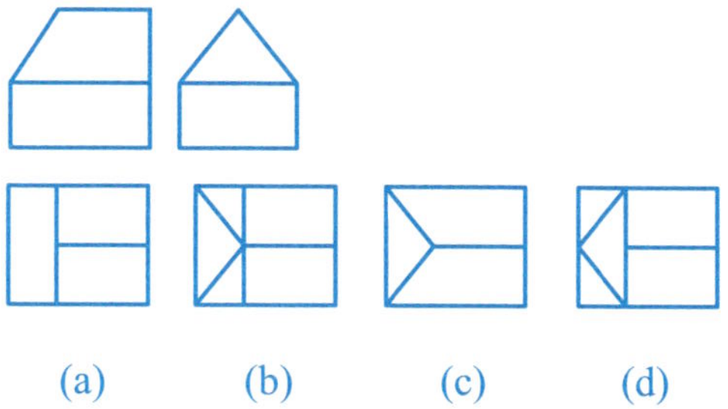


（5）根据主、俯两视图，选择正确的左视图。

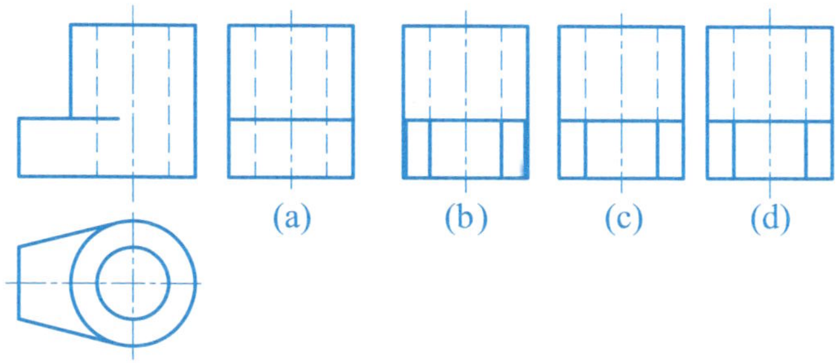


（6）根据主、俯两视图，选择正确的左视图。

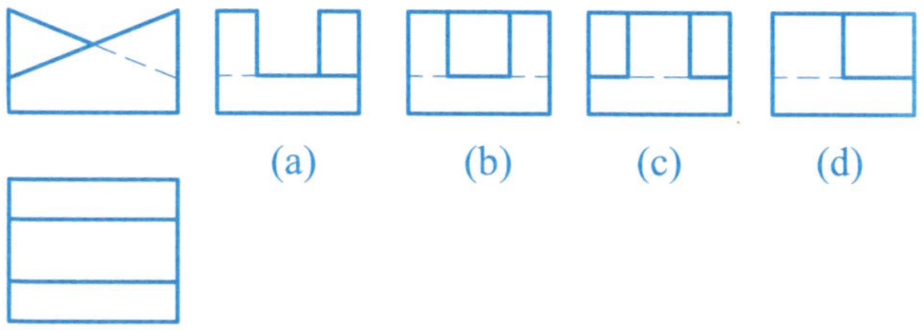

15. 标注组合体的尺寸，尺寸数值1：1从图中量取，取整数

（1）

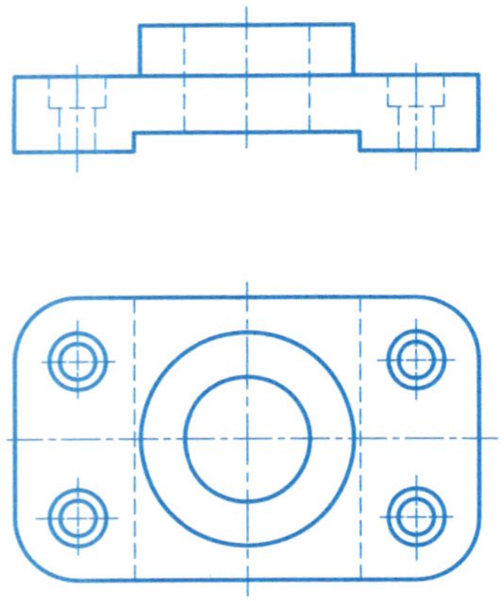

（2）

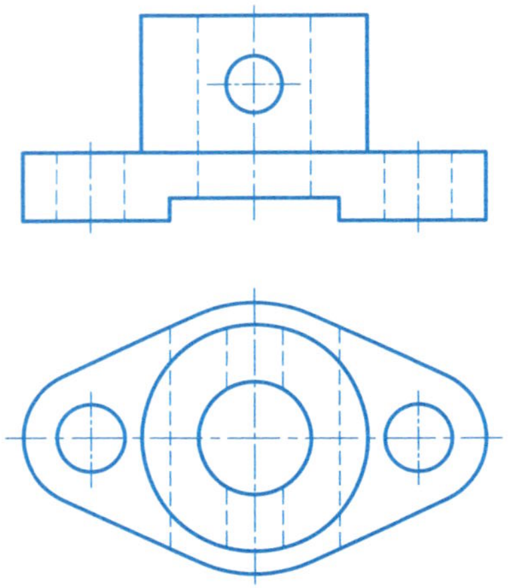

（3）

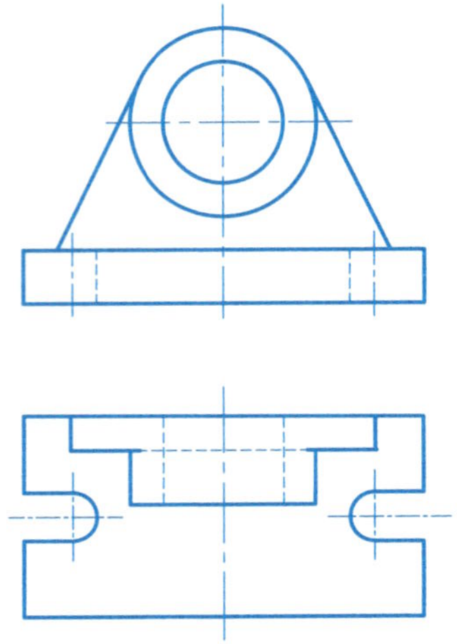

（4）

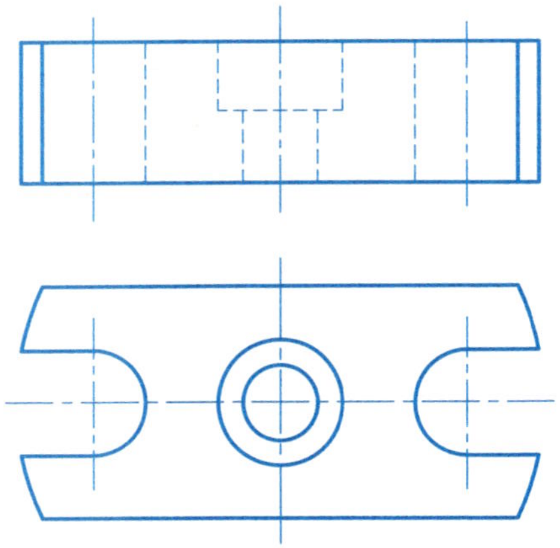

（5）

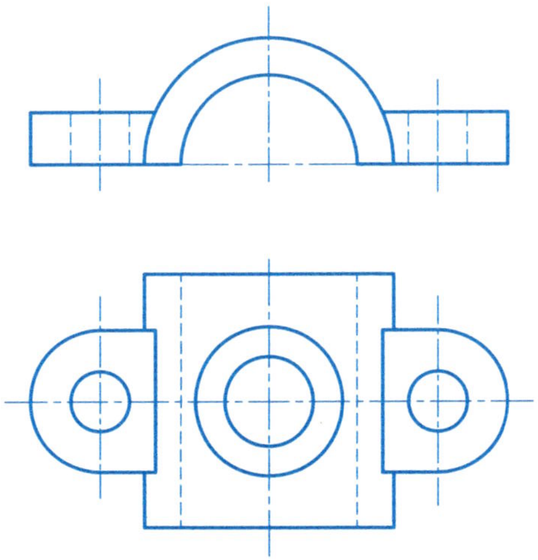

（6）

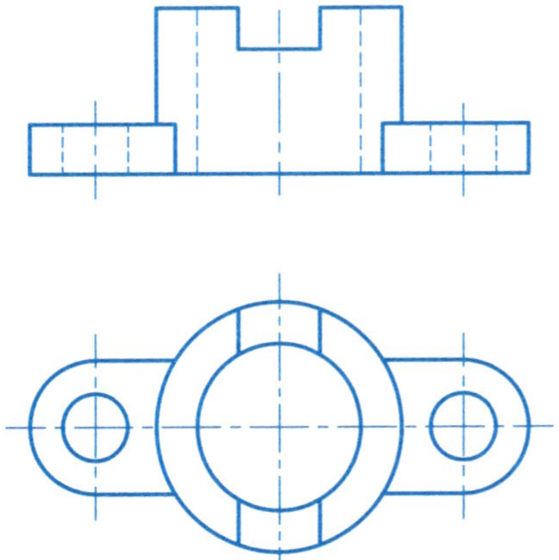

（1）补画物体的右视图、后视图和$A$向视图。

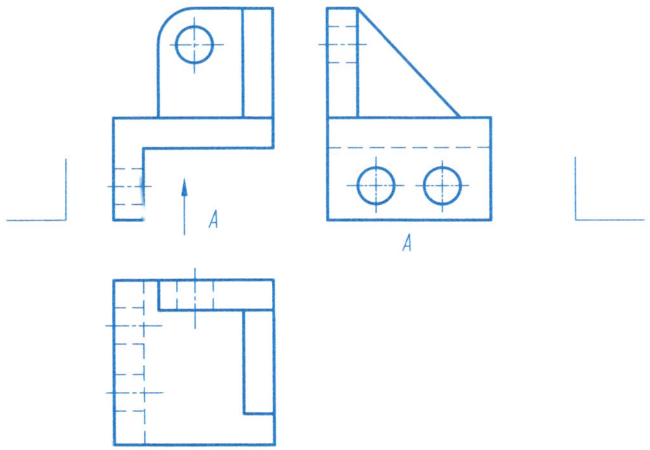


（2）看懂下图所示表达方法，并在相应位置补加标注。

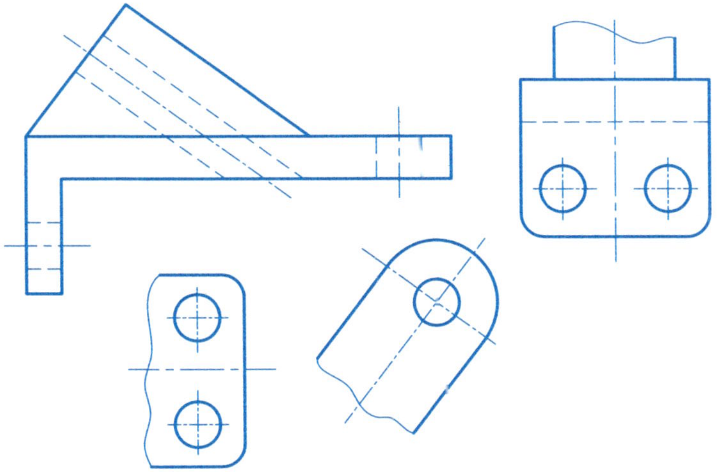

（3）画出机件的$A$向斜视图和$B$向局部视图。

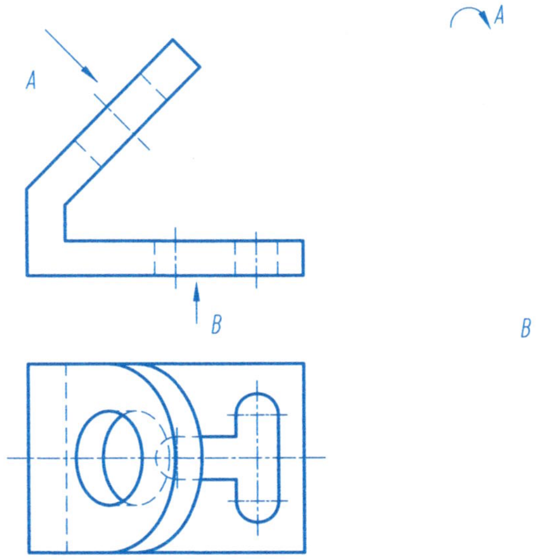

（4）在指定位置画出物体的$A$向局部视图和$B$向斜视图。

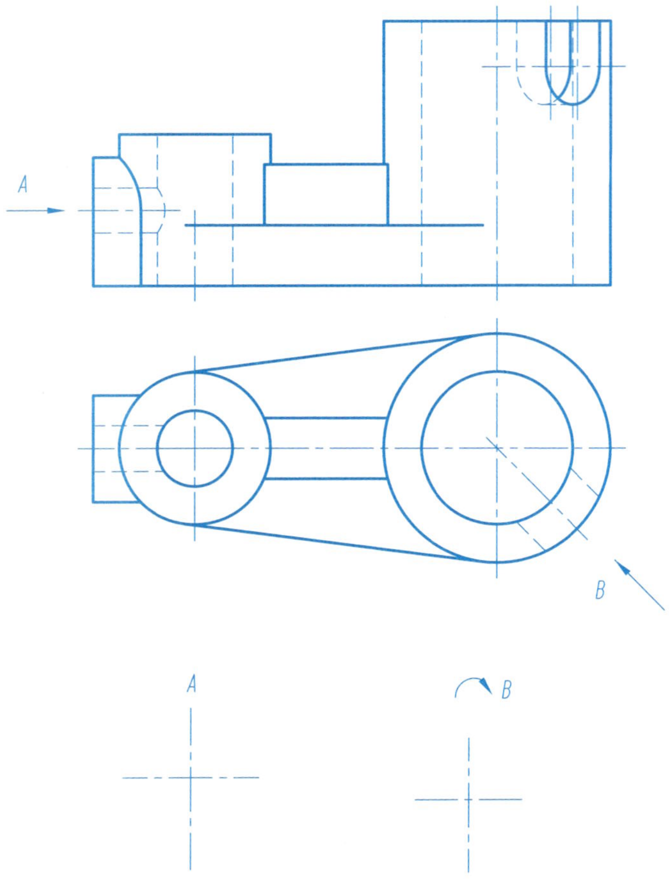


（5）在指定位置画出物体的$A$向斜视图和$B$向、$C$向局部视图。

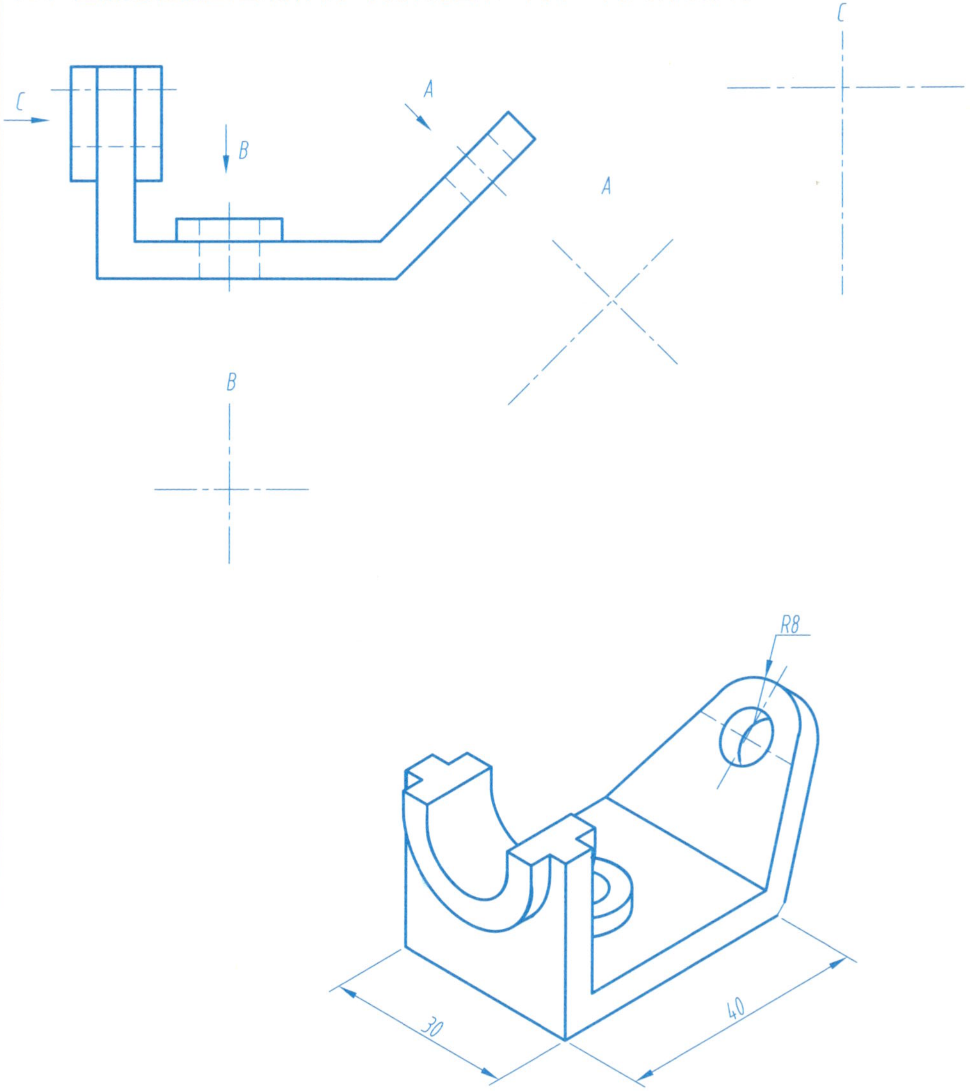

任务二　1. 补画剖视图中漏画的线条

(1)

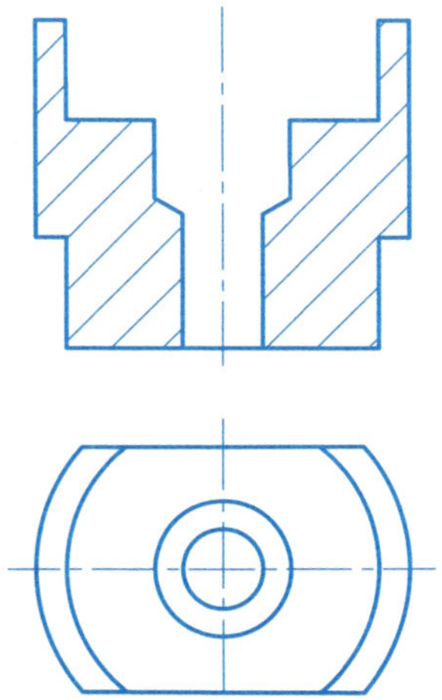

(2)

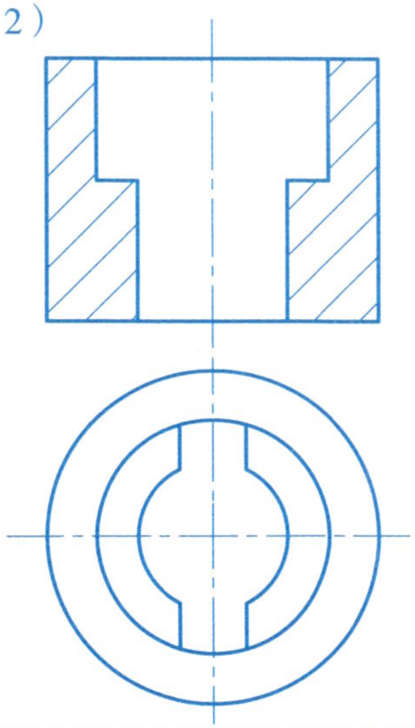

(3)

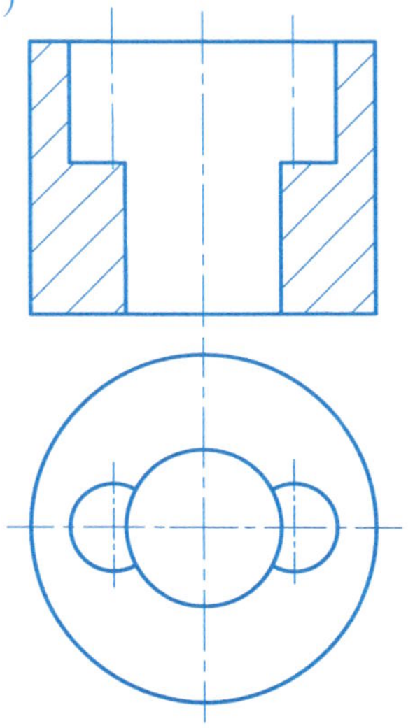

(4)

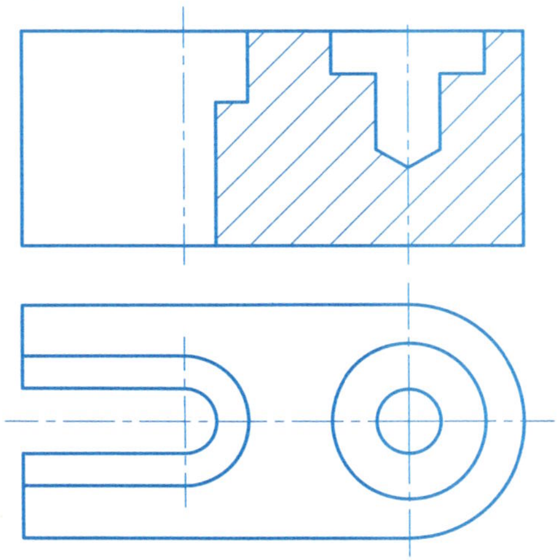

(5)

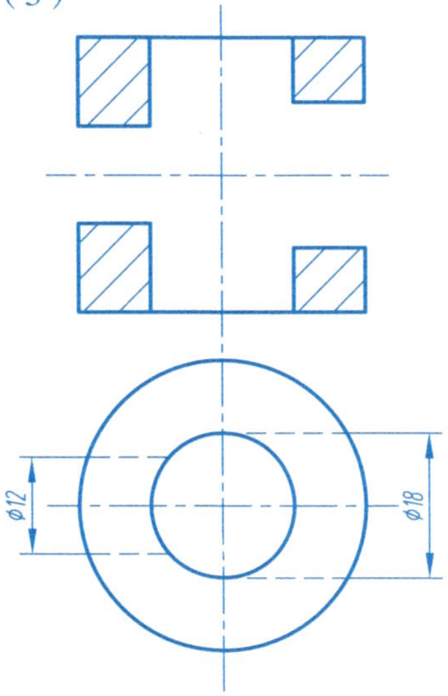


(6)

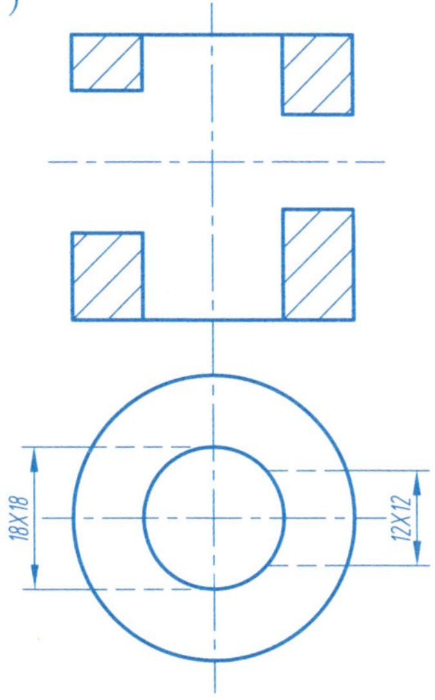


(7)

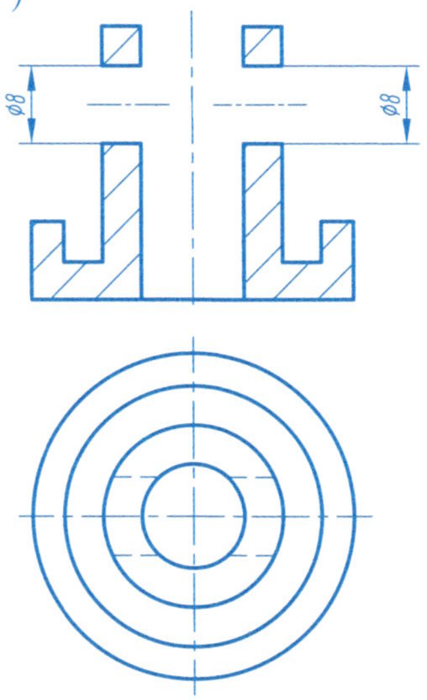


(8)

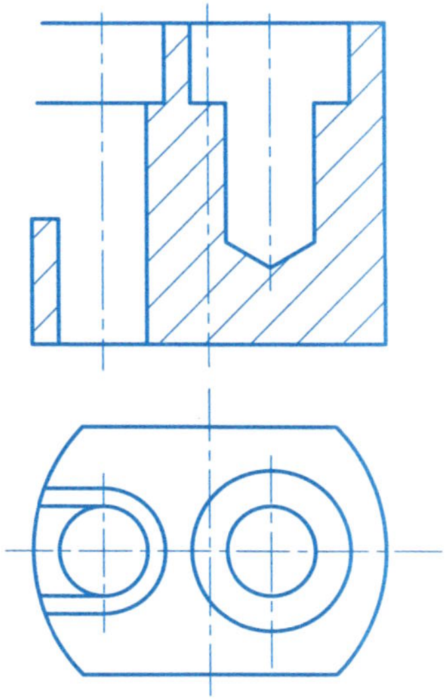

## 2. 在指定的位置将主视图改画成全剖视图

(1)

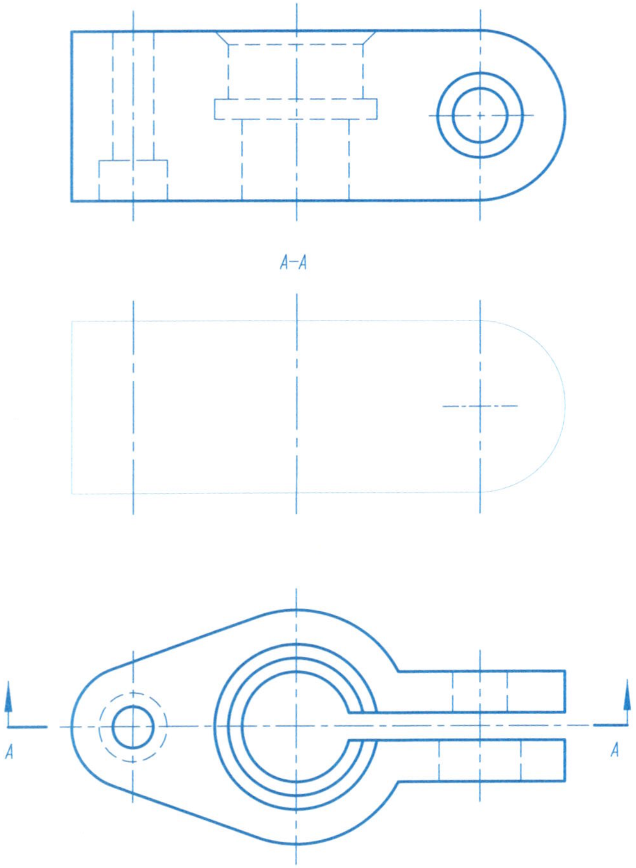


(2)

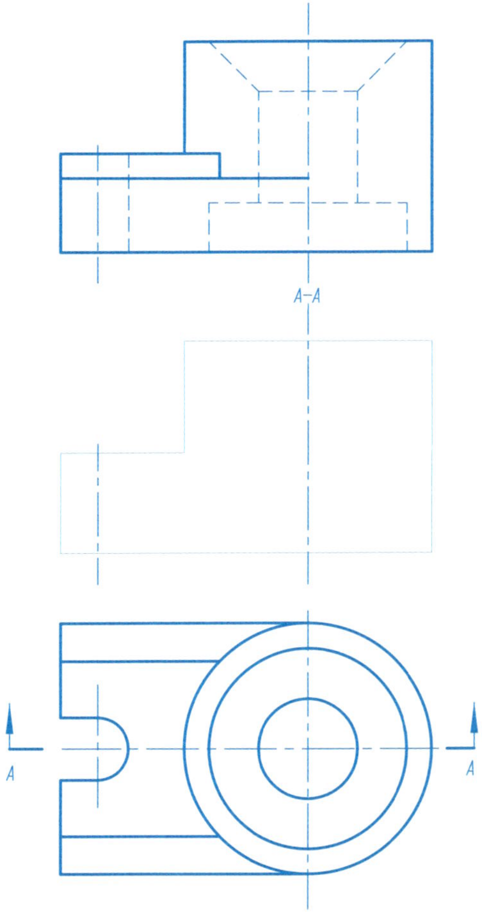


(3)

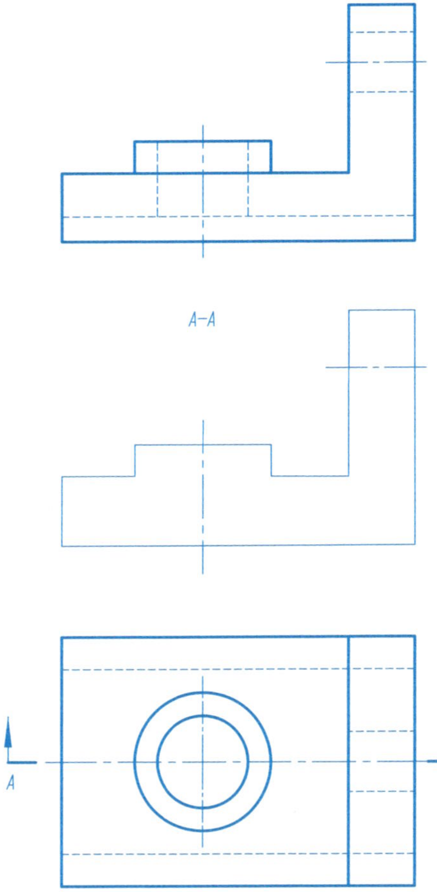

任务二　3. 在指定位置画出全剖的左视图

(1)

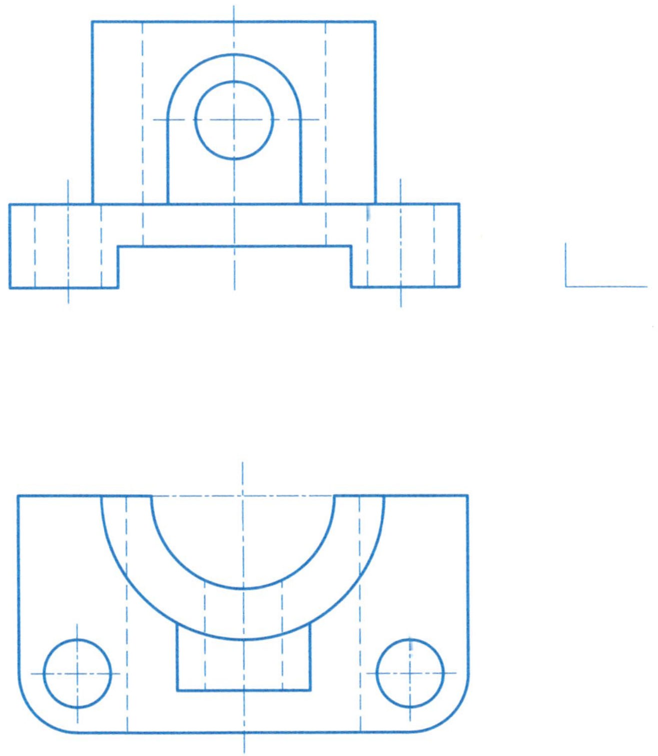

(2)

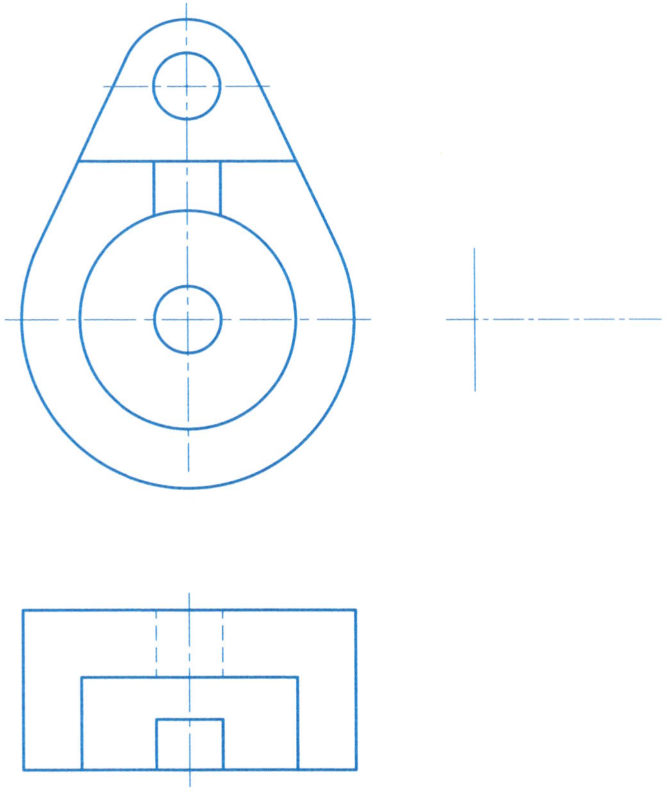

## 4. 在指定位置将相应的视图改画为半剖视图

（1）在指定的位置将主视图改画为半剖视图。

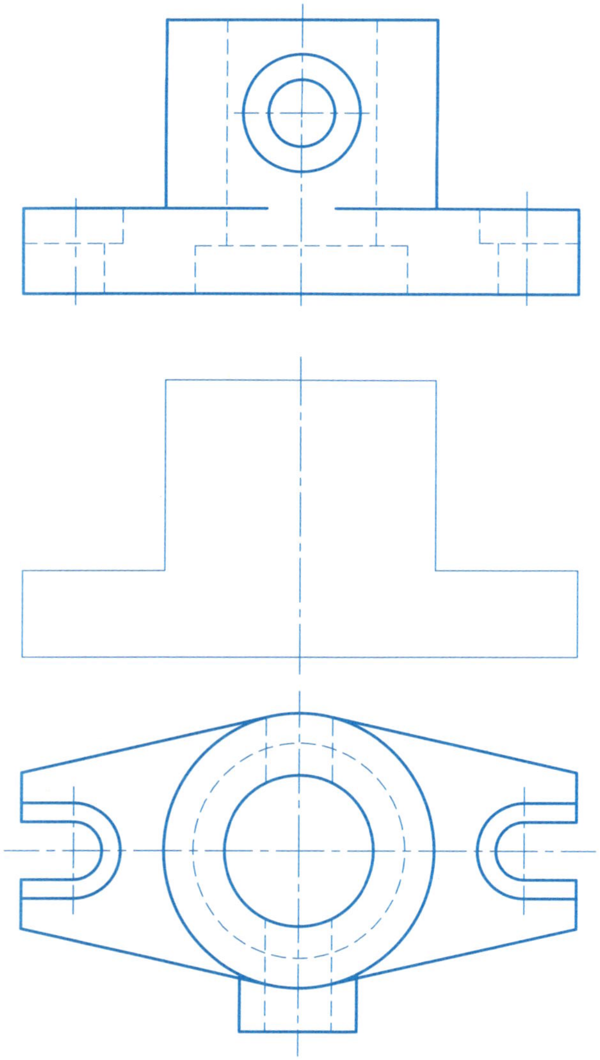

（2）在指定的位置将主视图和俯视图均改画为半剖视图并标注。

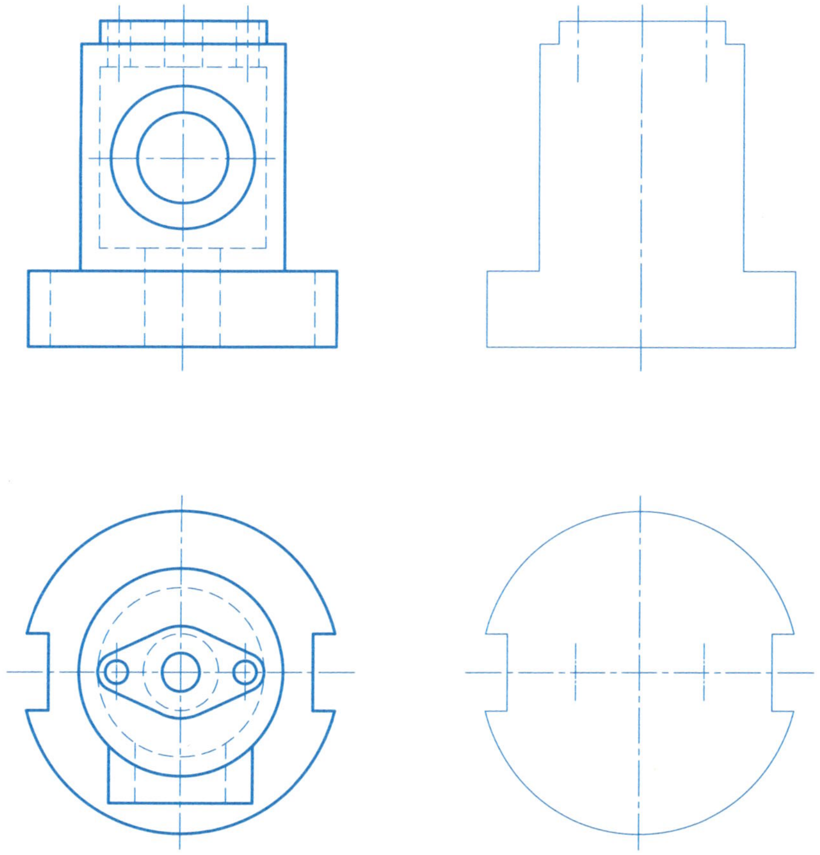

## 任务二　5. 按要求完成下面半剖视图

（1）在指定位置将主视图和左视图均改为半剖视图。

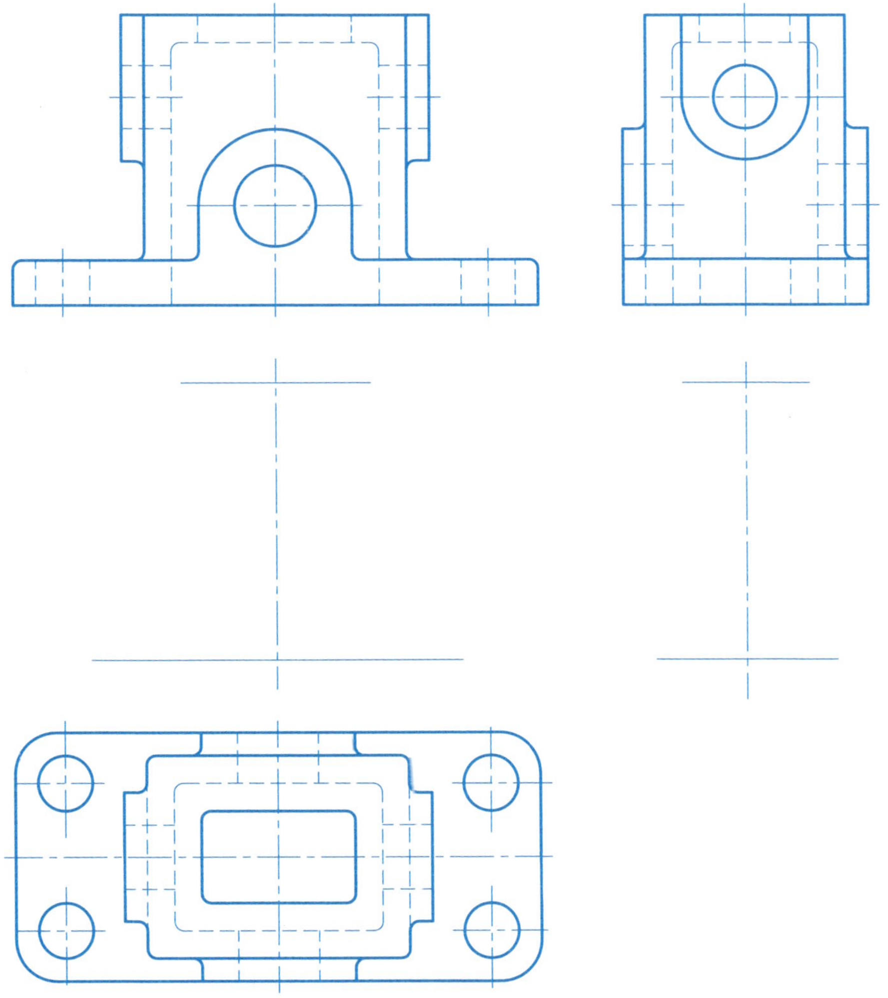

（2）补画半剖视图中漏画的线条。

①

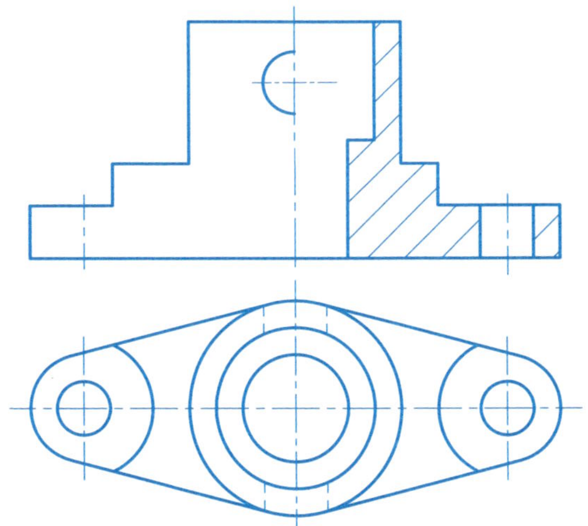

②

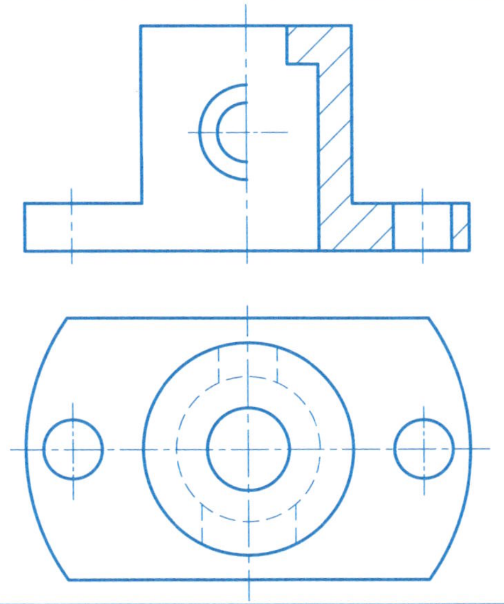

## 6. 按要求完成下列局部剖视图

（1）指出下面局部剖视图中的错误并改正，不要的图线打“×”。

①

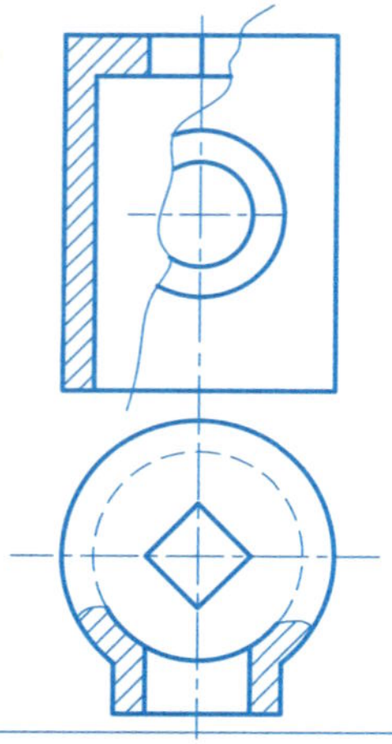

②

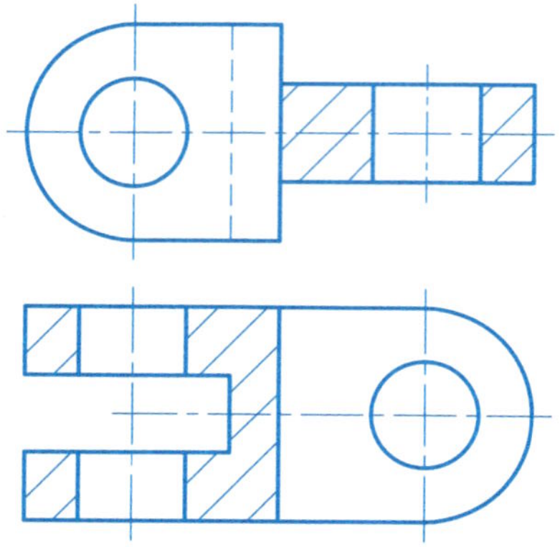

③

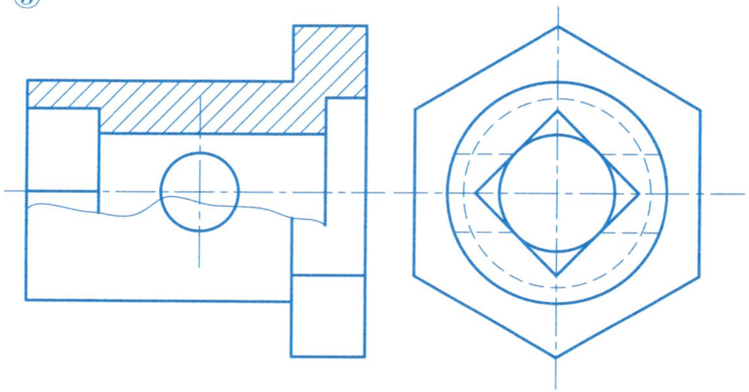

（2）将主视图改为局部剖视图。

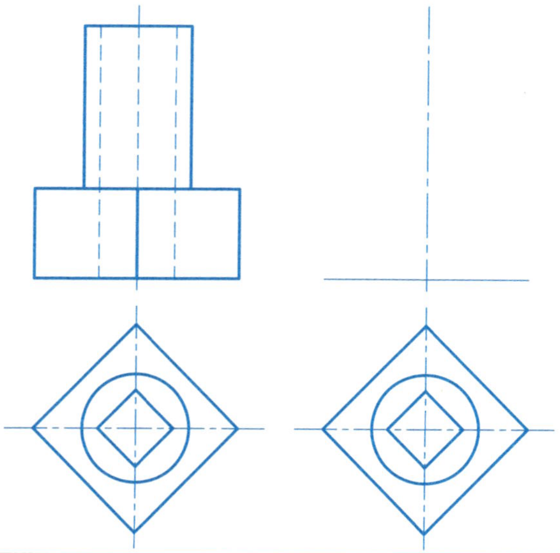

（3）将主视图和俯视图改为局部剖视图。

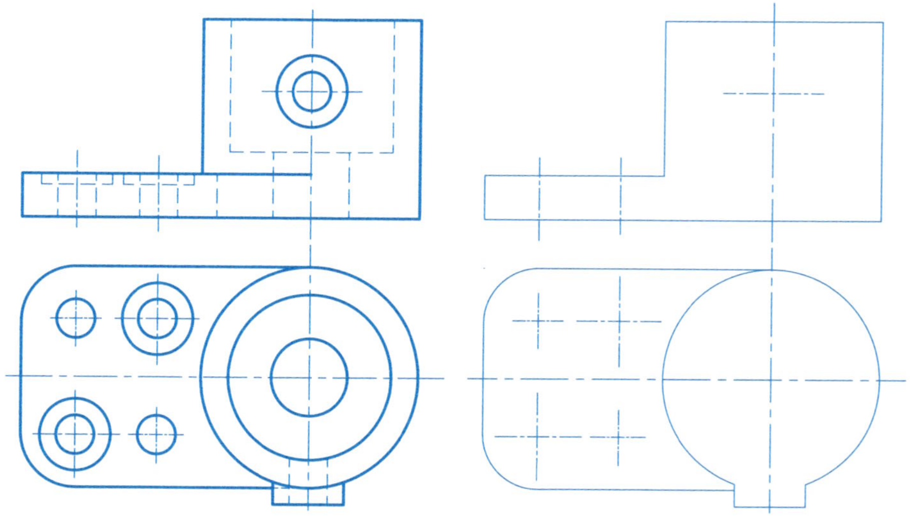

## 任务二　7. 将主、俯视图改画成局部剖视图

(1)

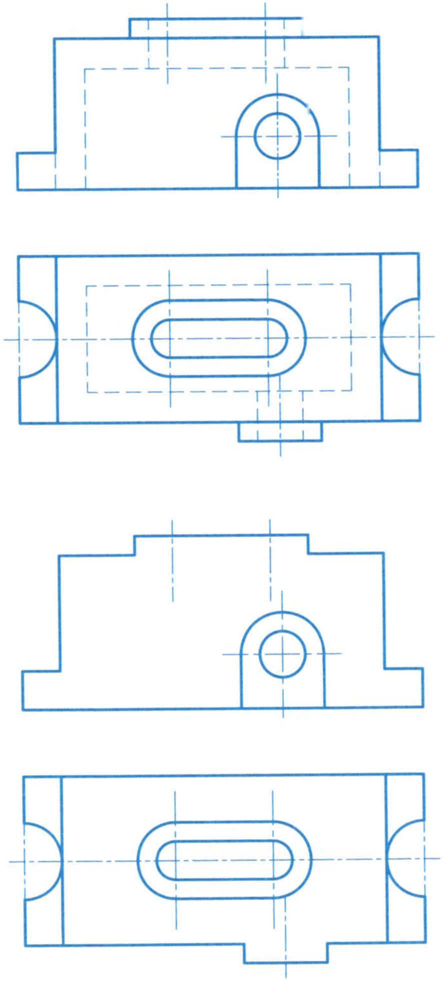

(2)

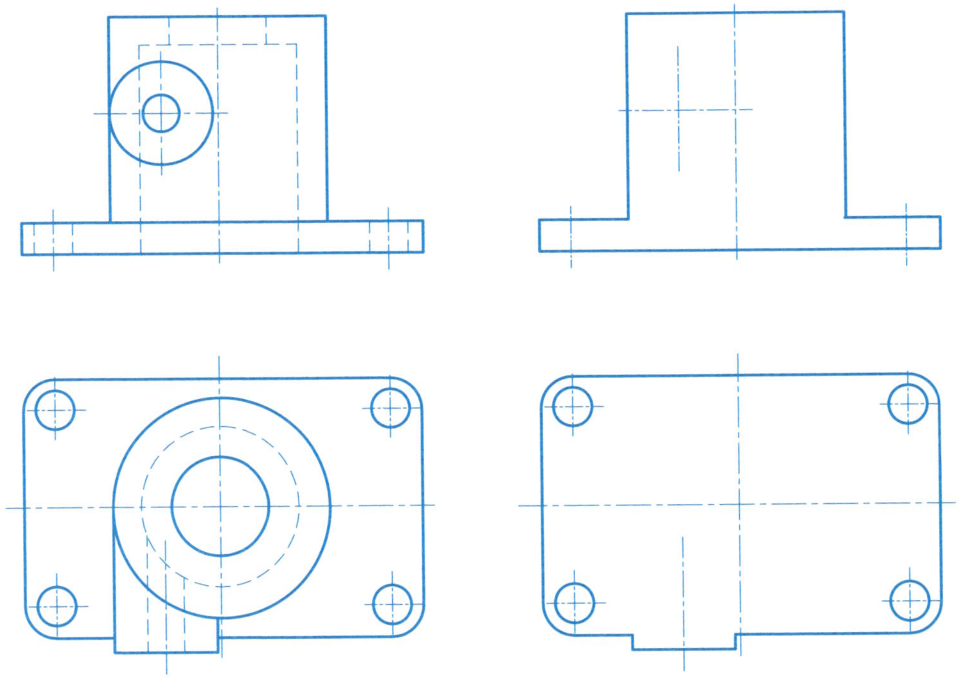

8. 用阶梯剖切的方法将主视图改为全剖视图

（1）

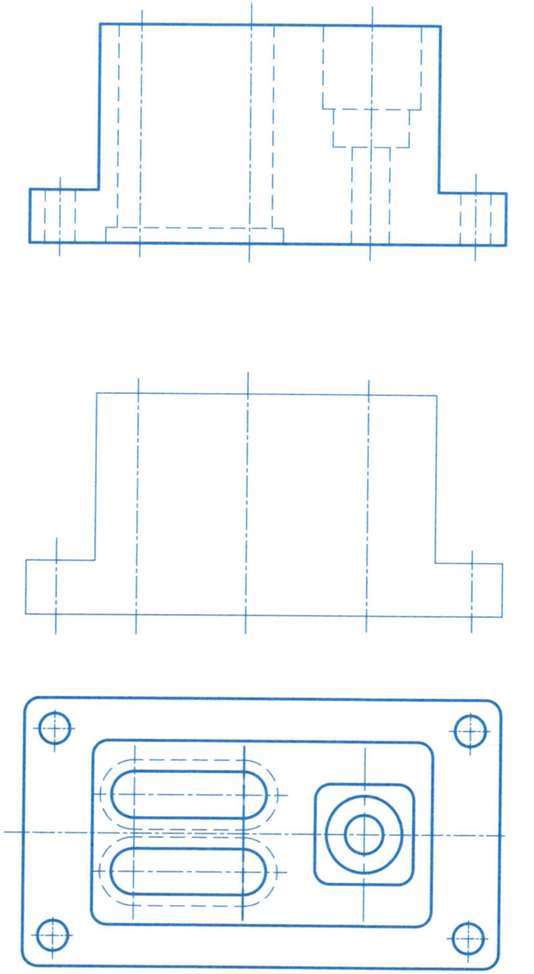

（2）

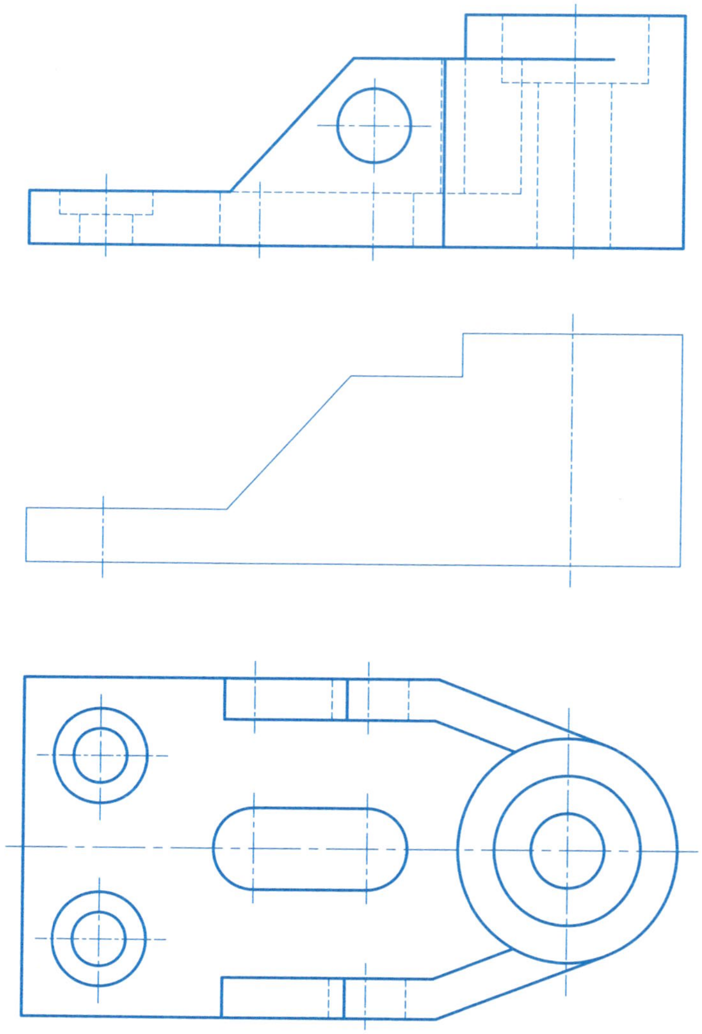

## 任务二　9. 用旋转剖切的方法将视图改为全剖视图

（1）用旋转剖切的方法将俯视图改为全剖视图。

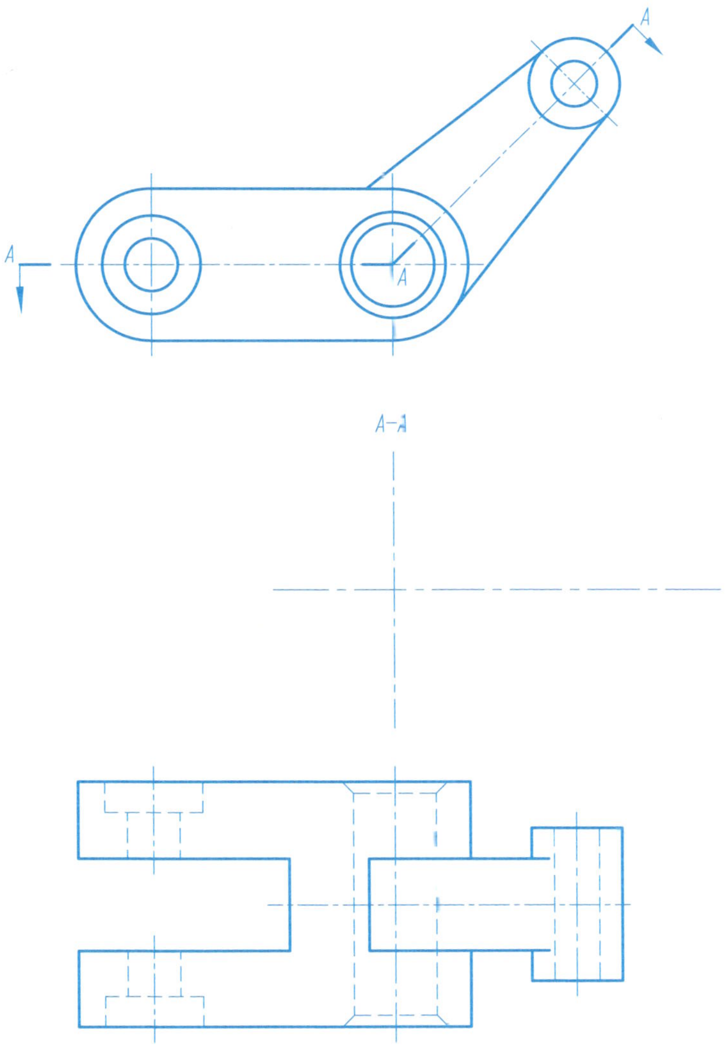


（2）用旋转剖切的方法将主视图改为全剖视图。

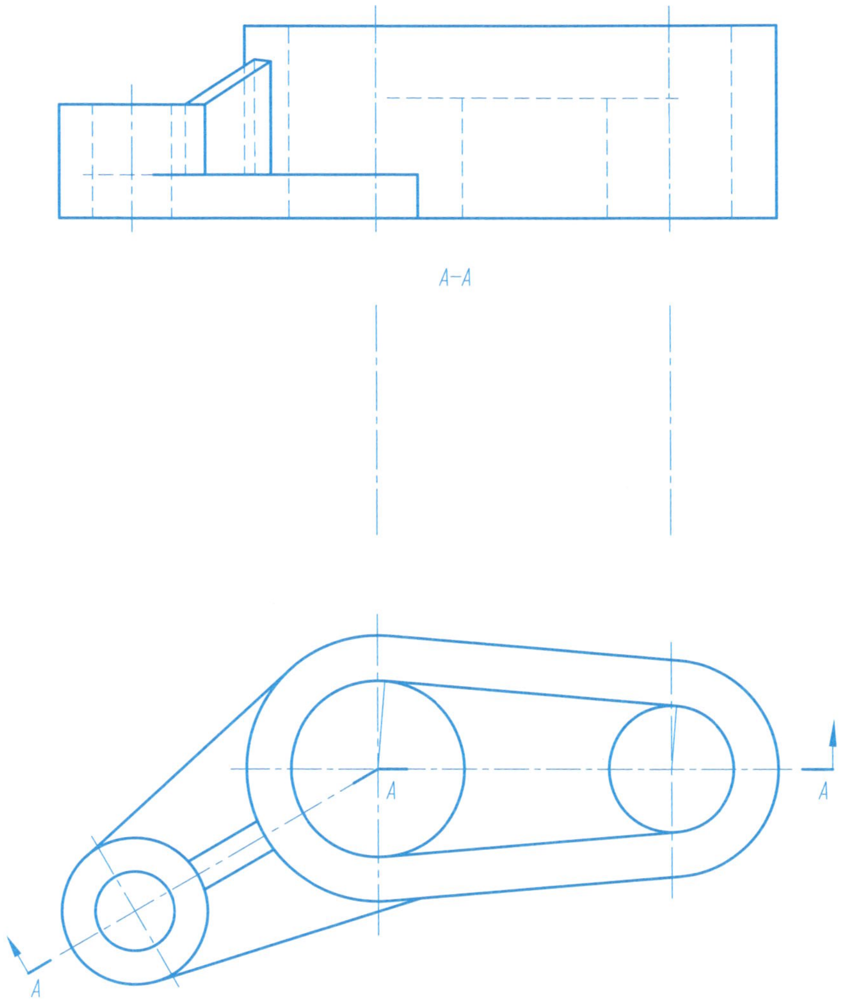

## 任务三　10. 断面图

（1）在指定位置画出轴的移出断面图（平面符号处前后对称，右端键槽深 3 mm）。

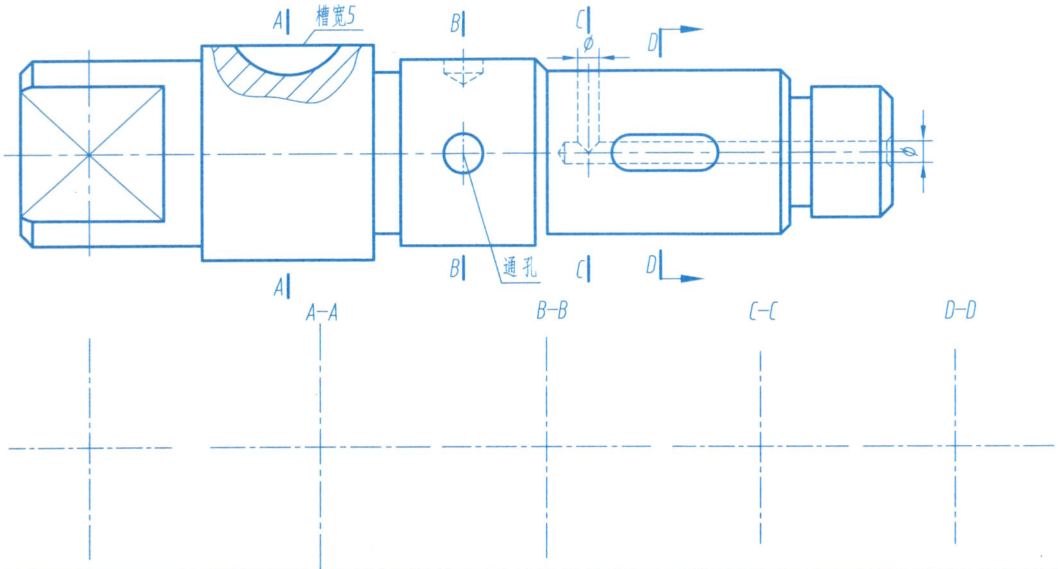


（2）画出肋板的重合断面图。

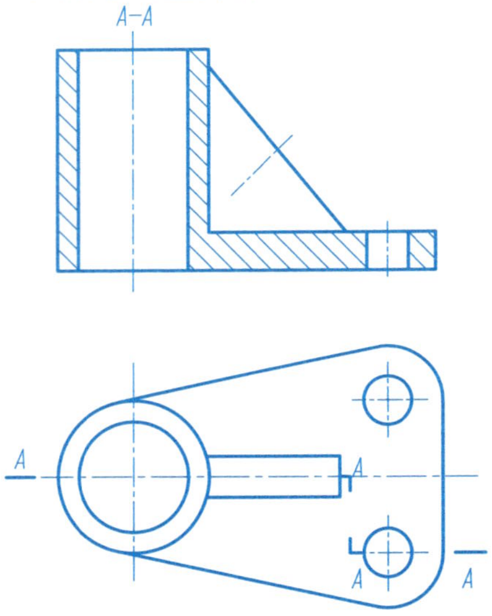


（3）画出A—A全剖视图和B—B移出断面图。

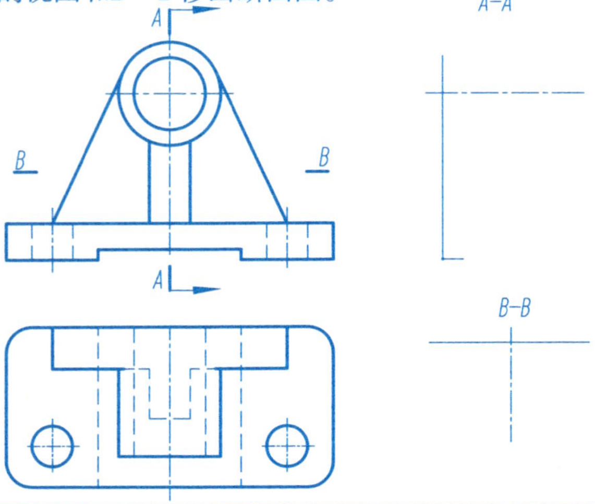


（4）在指定的位置作出重合断面图。

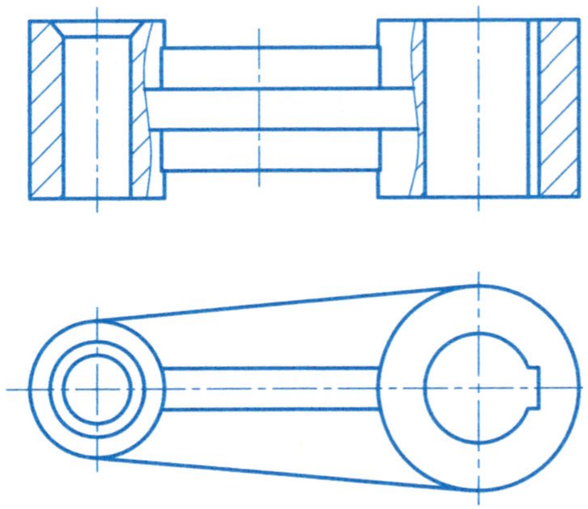

（1）选择正确的答案填在括号内。

①下列四组重合断面图正确的是（　　）。

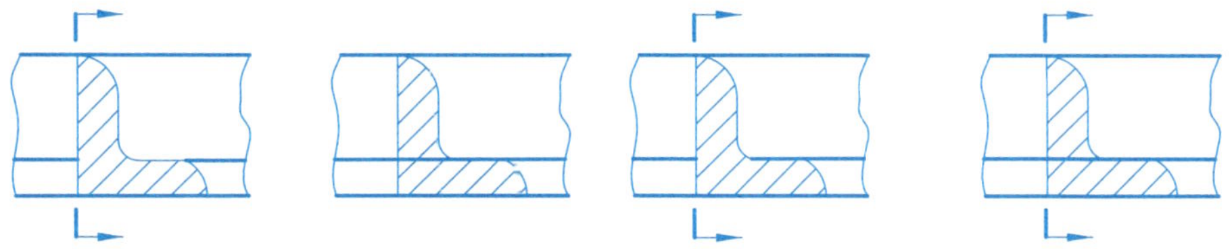

(a)　(b)　(c)　(d)

②下列四种A—A移出断面图正确的是（　　）。

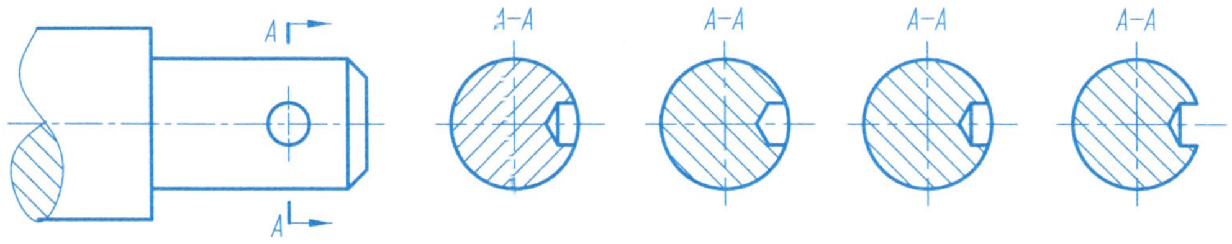


(a)　(b)　(c)　(d)

③正确的移出断面是（　　）。

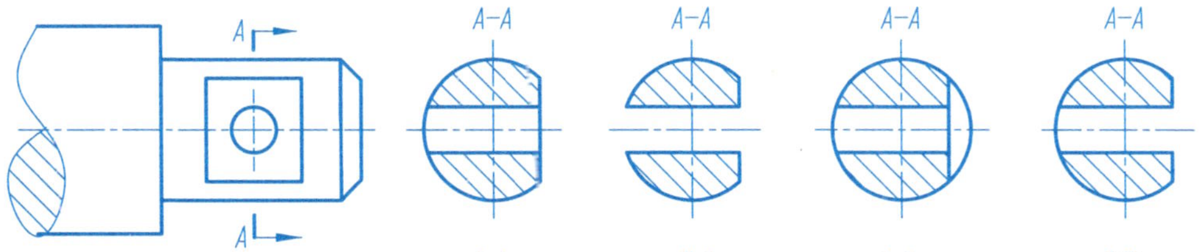


(a)　(b)　(c)　(d)

（2）分析剖视图中的错误，在指定位置画出正确的剖视图。

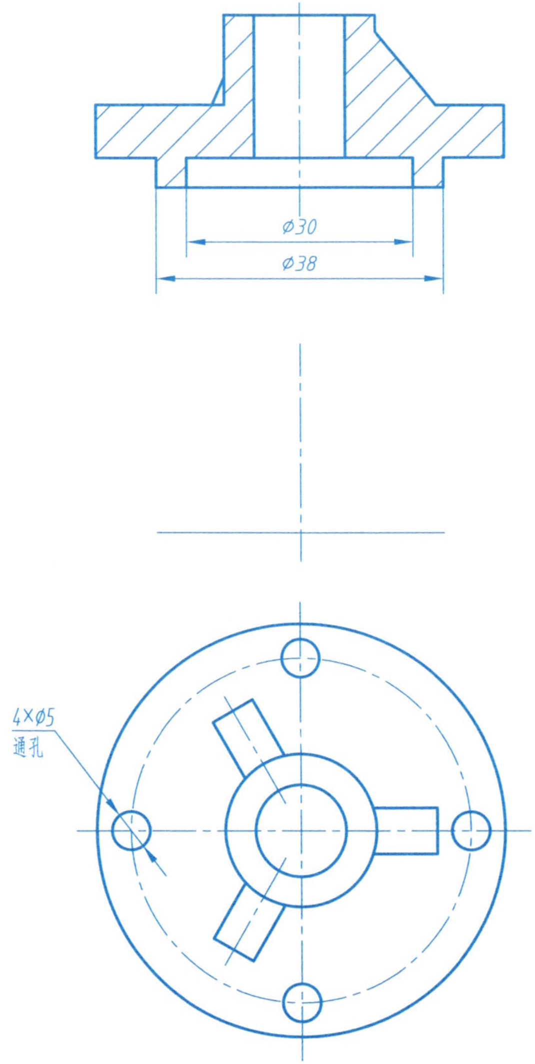

（1）目的和内容：

根据所给机件的视图，选择并画出所需的剖视图、断面 图和其他视图，并标注尺寸。

（2）图名、图幅、比例：

①图名:剖视图。

②图幅:A3。

③比例:按题自定。

（3）要求：

对指定的机件选择适当的表达方案，将机件的内外形状表 达清楚。

（4）绘图步骤与注意事项：

①对所给视图作形体分析,在此基础上选择表达方案。

②根据规定的图幅和比例,合理布置视图的位置。

③画图时注意将视图改画成适当的剖视图,按需要画出 断面图和其他视图并作适当配置,标注和调整各部分尺寸。

④经仔细校核后用铅笔加深。

⑤填写标题栏。

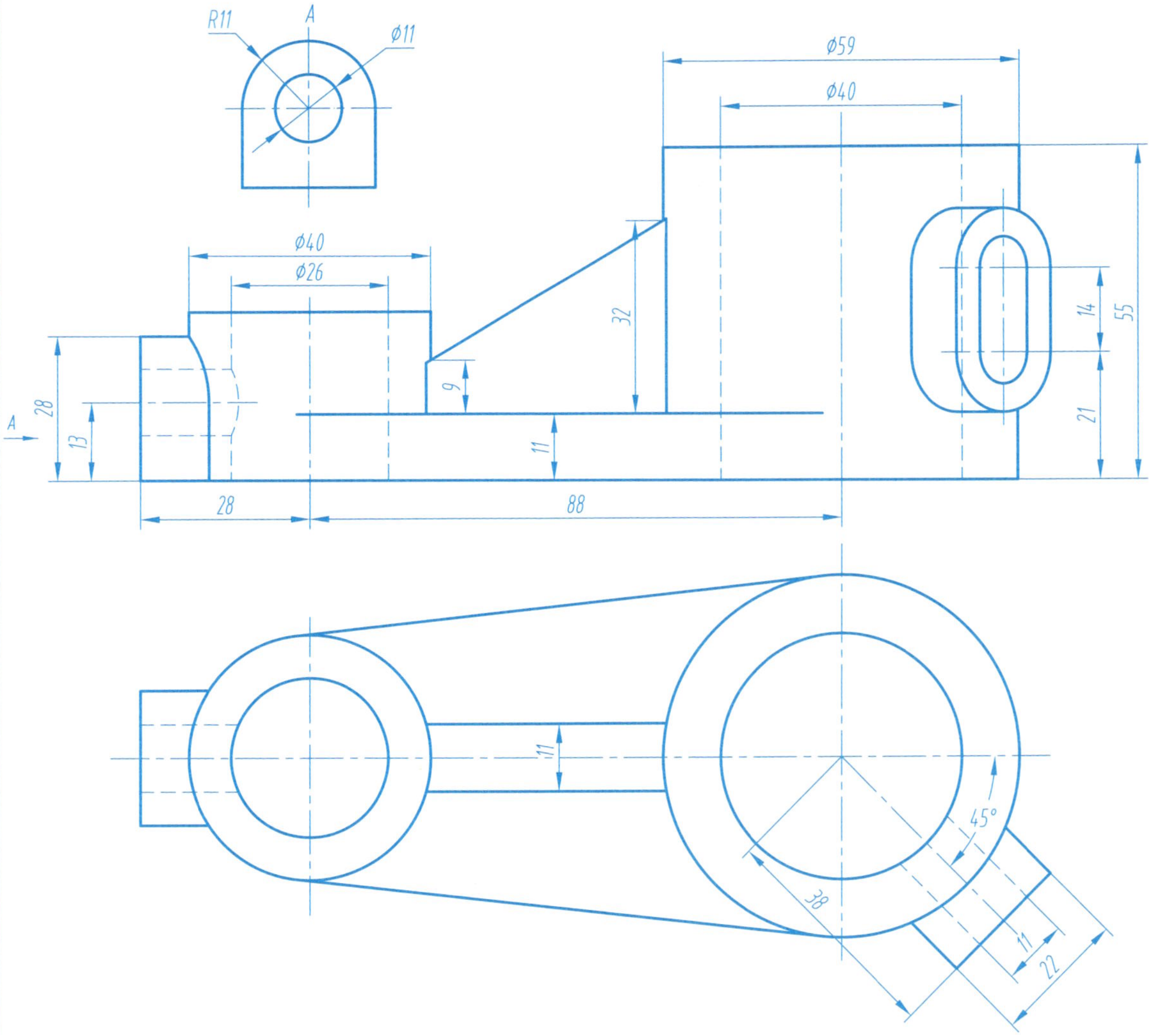

（1）看懂原视图，运用适当的表达方法重新表达该形体（提示：主视全剖、俯视半剖、左视半剖及局部剖反映底板孔，另画一局部右视图）。

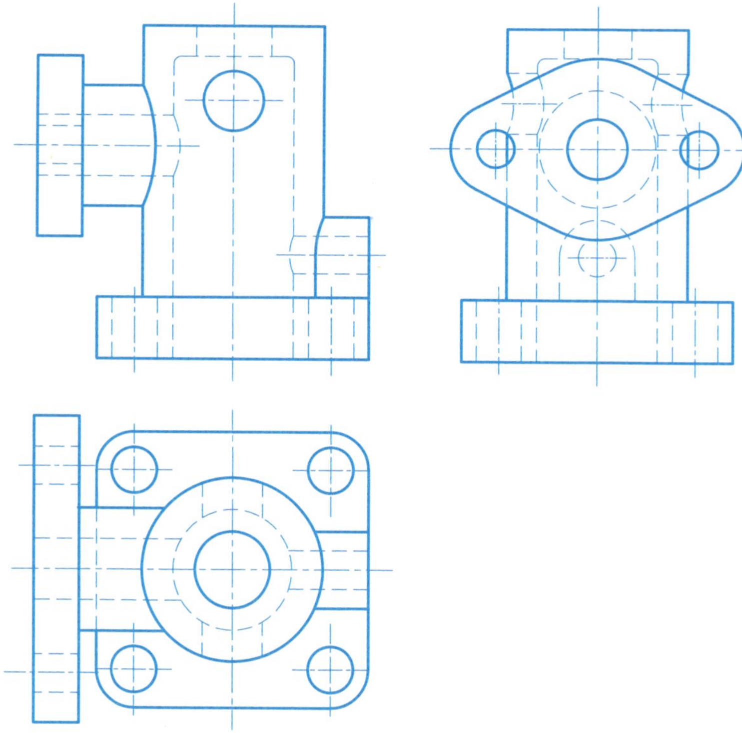

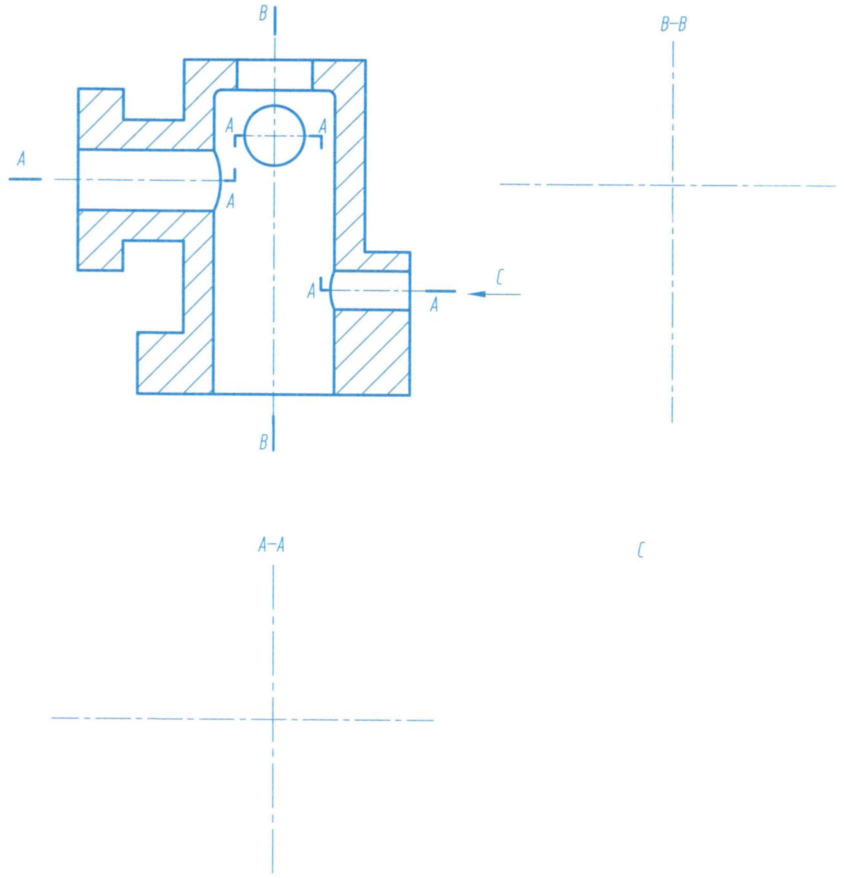

## 任务三　14. 用适当的表达方法表达下列机件（二）

（2）看懂原视图，运用适当的表达方法重新表达该形体（提示：主视图半剖，俯视图全剖，左视图全剖）。

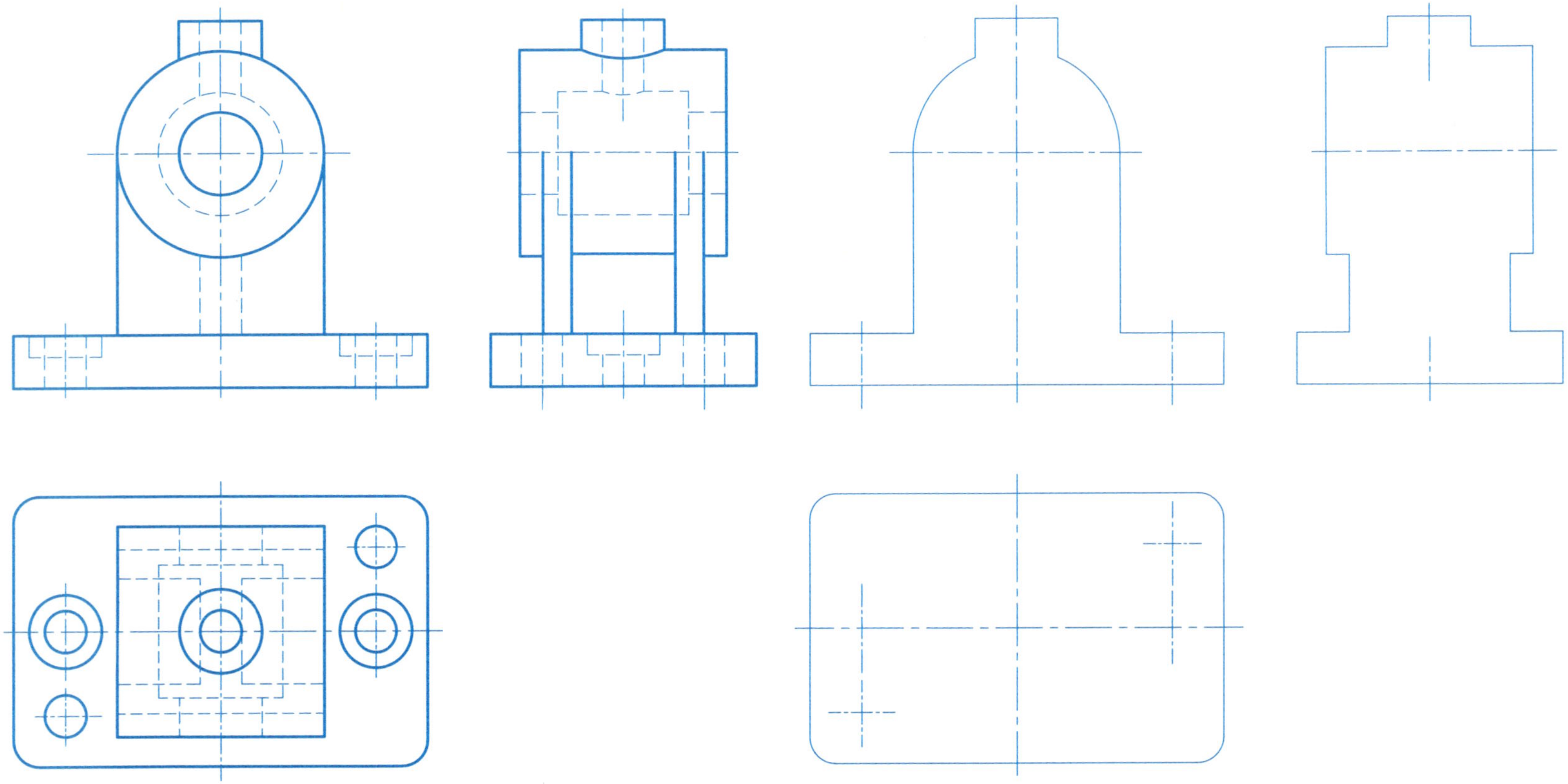

## 任务一　1. 螺纹代号的含义及其在图中的标注

（1）在图中标注螺纹的规定标记。

①普通粗牙螺纹，公称直径16 mm，螺距2 mm，右旋，中径公差带代号5g，顶径公差带代号6g，长旋合长度。

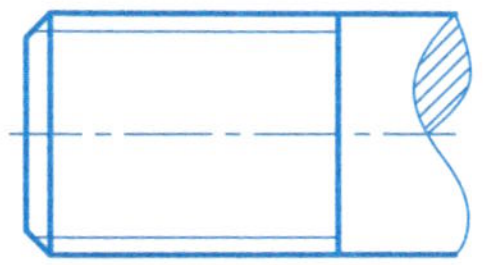

②细牙普通螺纹，公称直径20 mm，螺距2 mm，左旋，中、顶公差带代号均为6H，中等旋合长度。

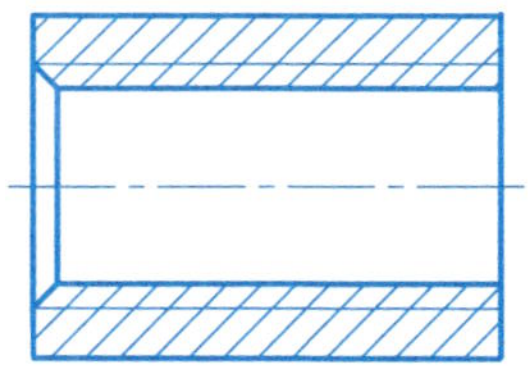

③梯形螺纹，公称直径32 mm，螺距6 mm，双线，左旋，中径公差带7e，长旋合长度。

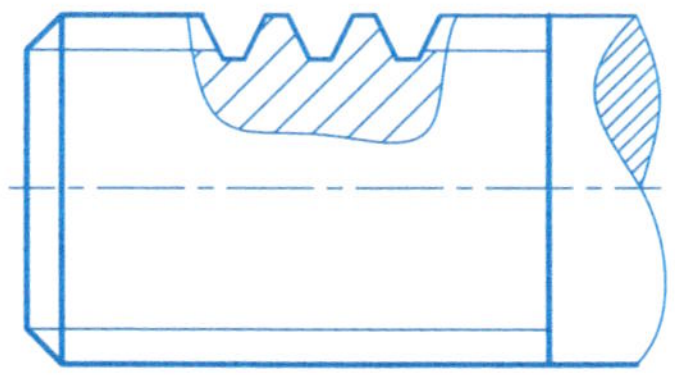

④非螺纹密封的管螺纹，尺寸代号3/4，公差等级A级，右旋。

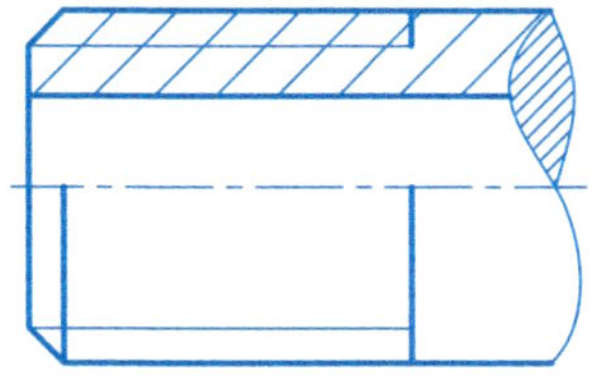

（2）已知下列螺纹代号，试识别其意义并填表.

| 螺纹标记 | 螺纹种类 | 公称直径 | 导程 | 螺距 | 线数 | 公差带代号 | 旋向 |
|---|---|---|---|---|---|---|---|
| M20-7H | | | | | | | |
| M16LH-5g69 | | | | | | | |
| M20X1.5-6g | | | | | | | |
| B32X6LH-7e | | | | | | | |
| Tr48X16(P8)LH | | | | | | | |
| G1/2 | | | | | | | |
| Rc3/4 | | | | | | | |

2. 指出螺纹画法中的错误，并在指定位置画出正确的图形

(1)

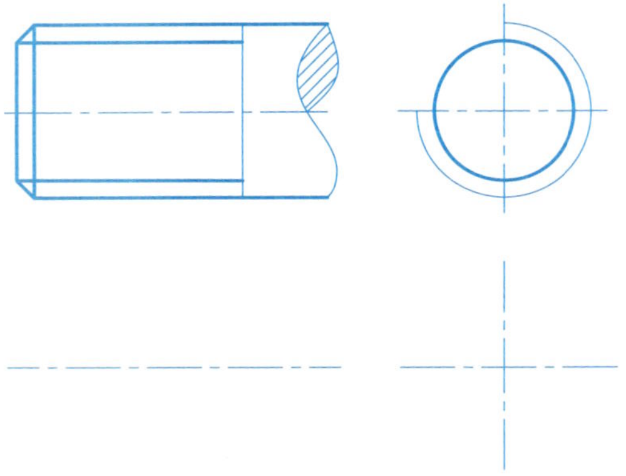

(2)

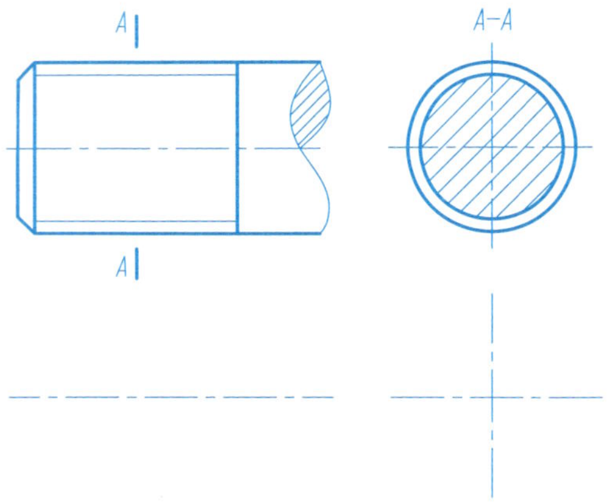


(3)

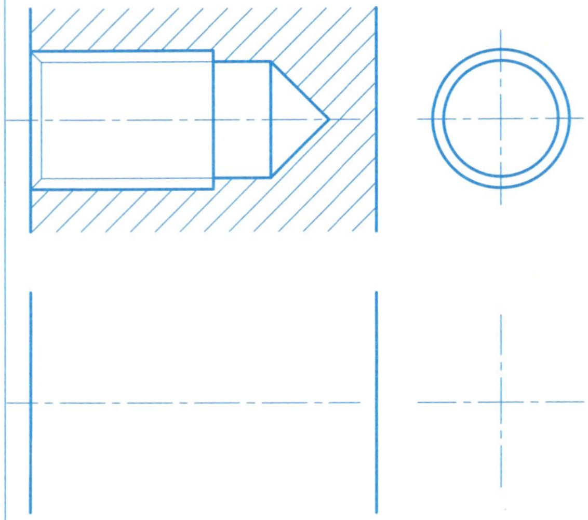

(4)

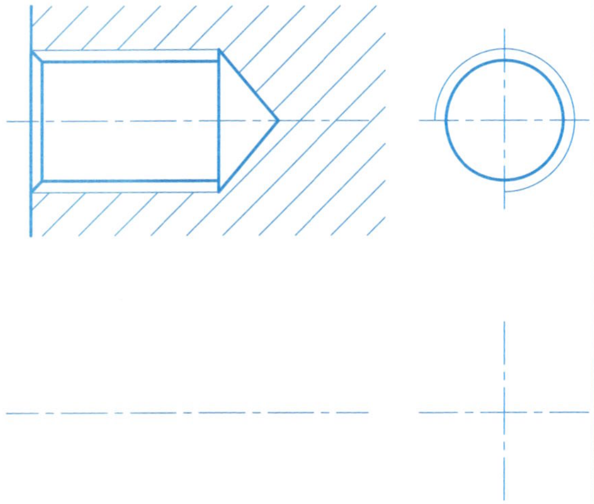

(5)

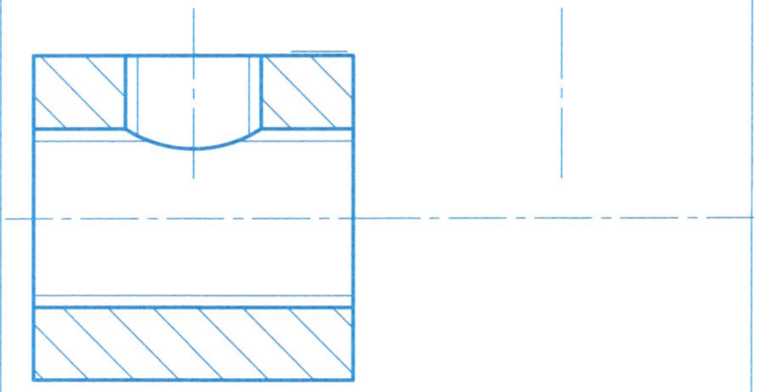

(6)

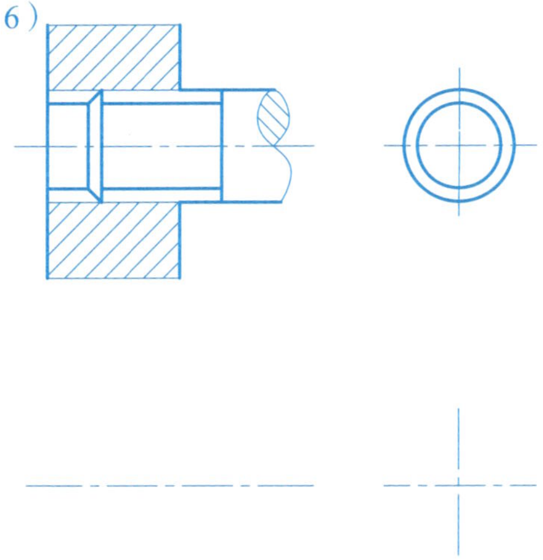

## 任务二 1. 螺纹紧固件及其连接的画法

（1）改正螺栓连接中的错误，在右边画出正确的图形。

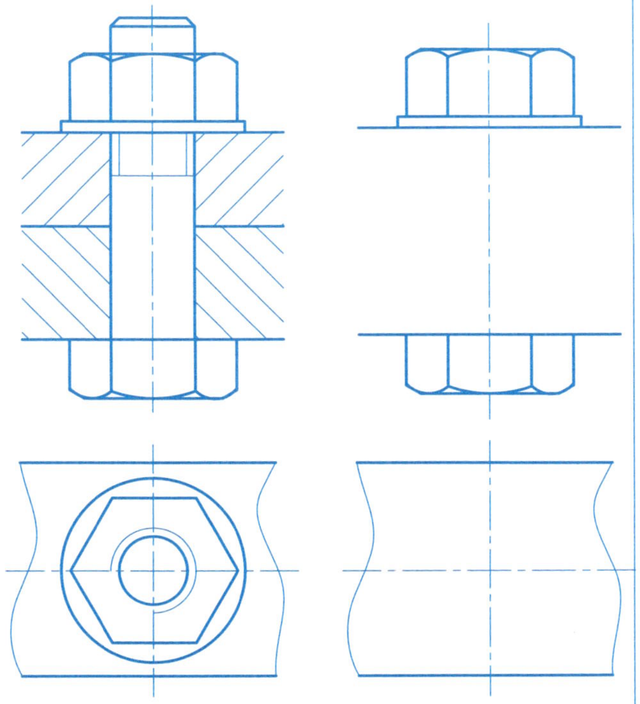

（2）改正螺钉连接中的错误，在右边画出正确的图形。

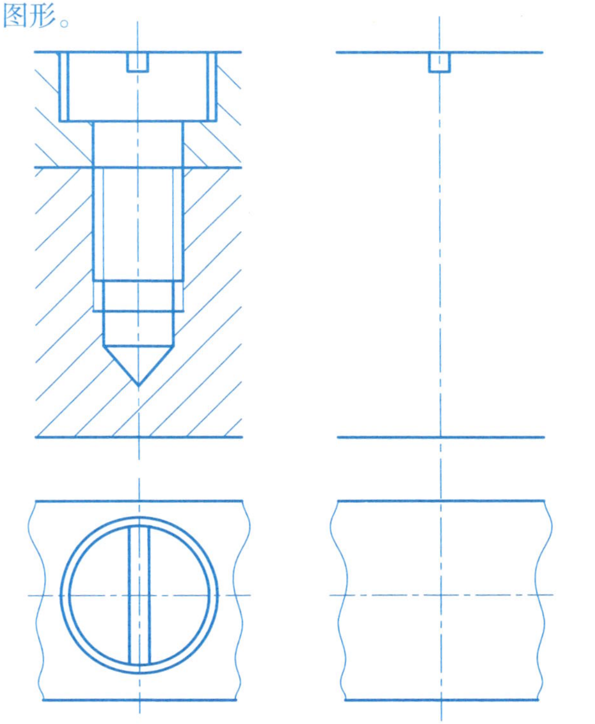

（3）补画螺柱连接中缺漏的图线。

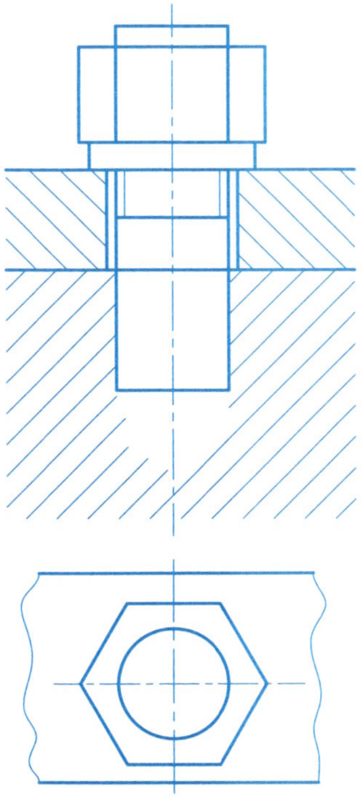

（4）根据已知条件查表填写螺纹紧固件的尺寸并标注。

①六角头螺栓：公称直径为12 mm，公称长度40 mm。

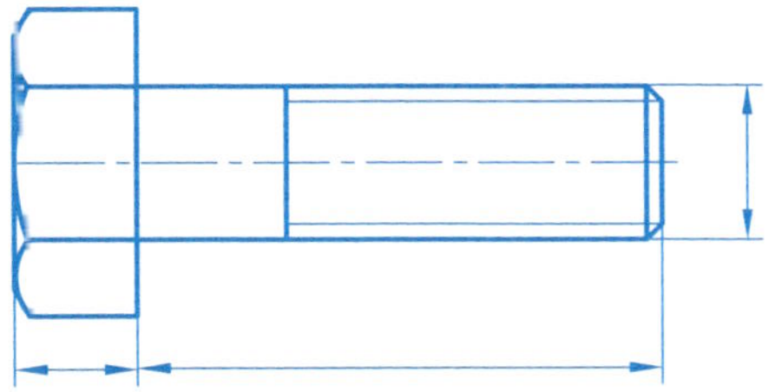

标记 ____________________

②型双头螺柱：公称直径为12 mm，公称长度45 mm。

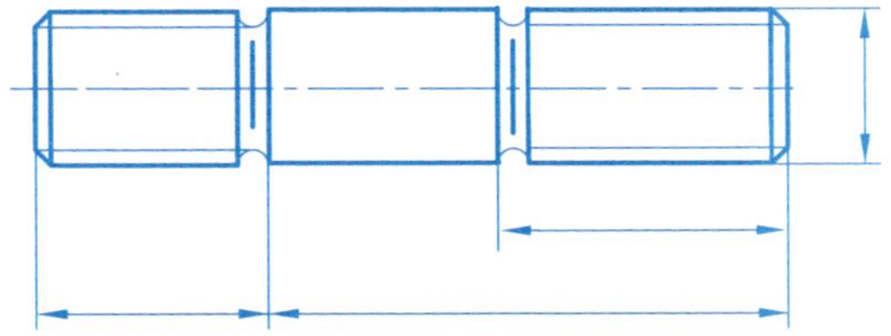

标记 ____________________

## 任务二 2. 画出螺栓连接、螺钉连接和双头螺柱连接的装配图

（1）已知螺栓GB/T 5782-M16×L，螺母GB/T 6170-M16垫圈GB/T 97.1-16用比例画法作出螺栓连接的主、俯视图（1：1）。

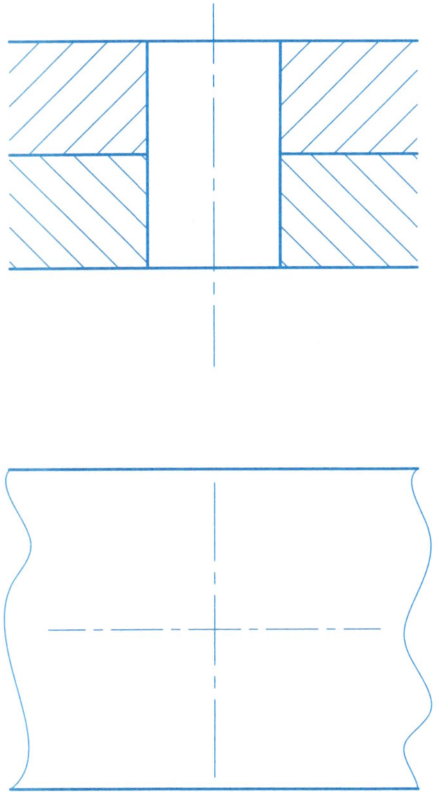

（2）已知螺柱GB/T 898-M16×L，螺母GB/T 6170-M16，垫圈GB/T 93-16螺孔件材料为钢。用比例画法作出螺柱连接的主、俯视图（1：1）。

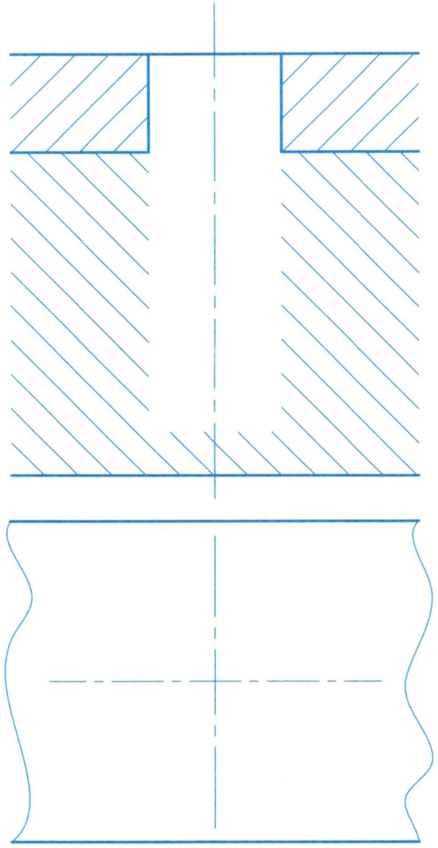

（3）已知螺钉GB/T 68–M8 × L，螺孔件材料为青铜。用比例画法作出螺钉连接的主、俯视图（2：1）。

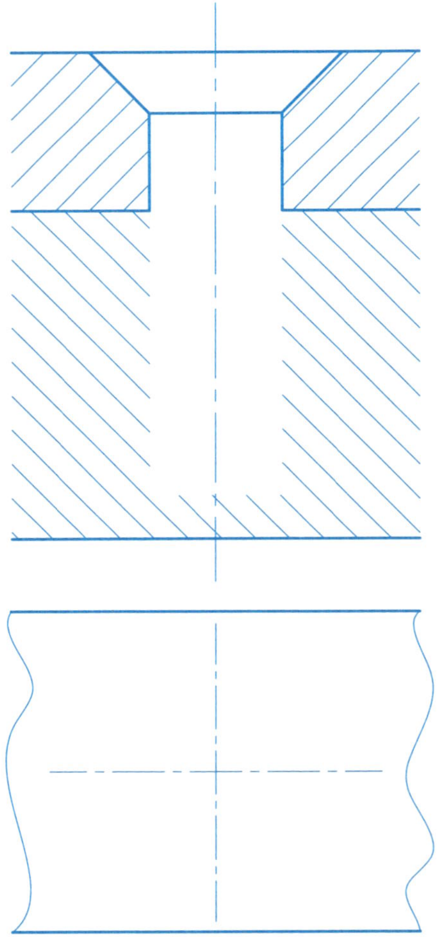

## 任务三　完成直齿圆柱齿轮的啮合图

已知大齿轮为主动轮，模数$m=6$，齿数$z=25$，两齿轮的中心距为108 mm，试计算大小两齿轮的分度圆、齿顶圆和齿根圆直径及传动比，用1：2的比例完成下列两视图。

| | |
|---|---|
| $d_1$ | |
| $d_{a1}$ | |
| $d_{f1}$ | |
| $d_2$ | |
| $d_{a2}$ | |
| $d_{f2}$ | |

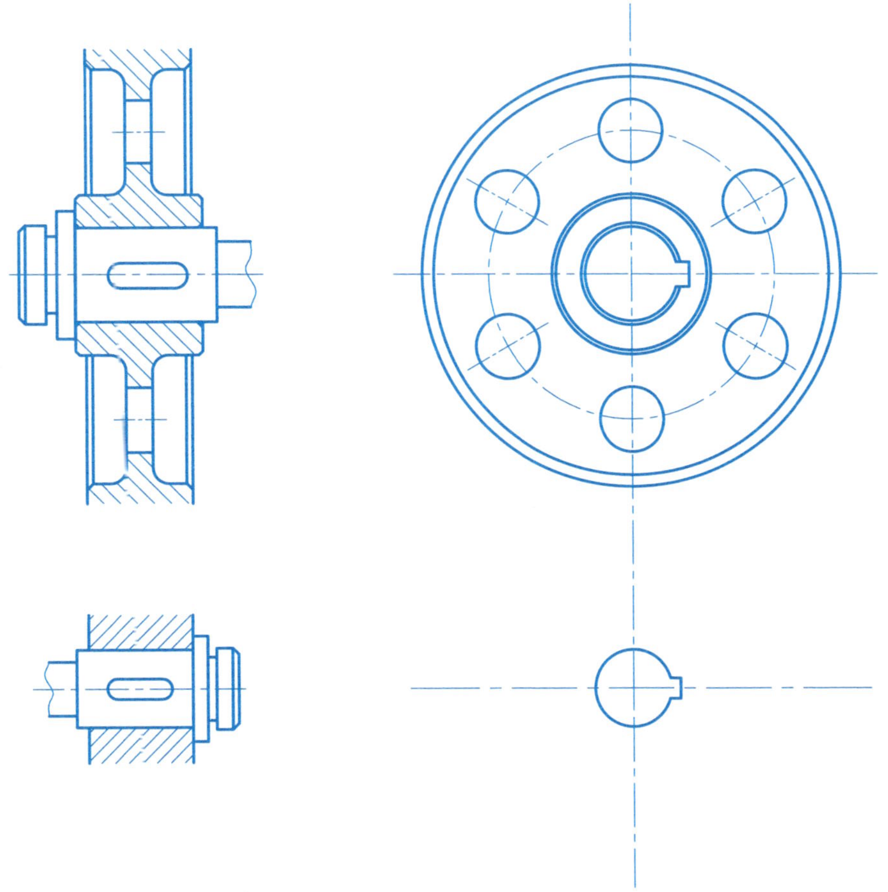

（1）按轴径（由图中量取整数）查表，画出键槽$A—A$的断面图，并标出键槽的尺寸。

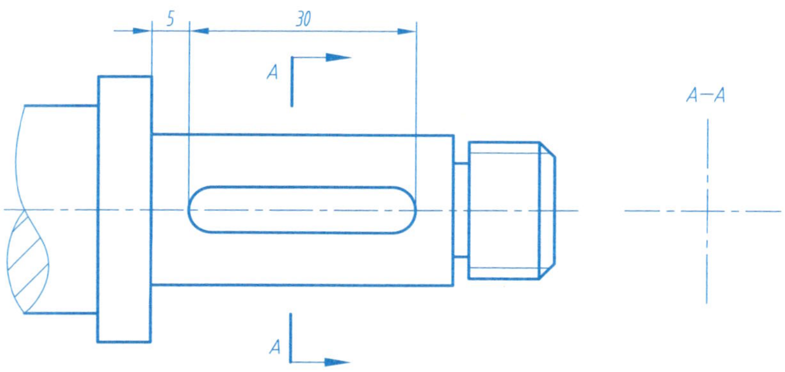


（2）画出与轴相配合的齿轮轴孔的键槽图，并标出尺寸。

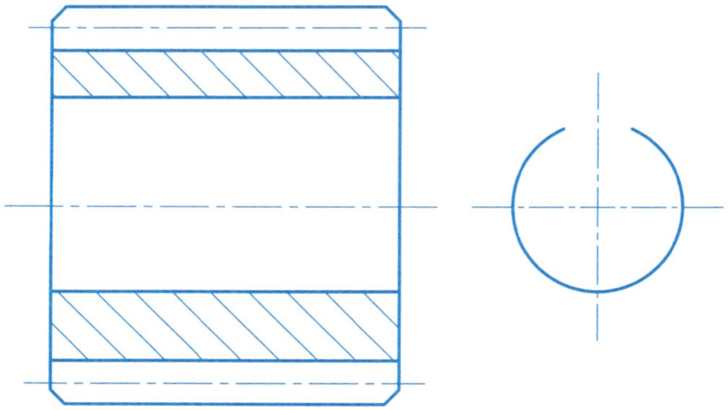

（3）画出（1）、（2）两题的轴与齿轮用键连接的装配图，并写出键的规定标记。

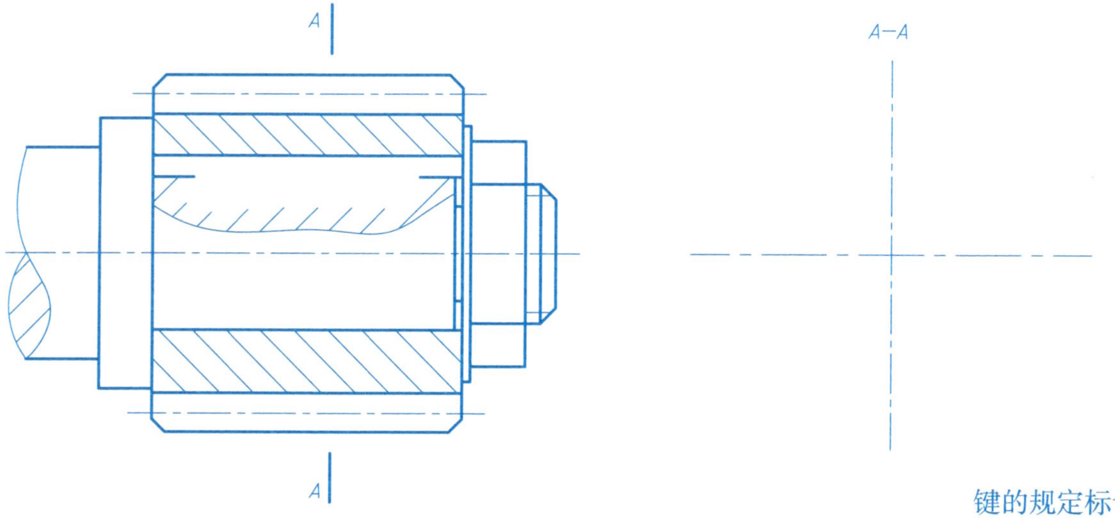


键的规定标记 ____________________

## 任务五　销连接及轴承的画法

（1）齿轮与轴用直径为6 mm、长度适当的圆柱销连接，试用1：1比例画圆柱销连接的剖视图，并写出圆柱销的规定标记（圆柱销倒角尺寸C2）。

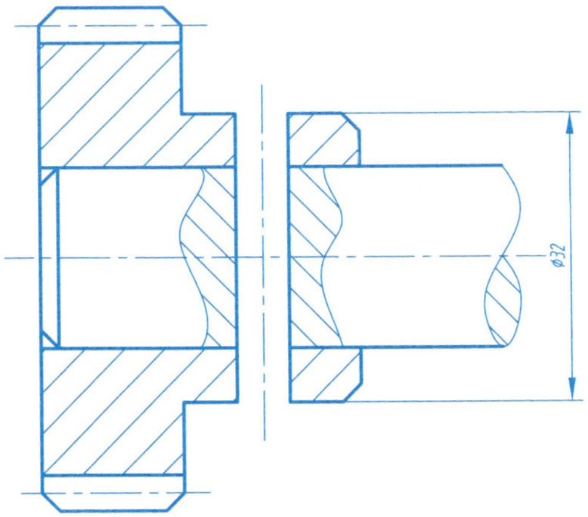


销的规定标记：________________

（2）用规定画法1：2画出装配图中的滚动轴承。其中：轴承1为6209（GB/T 276—1994），轴承2为6413（GB/T 276—1994）。

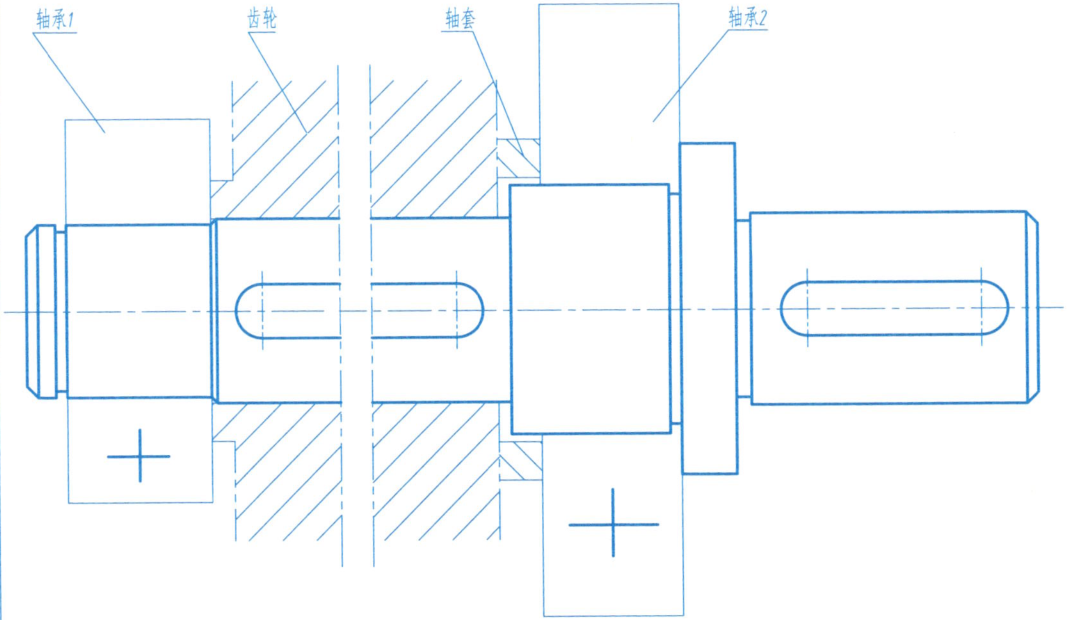

（1）在图中标注各表面的表面粗糙度代号。

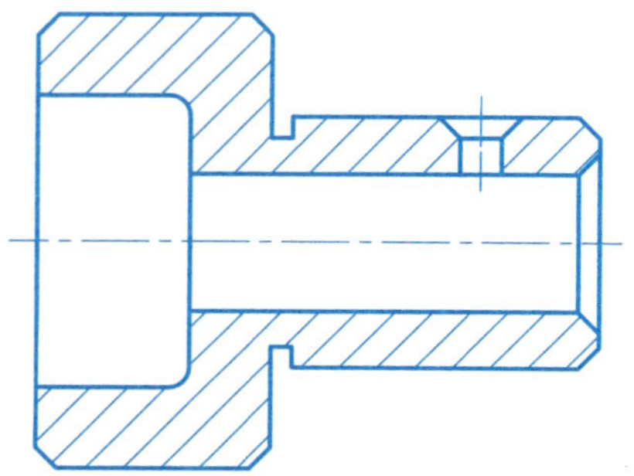

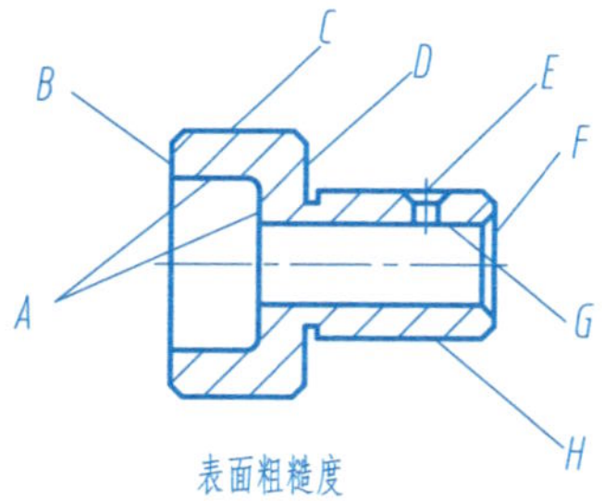


表面粗糙度

| | | | |
|---|---|---|---|
| 面A为 | Ra 25 | 面F为 | Ra 12.5 |
| 面B为 | Ra 3.2 | 孔面G为 | Ra 0.4 |
| 面C为 | Ra 3.2 | 面H为 | Ra 3.2 |
| 面D为 | Ra 3.2 | 其余面E为 | Ra 25 |
| 孔面E为 | Ra 12.5 | | |

（2）指出图中表面粗糙度标注的错误，并重新标注。

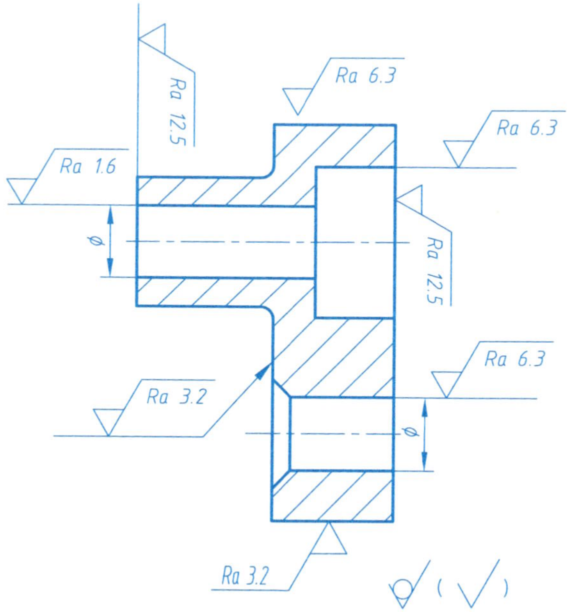


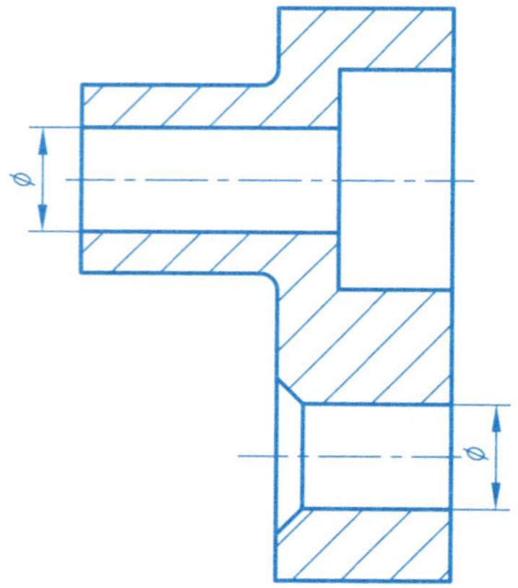


（3）根据轴和轴套的装配尺寸，查表后分别在各零件图中注出公称尺寸和上下极限偏差数值，并填空。

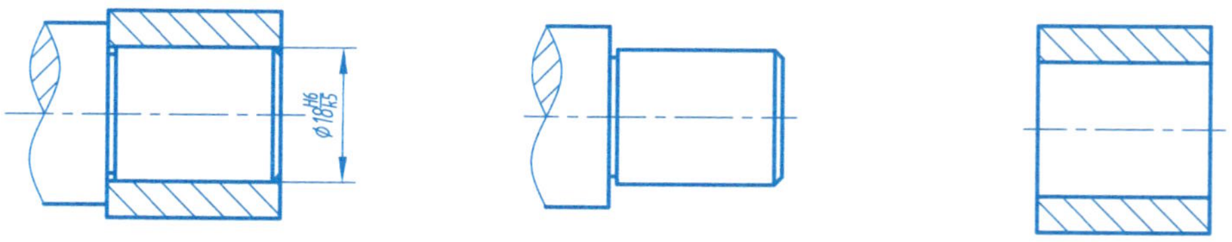

①画出轴和孔的公差带示意图。

②套筒和轴采用的是（　　）制（　　）配合。

## 任务十 2. 配合与几何公差

（1）已知孔的公称尺寸为$\phi30$，基本偏差代号为H，公差等级为IT7；轴的公称尺寸为$\phi30$，基本偏差代号为f，公差等级为IT6。要求：

①在装配图中标注孔和轴的配合尺寸。

②在零件图上分别以极限偏差的形式标注轴和孔的尺寸。

③该配合是（　　　）制（　　　）配合。

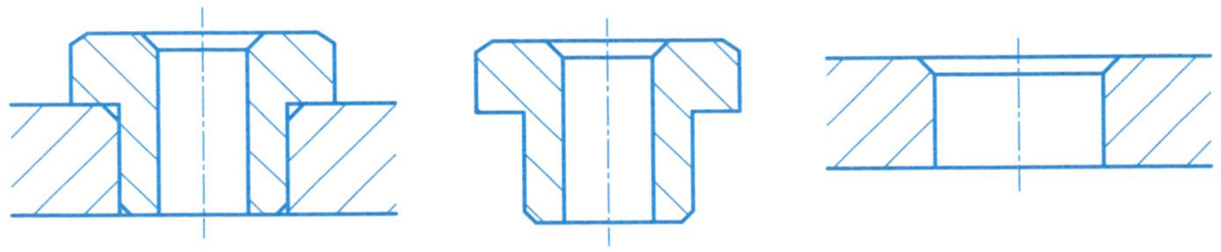

（2）说明图中标注的几何公差的含义。

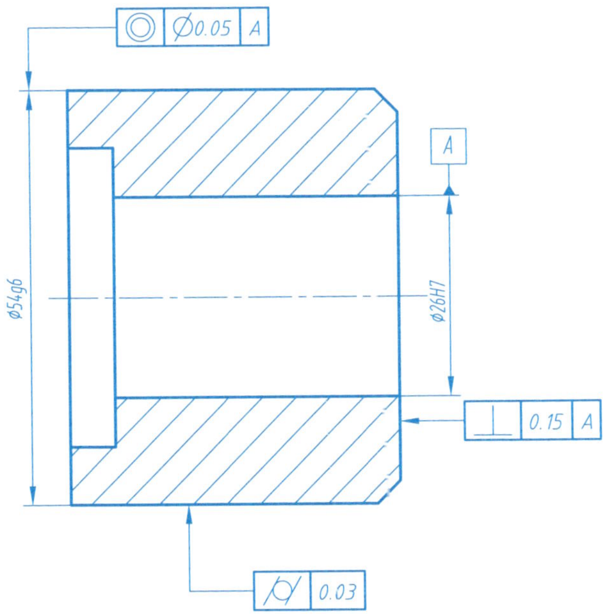


（3）将文字说明的含义用几何公差代号标注在图上。

①$\phi30h7$的圆柱度公差为0.02.

②$\phi30h7$的轴线对$\phi20f6$的轴线的同轴度公差为$\phi0.03$。

③$\phi40h7$圆柱面对$\phi15H6$与$\phi20f6$的公共轴线的圆跳动公差为0.04。

④$\phi40h7$圆柱的两端面对$\phi15H6$与$\phi20f6$的公共轴线的垂直度公差为0.02。

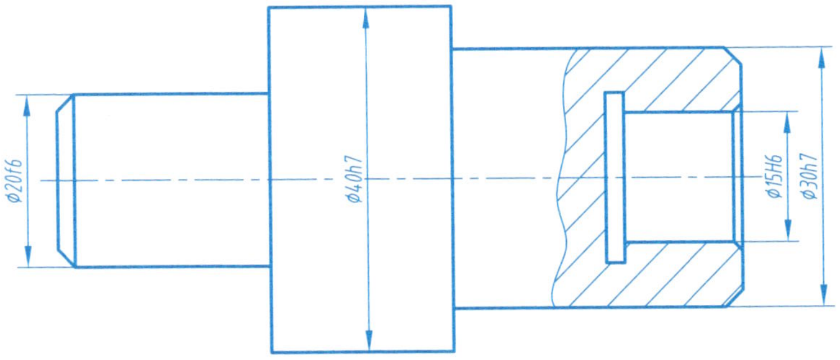

任务十一　1. 读输出轴零件图，完成下列问题

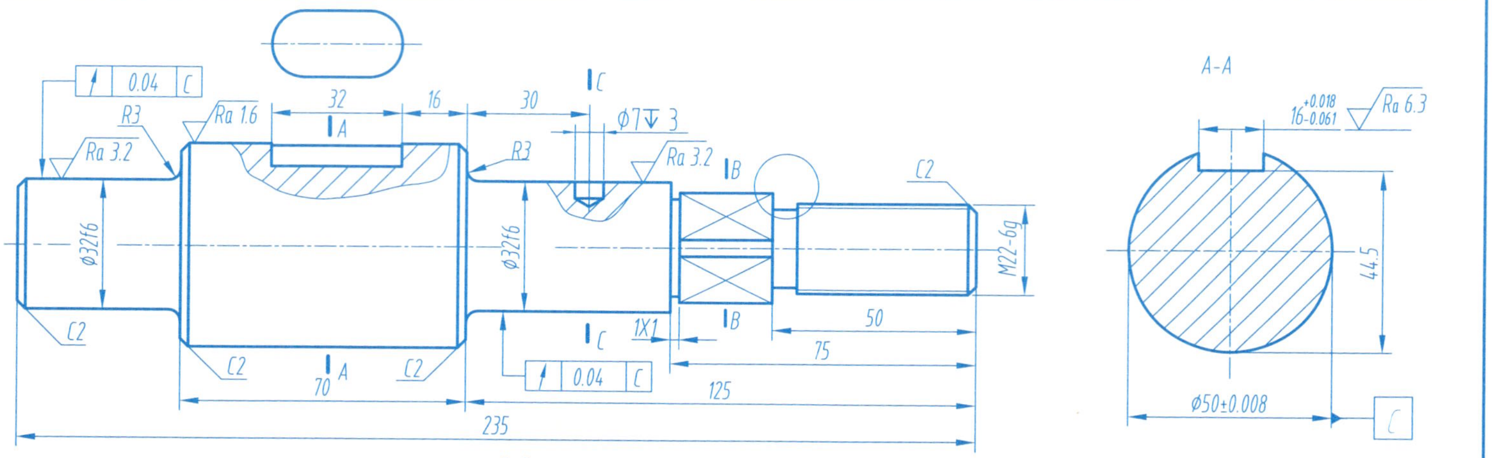


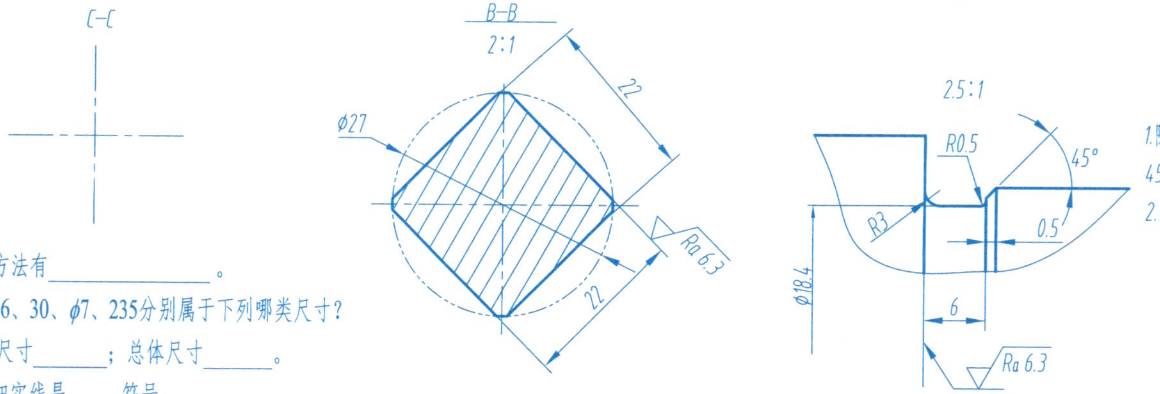


技术要求

1.除螺纹表面外其他部位表面均为45~50HRC。

2.表面处理：发兰。

Ra 12.5 (√)

(1) 该零件图采用的表达方法有________。

(2) 主视图中的尺寸32、16、30、ϕ7、235分别属于下列哪类尺寸？

定形尺寸______；定位尺寸______；总体尺寸______。

(3) 靠右侧的两处斜交的细实线是____符号。

(4) 尺寸C2中C表示_____；2表示______。

(5) ϕ32f6中ϕ32表示_____；f表示_______;6表示______；上极限偏差为______；下极限偏差为_______；公差为______。

(6) 尺寸M22-6g中M表示_____；22表示______;6g表示______；螺距为______；旋向为_______。

(7) [↗ | 0.04 | C] 表示尺寸为_____的圆柱面对______轴线的______公差为______。

(8) 在指定的位置画出C-C移出断面图。

(9) Ra 12.5 (√) 表示____________________________。

| 输出轴 | | 比例 | 1∶2 | 12-02 | |
|---|---|---|---|---|---|
| | | 件数 | 12 | | |
| 制图 | (签名) | (年月日) | 重量 | 材料 | 45 |
| 描图 | | | | | |
| 审核 | | | | | |

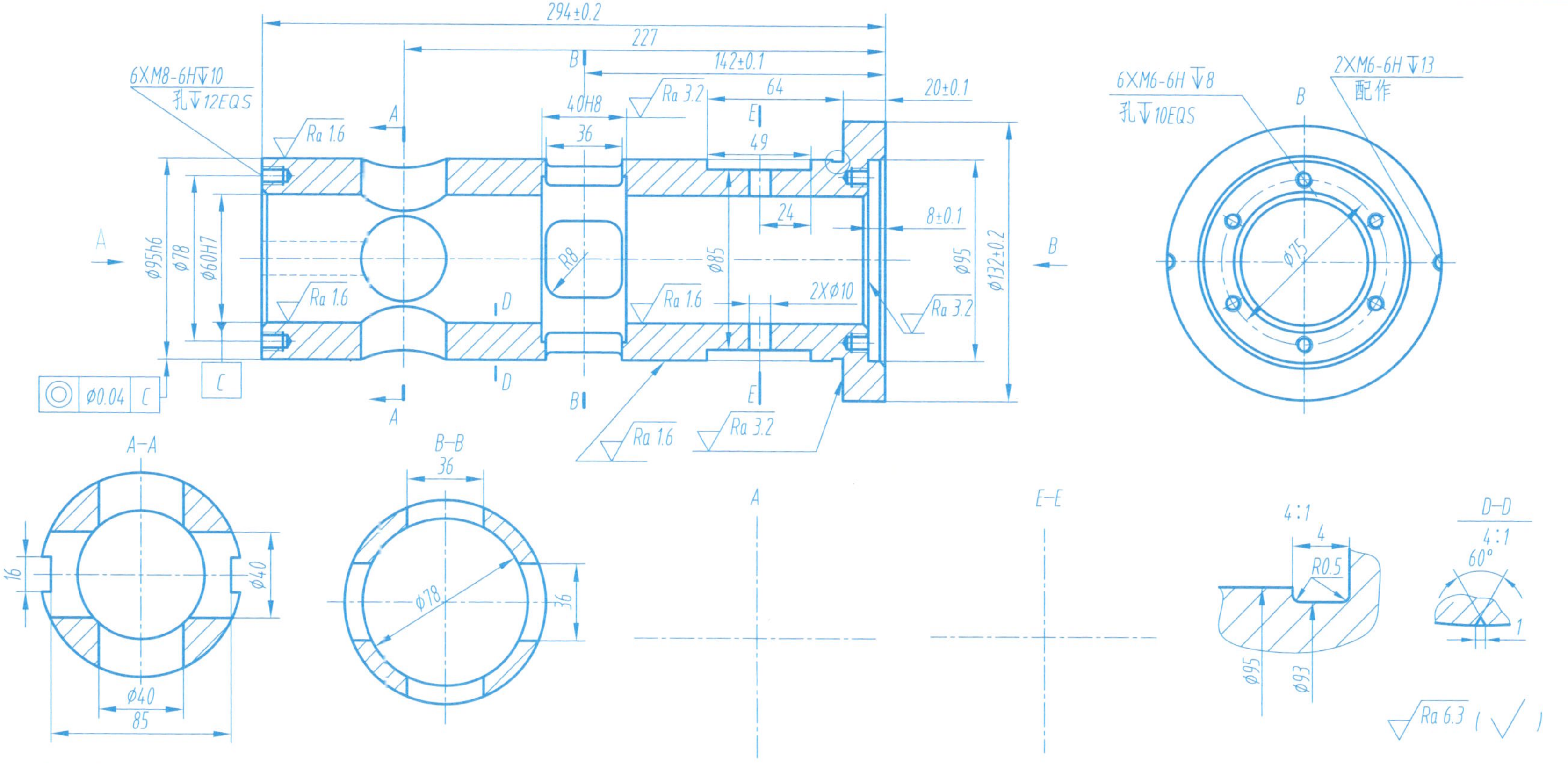


技术要求

1.未注倒角C2。

2.除右端面及螺孔外，其余表面氮化处理。

(1) 该零件采用了____个基本视图，主视图是____剖视图；A—A是____图，D—D是____图。

(2) A—A剖切位置的箭头____（可以或不可以）省略的，因为________。

(3) 零件长度方向的主要基准是______；径向尺寸的主要基准是______。

(4) 零件表面质量要求最高的表面粗糙度代号为______。

(5) 退刀槽有____处，其尺寸为____mm、____mm和____mm。

(6) M6-6H的孔有____个，其定位尺寸是____。

(7) 在指定位置画出A向局部视图和E—E移出断面图。

| 套筒 | | 比例 | 1:2 | 12-02 | |
|---|---|---|---|---|---|
| | | 件数 | 12 | | |
| 制图 | （签名） | （年月日） | 重量 | | 材料 | 45 |
| 描图 | | | | | |
| 审核 | | | | | |

## 3. 读拨叉零件图，完成下列问题

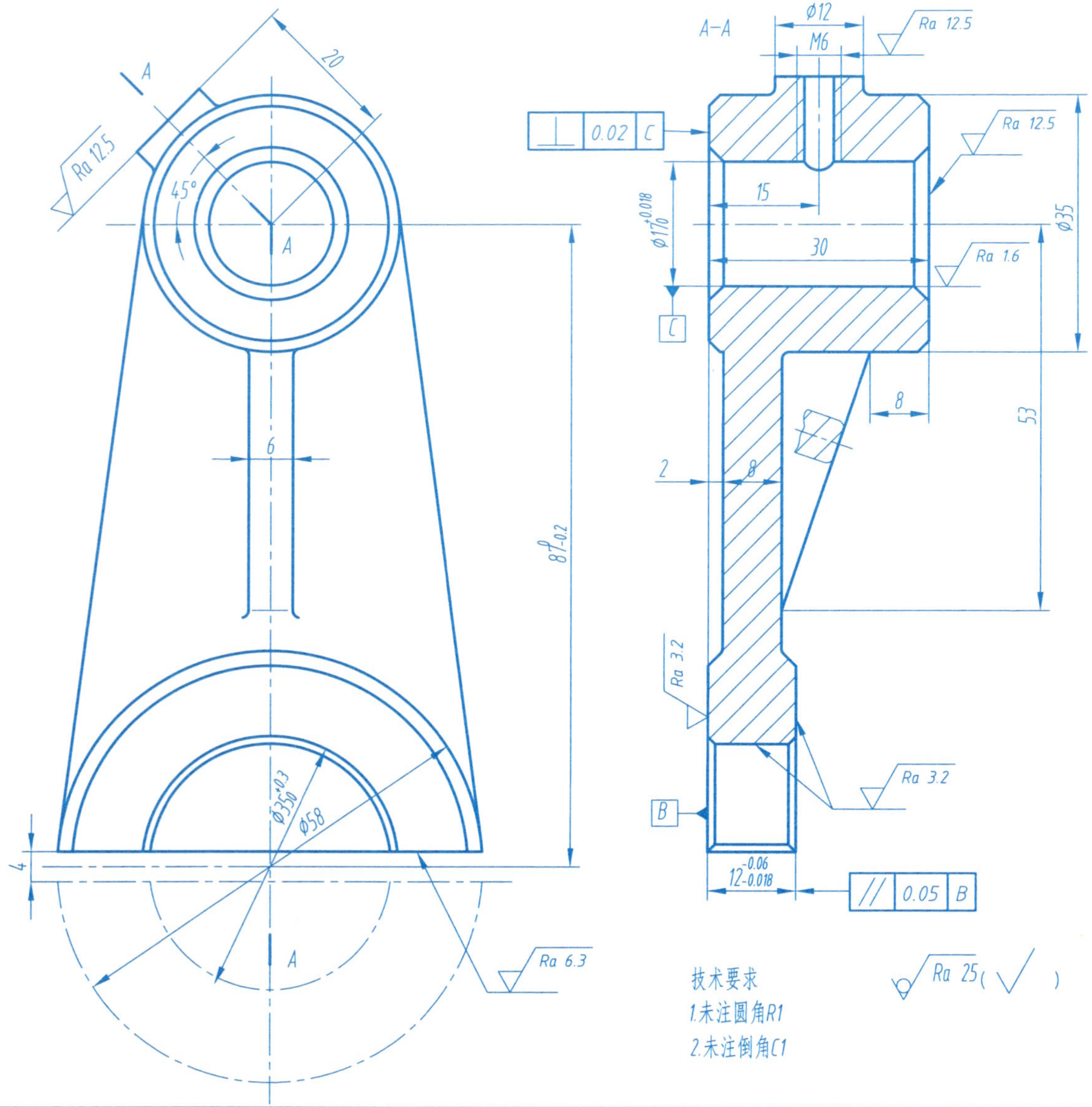


（1）该零件采用的表达方法有________________；

左视图是采用______剖切方法得到的______剖视图。

（2）零件长度方向的主要基准是________；

宽度方向的主要尺寸基准是________；

高度方向的主要尺寸基准是________。

（3）Ra 1.6 表示______________；

Ra 25 ( √ ) 表示______________。

（4）$\phi17^{+0.018}_{0}$中$\phi17$表示______；+0.018表示______；

0表示_____；公差为_____；公差带代号为_____。

（5）⊥ 0.02 C 表示______________。

| 拨叉 | | | 比例 | 1∶2 | 12-02 | |
|---|---|---|---|---|---|---|
| | | | 件数 | 1 | | |
| 制图 | （签名） | （年月日） | 重量 | | 材料 | 45 |
| 描图 | | | | | | |
| 审核 | | | | | | |



班级 姓名 学号

## 4. 读泵体零件图，完成下列问题

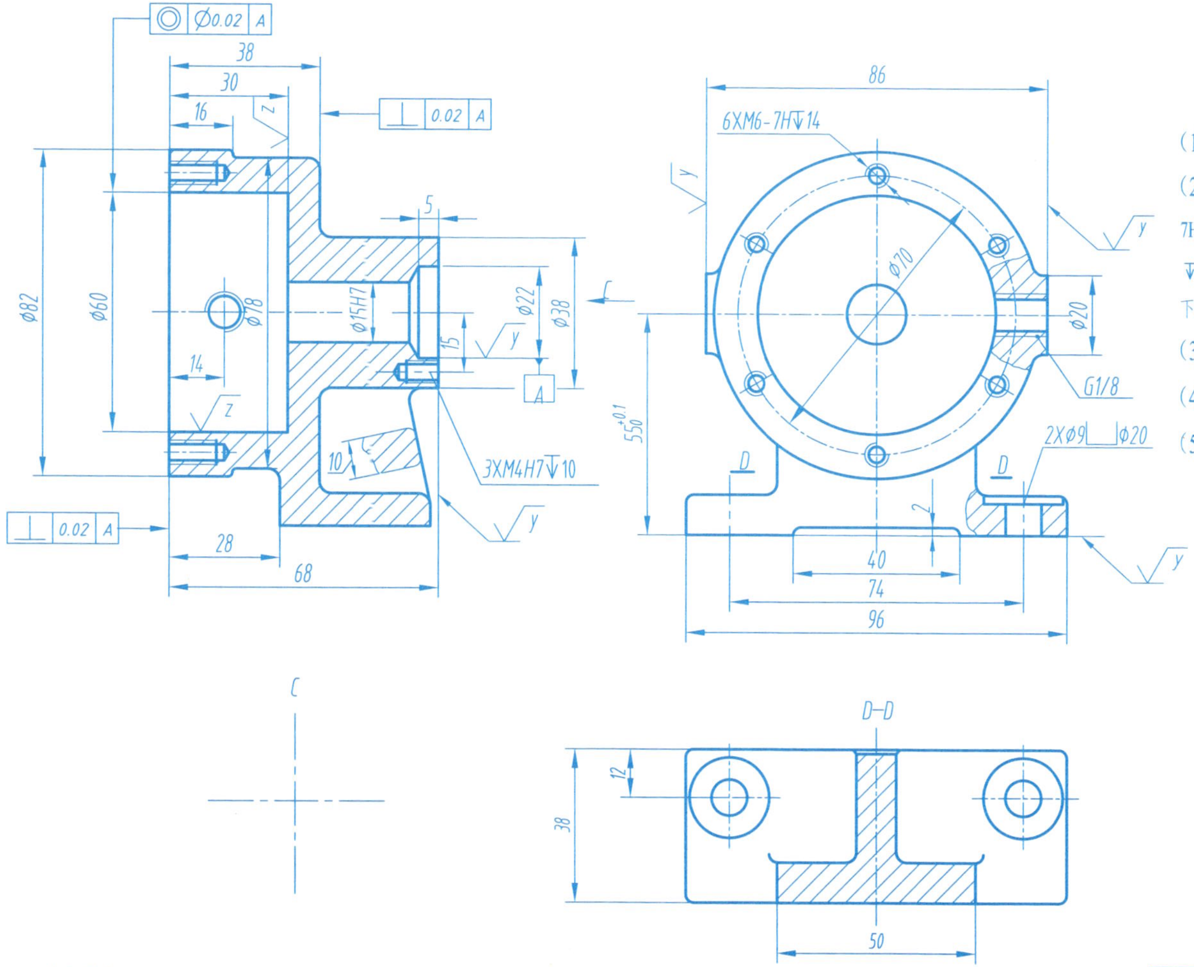


(1) D—D是__________剖视图。

(2) 6×M6-7H↧14中，6表示______；M6示________；7H表示______；7表示______；H表示________；↧14表示______；上极限偏差为______；下极限偏差为______；公差为______。

(3) G1/8表示______________。

(4) ◎ Ø0.02 A 表示______________。

(5) 画出C向局部视图。

技术要求

1.未注铸造圆角R2~2。

2.铸造不允许有砂眼及缩孔。

| 泵体 | | 比例 | | |
|---|---|---|---|---|
| | | 件数 | | |
| 制图 | （签名）（年月日） | 重量 | | 材料 HT200 |
| 描图 | | | | |
| 审核 | | | | |

## 任务十二　1. 根据零件的轴测图在图纸上画出零件图（一）

（1）零件名称：轴；材料：45；键槽尺寸根据轴径查表。

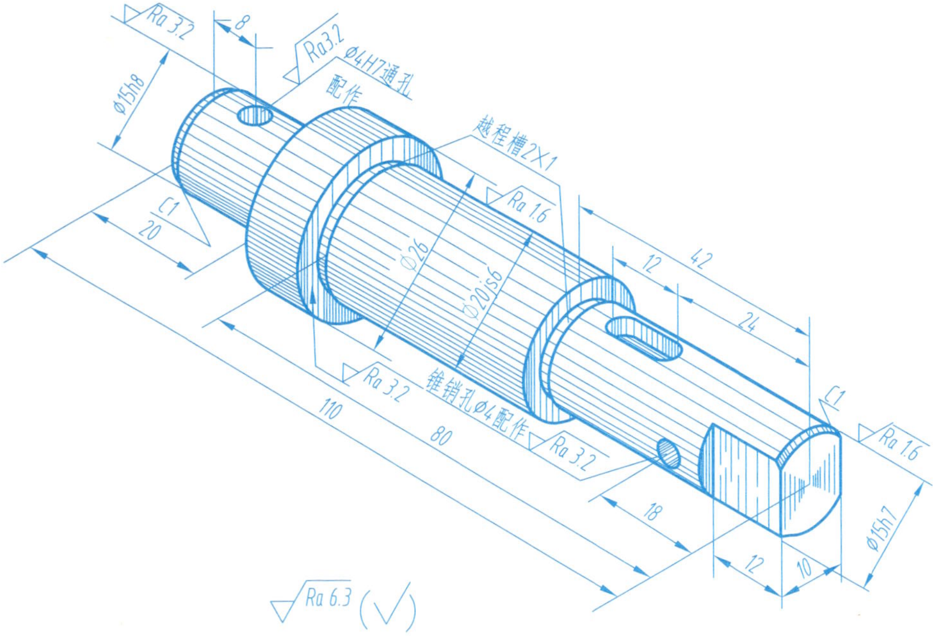


（2）零件名称：机匣盖；材料：HT150。

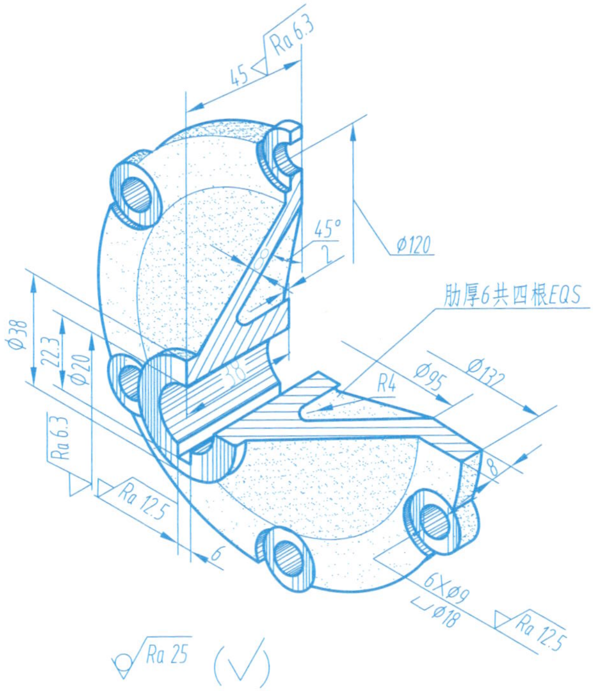

## 2. 根据零件的轴测图在图纸上画出零件图（二）

（3）零件名称：踏架；材料：HT150。

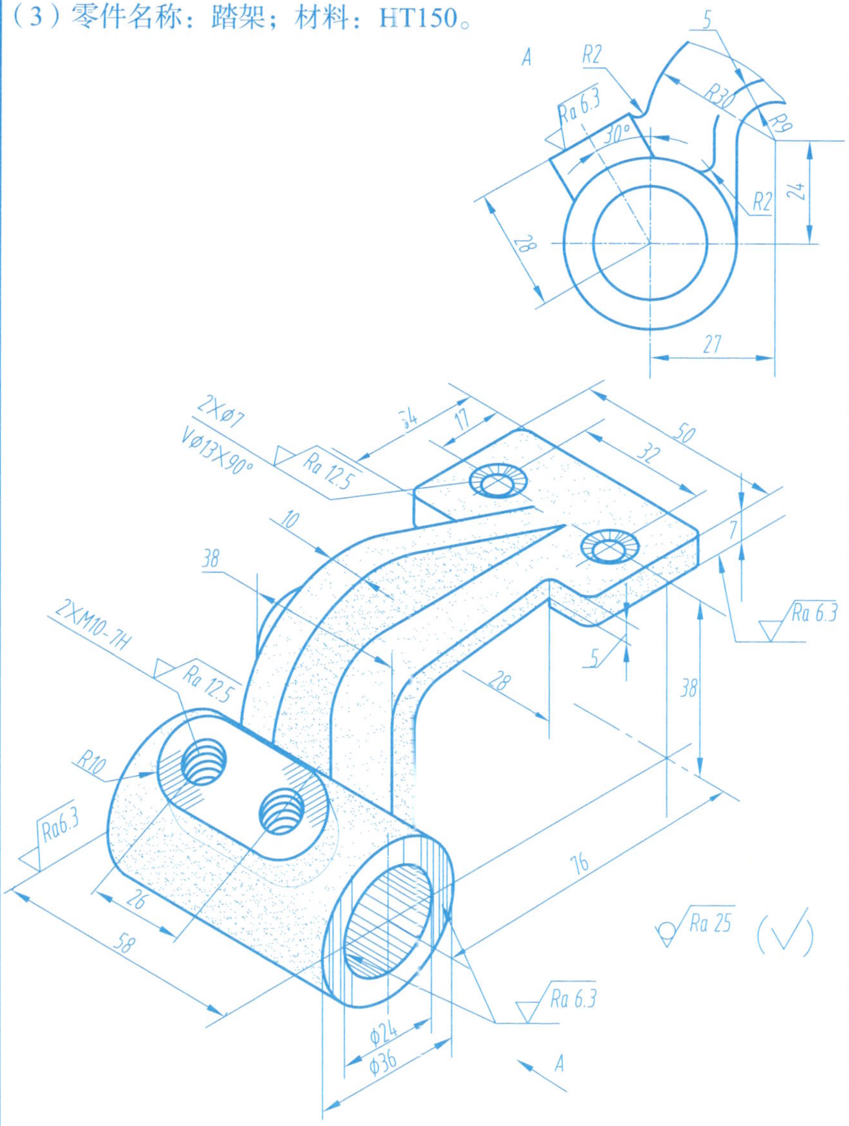


（4）零件名称：阀体；材料：HT150。

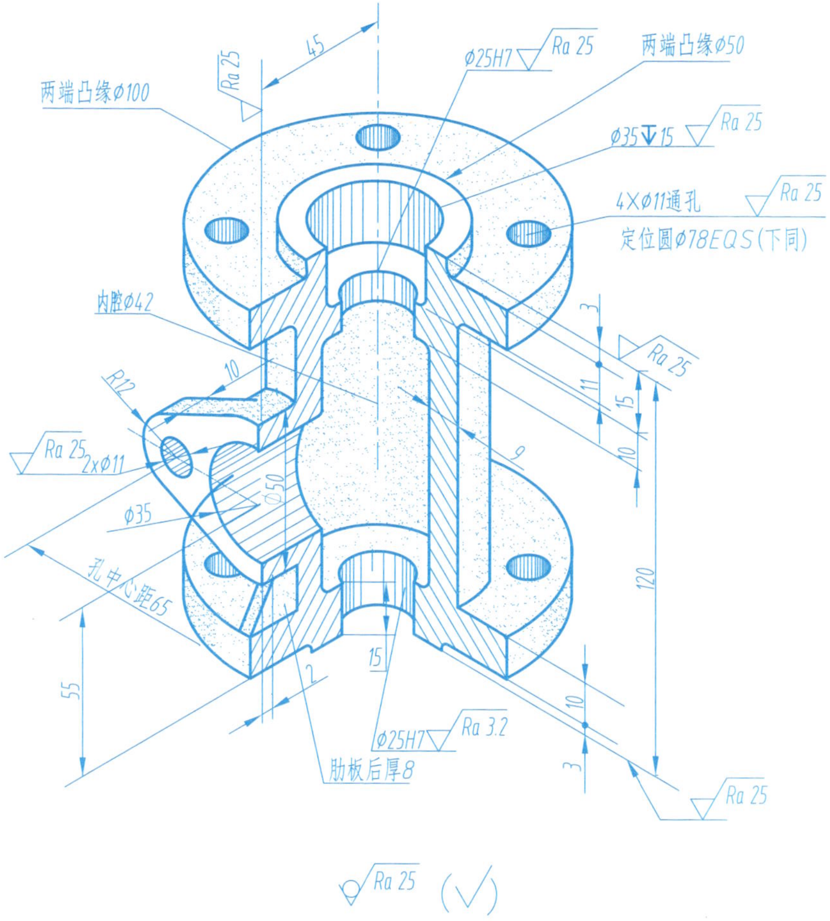

作业要求：

根据轴测图和零件图，了解部件的装配顺序，用适当的比例在A3图纸上画出装配图。

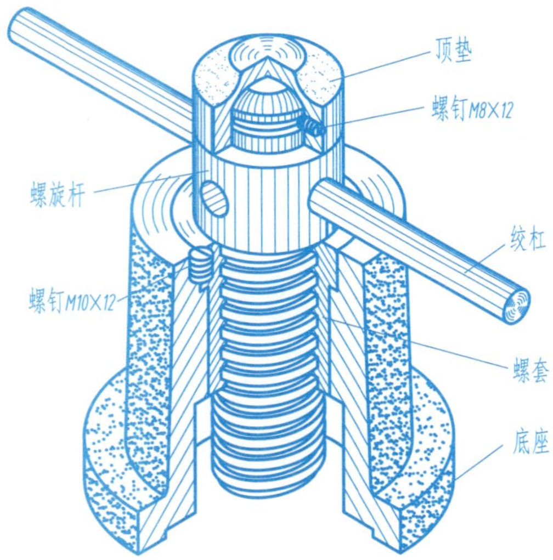


千斤顶工作原理：

千斤顶是简单起重工具，工作时，用可调节力臂长度的绞杠带动螺旋杆在螺套中做旋转运动，螺旋作用使螺旋杆上升，装在螺旋杆头部的顶垫顶起重物。骑缝安装的螺钉M8阻止螺套回转，顶垫与螺旋杆头部以球面接触，其内径与螺旋杆有较大间隙，既可减小摩擦力不使顶垫随同螺旋杆回转，又可自调心使顶垫上平面与重物贴平；螺钉M8可防止顶垫脱出。

| 序号 | 名　称 | 件数 | 材　料 | 备　注 |
|---|---|---|---|---|
| 7 | 顶垫 | 1 | 35 | |
| 6 | 螺钉M8×12 | 1 | | GB/T 75 |
| 5 | 绞杠 | 1 | Q235A | |
| 4 | 螺钉M10×12 | 1 | | GB/T73 |
| 3 | 螺套 | 1 | ZCuAl10Fe3 | |
| 2 | 螺旋杆 | 1 | 45 | |
| 1 | 底座 | 1 | HT200 | |

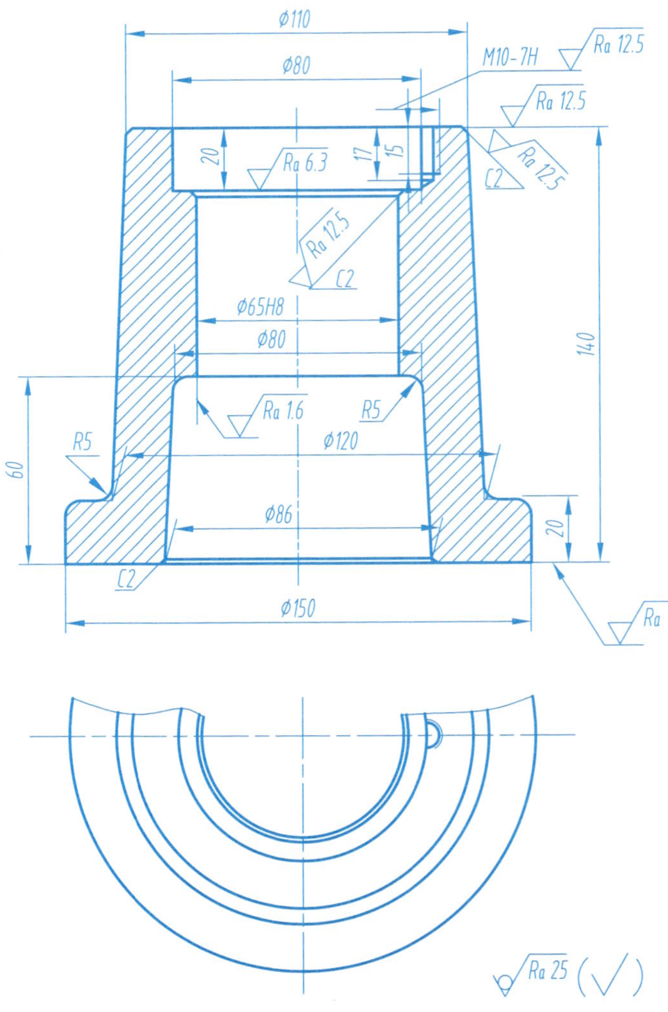


| 序号 | 名称 | 材料 | 数量 |
|---|---|---|---|
| 1 | 底座 | HT200 | 1 |

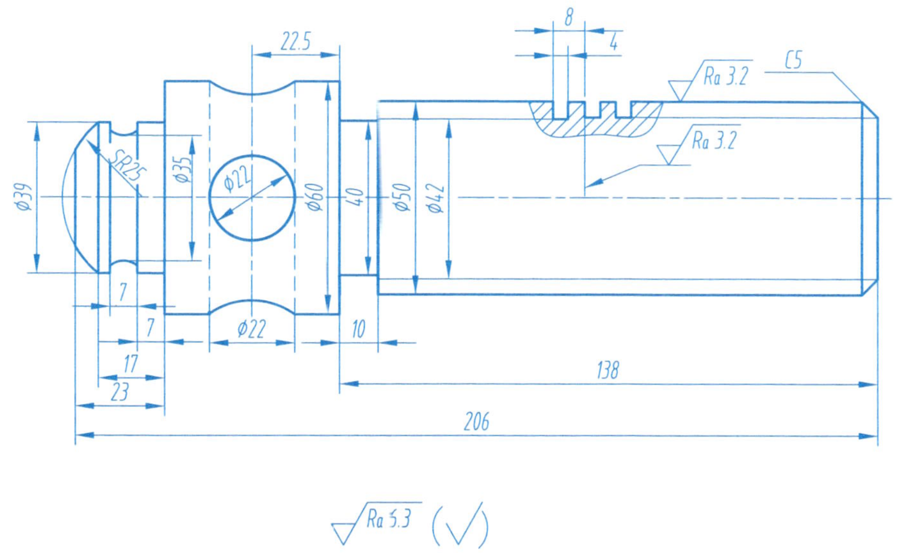


| 序号 | 名称 | 材料 | 数量 |
|---|---|---|---|
| 2 | 螺旋杆 | 45 | 1 |

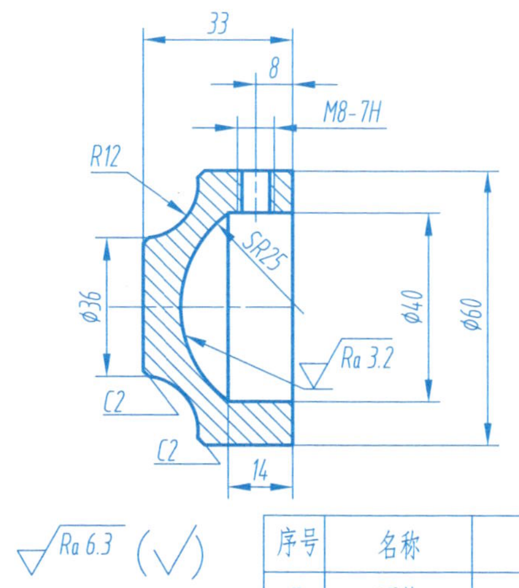


| 序号 | 名称 | 材料 | 数量 |
|---|---|---|---|
| 7 | 顶垫 | 35 | 1 |

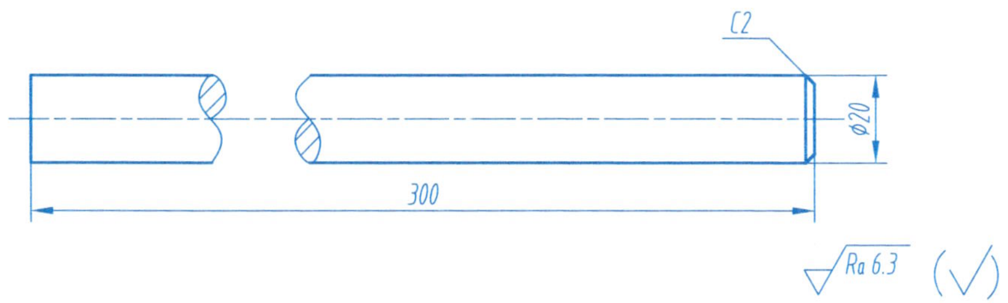


| 序号 | 名称 | 材料 | 数量 |
|---|---|---|---|
| 5 | 绞杠 | Q235A | 1 |

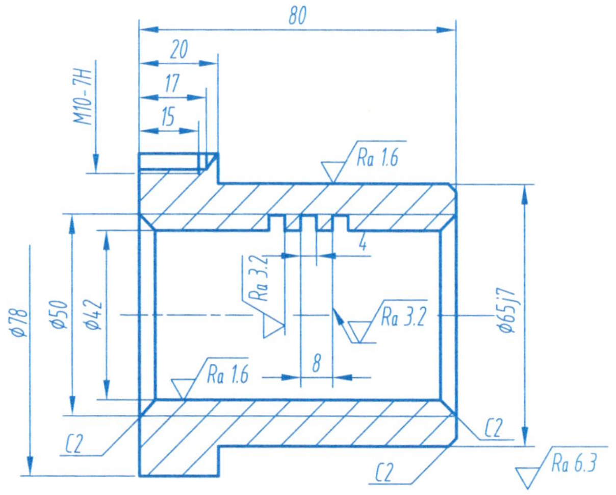


| 序号 | 名称 | 材料 | 数量 |
|---|---|---|---|
| 3 | 螺套 | ZCuAl10Fe3 | 1 |

作业要求：

根据轴测图和零件图，用适当的比例在A3图纸上画出装配图。

旋塞的工作原理：

旋塞是一个开关设备，它以螺纹连接在管道上，其特点是开关迅速。下图为其开的位置示意图。当旋塞旋转90°后锥形塞上的孔与管道垂直，表明已关闭，为防止泄漏，在锥形塞和阀体之间充填填料（石棉绳），并用压盖压紧，压紧后要求达到密封、可靠，且锥形塞转动灵活。

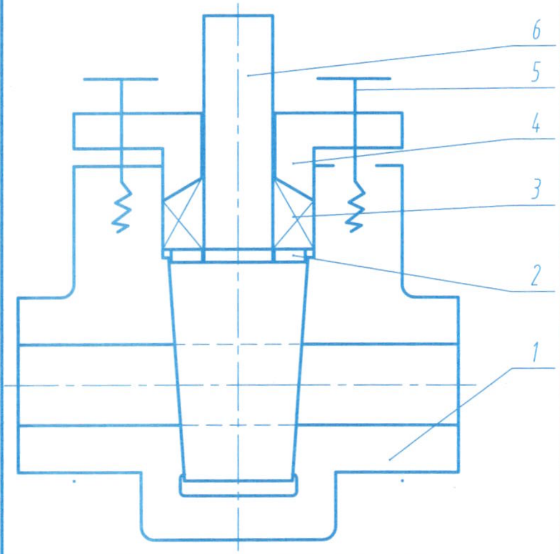


| 序号 | 名　称 | 件数 | 材　料 | 备　注 |
|---|---|---|---|---|
| 6 | 阀杆 | 1 | 45 | |
| 5 | 螺栓M10×25 | 2 | Q235A | GB/T 5782 |
| 4 | 填料压盖 | 1 | HT200 | |
| 3 | 填料 | 1 | 石棉绳 | |
| 2 | 垫圈 | 1 | Q235A | |
| 1 | 阀体 | 1 | HT200 | |

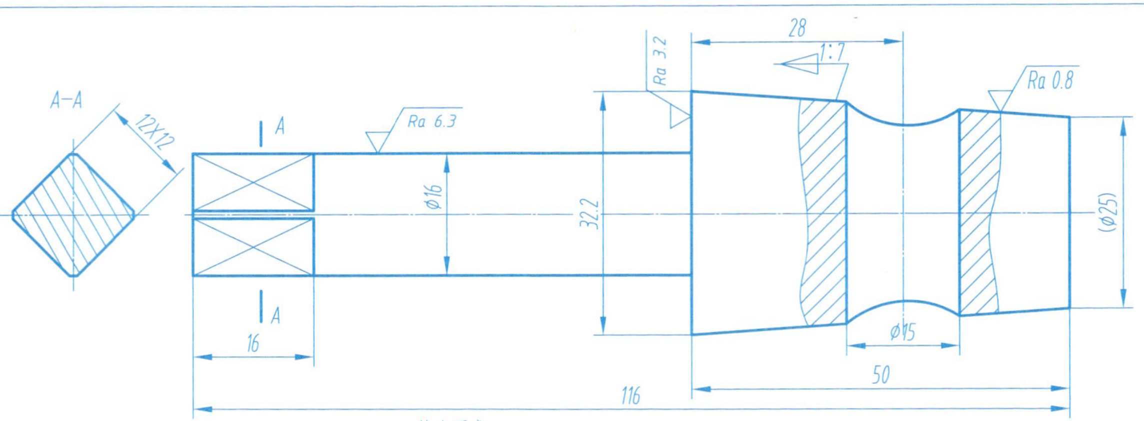


技术要求

锥形旋塞与阀体锥孔配研

Ra 12.5 (√)

| 序号 | 名称 | 材料 | 数量 |
|---|---|---|---|
| 6 | 阀杆 | 45 | 1 |

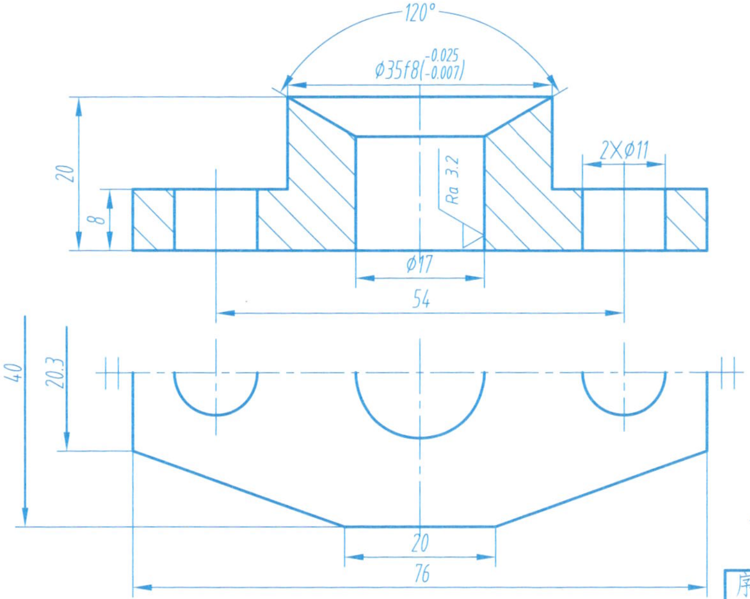


Ra 12.5 (√)

| 序号 | 名称 | 材料 | 数量 |
|---|---|---|---|
| 4 | 压盖 | HT200 | 1 |

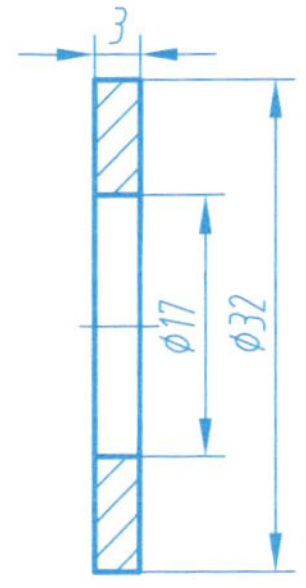


Ra 6.3 (√)

| 序号 | 名称 | 材料 | 数量 |
|---|---|---|---|
| 2 | 垫片 | Q235A | 1 |

## 4. 根据旋塞零件图拼画装配图（二）

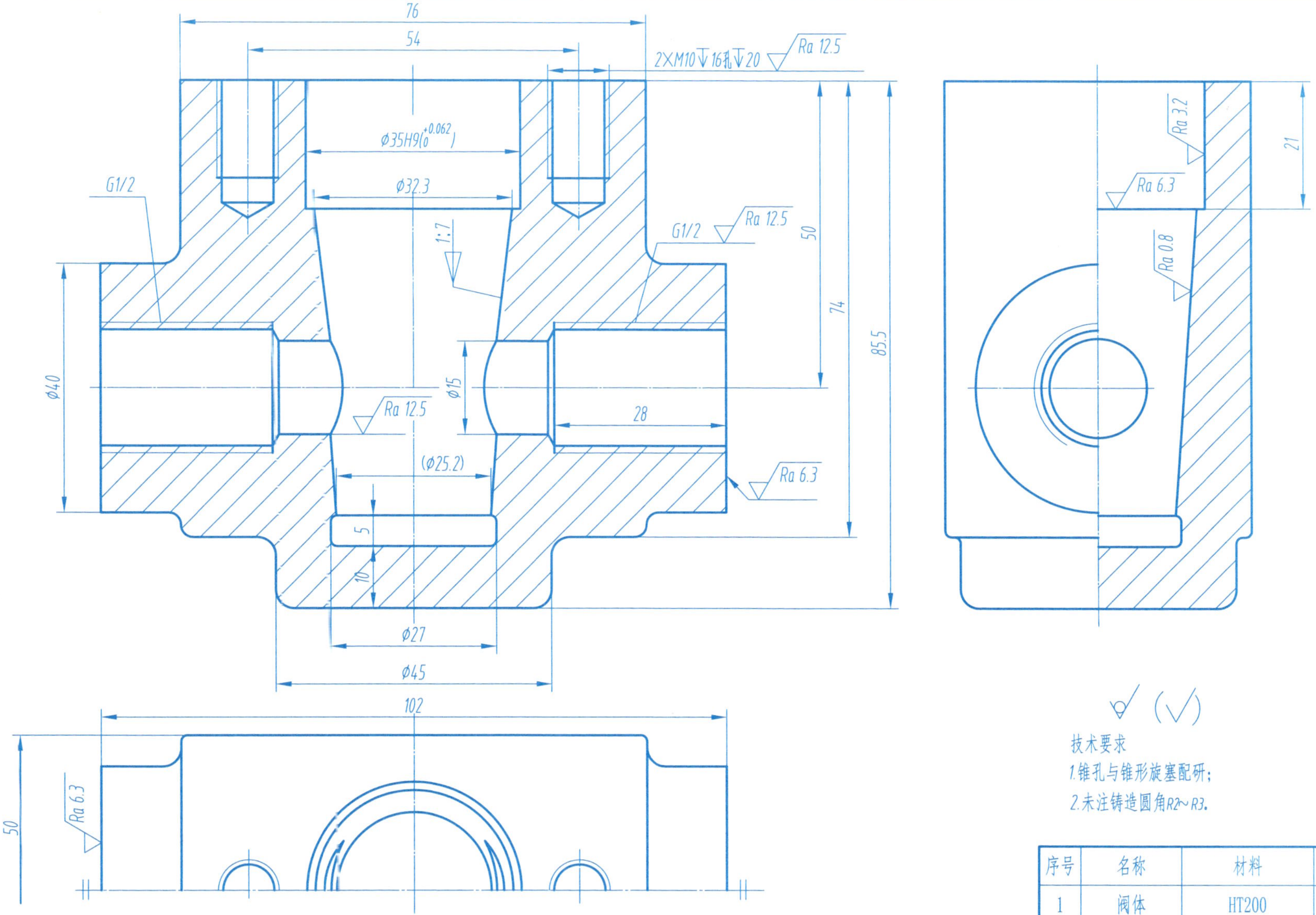


技术要求

1.锥孔与锥形旋塞配研；

2.未注铸造圆角R2~R3.

| 序号 | 名称 | 材料 | 数量 |
|---|---|---|---|
| 1 | 阀体 | HT200 | 1 |

## 1. 读泄气阀装配图并完成下列问题

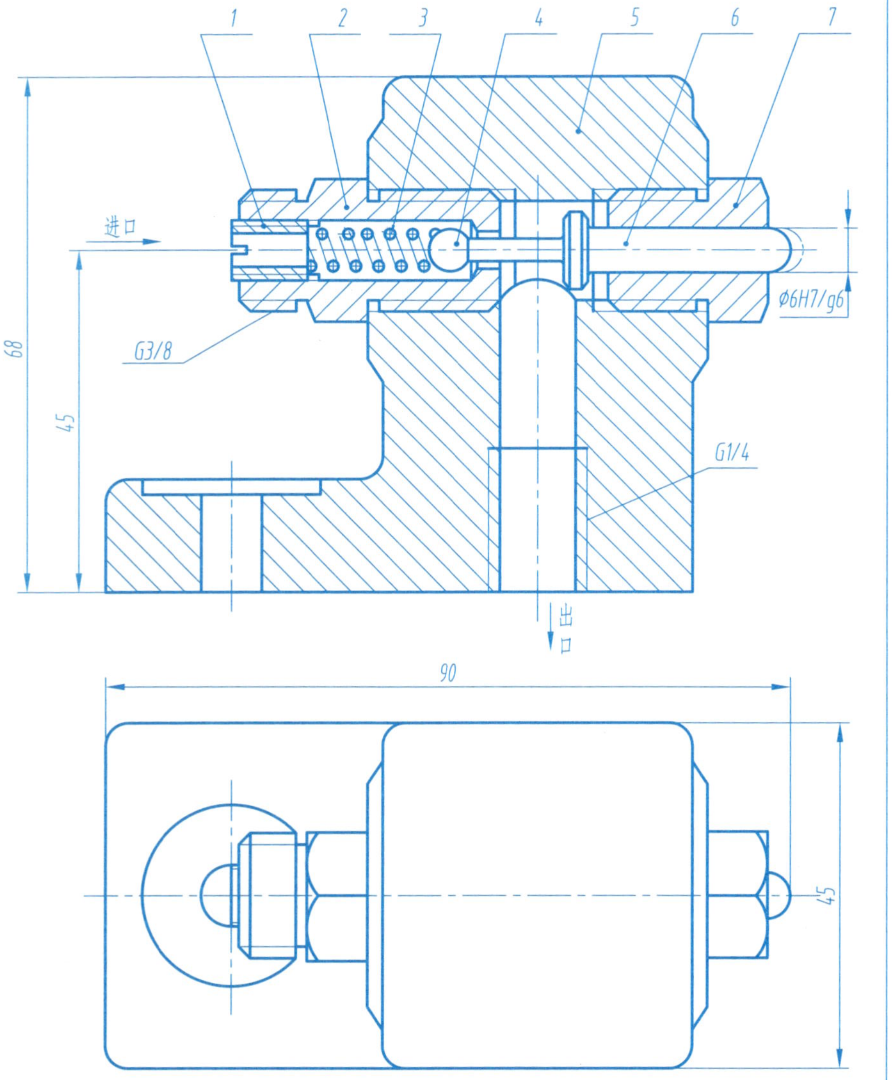


(1) 工作原理：

推动阀杆6，顶起钢球4打开或关闭阀口，从而达到泄气。

(2) 思考题：

①$\phi$16H7/g6是______制______配合。

②图中$\phi$16H7/g6属于______尺寸，G3/8属于______尺寸，90属于______尺寸。

③用适当的表达方法拆画6号阀杆套的零件图；要求在零件图上标注有配合要求的尺寸公差，并注出$\phi$6内表面的粗糙度，该表面的$Ra$上限值为6.3 μm。

| 序号 | 名称 | 数量 | 材料 | 备注 |
|---|---|---|---|---|
| 7 | 阀杆套 | 1 | 35 | |
| 6 | 阀杆 | 1 | 35 | |
| 5 | 阀座 | 1 | HT200 | |
| 4 | 钢球 | 1 | 45 | |
| 3 | 弹簧 | 1 | 55Si2Mn | |
| 2 | 阀套 | 1 | Q235 | |
| 1 | 调整螺套 | 1 | Q235 | |

| | | | | |
|---|---|---|---|---|
| 泄气阀 | | 比例 | | |
| | | 数量 | | |
| 制图 | | 重量 | | 共　张第　张 |
| 校对 | | | | |
| 审核 | | | | |

## 2. 读手压阀装配图并完成下列问题

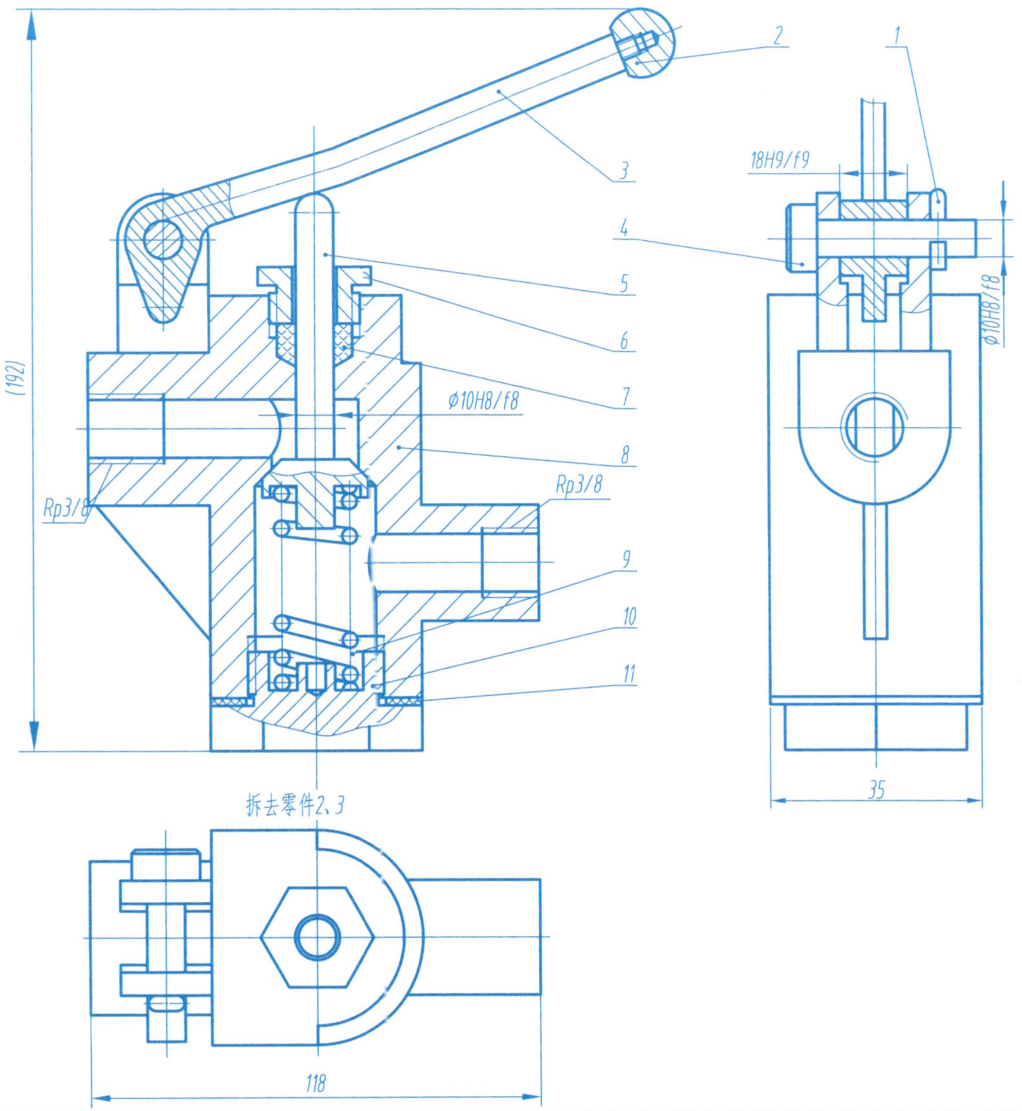


(1) 工作原理：

手压阀是用手动控制管道开、闭的装置。按下压杆3使阀杆5下移，打开阀门。放开压杆3,阀杆5在弹簧9的作用下，将阀门关闭。

(2) 思考题：

①手压阀的安装尺寸有哪些？

②左视图的局部剖，主要反映哪些零件的装配、连接关系。

③拆画阀体8的零件图，要求选用合适的表达方法表示形体，未注明的尺寸公差、表面粗糙度等省略。

| 序号 | 名称 | 数量 | 材料 | 备注 |
|---|---|---|---|---|
| 11 | 垫片 | 1 | 纸 | |
| 10 | 阀盖 | 1 | Q235 | |
| 9 | 弹簧 | 1 | 钢丝 | |
| 8 | 阀体 | 1 | HT200 | |
| 7 | 填料 | 1 | 石棉绳 | |
| 6 | 压盖 | 1 | Q235 | |
| 5 | 阀杆 | 1 | Q235 | |
| 4 | 轴 | 1 | Q235 | |
| 3 | 压杆 | 1 | Q235 | |
| 2 | 手把 | 1 | 塑料 | |
| 1 | 销2.5x16 | 1 | Q235 | |

| | | | | |
|---|---|---|---|---|
| 手压阀 | | 比例 | | |
| | | 数量 | | |
| 制图 | | 重量 | | 共 张第 张 |
| 校对 | | | | |
| 审核 | | | | |

 3. 读齿轮油泵装配图并完成下列问题

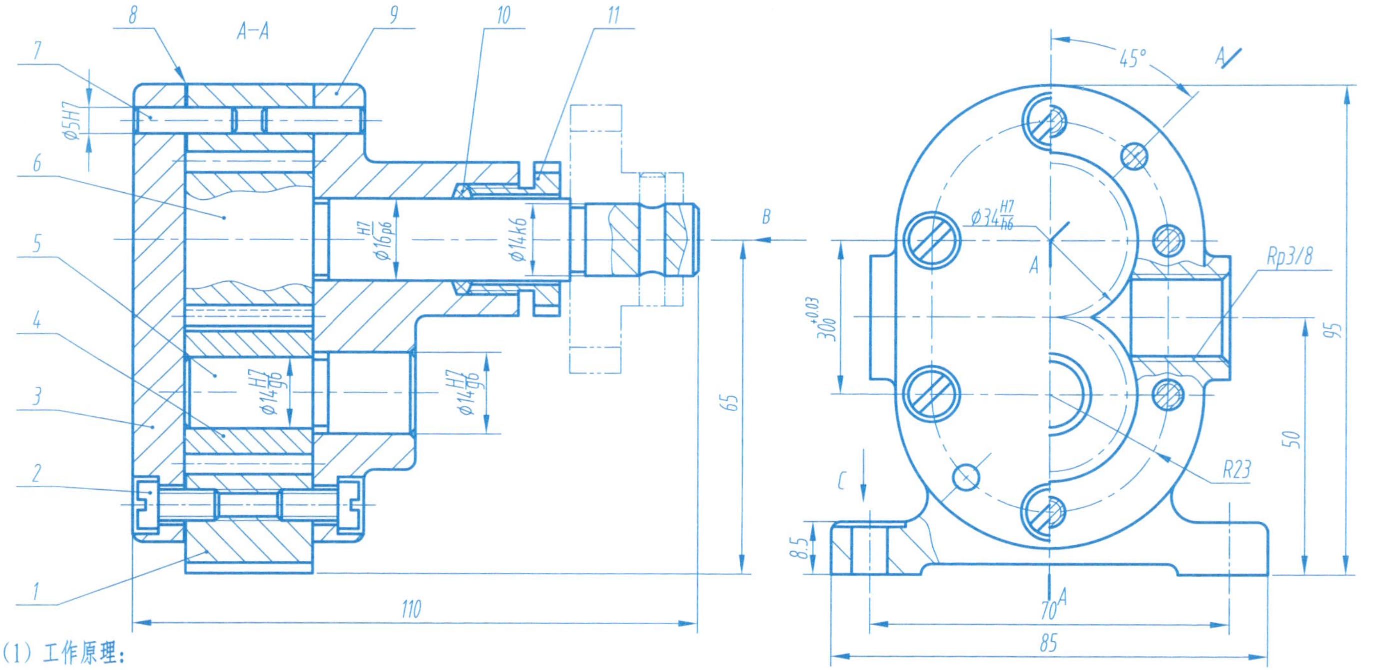


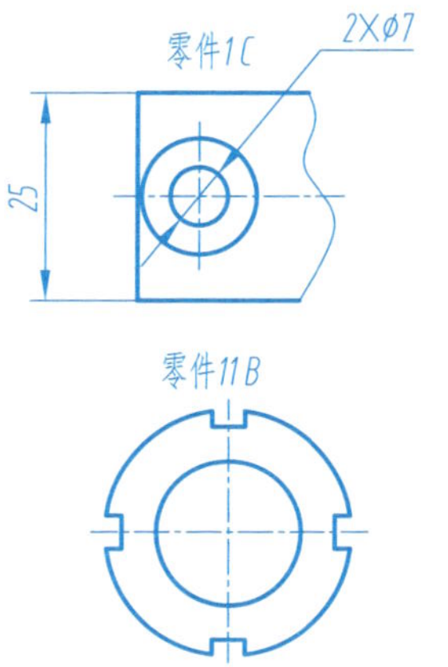


**技 术 要 求：**

1. 本齿轮油泵的输油量可按下式计算：qv=0.007n，式中qv—体积流量，L/min；n—转速，r/min。
2. 吸入高度不得大于500 mm。
3. φ5H7两圆柱销孔装配时钻。
4. 装配完毕用手转动主动齿轮轴应旋转灵活。

（1）工作原理：

齿轮油泵是给机器润滑用油的设备，当动力传给齿轮（图中双点画线部分）通过销带动，主动齿轮轴6旋转，主动齿轮又带动与它啮合的从动齿轮4做反向旋转，使泵体进口处压力降低，油即被吸入泵内，随齿轮的旋转，通过齿轮的刮油作用，使吸入的油以较高压力从出口处流出。

（2）完成下列问题：

①该部件名称是________，由___种零件组成，其中标准件有___件，零件总数为___件。

②齿轮油泵的规格尺寸为______，安装尺寸为______装配尺寸为__________。

③φ16H7/h7是_____配合，其中φ16为______，H7为孔的_______，H7的上极限偏差为________，下极限偏差为______，h7为轴的_______，h7的上极限偏差为_______，下极限偏差为______。

④泵盖3，泵座9与泵体1中用________连接，垫片8、填料10的作用是____________。

⑤该装配图采用的表达方法有________________________。

⑥拆画泵体1、主动齿轮轴6或泵座9等零件图。

| 序号 | 名称 | 数量 | 材料 | 备注 |
|---|---|---|---|---|
| 11 | 螺母 | 1 | Q235 | |
| 10 | 填料 | 1 | 毛毡 | |
| 9 | 泵座 | 1 | Q235 | |
| 8 | 垫片 | 2 | 软钢纸板 | |
| 7 | 销5×20 | 4 | 35 | GB/T119.1 |
| 6 | 主动齿轮 | 1 | 45 | $m=2, Z_1=15$ |
| 5 | 从动轴 | 1 | 45 | |
| 4 | 从动齿轮 | 1 | 45 | $m=2, Z_2=15$ |
| 3 | 泵盖 | 1 | HT200 | |
| 2 | 螺钉M6×14 | 1 | Q235 | GB/T 65 |
| 1 | 泵体 | 1 | HT200 | |

| | | | |
|---|---|---|---|
| 齿轮油泵 | | 比例 | |
| | | 数量 | |
| 制图 | | 重量 | 共 张第 张 |
| 校对 | | | |
| 审核 | | | |

## 任务一　用AutoCAD绘制下列平面图形

（1）

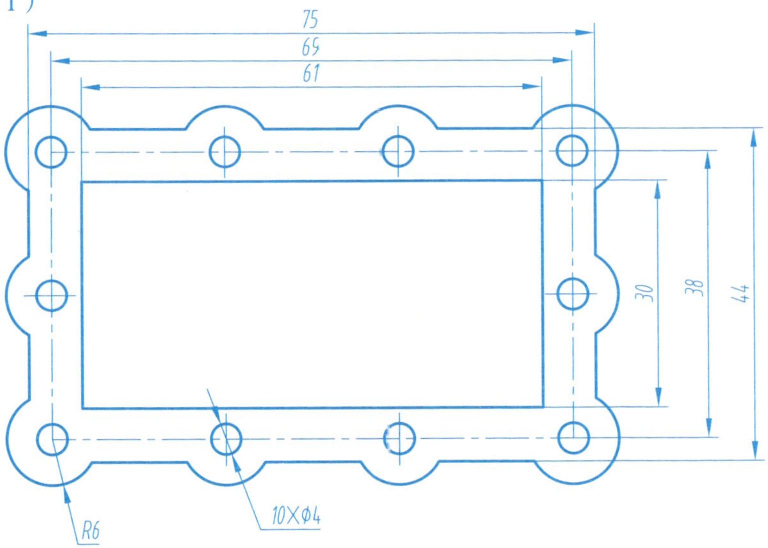


（2）

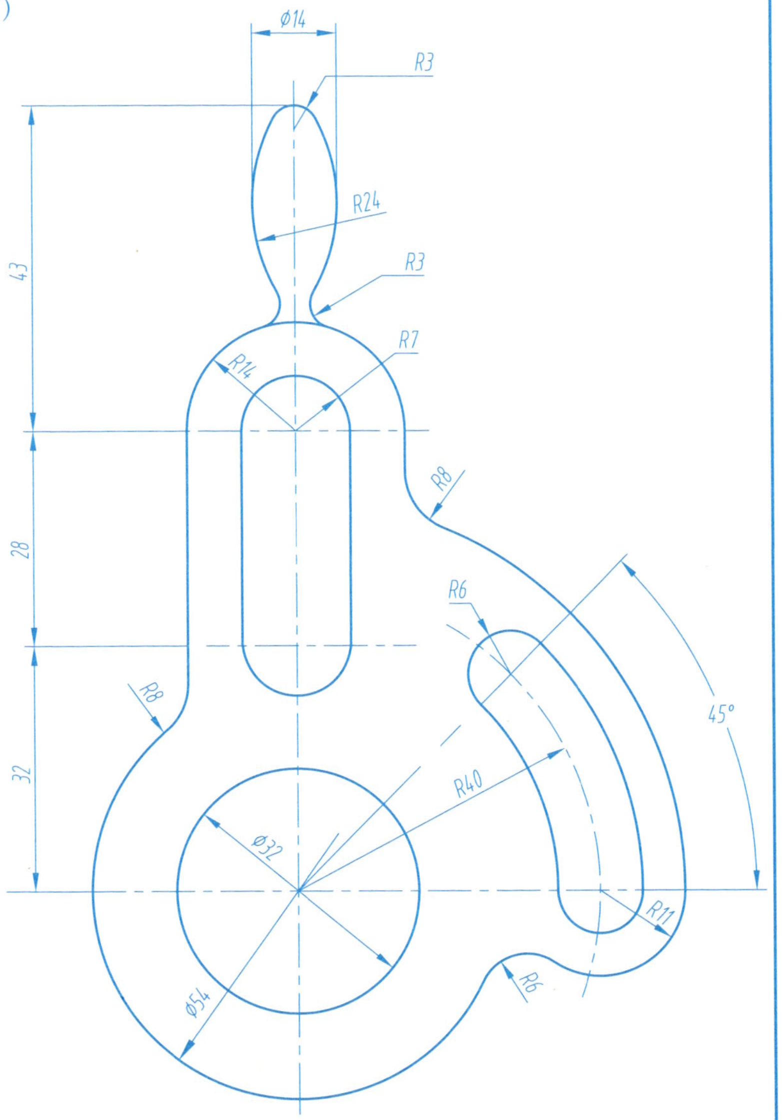


（3）

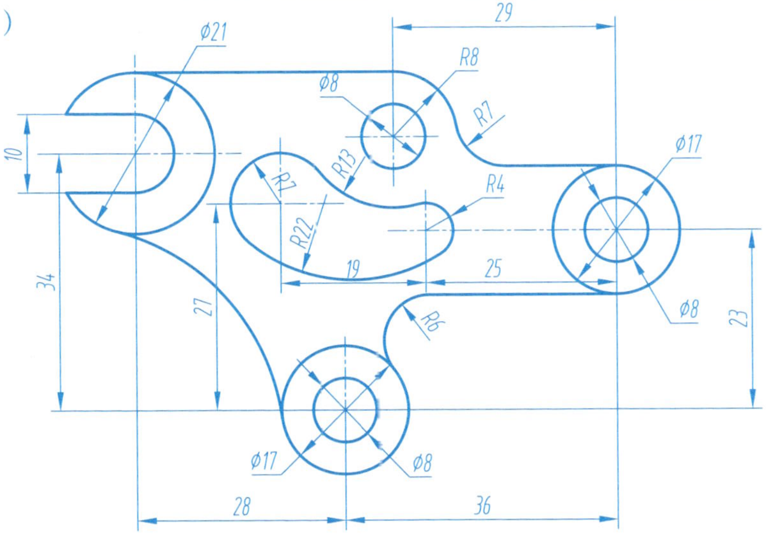

 1. 用AutoCAD绘制组合体的三视图并标注尺寸

（1）

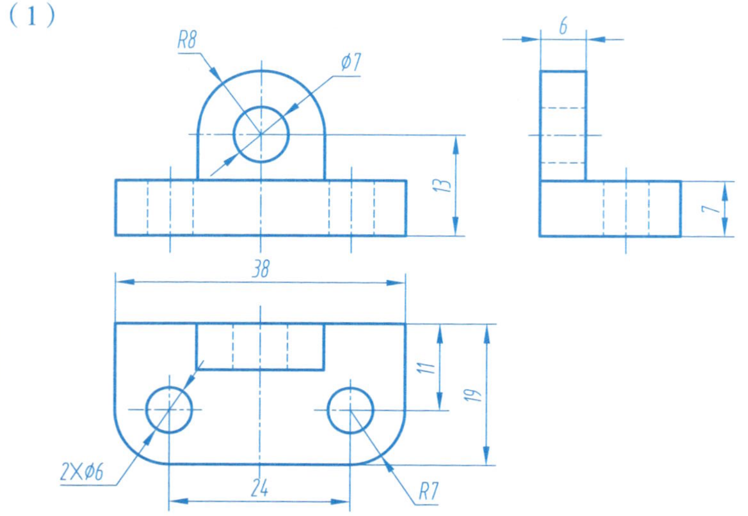


（2）

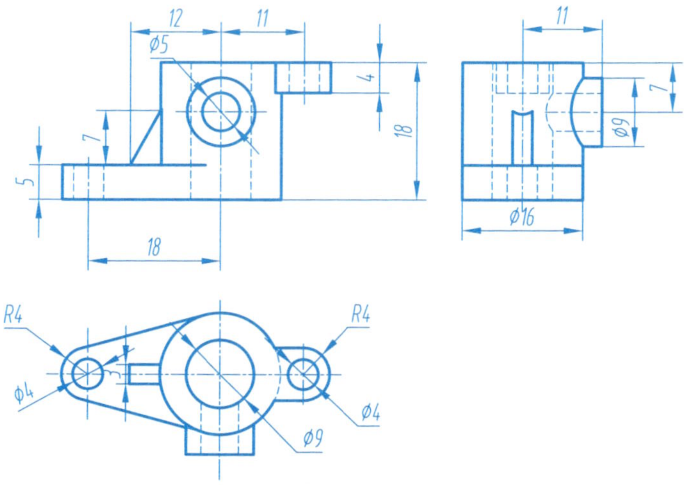


（3）

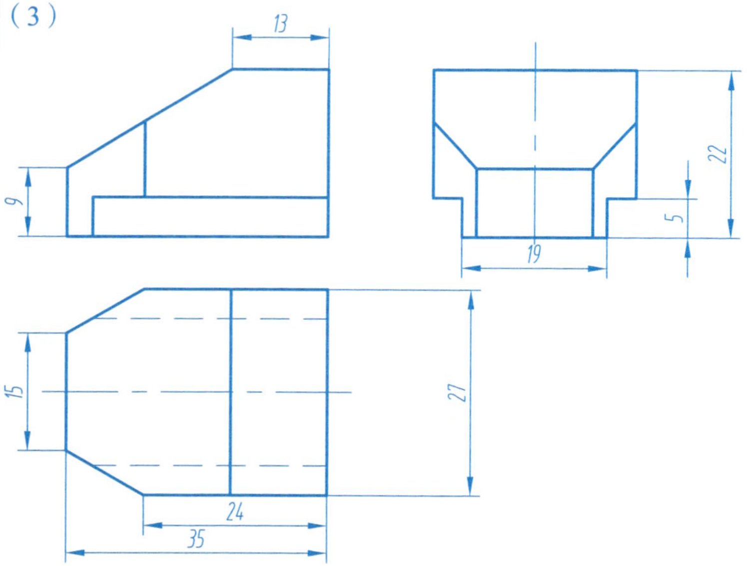


（4）

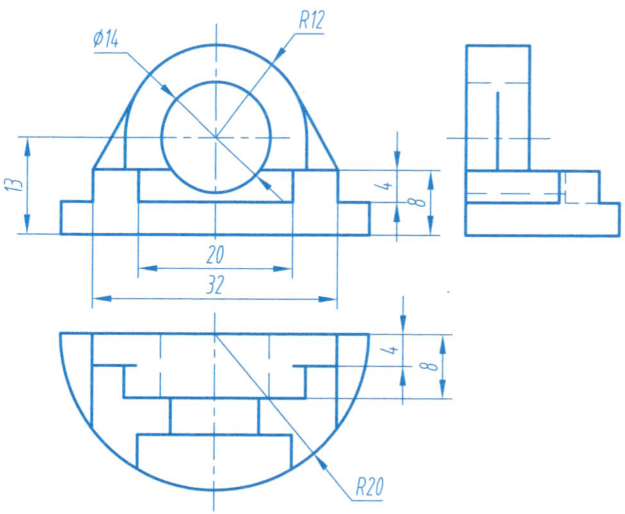

# 任务二　2. 用AutoCAD绘制剖视图并标注尺寸

（1）

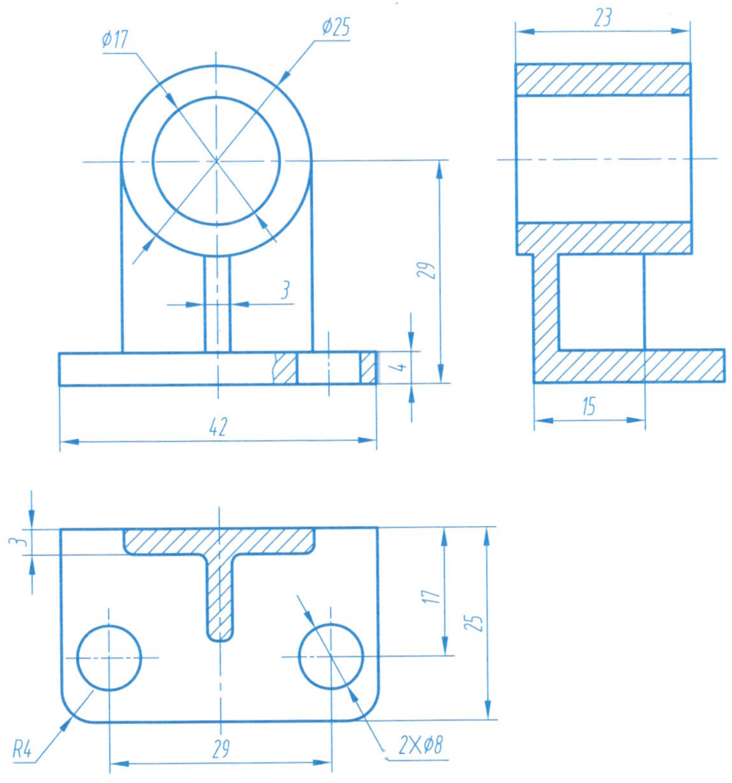


技术要求
未注圆角R3。

（2）

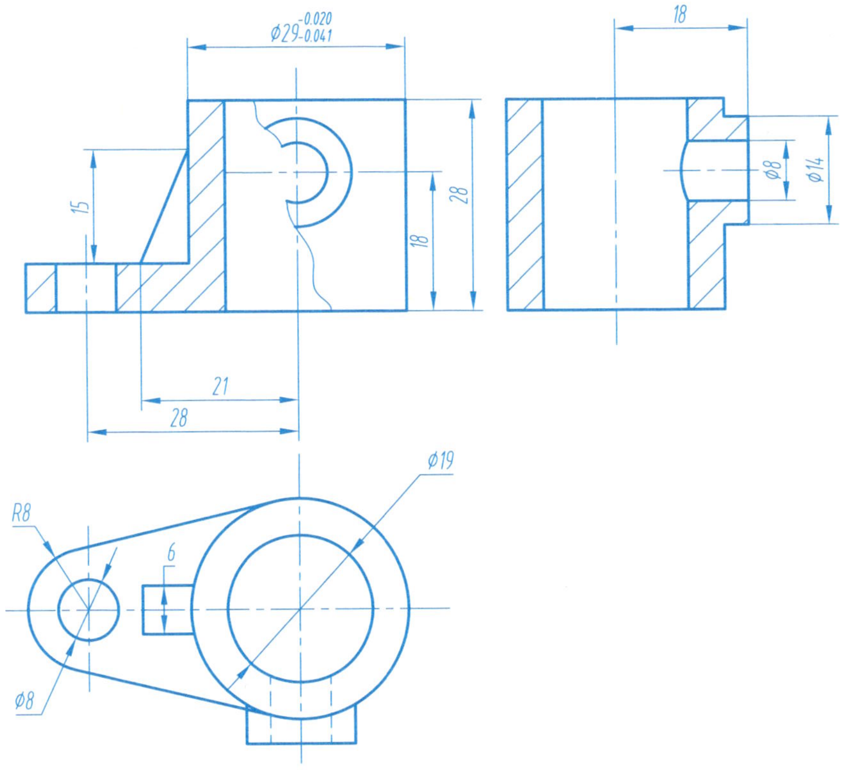

任务二　3. 用AutoCAD绘制零件图

（1）

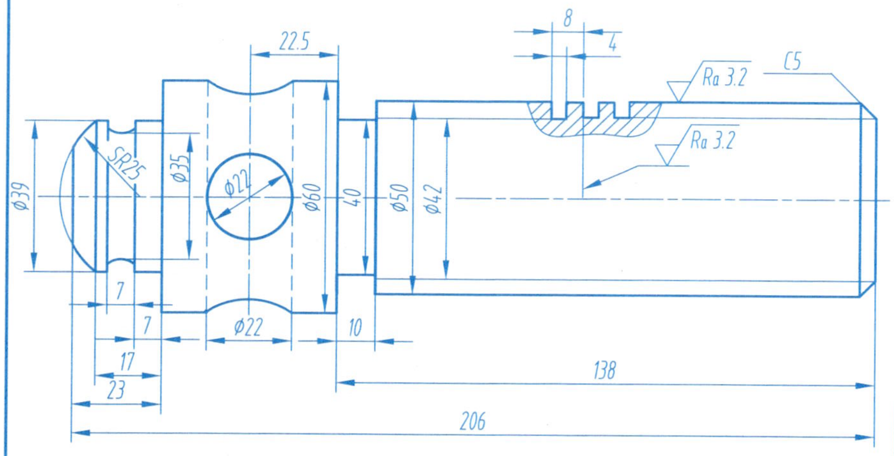


| 螺杆 | | | 比例 | 1∶1 | |
|---|---|---|---|---|---|
| | | | 件数 | | |
| 制图 | （签名） | （日期） | 重量 | | 共 张第 张 |
| 描图 | | | | | |
| 审核 | | | | | |

（2）

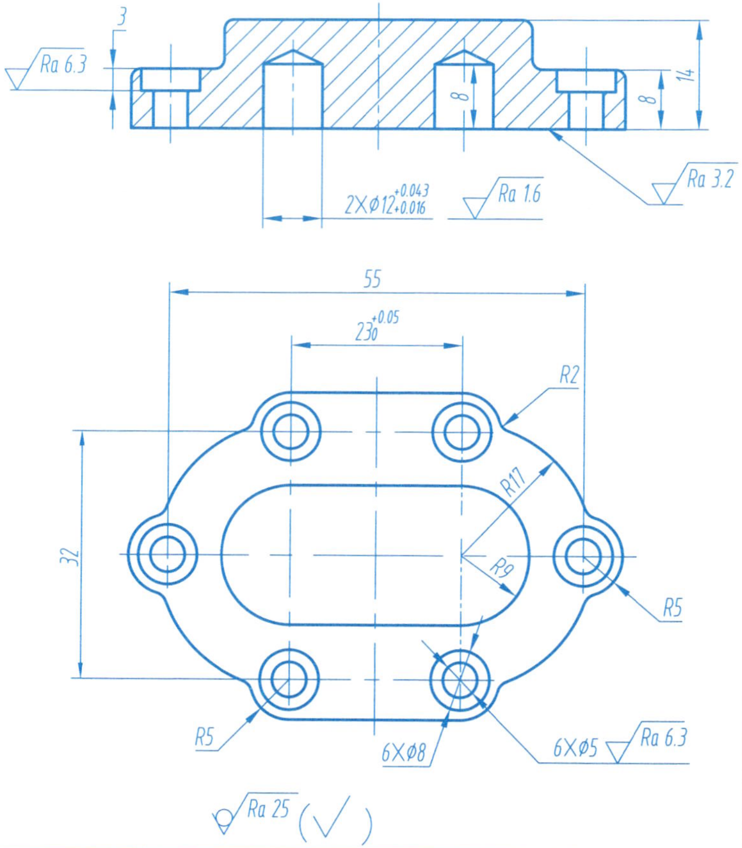


| 泵盖 | | | 比例 | 1∶1 | |
|---|---|---|---|---|---|
| | | | 件数 | | |
| 制图 | （签名） | （日期） | 重量 | | 共 张第 张 |
| 描图 | | | | | |
| 审核 | | | | | |